짜릿짜릿 전자회로 DIY 3판
Make: Electronics 3/E

Making
Insight

Make: Electronics 3/E

by Charles Platt

짜릿짜릿 전자회로 DIY 3판: 뜯고 태우고 맛보고, 몸으로 배우는

초판 1쇄 발행 2012년 3월 16일 2판 1쇄 발행 2016년 11월 30일 3판 1쇄 발행 2023년 3월 9일 지은이 찰스 플랫 옮긴이 이하영 펴낸이 한기성 펴낸곳 ㈜도서출판인사이트 편집 문선미 제작·관리 이유현, 박미경 용지 월드페이퍼 출력·인쇄 예림인쇄 제본 예림바인딩 등록번호 제2002-000049호 등록일자 2002년 2월 19일 주소 서울특별시 마포구 연남로5길 19-5 전화 02-322-5143 팩스 02-3143-5579 이메일 insight@insightbook.co.kr ISBN 978-89-6626-362-2 책값은 뒤표지에 있습니다. 잘못 만들어진 책은 바꾸어 드립니다. 이 책의 정오표는 https://blog.insightbook.co.kr에서 확인하실 수 있습니다.

짜릿짜릿
전자회로 DIY
3판

찰스 플랫 지음 | 이하영 옮김

인사이트

차례

옮긴이의 글

찰스 플랫이 돌아왔다.

이 책이 전자회로를 공부하기에 얼마나 좋은지는 많은 판매부수와 사람들의 정성어린 후기로도 알 수 있을 것이다. 이미 이 책의 이전 판으로 공부를 했던 독자라면 더 말할 것도 없겠다. 그러나 초판의 번역본을 바탕으로 2판을 번역한 역자로서 1판보다는 2판이, 2판보다는 3판이 낫다고 감히 말해본다.

2판을 번역할 당시 찰스 플랫이 얼마나 글을 잘 쓰고 독자들에게 친절한지, 내용을 쉽게 전달할 수 있도록 얼마나 고심했는지를 느낄 수 있었기에 이런 부분을 독자들에게 잘 전달할 수 있기를 바라며 작업했던 기억이 난다. 이 점은 3판에서도 그대로다. 여전히 그는 "실패 좀 하면 어때, 거기서 배우면 되지" 하며 어깨를 두드려 주는 친구처럼 말을 건넨다. 프로젝트도, 책의 구성도 큰 틀에서 보자면 그다지 달라지지 않았다.

그럼에도 3판은 그 이전 판보다 더 좋아졌다. 어렵다는 의견이 있었던 부분을 더 상세히 풀어 쓰거나 최신 경향에 맞게 내용을 업데이트하기도 하고, 회로도와 도해를 더 보기 좋은 것으로 교체하고, 단종된 부품이 있을 경우 부품을 바꾸거나 회로 전체를 새롭게 만들기도 했다. 이처럼 내용도 물론 좋아졌지만 3판이 더 좋은 책이 될 수 있었던 데는 플랫의 성실함과 문제를 해결해 나가는 접근 방식 자체도 큰 몫을 한다.

플랫의 이런 면을 확인할 수 있는 대표적인 예가 주사위 회로의 '무작위성' 오류 문제다. 2판을 읽었던 독자라면 플랫이 독자로부터 이 문제를 지적 받아 해결하려 했던 일을 기억하고 있을 것이다. 당시 그는 여러 가지 방법을 시도해본 후에 최종적으로 오류를 일으키는 원인이 된 부품(커패시터)을 회로에서 제외시키는 것으로 문제를 해결했다.

그런데 이런 해결책은 성에 차지 않았는지, 플랫은 독자들로부터 받은 메일과 전문가의 자문과 인터넷 검색 결과를 검토해 더 나은 회로를 만들어냈다. 이뿐 아니라 해당 아이디어를 채택하거나 채택하지 않은 이유도 하나하나 설명해준다. 덕분에 회로의 완성도가 한 단계 높아진 건 물론이지만, 플랫이 문제에 접근하고, 실패하고, 도움을 구하고, 또 실패하고, 그러다 결국은 문제를 해결하는지 그의 머릿속을 들여다 보듯이 따라 갈 수 있다. 무엇보다 귀중한 경험이다.

이런 내용들이 책 전체에서 불쑥불쑥 등장한다. 책을 읽어 나가다 보면 다음에는 어떤 회로를 만들까, 어떤 실험을 할까도 기대되지만 또 어딘가에서 플랫의 실패담이 등장하지 않을까 기다려지기까지 한다. 사실 나는 플랫의 다음 판을 벌써부터 기대하고 있다. 이 책을 읽고 나면 독자 여러분의 마음도 나와 크게 다르지 않을 것이다.

– 이하영

들어가는 글: 이 책을 즐기는 방법

《짜릿짜릿 전자회로 DIY》는 실험을 먼저 시작하고 여기에서 이론을 알아내는 방법을 선호한다. 이를 '발견을 통한 배움'이라고 부른다. 이론을 먼저 배운 뒤 이를 검증하는 실험을 하는 다른 이론서와는 다르다.

내가 발견을 통한 배움 방식을 선호하는 이유는 두 가지다.

- 더 재미있다.
- 현실 세계에서 과학이 발전해 온 방식과 비슷하다.

실험과학에서 관찰은 일부 자연 현상을 새롭게 이해하는 계기가 될 수 있다. 전자공학을 배우는 사람이라고 해서 비슷한 경험을 하지 못할 이유가 뭐가 있겠는가? 미리 답을 알고 시작하는 것보다 부품이 작동하는 방식을 발견하는 쪽이 내겐 더 흥미롭게 느껴진다.

이 접근 방식의 유일한 단점이라면 그 가치를 충분히 누리기 위해 프로젝트를 직접 만들어 봐야 한다는 것이다. 다행히도 부품 공급업체에서 이 책을 위한 키트를 개발해 준 덕분에 비교적 저렴한 가격으로 필요한 모든 것을 한번에 구입할 수 있다.

3판에서 바뀐 내용

이 책의 1판과 2판은 수십만 부가 판매되었으며, 여러 나라에서 번역서로 출간되기도 했다. 이러한 성공이 계속 이어질 수 있으려면 독자의 요구를 만족시켜야만 한다고 생각했다. 따라서 이를 염두에 두고 3판을 집필했다.

본문은 상당 부분을 다시 썼고, 회로도와 도해는 대부분 새롭게 바꾸었다. 브레드보드 배치도는 부품을 더 선명하게 보여줄 수 있는 이미지를 사용했다. 추천하는 도구에 대한 정보도 수정했는데, 일부는 독자의 피드백을 받아 작성했다.

사진 중 상당수는 더 선명한 것으로 교체했고, 실험 중 일부는 독자의 피드백을 받아 수정했다. 프로젝트 몇 가지는 부품을 더 적게 쓸 수 있도록 회로를 다시 설계했다. 아두이노를 소개하는 마지막 3개 장은 수정하고, 추가로 다른 유형의 마이크로컨트롤러도 간단히 소개했다.

이 책의 키트 공급 업체와 협력해서 실험에 필요한 부품의 범위를 줄이고 단순화했기 때문에 더 저렴한 비용으로 실험이 가능하다.

2판용 키트로는 3판의 실험을 온전히 진행할 수 없다. 이 점은 뒤에서도 계속 언급하는데, 독자들이 키트를 잘못 구매해 부품이 책과 정확히 일치하지 않는다는 것을 깨닫고 상심할까봐 그랬다. 그러니 키트를 구입할 때는 '3판'이라는 단어가 있는지 주의 깊게 살펴보자.

이 책의 목적

누구나 전자기기를 사용하지만 그 안에서 어떤 일이 벌어지는지는 잘 모른다.

그걸 알아야 할 필요가 있나 생각할지도 모르겠다. 내연기관의 작동 원리를 이해하지 못한다고 해서 운전하는 데 지장이 생기는 것도 아니다. 그렇다면 어째서 전기와 전자회로에 대해 배워야 할까?

나는 세 가지 이유가 있다고 생각한다.

- 기술의 작동 원리를 알면 세상에 지배되지 않으면서 세상을 더 잘 통제할 수 있다. 또, 문제를 맞닥뜨렸을 때 좌절하지 않고 해결할 수 있다.
- 제대로만 접근한다면 전자기학을 배우는 일이 즐거울 수 있다. 게다가 아주 저렴하게 즐길 수 있는 취미다.
- 전자회로에 대한 지식은 직장에서 자신의 가치를 높여줄 수 있으며 완전히 새로운 직업의 길로 이끌어 줄지도 모른다.

뜯고 태우고 맛보기

발견을 통한 배움에서 한 가지 중요한 점은 실수를 할 마음가짐을 가져야 한다는 점이다. 회로가 작동하지 않거나 부품이 타버릴 수도 있다.

나는 이 점을 긍정적으로 평가한다. 실수는 무언가를 배울 수 있는 귀중한 방법이기 때문이다. 그러니 부품을 뜯고 태우고 맛보면서 어떻게 작동하는지, 어떤 한계를 지니고 있는지 직접 확인해 보길 바란다. 이 책에서는 아주 낮은 전압을 사용하기 때문에, 민감한 부품이 손상될 수는 있어도 크게 다칠 염려는 없다.

실수를 두려워하지 말자. 트랜지스터와 LED는 비싸지 않고 교체하기도 쉽다.

배우기가 어렵진 않을까?

이 책은 사전 지식이 전혀 없는 상태의 독자를 타깃으로 한다. 초반의 실험 몇 가지는 정말 단순해서 만능기판이나 납땜인두를 사용할 필요조차 없다.

개념들은 이해하기 어렵지 않다고 생각한다. 물론 전자기학을 정식으로 공부해서 자신만의 회로를 설계하려는 목표를 가지고 있다면 그 목표를 이루기는 조금 힘들 수 있다. 이 책에서는 이론을 최소화했고 필요한 계산이라고는 사칙연산 정도밖에 없다.

이 책의 구성 방식

대부분의 정보는 길라잡이 형식으로 제공되며, 나중에 참조할 수 있도록 몇 개의 장으로 구분했다.

개념과 주제의 설명은 앞에서 말한 내용을 바탕으로 덧붙이는 식이다. 따라서 무작위로 책을 읽어도 되겠지만 뒤로 넘어갈수록 실험을 진행할 때 앞에서 배운 지식이 필요해진다. 그러니 가급적 많이 뛰어넘지 말고 순서대로 공부해 나가길 바란다.

문제가 생겼을 때 해결 방법

동작하는 회로를 만드는 방법은 보통 한 가지인데, 회로의 동작을 방해하는 실수는 수백 가지다. 그러니 체계적으로 작업을 하지 않는다면 바람직한 결과를 기대하기 어렵다.

회로가 제대로 동작하지 않으면 얼마나 답답할지 알고 있지만, 그렇다고 짜증만 내고 있으면 역효과가 날 뿐이다. 문제를 찾기 위해서 모든 부분을 하나하나 체계적으로 조사할 수밖에 없다.

이 책의 모든 실험은 대상 시험(bench-test)을 거쳤다. 따라서 책의 회로가 제대로 작동하지 않는다면 다음과 같은 문제가 발생했을 가능성이 높다.

- 배선에서 실수를 했다. 배선 오류는 누구나 쉽게 하는 실수다. 나도 오늘 배선 실수를 했다. 이럴 경우 30분 정도 작업대를 벗어나서 다른 일을 하고 돌아와 다시 보길 바란다. 오류를 찾을 가능성이 높아진다.
- 트랜지스터나 칩과 같은 부품에 과부하가 걸려서 더 이상 작동하지 않을 수 있다. 만일을 위해 여분의 부품을 보관해 두자.
- 부품과 브레드보드의 연결이 좋지 않을 수 있다.

느슨하게 연결된 부품을 흔들어 보고, 전압을 측정하고, 필요하다면 주요 부품을 살짝 옆으로 옮겨보자.

오류를 찾아내는 방법은 책의 후반부에 더 자세히 소개한다. 여기서 이 주제를 언급한 이유는 회로가 작동하지 않았을 때 의지할 수 있는 마지막 수단을 알려주기 위해서다. 대부분의 작가들과 달리 나는 내게 직접 연락할 수 있는 이메일 주소를 공개하고 있다. 다만 연락하기 전에 다음 몇 가지 지침을 따라 주길 바란다.

질문하기

시간이 많은 건 아니지만 나는 가급적 모든 메일에 답장을 보내려 노력한다. 그러니 인내심을 가지고 기다려 주기 바란다. 메일을 받은 당일에 답장을 보내기도 하지만 어떤 때는 일주일이 걸리기도 한다.

메일을 보낼 때는 다음 사항을 지켜 주기 바란다.

- 작동하지 않는 프로젝트의 사진을 첨부한다. 이때 사진으로 저항의 줄무늬 색상 등 세부사항을 확인할 수 있어야 한다.
- 진행하고 있는 프로젝트의 이름과 수록된 책의 제목을 함께 명시한다. 전자부품에 관해 쓴 책이 여러 권이기 때문에 어떤 책의 프로젝트인지까지 언급해야 한다.
- 문제를 명확하게 설명해야 한다! 의사에게 신체 증상을 설명하고 진단을 요청할 때처럼 문

제에 대해 자세히 알려 주어야 한다.

내 메일 주소는 다음과 같다.

make.electronics@gmail.com

메일 제목에 HELP라고 명시해 주기 바란다.

오류 보고하기

내가 책을 쓸 때는 여러분이 회로를 만들 때보다 더 많은 실수를 검토한다. 오류를 최소화하기 위해 최선을 다했지만, 그럼에도 오류가 남아 있다면 알려주기 바란다. 오류는 내 개인 메일로 보내도 되고, 정오표 페이지에 글을 올려도 된다. 내게 메일을 쓰면 답장을 받을 수 있으며, 필요한 경우 그 문제에 대해 이야기를 나눌 수도 있다. 정오표를 이용한다면 다른 사람들이 올려놓은 오류 내용을 확인할 수 있어, 같은 오류가 발생했다면 바로 해결할 수 있다. 마찬가지로 여러분이 오류를 새로 발견해 올린다면 다른 사람들에게 도움이 될 수도 있다. 정오표 주소는 다음과 같다.

URL *www.oreilly.com/catalog/errata.csp?isbn=97816 80456875*

업데이트된 내용 받아보기

문제나 요구사항이 없는 사람이라도 내게 메일 주소를 등록해 주기 바란다. 메일은 다음에서 명시한 것 이외의 용도로 사용하지 않는다.

- 이 책이나 이 책의 다음 단계인 《짜릿짜릿 전자회로 DIY 플러스》에서 심각한 오류가 발견되면 이 사실을 알리고 해결책을 제공한다.
- 이 책이나 《짜릿짜릿 전자회로 DIY 플러스》의 부품 키트에 오류가 발견되거나 문제가 생기면 이 사실을 알린다.
- 이 책이나 《짜릿짜릿 전자회로 DIY 플러스》를 완전히 새롭게 개정하거나 다른 책을 출간하면 이 사실을 알린다. 이러한 알림은 1~2년에 한 번 정도밖에 보내지 않을 것이다.

메일 주소는 이 외의 용도로는 사용하지 않으며, 누군가에게 판매하거나 공유하지도 않는다. (사실 메일 주소를 판매하는 법도, 사고자 하는 사람도 모른다.)

메일을 등록한 독자에게는 공개한 적 없는 전자회로 프로젝트의 제작 과정을 담은 2페이지짜리 PDF 파일을 보내준다. 프로젝트는 재미있고 독특하면서 상대적으로 쉽다. 메일을 등록한 독자만 파일을 받을 수 있을 것이다.

내가 이처럼 참여를 독려하는 이유는 오류를 발견했을 때 이를 알려줄 방법이 없기 때문이다. 여러분이 혼자서 애쓰다가 뒤늦게 오류를 발견하는 걸 방지하고 싶다. 이는 내 명성에 좋지 않은 영향을 미치기 때문에 여러분이 불만을 느낄 만한 상황은 피하고 싶다.

다음의 주소로 제목만 적어 메일을 보내면 된다(원한다면 의견을 남겨도 된다).

make.electronics@gmail.com

제목은 반드시 REGISTER라고 써야 한다.

메일은 내가 직접 처리한다. 등록만 하는 독자라도 개인적으로 답메일을 받고 싶어하기 때문이다. 바로 처리되는 자동 등록 과정을 기대하면 안 된다! 내가 휴가를 간다면 '특별 보너스 프로젝트'를 2주 이상 받지 못 할 수도 있다. 그래도 언젠가는 받게 된다. 내가 혼자서 메일을 처리하기 때문에 늦어지는 건 이해해 주길 바란다.

공개 게시판에 글 올리기

책에 불만을 느끼면 불평을 하고 싶을 수 있다. 이때 불만을 표출하는 방법 중 하나가 인터넷, 그중에서도 아마존의 독자 리뷰에 글을 올리는 것이다. 이런 마음이 들었다면 그 불만 사항을 해결할 수 있는지 확인할 수 있도록 부디 내게 먼저 연락해 주기 바란다.

독자가 지닌 권력을 충분히 알고 이를 공정하게 사용해 주면 좋겠다. 부정적인 의견은 하나만 있어도 생각보다 큰 영향을 미칠 수 있다. 단 하나의 부정적인 의견이 여러 개의 긍정적인 의견을 눌러버릴 수 있다. 한두 번이기는 하지만 인터넷에서 부품을 찾지 못했다든가 하는 소소한 이유로 짜증이 난 독자들이 부정적인 의견을 남긴 적이 있다. 내게 질문을 남겼다면 기꺼이 도움을 주었을 것이다.

내 수입의 많은 부분이 인터넷 판매로부터 나오며, 따라서 책에 달린 별 4개 반의 평점은 중요하다. 물론 단순히 이 책의 집필 방식이 싫다면 그때는 마음 편히 그렇다고 의견을 남겨도 된다.

한 걸음 더 나아가 보기

이 책을 끝까지 공부한 독자라면 전자회로의 여러 기본 개념을 익혔을 것이다. 여기서 한발 더 나아가고 싶다면《짜릿짜릿 전자회로 DIY 플러스》를 보면 좋다. 조금 더 어렵기는 하지만 이 책에서와 마찬가지로 '발견을 통한 학습' 방법으로 공부할 수 있다. 이 책까지 마치면 전자기학에 대한 이해도가 '중급' 수준에 도달할 수 있도록 구성했다.

'고급' 수준의 안내서를 쓸 능력은 없기 때문에《짜릿짜릿 전자회로 DIY 플러스 플러스》같은 제목의 책은 나오지 않을 것이다.

참고 서적으로 내가 쓴《전자 부품 백과사전》을 구입해도 된다. 이 책은 세 권으로 구성되어 있으며 그중 두 권은 프레드릭 얀슨이라는 아주 똑똑한 연구원과 공동으로 집필했다. 이 책에서는 부품을 카테고리별로 정리해 두었다. 따라서 책에서 부품을 하나 찾았는데 원하는 점이 일치하지 않는다면, 바로 옆에서 다른 부품을 찾아볼 수 있다. 그 부품에 대해 들어본 적이 없더라도 여러분이 맞닥뜨린 문제에 해결책이 되어줄지 모른다.

또, 나이가 어리고 집중할 수 있는 시간이 짧은 독자를 위해《Easy Electronics(쉬운 전자공학, 국내 미출간)》이라는 제목의 얇은 책도 출간했다. 해당 도서에 대한 키트도 판매하고 있으며, 프로젝트는 아주 쉬워서 회로를 만들 때 도구가 필요 없다. 도구 없이 회로를 직접 만들 수 있는 책이라고 생각하면 된다.

무언가를 만드는 데 관심이 있다면《메이커의

뚝딱뚝딱 목공 도구》를 추천하고 싶다. 이 책은 수공구 사용 안내서로 《짜릿짜릿 전자회로 DIY》와 마찬가지로 직접 만들어 보는 식의 접근 방식을 사용한다. 이 책은 손톱(hand saw) 사용법에서 시작해서 전자부품 프로젝트에 사용하기 좋은 작은 상자를 플라스틱으로 만드는 법까지 다룬다.

– 찰스 플랫

1장

기본적인 내용

1장에는 실험 1~5가 실려 있다.

실험 1에서는 말 그대로 전기 맛을 보여줄 생각이다! 전류를 경험해 보고 전기저항의 특성도 알아보자.

실험 2와 3에서는 계측기를 사용해서 전압과 전류를 측정한다. 실험 4에서는 전력량을 계산해 본다. LED를 태우고 퓨즈를 끊기도 할 텐데, 그 과정을 통해 전자공학의 기본 법칙을 추론해 낼 수 있을 것이다.

실험 5에서는 일상에서 사용하는 물건으로 탁자 위에서 전기를 생성하는 재미를 느껴 보자.

여기서 소개하는 실험을 해나가다 보면 중요한 개념 몇 가지를 명확히 정립할 수 있다. 어느 정도 지식이 있는 사람이라도 뒷부분으로 넘어가기 전에 시도해 보기를 바란다.

1장에 필요한 물품

각 장을 시작할 때 필요한 공구, 장비, 부품, 물품을 사진과 함께 설명한다. 이러한 물건을 사 본 경험이 없는 독자를 위해 359쪽 부록 A에 자세한 설명을 실어 두었다. 부품과 물품을 살 때 참고할 수 있는 온라인이나 오프라인 매장은 371쪽

부록 B에 소개했다.

부품을 하나하나 구입하는 것이 내키지 않는다면 이 책의 프로젝트에 필요한 부품으로 구성한 키트를 구매할 수도 있다. 최소 두 종이 판매 중이다. 키트는 별도의 공급업체에서 제작했다. 내가 이에 대한 관리 권한이나 금전적 이해관계는 없지만 키트에 부품이 제대로 갖추어졌는지는 확인했다. 공급업체 목록은 부록 B에 수록되어 있다.

키트 판매업체에서 해외로 제품을 배송해 줄수는 있겠지만, 아쉽게도 미국 우편 서비스는 정부 보조금을 받지 않기 때문에 다른 국가로 물품을 배송하는 비용이 많이 든다. 미국 외의 지역에 거주하는 독자라면 키트 대신 배송료가 낮고 부품 자체가 더 저렴한 아시아 공급업체에서 개별 부품을 사는 편이 더 나을 수 있다.

계측기(멀티미터)

휴대용 계측기(multimeter)는 전자공학을 배울 때 가장 기본적인 도구이다. 의사가 MRI 기계를 사용해 인체 내부에서 일어나는 일을 확인할 수 있는 것처럼 계측기로 회로 내부에서 어떤 일이

일어나고 있는지 알 수 있다.

계측기를 뜻하는 영어 단어 multimeter에서 multi는 여러 측정을 할 수 있다는 뜻으로, 그중 가장 중요한 것이 전압, 전류, 전기저항이다. 처음에는 복잡하거나 두렵다고 느낄 수 있지만 실제로는 최신 전화기보다 간단하고 카메라만큼 사용하기 쉽다.

필요한 계측기 유형은 디지털 디스플레이 화면이 있는 디지털 계측기일 것이다. 가끔 눈금 위로 바늘이 움직이는 아날로그 계측기를 보게 될 수도 있겠지만 사용이 쉽지 않아서 추천하지는 않는다.

그림 1-1은 내가 본 계측기 중 가장 작고 단순한 제품 중 하나다. 사양은 부록 B에 수록한 이 책의 키트 제조업체 중 하나에서 정했지만, 이와 유사한 계측기는 온라인에서 쉽게 찾을 수 있다. 지출을 최소화하고 싶다면 이 정도의 제품으로도 1~30번까지 모든 실험을 할 수 있다. 이 제품을 선택한다면 계측기에 관한 나머지 부분은 건너뛰어도 된다. 그렇지만 비용을 조금 더 들일

그림 1-1 기본 기능만 갖춘 디지털 계측기. 바탕의 정사각형은 한 변이 1인치(2.5cm)이다.

때 어떤 이점을 얻을 수 있는지 궁금하다면 계속 읽어 보자.

자동 vs. 수동

더 비싼 계측기에서 가장 눈에 띄는 기능이라고 하면 뭐니 뭐니 해도 자동 범위 조정이라고 할 수 있다. 설명을 돕기 위해 온도를 측정한다고 상상해 보자. 오븐의 온도계라면 섭씨 90~260도 범위에서 3도 이내의 정확도로도 충분할 것이다. 그러나 체온을 측정한다면 범위가 섭씨 35~41도로 좁기 때문에 정확도가 0.1도 정도는 되어야 한다.

전자 장치에서 전압이나 그 외의 값을 측정할 때도 상황은 비슷하다. 때로는 작은 숫자와 높은 정확도가 필요하지만 큰 숫자가 필요하다면 낮은 정확도로 만족해야 할 때도 있다.

수동 범위 조정 계측기를 사용할 때는 측정 전에 다이얼을 돌려 값의 범위를 먼저 선택해 주어야 한다. 예를 들어, 1.5볼트 AA 전지의 전압을 테스트하려면 계측기가 최대 2볼트까지 측정할 수 있도록 범위를 설정해야 실제 전압을 적당한 정확도로 측정할 수 있다.

자동 범위 조정 계측기는 알아서 전압을 감지해 적절한 범위를 선택한다. 알아서 적절한 범위를 선택해 준다니 좋아 보인다. 게다가 자동 계측기의 가격도 점점 낮아지고 있다. 하지만 나는 자동 계측기를 선호하지 않는다. 이런 제품은 사용 범위를 감지하는 데 몇 초씩 잡아먹는다.(내가 참을성이 없는 편이라 견디기 힘들다.) 또 범위를 직접 선택한 게 아니라서 디스플레이 화면에

표시되는 숫자의 단위가 무엇인지 바로 알 수 없다. 예를 들어 화면에 1.48이 표시되었다면 이 값은 볼트값일까 아니면 밀리볼트값일까? 화면에 작게 V나 mV로 단위가 표시되지만, 깜빡 잊고 단위를 보지 않으면 실수할 수 있다.

- 나는 수동 계측기를 사용하는 쪽을 추천한다. 오류가 생길 가능성이 작고, 비슷한 성능의 자동 계측기보다 비용도 저렴하다. 나만큼 참을성이 없는 사람이라면 답답함도 덜 느낄 것이다.

인터넷 사이트에 올라온 사진을 보고 계측기가 자동인지 수동인지 어떻게 구별할 수 있을까? 계측기에 자동 범위 조정 기능이 있다면 보통은 제품 설명에 이를 명시해 두지만, 분명히 명시되지 않은 경우라면 전면부 다이얼을 확인한다. 자동 계측기는 전면부에 숫자가 많지 않아서 그림 1-2의 계측기와 비슷해 보일 수 있다. 수동 계측기는 그림 1-3과 더 비슷해 보인다.

이후의 설명은 대부분 수동 계측기에 관한 것이다.

가격

계측기를 살 때 얼마를 지출할지 조언하는 것은 자동차 구매에 관해 조언하는 것과 같다. 가장 싼 차량과 아주 이국적인 차량 모델은 가격 차이가 100배가 날 수도 있다. 계측기도 마찬가지다. 가격은 시간이 지나면서 달라질 수도 있다.

그림 1-1의 계측기를 기준 모델로 삼아 이야

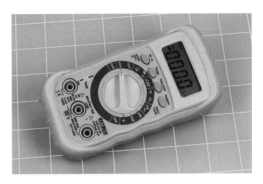

그림 1-2 자동 계측기.

그림 1-3 수동 계측기.

기를 계속해 보자. 이보다 비싼 계측기를 사면 어떤 장점이 있을까?

장점 중 하나는 수명이다. 내가 기준 모델을 오래 사용해 보지는 않았지만 보통 이런 제품은 계측기 전면부에 있는 선택 스위치 접합부가 시간이 지나면서 마모될 수 있다. 전자 장치에 대한 관심이 오래갈지 아직 잘 모르겠다면 이 문제는 그다지 중요하지 않을 수 있다.

비용을 더 많이 지불하면 기능이 더 많은 계측기를 살 수 있지만, 이를 잘 설명하기는 쉽지 않다. 기능을 설명하려면 용어도 알아야 하는데 '트랜지스터 테스트'란 말은 고사하고 전압과 암페어조차 아직 설명하지 않았기 때문이다. 따라서 계측기 전면부의 다이얼 주변에서 볼 수 있는 기호와 약어만 소개하고 중요한 항목이 무엇인지만 우선 설명한다. 이들의 정확한 의미는 책을 계속 읽어 나가면서 배울 것이다.

그림 1-4에서 빨간색으로 표시된 항목은 필수이다. 검은색은 있으면 좋지만, 이 책의 실험에 꼭 필요한 건 아니다.

다이얼 위치			
V	전압 (전기의 압력)	**A**	전류 (전기의 흐름)
Ω	전기저항 (단위: 옴)	**mA**	밀리암페어 (0.001암페어)
⊣⊢ 또는 **F**	정전용량 (단위: 패럿)	**Hz**	전기 주파수 (단위: 헤르츠)
⎓	직류(DC)	∼	교류(AC)
▸⊦	다이오드 테스트	⊣⊦	전지 테스트
•)) 또는 ♫	연속성 테스트 (계측기가 울린다)	**hFE** 그리고/또는 **NPN** **PNP**	트랜지스터 테스트

그림 1-4 계측기에서 가장 흔히 사용하며 선택 가능한 기호와 약어. 빨간색으로 표시한 항목은 꼭 필요하다.

계측기 제조업체는 지속적으로 사람들의 눈길을 끄는 기능을 추가하고 있지만 그중 상당수가 그다지 유용하지 않다. 다음은 실제로 필요하지 않은 기능의 예이다.

- NCV(no contact voltage)는 '무접촉 전압' 테스트를 뜻한다. 전기 콘센트나 전선 근처에 계측기를 가져다 대면 전기가 흐르는지 확인

할 수 있다. 그러나 이 기능을 이 책에서 사용할 일이 없다.

- 온도 측정. 측정기로 부품의 과열 여부를 확인할 수도 있지만, 이 책에서는 손가락으로 부품을 만져 보는 것으로도 충분하다.
- 최대/최소(Max/Min) 및 정지(Hold) 버튼. 빠르게 변하는 값을 확인할 때 유용하지만 이 책에서는 필요없는 기능이다.
- 표시 화면의 백라이트 기능. 부품을 사용해 작업할 때는 보통 괜찮은 탁상용 램프를 사용하기 마련이다. 따라서 계측기의 백라이트가 있을 필요는 없다.

그림 1-4 중 위에서부터 3줄까지 6개의 문자와 기호 앞에는 종종 승수(multiplier)가 붙는다. 예를 들어, m은 1,000분의 1의 값을 표시하는 승수이므로 mV라는 용어는 1볼트의 1,000의 1에 해당하는 1밀리볼트(millivolt)를 뜻한다. 그리스 문자 μ(발음은 '뮤')는 1,000,000분의 1을 뜻하는 승수이므로 용어 μA는 1암페어의 1,000,000분의 1에 해당하는 1마이크로암페어(microamp)를 뜻한다. 승수는 그림 1-5에 정리해 두었다.

- 소문자 m은 '1,000으로 나눈다', 대문자 M은 '1,000,000을 곱한다'는 뜻이다. 둘을 혼동하지 않도록 주의하자!

그림 1-5의 아래는 계측기에서 볼 수 있는 값의 범위를 보여 준다. 계측기 중에는 2로 시작하는 범위가 아니라 40, 400, 4K처럼 4로 시작하는

범위를 사용하는 제품도 있다. 어떤 계측기는 6으로 시작하는 범위값을 사용하기도 한다. 이 책의 실험에는 어느 쪽을 사용하든 크게 차이는 없다고 생각한다.

승수					
p '피코' 1/1,000,000,000,000,000			**m** '밀리' 1/1,000		
n '나노' 1/1,000,000,000			**k** '킬로' x 1,000		
μ '마이크로' 1/1,000,000			**M** '메가' x 1,000,000		
범위					
볼트(V) DC	200m	2	20	200	
볼트(V) AC	200m	2	20	200	
암페어(A) DC	200μ	2m	20m	200m	10 또는 20
암페어(A) AC	200μ	2m	20m	200m	10 또는 20
옴(Ω)	200	2K	20K	200K	2M	20M
패럿(F)	2n	20n	200n	2μ	20μ	200μ

그림 1-5 계측기에서 자주 사용하는 승수와 범위.

주어지는 범위가 넓은 편이 더 좋기는 하지만 이를 위해 비용을 더 많이 지불해야 할 수 있다. 빨간색으로 표시한 값이 가장 중요하고, 검은색 값은 선택 사항이라고 생각한다.

패럿(F) 값의 경우 해당 값을 계측하지 않는 계측기라면 표에서 표시한 범위는 무시한다. 그러나 패럿 값을 측정하는 계측기라면 해당 값을 확인할 수 있을 것이다.

이제 실생활에서 계측기 다이얼을 몇 가지 사용해서 범위가 어떤 식으로 표시되는지 알아보자. 그림 1-6에서 원형 다이얼 주변의 패널은 몇 개의 구역으로 나누어져 있는데 V나 A 같은 문자와 기호로 구분된다. V는 볼트 구역이다. 이 범위는 AC와 DC에 모두 적용되며, AC와 DC는

빨간색 동그라미로 표시한 검은색 스위치로 선택할 수 있다. AC와 DC의 차이를 분명히 모른다면 이 기능이 지금 당장 중요하지는 않다. 그림 1-6의 계측기는 볼트 범위가 200mV에서 200V 이상까지 사용 가능하며, 따라서 그림 1-5에서 내가 제안한 범위보다 더 넓은 범위를 지원하는 더 우수한 제품임을 알 수 있다.

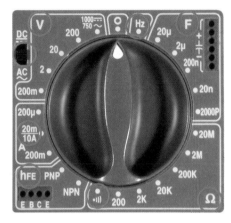

그림 1-6 이 책에서 필요한 기능을 모두 제공하는 계측기 다이얼.

다이얼 주위를 계속해 살펴보면 그림 1-4에서 보았던 주요 기능을 모두 갖추고 있으며(원으로 표시) 범위도 모두 표시되어 있음을 알 수 있다. 따라서 이 계측기는 꽤 잘 고른 듯하다.

이제 그림 1-7로 가 보자. 이 계측기에는 AC/DC 선택 스위치가 없다. 대신 다이얼에 각각에 해당하는 위치가 따로 존재한다. 왼편에는 문자 V에 DC를 뜻하는 기호가 붙어 있다. 오른편의 V에는 AC를 의미하는 물결선(~)이 붙어 있으며, 그 왼편으로 그에 해당하는 두 개의 다이얼 위치가 흰색으로 표시되어 있다. 600에 붙은 번개 표시는 '주의'라는 의미로 붙여 놓은 것으로,

그림 1-7 이 계측기 다이얼을 살펴보면 중요한 기능이 일부 빠져 있는 것을 알 수 있다. 자세한 내용은 본문을 참조한다.

실제로 600볼트 전압을 측정할 때는 아주 조심해야 한다. 이 책에서는 낮은 전압이 더 중요한데, 이 계측기에는 낮은 범위의 AC 전압에 대해서는 따로 표시가 없다. 나는 이 점이 조금 불만이다. 예를 들어 타이머 칩의 출력 등 변동하는 전압을 측정하고 싶을 때 측정이 어려울 수 있다. AC 암페어 측정 기능은 제공되지 않는 듯하다. DC 기호가 붙은 문자 A는 있지만 AC를 뜻하는 물결선이 붙은 문자 A는 보이지 않는다. 조금 실망스러운 부분이다.

이 계측기의 또 다른 단점은 패럿 단위의 커패시턴스를 측정할 수 없다는 것이다. 잠깐, 그렇다면 동그라미로 표시한 글자 F는 뭐란 말인가? 이건 패럿이 아니라 옆에 붙은 도($°$) 기호에서 알 수 있듯이 '화씨($°F$)'를 뜻한다. 혼동의 여지가 조금 있기는 하다. 특히 계측기에 온도 측정 탐침이 동봉되어 있지 않아서 이 기능을 사용할 방법이 없기 때문에 더 그렇다.

마지막으로 동그라미 친 곳은 2M으로, 측정

할 수 있는 최대 전기저항값이다. 실제로는 최댓값이 20M인 편이 좋다. 전반적으로, 이 계측기는 그다지 인상적이지 않다. 책의 실험에 사용할 수는 있겠지만 그림 1-1의 기본 모델보다 가격이 더 비싼데도 들인 돈에 비해 그만한 값어치를 하지는 못한다.

그렇다면 얼마만큼 돈을 들이면 되는 걸까? 그림 1-1의 기본 모델 같은 계측기가 온라인에서 X원에 판매되고 있다고 가정해 보자. 그러면 2X원에서 4X원 정도에 내가 추천한 모든 기능을 담은 제품을 구입할 수 있다. 테스트 용도로 구입한 그림 1-3 계측기는 3X원 정도였으며, 작동에도 문제가 없었다. 금액대를 높여 고른 자동 범위 조정 기능이 있는 그림 1-2의 계측기의 가격은 6X원 정도이다.

이 글을 쓰고 있는 시점에서 가장 맘에 든 것은 그림 1-8의 계측기다. 화면에 네 자리 숫자가 보인다. 이보다 저렴한 계측기 중에도 네 자리 화면이 부착된 것도 있지만, 화면에 표시되는 숫자의 개수가 세 개에서 네 개가 된다고 해서 계측기 내부의 전자 장치의 정확도가 10배 올라간다는 뜻은 아니다. 정확도를 알려면 제조업체가 제

그림 1-8 이 제품은 그림 1-1의 제품보다 약 20배 더 비싸다.

공하는 사양을 주의 깊게 비교해야 한다. 이 책의 목적상 값이 네 자리까지 정확할 필요는 없다.

그림 1-8 계측기의 유일한 문제는 비용이 20X 원이라는 점이다. 그러나 이것을 장기 투자로 생각할 수 있다. 나는 이 제품의 정확도에 만족하며, 이런 만족도가 몇 년간 지속되기를 바란다. 그러나 전자장치에 대한 관심이 얼마나 지속될지 아직 모르겠다면 이러한 고려 사항들이 그다지 중요하지 않을 수 있다.

위에서 제안한 내용을 모두 읽었는데도 여전히 어떤 계측기를 구입할지 확신이 서지 않는다면 실험 1, 2, 3, 4에서 계측기를 어떻게 사용하는지 조금 더 살펴본 뒤 결정해도 늦지 않다.

이것으로 계측기에 대한 자세한 설명은 마친다. 다른 제품의 구매 결정은 이보다 간단할 것이다.

보안경

전자부품으로 프로젝트를 진행하는 동안 눈이 다칠 위험에 노출되는 경우가 있다. 예를 들어, LED 등의 부품에서 부러지기 쉬운 전선이 튀어나온 곳을 자를 때, 이 잘린 부분이 얼굴로 날아올 수 있다.

저렴한 보안경이라도 적절한 보호 기능을 제공할 수 있으며, 보안경 대신 일반 안경을 쓸 수도 있다. 그림 1-9는 단순한 형태의 보안경을 보여 준다.

테스트 리드

테스트 리드(test lead)는 처음의 몇 가지 실험에

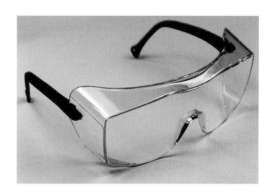

그림 1-9 보안경.

서 부품을 연결할 때 사용한다. 여기서 말하는 리드 유형은 '더블 엔드(double end)' 유형이다.

분명 전선은 끝(end)부분이 2개(double)인 게 당연하지 않은가? 맞는 이야기다. 그렇지만 여기서 말하는 더블 엔드는 그림 1-10처럼 양쪽 끝에 '악어 클립'이 달린 전선을 말한다. 스프링을 사용한 악어 클립은 무언가를 단단히 고정해 전기 연결을 만들어 주기 때문에 양손을 자유롭게 사용할 수 있다. 이 책의 실험에서는 그림처럼 아주 짧은 길이의 리드를 사용하는 편이 좋다. 길어도 작동에는 문제가 없지만 쉽게 엉킨다.

그림 1-10 테스트 리드.

양쪽 끝에 작은 단일 핀 플러그가 달린 점퍼선 (jumper wire) 유형의 테스트 리드는 필요 없다.

전원 장치

이 책의 거의 모든 실험에서 전원은 9V를 사용한다. 슈퍼마켓이나 편의점에서 판매하는 일반적인 9V 알칼리 전지를 사용하면 된다. 이름 있는 브랜드의 제품일 필요는 없다. 뒤에서 AC 어댑터(AC adapter)로 업그레이드하겠지만 지금 당장은 9V 전지로 충분하다.

9V 전지에는 양극과 음극 단자가 있다. 둘을 혼동해서는 안 된다! 양극 단자가 분명히 표시되어 있지 않으면 빨간색 마커로 표시한다.

- 실험 1~4에서는 9V 알칼리 전지(alkaline battery)만 사용한다. 더 큰 전지나 9V 이상의 전지는 사용하지 않는다. 리튬 전지는 위험하기 때문에 이 책의 프로젝트에서는 절대 사용하지 않는다는 점에 주의하자.

전지 커넥터(선택 사항)

이 책의 그림에서는 9V 전지의 단자에 악어 클립 테스트 리드를 연결해 사용하지만, 더 단단히 연결하려면 전지 단자에 맞는 똑딱이와 끝부분이 벗겨진 전선 2개가 달린 커넥터를 구입해 사용할 수도 있다(그림 1-11).

퓨즈

퓨즈(fuse)는 회로에 지나치게 많은 전류가 흐를 때 이를 차단한다. 그림 1-12와 같은 원통형

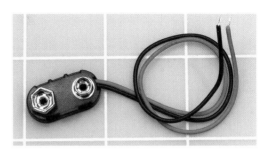

그림 1-11 9V 전지용 커넥터.

유리관 퓨즈나 자동차 부품 상점에서 파는 자동차용 퓨즈를 사용할 수 있다. 어떤 제품이든 정격 전류가 1A인 퓨즈 1개와 3A인 퓨즈 1개는 필요하다(원통형의 경우 끝의 금속 덮개 부분에 각각 1A와 3A라고 표시되어 있다). 그림은 직경이 5mm, 길이가 15mm인 2AG 사이즈 퓨즈를 확대한 모습이다.

원통형 퓨즈는 정격 전압이 보통 250V이지만 10V 이상인 제품도 있다. ('정격'이라는 용어는 제조업체가 해당 제품에 적정하다고 생각하는 최댓값을 의미한다.)

그림 1-12 직경 5mm, 길이 15mm의 2AG 사이즈 퓨즈를 확대한 모습.

발광 다이오드

LED(light-emitting diode)로 더 잘 알려져 있으며, 다양한 형태와 유형으로 판매된다. 이 책에서 사용할 LED는 정확히 말하면 LED 인디케이터

(LED indicator)이다. 제품 카탈로그에는 보통 표준 스루홀 LED(standard through-hole LED)라고 나와 있다. 이 책의 1판과 2판에서는 직경이 5mm인 LED가 다루기 더 쉬울 거라고 했지만, 3판에서는 3mm LED를 추천한다. 회로에 부품이 밀집해 있는 경우 3mm 제품이 공간활용 면에서 사용하기 더 수월하기 때문이다. 그림 1-13은 흔히 사용하는 빨간색 LED를 보여 준다.

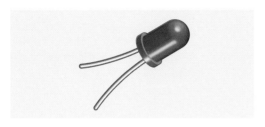

그림 1-13 표준 스루홀 LED 인디케이터를 확대한 모습.

이 책에서 나는 주로 빨간색 '일반' LED를 사용한다. 빨간색은 다른 색상보다 낮은 전류와 전압에서 작동해서 좋다. 일부 실험에서는 이 점이 중요하게 작용하기도 한다. '일반'이라는 표현은 손쉽게 구입할 수 있는 가장 저렴한 제품이라는 뜻이다. 아주 다양한 응용 방식으로 사용하기 때문에 최소한 10개 정도 가지고 있으면 유용하다.

일반 LED 중에는 투명한 플라스틱이나 수지를 사용한 제품이 있는데 전원을 넣으면 색을 띠는 점이 신기하게 느껴질 수도 있다. 그 외에 그림 1-13과 같은 LED는 산란형(diffuse)이라고도 하며 실제 방출하는 빛과 동일한 색상으로 착색한 플라스틱이나 수지를 사용한다. 다른 조건이 동일하다면 투명 LED가 더 밝은 빛을 내지만 보기에는 산란형 LED가 더 좋다.

저항

회로에서 사용하는 여러 부품의 전압과 전류를 제한하려면 다양한 저항(resistor)이 필요하다. 그림 1-14는 저항 2개를 확대한 모습이다(각각의 실제 길이는 약 1.3cm를 넘지 않는다). 뒤에서 색 띠를 보고 각 저항의 저항값을 구하는 방법을 설명할 것이다. 저항의 몸통 색은 그다지 중요하지 않다.

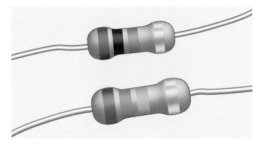

그림 1-14 두 가지 저항 샘플.

직접 저항을 구입하는 경우 크기가 너무 작고 값이 싸기 때문에 각 실험에서 정한 두세 가지 값의 저항만 구입하는 것은 어리석은 일이다. 여분 구매나 할인이 가능한 곳, 또는 이베이(eBay) 등의 사이트에서 대량 포장된 제품을 구입하자. 이 책의 각 실험에 필요한 저항의 부품값을 정확히 알고 싶다면 부록 A의 표를 확인한다.

철물

실험 5에서는 레몬 주스를 사용해 직접 전지를 만드는 법을 소개한다. 이 작은 프로젝트에는 구리 도금한 동전이나 표면이 구리로 된 물체와, 길이가 약 2.5cm인 플레이트 브라켓(그림 1-15) 등 아연으로 도금한 철물이 필요하다. 플레이트는

그림 1-15 아연 도금한 플레이트 브라켓. 길이가 약 2.5cm인 제품을 찾자. 작은 브라켓으로 대체할 수도 있다.

4개면 충분한데, 대신 작은 브라켓을 사용할 수도 있다. 이런 부품은 DIY 상점이면 어디서나 구입할 수 있다.

오래된 동전보다 새 동전이 때가 덜 타서 실험 효과가 더 좋다. 구리 도금 동전을 사용하지 않는 지역에 살고 있는 독자를 위해 부록 A의 구매 안내에서 대안을 몇 가지 소개해 두었다.

실험자 노트

매 실험마다 실험을 어떻게 설계했고 어떤 일이 일어났는지 기록해야 한다. 메모는 컴퓨터나 휴대폰으로도 할 수 있지만 옛날 방식의 종이 노트를 이용하는 것에는 몇 가지 장점이 있다. 항목을 업데이트하려고 앱을 실행할 필요가 없고, 실수로 데이터를 삭제할 위험이 없어 안전하다. 책상 구석에 놓고 쓰면 생각보다 유용할 것이다.

내 목록의 준비 물품은 이것으로 끝이다. 이제 실험을 시작해 보자!

전기를 맛볼 수 있을까? 전기 맛은 몰라도 전기를 느껴볼 수는 있다. 이 프로젝트는 전지를 이용한 헛바닥 테스트를 통해 저항에 대해 알려 준다.

실험 준비물

- 9V 알칼리 전지 1개
- 계측기 1개

이거면 충분하다!

주의: 9V를 넘기지 않는다

9V 알칼리 전지를 사용하면 다칠 일이 없다. 이보다 전압이 더 높은 전지나 더 높은 전류가 흐를 수 있는 대용량 전지는 사용하지 않는다. 자동차용 전지나 경보 장치용 전지는 절대 사용해서는 안 된다! 또한 치아 교정 때문에 입 속에 금속 보철을 하고 있다면 전지가 보철에 닿지 않도록 주의해야 한다.

혀에 대고 테스트해 보자

헛바닥을 촉촉이 적신 다음 그림 1-16처럼 혀끝을 9V 전지의 금속 단자에 갖다 대보자. (혀가 이 그림만큼 크지 않을 수도 있다. 적어도 내 혀는 이 정도로 크지 않다. 어찌 됐든 혀의 크기는 이 실험의 성공 여부와 관계가 없다).

따끔한 느낌이 드는가? 이제 전지는 옆으로 치워 두고 혀를 내밀어 휴지로 혀끝의 침을 완전히

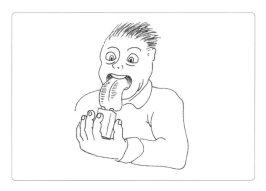

그림 1-16 용감한 메이커가 알칼리 전지의 특성을 테스트하고 있다.

닦아내자. 그런 뒤 전지를 혀에 다시 대보면 아까 보다는 덜 따끔하다.

- 아무 느낌이 없다면 어쩌나? 극소수이기는 하지만 피부가 비정상적으로 두껍거나 혀가 건조하거나 아니면 이 둘을 모두 갖춘 사람이 있다. 혀에 따끔거리는 느낌을 받지 못했다고 내게 이메일을 보낸 사람들이 지난 몇 년간 몇 명은 있었다. 이 경우 1~2리터의 물에 소금을 약간 녹여 혀를 적신 뒤 테스트해 보자. 분명 효과가 있을 것이다!

여기서 무슨 일이 일어난 걸까? 계측기를 사용해서 알아보자.

계측기 설정하기

새로 산 계측기라면 그 안에 전지가 이미 들어 있을 수도 있다. 다이얼을 돌려서 아무 기능이나 선택한 뒤 화면에 숫자가 나타나는지 확인해 보자. 화면에 아무것도 나타나지 않으면 사용하기 전에 계측기를 열어서 전지를 넣어야 할 수도 있다.

전지 넣는 방법이나 필요한 전지 유형이 계측기마다 천차만별이기 때문에 여기서 설명하기는 어렵다. 전지 넣는 방법은 계측기에 딸린 설명서를 확인한다.

계측기에는 빨간색 리드와 검은색 리드가 하나씩 제공된다. 나는 이 리드를 뒤에서 사용할 테스트 리드와 구별하기 위해 계측기용 리드라고 부를 것이다. 실제로 '리드'라는 용어는 장치나 부품을 연결하는 거의 모든 전선을 말할 때 사용한다.

각 계측기용 리드의 한쪽 끝에는 플러그가, 다른 한쪽 끝에는 강철 탐침(프로브)이 있다(그림 1-17 참조). 플러그를 계측기에 끼운 뒤 어떤 일이 일어나는지 확인하고 싶은 곳에 탐침을 갖다 댄다. 탐침은 전류를 측정하거나 전압을 감지할 수 있다. 이 책의 프로젝트에서는 낮은 전압과 전류를 다루며 이런 경우 탐침 때문에 다칠 위험은 없다(날카로운 끝으로 자기가 자기를 찌르는 경우는 예외다).

부수적으로 다른 형태의 계측기용 리드를 구입할 수도 있다. 아주 짧은 제품도 있고, 끝에

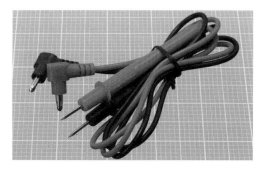

그림 1-17 일반적인 계측기용 리드. 바탕에 그어진 커다란 정사각형을 이루는 진한 흰 선의 간격은 2.5cm이고, 그 내부는 10칸으로 나누어져 있다.

악어 클립이나 미니 그래버라는 스프링이 장착된 작은 후크가 달려 있는 제품도 있다. 계측기에는 탐침이 달린 리드가 기본으로 제공되지만, 나는 짧은 리드와 미니 그래버가 달린 리드를 선호한다.

자, 계측기용 리드는 어디에 연결해야 할까? 이는 생각만큼 간단하지 않다.

먼저 검은색 리드부터 끼워 보겠다. 이 편이 더 수월하다. 검은색 리드의 플러그를 계측기 소켓 중 COM이라고 표시된 곳에 끼운다. 계측기마다 공통(common)으로 있는 소켓이라는 뜻이다. 앞으로 검은색 리드는 다시 빼낼 일이 없다.

그 외에 옆에 문자 V와 그림 1-18의 그리스 문자가 표시된 소켓이 있다. 오메가(omega)라고 읽으며 전기저항을 나타내는 단위이다.

그림 1-19 계측기용 리드를 끼우는 곳.

그림 1-20 다른 미터기의 경우. 리드를 끼우는 위치가 같다.

그림 1-18 그리스 문자 오메가는 전기저항을 나타내는 단위이다.

소켓 옆에 다른 기호도 표시되어 있을 수 있지만 V와 오메가 기호는 반드시 표시되어 있다. 이 기호들은 해당 소켓이 전기저항이나 전압을 측정할 수 있음을 나타낸다. 빨간색 리드는 이 소켓에 꽂는다(그림 1-19, 1-20 참조).

왼쪽에서 두 번째 소켓에는 밀리암페어를 뜻하는 mA가 쓰인 것을 볼 수 있을 텐데 이 소켓에 대해서는 뒤에서 설명한다. 10암페어 또는 20 암페어를 뜻하는 10A 또는 20A라고 표시된 가장 왼쪽 소켓도 보일 텐데, 이것 역시 나중에 다룬다. 지금은 이 두 소켓을 사용하지 않는다.

전기저항이란 무엇인가?

전기저항은 전류의 흐름을 감소시킨다. 혀뿐만이 아니라 세상의 거의 모든 물질에는 최소한 어느 정도의 저항이 존재한다.

거리를 측정할 때는 마일이나 킬로미터 단위를 사용하고, 온도를 측정할 때는 섭씨와 화씨를 사용하는 것처럼 전기저항을 측정할 때는 옴 (ohm)이라는 단위를 사용한다. 옴은 전기 분야의 선구자 게오르그 시몬 옴의 이름을 딴 국제 표준 단위이다. 옴을 표시할 때는 그리스 문자 오메가(그림 1-18)를 사용한다.

999옴을 넘는 저항이라면 킬로옴(kilohm), 즉, 1,000옴을 나타내는 대문자 K를 사용한다. 의미를 분명히 하기 위해 K 뒤에 오메가 기호를 인쇄하는 경우도 있지만, 그렇지 않은 경우가 더 많다. 예를 들어 1,500옴의 저항은 보통 1.5K로 표시한다. 999,999옴보다 큰 전기저항은 메가옴(megohm), 즉 1,000,000옴을 뜻하는 대문자 M을 사용한다. 말로 할 때는 메가옴을 '메그'라고도 한다. 누가 "2.2메그 레지스터"라고 말하면, 이때 전기저항이 2.2M라는 뜻이다.

1K = 1,000옴

1M = 1,000K = 1,000,000옴

그림 1-21은 저항값을 변환한 표를 보여 준다.

옴	킬로옴	메가옴
1Ω	0.001K	0.000001M
10Ω	0.01K	0.00001M
100Ω	0.1K	0.0001M
1,000Ω	1K	0.001M
10,000Ω	10K	0.01M
100,000Ω	100K	0.1M
1,000,000Ω	1,000K	1M

그림 1-21 저항 단위 변환 표

유럽에서는 저항값에 소수점 대신 R, K, M을 사용하기도 한다. 이는 실수를 줄이기 위한 것이다. 인쇄가 잘못되면 소수점이 사라져 버릴 수 있기 때문이다. 따라서 유럽의 회로도에서 5K6는 5.6K를, 6M8은 6.8M을, 3R3은 3.3옴을 뜻한다. 여기에서는 유럽식 표기 방식을 사용하지 않지만 다른 회로도에서 보게 될 수도 있다.

전기저항이 매우 높은 물질을 절연체(insulator)라고 한다. 다양한 색의 전선 피복 등 대부분의 플라스틱(일부 제외)이 절연체에 속한다.

전기저항이 매우 낮은 물질은 도체(conduc-

tor)라고 한다. 구리, 알루미늄, 은, 금 같은 금속이 훌륭한 도체이다.

여러분의 혀는 절연체일까 도체일까? 지금부터 알아보자.

혀로 판단하기

계측기 전면의 다이얼을 살펴보면 오메가 기호가 표시된 곳이나 해당 기호가 붙은 값들을 볼 수 있다. 자동 범위 조정 계측기라면 다이얼을 그림 1-22에서처럼 오메가 기호가 있는 쪽으로 돌려주기만 하면 된다. 그런 뒤 탐침 2개를 2.5cm 정도 간격으로 벌린 상태로 혀에 가져다 대고 계측기가 자동으로 범위를 정할 때까지 기다린다. 수치를 표시하는 화면에 문자 K가 나타나는지 주의해서 본다.

그림 1-22 자동 범위 조정 계측기에서 저항값 선택하기.

수동 범위 조정 계측기라면 값의 범위를 직접 정해 주어야 한다. 이를 위해 예상하는 값 중에 최댓값을 선택한다. 계측기는 해당 값까지만 저항값을 측정하며, 그 이상은 측정하지 않는다. 혓바닥의 저항값을 측정할 때 값은 200K(200,000옴)나 400K(400,000옴) 정도로 설정하면 적당하다. 수동 계측기를 확대한 그림 1-23과

그림 1-23 범위를 설정해야 하는 수동 범위 조정 계측기.

그림 1-24 다른 계측기 제품. 기능은 동일하다.

1-24를 참고한다.

헛바닥의 저항값이 200K 이상이라면 어떻게 될까? 수동 계측기라면 오류 메시지를 표시한다. 연결 없음(open leads)을 뜻하는 OL이 흔히 사용되는데, 계측기가 계측기용 리드에 연결된 물체가 없다고 판단하기 때문이다. 이 경우는 어떻게 해야 할까? 계측기 다이얼을 그보다 높은 2M 등의 값 쪽으로 돌려 주기만 하면 된다. 보통 혀의 저항이 그보다 높을 일은 없다.

• 화면에 OL 메시지가 뜨면 범위를 바꿔 본다.

헛바닥의 저항값이 얼마든 간에 해당 값을 실험 노트에 기록해 둔다. 이 값은 나중에 참고용으로 사용한다.

이제 탐침을 치우고 헛바닥을 내밀어 앞에서 했던 것처럼 휴지로 물기가 없을 때까지 조심해서 꼼꼼히 닦아낸다. 혀에 침을 바르지 않은 상태로 다시 실험해 보면 저항값이 전보다 높아질 것이다.

헛바닥 실험을 통해 얻을 수 있는 두 가지 결론은 다음과 같다.

• 혀를 전지에 가져다 댔을 때 헛바닥에 물기가 많을수록 더 많은 전류가 흐르며 그로 인해 느껴지는 찌릿함도 커지는 듯하다.
• 계측기를 사용했을 때 물기가 많으면 저항값이 낮아지는 듯하다.

아직까지는 그 무엇도 증명하지 못했기 때문에 결론의 문장을 '듯하다'라로 끝냈다. 이 모든 것은 아직 가설일 뿐이다. 실제로 저항값이 줄어들수록 흐르는 전류가 늘어난다 하더라도 그 정확한 값을 알고 싶다. 또, 그와는 별개로 '전류'란 정확히 무엇인지 알고 싶다. 다음의 몇 가지 실험에서 이런 질문에 대한 답을 얻게 될 것이다. 실험 4가 끝날 때쯤이면 모든 수수께끼가 풀릴 것이다.

헛바닥의 저항값을 알 수 없고 OL 오류 메시지만 뜬다면 어떻게 해야 할까? 먼저 식기 세제 등으로 탐침을 씻은 뒤 치약같이 마모성이 약한 무언가로 탐침을 닦아낸다. 욕실 세제같이 마모성이 강한 세제를 쓰면 탐침의 도금이 손상되니 피하는 편이 좋다. 탐침을 씻고 나면 물로 헹구고 건조한다.

이렇게 했는데도 저항값을 얻지 못하면 전지로 테스트했을 때처럼 혓바닥에 소금물을 바른다.

기타 전기저항

실험을 제대로 하면 임의의 요인이 간섭하지 않아 항상 같은 결과를 얻게 된다.

혓바닥 테스트에는 임의의 요인, 조금 더 정확히 말하면 미통제 변인(uncontrolled variable)이 가득하다. 혓바닥의 물기도 한 가지 변인이었다. 탐침 사이의 간격도 변인 중 하나라고 생각하는데, 이를 확인해 볼 수 있다.

계측기 탐침끼리 서로 0.5cm 정도만 벌린 뒤 젖은 혓바닥에 대 보자. 이제 탐침을 2.5cm 정도 벌린 뒤 다시 대 보자. 계측기의 값은 얼마인가?

• 전기가 짧은 거리를 이동할 때는, 다른 조건이 동일하다고 할 때 저항을 적게 받는다.

그림 1-25처럼 이와 비슷한 실험을 팔에 대고 해 볼 수도 있다. 계측기에 값이 나타나지 않는다면 피부에 물을 발라준다. 탐침의 간격을 일정하게 (예를 들면 0.5cm씩) 늘려 가면서 계측기가 표시하는 저항값을 확인해 보자. 탐침 사이의 간격을 두 배로 늘리면 계측기의 저항값도 두 배가 될까?

여기서 아직 다루지 않은 변수가 하나 더 있는데, 바로 탐침이 피부에 가하는 압력이다. 나는 탐침을 세게 누를수록 저항이 줄어들 거라고 생각한다. 이를 증명할 수 있을까? 왜 전기저항이 줄어들 거라고 생각하는가? 해당 변수를 제거하려면 어떤 식으로 실험을 설계해야 할까?

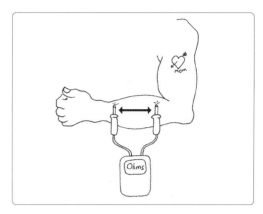

그림 1-25 탐침 사이의 간격을 바꿔 가며 계측기의 값을 확인해 보자.

피부의 전기저항 측정이 지겨워졌다면 탐침을 물컵에 담가 볼 수도 있다. 이제 물에 소금을 조금 녹인 뒤 실험을 반복해 보자. 분명 물이 전기를 전달한다는 이야기를 들어본 적이 있겠지만, 이게 그렇게 간단한 이야기는 아니다. 순수한 물은 상대적으로 전기저항이 크다. 이 사실은 증류수를 구해 직접 확인해 볼 수 있다. 증류수는 보통 슈퍼마켓에서 저렴하게 구입할 수 있다. 소금이나 기타 불순물은 저항값을 낮춰 준다.

이런 실험에서 일어나는 일을 더 잘 이해하려면 전기의 흐름인 전류(current)에 대해 더 많이 알아야 한다. (전류는 전류량(amperage)이라고도 한다.) 실험 2에서는 전류를 측정하는 방법을 소개한다.

저항을 발견한 인물

1787년 독일 바이에른에서 태어난 게오르그 시몬 옴(그림 1-27)은 인생의 태반을 무명으로 지내며 자신이 직접 만든 금속 전선을 사용해 전기의 성질을 연구했다(트럭을 타고 가서 초인종을

그림 1-26 게오르그 시몬 옴. 선구적인 연구로 영예를 얻었지만 그의 연구 내용은 상대적으로 많이 알려져 있지 않다.

연결할 수 있을 만큼의 길이가 되는 전선을 파는 전문 공구 매장이 1800년대 초에는 없었다).

옴은 자원과 수학적 능력이 부족했음에도 1827년 일정한 온도에서 구리 등 도체의 전기저항이 단면적에 반비례하고 도체를 통과해 지나가는 전류는 도체에 걸리는 전압에 비례한다는 사실을 실제로 시연해 보일 수 있었다. 그로부터 14년 후 런던 왕립학회는 마침내 옴의 공로를 인정해 그에게 코플리 메달을 수여했다. 오늘날 그의 발견을 옴의 법칙(Ohm's Law)이라고 부른다. 실험 4에서는 직접 옴의 법칙을 발견할 수 있을 것이다(물론 첫 발견은 아니다).

정리와 재활용

실험을 끝낸 후에도 전지는 거의 새것과 같을 것이다. 그러니 다음번에 다시 사용할 수 있다.

계측기를 넣어두기 전에 전원을 꺼야 한다는 점을 잊지 말자. 대부분은 일정 시간이 지나면 계측기가 자동으로 꺼지거나 전원이 켜져 있다는 알림음이 울리지만 계측기를 즉시 끄면 전지를 더 오래 쓸 수 있다.

실험 2 흐름 따라가기

이번 실험에서는 첫 번째 전기회로를 만들고 LED를 한계치까지 사용하며 전류에 대해 배워볼 것이다.

실험 준비물

- 9V 전지 1개
- 15옴 저항(갈색-초록색-검은색) 1개
- 150옴 저항(갈색-초록색-갈색) 1개
- 470옴 저항(노란색-보라색-갈색) 1개
- 1.5K(1,500옴) 저항(갈색-초록색-빨간색) 1개
- 빨간색 일반 LED 2개
- 테스트 리드(빨간색 1개, 검은색 1개, 기타 색 1개)
- 계측기 1개

저항값 확인하기

전기회로에는 전기저항을 추가해 주어야 할 경우가 종종 있는데, 그 이유에 대해서는 곧 배울 것이다. 전기저항은 저항(resistor, 엄밀히 말하면 저항기)이라는 부품을 사용해 아주 쉽게 추가할 수 있다. 저항의 값은 옴으로 측정된다.

이 책의 프로젝트를 만들기 위해 구입한 저항에 제품명이 붙어 있지 않을 수도 있다. 하지만 제품명이 없어도 저항의 부품값을 알 수 있다. 먼저 해당 값을 측정하는 방법을 설명하고, 다음으로 저항의 값을 판독하는 방법을 설명한다.

저항 중에는 그림 2-1처럼 확대경으로 보아야

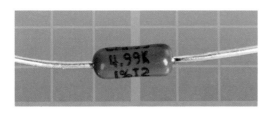

그림 2-1 흔치 않게 저항값이 인쇄된 저항.

읽을 수 있을 정도로 작은 크기로 숫자 값을 명확하게 써 놓은 제품이 있다. 그렇지만 안타깝게도 대부분의 제조업체는 저항에 부품값을 숫자로 표시해 두지 않는다. 대신 색상 코드를 사용한다.

이 실험의 준비물 부품 목록에는 각 저항에 그려진 띠의 색상을 명시해 두었다(그림 2-2 참조). 저항에서 나온 전선은 계측기의 리드나 양끝에 악어 클립이 달린 테스트 리드와 다르게 생겼지만 마찬가지로 리드(lead)라고 부른다. LED에 붙은 전선도 리드라고 한다.

혹시 저항에 그림 같은 금색 띠가 아닌 은색 띠가 있을 수도 있지만, 이는 크게 상관없다. 차

이점은 조금 뒤에서 설명한다.

우선 저항의 부품값을 확인해 보자. 실험 1에서처럼 빨간색 계측기용 리드를 계측기의 VΩ 소켓에 끼워 둔 상태인지 확인한다. 15옴 저항의 저항값은 혀보다 훨씬 낮기 때문에 저항 범위를 바꿔 주어야 한다. 보통 가장 낮은 값이 200옴이니 이 값을 선택해 보자.

저항은 어느 방향으로 연결해도 된다. 어느 쪽이라도 차이는 없다. 저항을 나무나 플라스틱 같이 전기가 통하지 않는 물체에 올려 놓고 탐침의 플라스틱 손잡이를 잡는다. 저항값을 측정할 때 탐침 끝의 금속 부분을 만지면 내 몸의 저항도 측정하게 되는데, 이런 일을 바라지는 않을 것이다(그림 2-3 참조).

연결을 확실하게 하려면 탐침으로 저항의 리

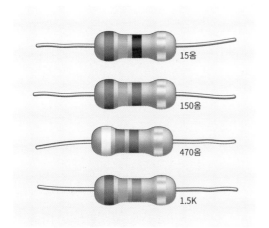

그림 2-2 실험에 필요한 저항.

15옴
150옴
470옴
1.5K

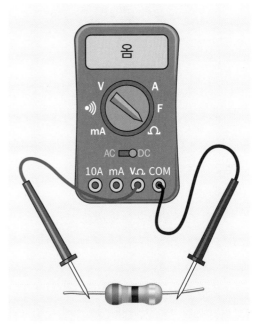

그림 2-3 15옴 저항의 저항값 확인하기.

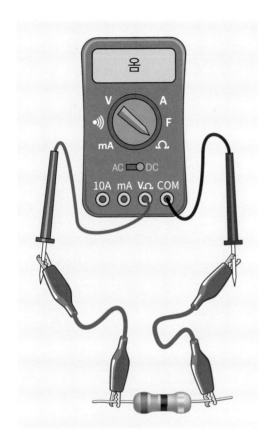

그림 2-4 테스트 리드로 저항 고정하기.

드를 세게 누른다. 탐침으로 누르기가 어색하다면 그림 2-4같이 테스트 리드를 몇 개 추가할 수도 있다. 이렇게 하면 손으로 고정하지 않고도 저항을 테스트할 수 있으며, 그 결과도 직접 탐침을 댈 때와 거의 같을 것이다.

측정한 저항값은 노트에 기록한다. 15옴 저항을 150옴 저항으로 교체해 보자. 저항을 측정하고 나면 다음에는 470옴 저항으로 바꾸고 측정해 보자. 이번에는 OL 오류 메시지가 뜰 것이다. 오류 메시지를 없애려면 다이얼의 측정 범위를 200옴에서 2K로 변경해야 한다. 마지막으로

1.5K 저항으로 측정해 보자.

분명 측정값이 기대한 값과 완전히 같지는 않을 것이다. 나의 경우 측정값은 각각 15.1옴, 148옴, 467옴, 1,520옴이었다.

이렇게 전자부품의 기초적인 사실을 알게 되었다.

• 측정값은 절대 정확하지 않다.

계측기가 반드시 정확한 것은 아니며 저항의 값도 정확하지 않다. 실온 등 여러 요인의 간섭이 존재하며 전기저항에 영향을 미친다. 또 계측기의 탐침과 저항의 리드 사이에도 미약하지만 저항이 존재한다. 우리 목표가 가급적 정확한 측정값을 얻는 것이기는 하지만 완전히 정확한 측정값을 얻기란 불가능하다. 전자부품을 다룰 때의 상황이 그렇다.

저항값 판독하기

이제 저항의 값을 비슷하게나마 확인했으니 이번에는 이들 값을 판독하는 방법을 알아보자. 판독 방법은 그림 2-5와 같으며 다음의 순서를 따른다.

• 저항의 몸체 색상은 무시한다.
• 은색이나 금색 띠가 있다면 해당 띠가 오른쪽에 오도록 저항의 위치를 바꿔 준다. 은색 띠는 저항값의 정확도가 표시 값의 10% 이내, 금색 띠는 5% 이내라는 뜻이다. 이 백분율 값을 저항의 허용오차(tolerance)라고 한다. 저

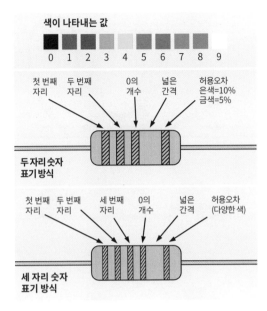

색이 나타내는 값

0 1 2 3 4 5 6 7 8 9

첫 번째 자리 / 두 번째 자리 / 0의 개수 / 넓은 간격 / 허용오차 은색=10% 금색=5%

두 자리 숫자 표기 방식

첫 번째 자리 / 두 번째 자리 / 세 번째 자리 / 0의 개수 / 넓은 간격 / 허용오차 (다양한 색)

세 자리 숫자 표기 방식

그림 2-5 저항 색 표시 체계.

항 중에는 허용오차가 1% 이내이거나 그보다 더 작은 제품도 있는데, 이때는 은색이나 금색 띠가 아닌 다른 색띠를 사용한다. 띠 색에 관계없이 오차를 나타내는 띠와 다른 색띠의 간격은 다른 색띠끼리의 간격보다 더 넓은 것을 알 수 있다.

- 저항의 왼쪽 끝에는 색띠가 3~4개 있다. 색띠 3개가 서로 모여 있는 경우 처음 2개는 저항값의 첫 두 자리 숫자 배열을 알려준다. 4개인 경우 처음 3개로 저항값의 첫 세 자리 숫자 배열을 알 수 있다.
- 모여 있는 색띠의 마지막 색띠는 저항값 숫자 뒤에 붙는 0의 개수를 알려준다.

예를 들어 1.5K 저항을 보자. 색의 순서는 갈색 (1), 초록색(5), 빨간색(0이 2개)이다. 따라서 저

항값은 1,500옴, 즉 1.5K가 된다.

모여 있는 색띠가 4개인 저항은 허용오차가 5%보다 낮을 수 있다. 그러나 이 책의 프로젝트에서 정확한 허용오차가 얼마인지는 중요하지 않다.

신비한 숫자의 비밀

저항을 확인하거나 인터넷으로 저항을 사 보면 같은 숫자 쌍이 반복해서 등장하는 것을 눈치챌 수 있을 것이다. 백 단위 저항값으로는 100, 150, 220, 330, 470, 680이 자주 보인다. 천 단위라면 1.0K, 1.5K, 2.2K, 3.3K, 4.7K, 6.8K이 흔하다. 십 단위에서는 10, 15, 22, 33, 47, 68이 주로 보인다. 그 이유는 무엇일까?

과거에는 값이 정확하도록 저항을 제조하기가 어려웠기 때문에 허용오차가 20%로 높았다. 즉, 실제 저항값이 원하는 값보다 20% 더 높거나 낮을 수 있었다. 이를 적용해 계산해 보면 15K 저항의 실제 저항값은 12K까지 낮아질 수 있었다.

15K – 15K * 20% = 12K

반면 10K 저항의 저항값은 20% 더 높은 값을 가질 수 있었는데, 계산 결과는 다음과 같다.

10K + 10 * 20% = 12K

따라서 15K 저항과 10K 저항은 모두 같은 저항값을 가질 수 있었기 때문에 그 중간 값으로 저항을 제조할 이유가 없었다.

그림 2-6은 이를 잘 보여 준다. 흰색 숫자는 제조업체가 제조하고자 하는 저항값인 공칭값(norminal value)을 뜻한다. 따라서 가능한 값의 범위(±20%)가 가급적 겹치지 않도록 얼마나 영리하게 저항값을 선택했는지 알 수 있다.

오늘날에는 훨씬 더 정확한 값을 가지도록 저항을 제조하지만, 모두가 옛날의 값 범위를 사용하는 습관이 들었기 때문에 지금도 여전히 이런 값의 저항을 찾으려 할 가능성이 높다. 따라서 이 책에서는 이 점을 염두에 두고 이런 값의 저항을 사용했다.

공칭값보다 20% 작은 값	0.8	1.2	1.76	2.64	3.76	5.44
공칭값	1.0	1.5	2.2	3.3	4.7	6.8
공칭값보다 20% 큰 값	1.2	1.8	2.64	3.96	5.64	8.16

그림 2-6 계측기의 원래 저항값 범위와 ±20%를 적용한 값의 범위.

첫 번째 전기회로

빨간색 LED 중 하나를 보자. 옛날 전구는 열로 변환되는 전기가 많아 전력을 상당량 낭비한다. 하지만 LED는 이보다 훨씬 뛰어나다. LED는 전력의 대부분을 빛으로 변환하기 때문에 제대로만 사용하면 반영구적으로 사용할 수 있다.

그렇다면 제대로 사용하지 않았을 때는 어떤 일이 생길까? 이번 기회에 알아보자.

먼저 1.5K 저항부터 시작해 보자. 갈색-초록색-빨간색 띠가 있는 저항이다. 테스트 리드로 저항을 9V 전지의 음극과 연결하자. 저항은 어느 방향으로 연결해도 된다. 어느 쪽이든 상관없다.

이번에는 다른 테스트 리드로 그림 2-7처럼 LED를 연결한다. LED는 그림을 참조해 올바른

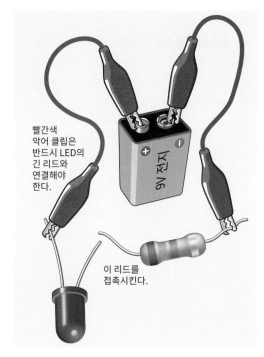

빨간색 악어 클립은 반드시 LED의 긴 리드와 연결해야 한다.

이 리드를 접촉시킨다.

9V 전지

그림 2-7 LED 테스트하기.

방향으로 연결하도록 주의해야 한다.

- LED에 전류를 흘릴 때, LED의 긴 리드 쪽이 길이가 더 긴(+) 것과 마찬가지로 긴 리드 쪽의 전압이 짧은 리드보다 반드시 더 양(+)인 쪽에 연결해야 한다.

LED와 저항의 리드 중 테스트 리드와 연결되지 않은 리드를 서로 접촉시킨다. LED에 불이 들어왔다! 놀랍지 않은가. 이것으로 첫 번째 회로를 완성했다.

극성

전지 등 전력원을 다룰 때 반드시 기억해야 할 사항은 다음과 같다.

- 플러스(+) 기호는 항상 '양극'을 뜻한다.
- 마이너스(-) 기호는 항상 '음극'을 뜻한다.
- 양극과 음극을 구분하는 경우 극성(polarity)이 있다고 한다.

제조업체나 책에 담긴 정보에 LED 등 부품이 극성이 있다고 쓰어 있으면 해당 부품은 올바른 방향으로 연결해야 한다.

LED의 짧은 리드를 양의 전압과 연결하면 역극성(reverse polarity)으로 인해 LED가 작동하지 않는다. 이는 LED 수명을 단축시킬 수도 있다.

만드는 회로에 맞춰 LED의 리드를 잘라 버렸는데 어느 쪽이 긴 리드인지 기억이 나지 않는다면 어떻게 해야 할까? 걱정하지 말라! 사용 중인 유형의 LED는 리드가 연결된 둥근 부분에 납작하게 깎인 곳이 있는데 이쪽이 짧은 리드(음극)이다.

회로도

그림 2-8을 본 뒤 그림 2-7과의 공통점을 찾아보자. 그림 2-8은 기호를 사용해 같은 회로를 다시 그린 것이다. 이런 그림을 회로도라고 한다. 이해하기 쉽고 공간도 그다지 차지하지 않기 때문에 이 책에서는 회로도를 사용한다. 실험 6에서는 회로도 기호의 예를 더 많이 볼 수 있다.

그림 2-8에서 극성의 예를 살펴보자.

- 전지 기호 중 긴 선은 전지의 양극을 표시한다.
- LED 기호 내부의 큰 삼각형은 언제나 양극에서 음극으로 향하도록 표시한다.
- 작은 화살표는 해당 부품이 발광 다이오드임

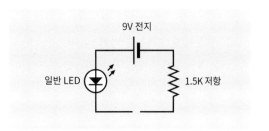

그림 2-8 LED 회로의 회로도.

을 보여주기 위한 것이다. (다이오드 중에는 발광하지 않는 유형도 있다.)

유럽에서는 저항의 회로도 기호로 직사각형을 사용하며, 그 안에 값을 표시한다. 이 책에서는 미국에서 사용하는 톱니 모양의 기호를 사용한다. 유럽에서도 톱니 모양의 기호를 사용하는 경우도 있다.

LED에 과부하 걸어 주기

이제 1.5K 저항을 회로에서 분리한 뒤 저항이 150옴인 갈색-초록색-갈색 저항으로 교체해 보자. 무슨 일이 일어날까? LED의 밝기가 눈에 띄게 밝아진다.

혓바닥을 적셨을 때 저항이 줄어서 9V 전지에 혀를 댔을 때 따끔한 느낌이 커졌다. 마찬가지로 회로의 저항을 줄이면 LED에 따끔함이 증가한다.

LED를 더 밝게 만들 수 있을까? 어떤 일이 일어날지 추측해 볼 수 있겠지만 추측만으로는 충분하지 않다. 150옴 저항을 제거하고 15옴 저항으로 교체하되 전선은 연결하지 않은 상태로 두자.

전자부품에 대해 조금이라도 아는 사람이라면 이 시점에서 "아니, 아니야, 그러지 마!"라고 말할 것이다. 그렇지만 누가 무언가를 하지 말라고 하면 나는 언제나 그 일을 했을 때 어떤 일이 일어날지 궁금해진다.

여기서 한 가지 주의할 점이 있다. 전선끼리 오래 갖다 대고 있으면 전선이 살짝 뜨거워질 수 있다. 조심성이 아주 많은 사람이라면 장갑을 사용하자.

LED의 리드를 15옴 저항에 갖다 대면 잠시 동안 LED가 아주 밝아지지만 계속 켜져 있기에는 지나치게 밝다. 결국 LED는 빛이 사그라들어 희미한 빛만 내게 된다.

LED 중에는 이 반응이 더 극적인 것도 있다. 그 이유는 나도 잘 모르겠다. 과부하가 걸렸을 때 LED가 반으로 쪼개진 경우가 있었다고 말한 독자도 있었다. 나도 시도해 봤지만 이런 현상을 직접 목격한 적은 없다. 3mm LED가 5mm LED보다 더 빠르게 망가지는 것은 분명하다.

어쨌거나 이제 전자부품을 망가뜨리기가 얼마나 쉬운지 알게 되었다. 일단 과부하가 걸리면 LED는 다시 제대로 작동하지는 않으니 버려야 한다. 배움을 위해 LED가 목숨을 바쳐 희생했다. LED가 전자공학의 놀라운 성과이기는 하나 다행히도 가격이 비싸지 않다.

문제는 LED가 타 버린 정확한 이유가 무엇이냐 하는 것이다. 전류가 너무 많이 흘렀을 수도 있다. 그러나 다시 반복하지만 나는 추측을 좋아하지 않는다. 따라서 전류를 측정하는 방법이 필요하다. 이 문제는 계측기가 해결해 줄 것이다.

그전에 먼저 전류의 정의를 알아보자.

전류 정의하기

전류는 초당 전기의 흐름을 말하며 암페어(ampere, amp) 단위로 측정된다. 전기의 흐름은 전하를 운반하는 작은 입자인 전자(electron)로 이루어진다. 인간의 감각이 전선을 통과하는 전자를 셀 수 있을 정도로 빠르다면 1암페어의 전류가 흐르는 1초 동안 전자 625경 개가 지나가는 것을 측정할 수 있을 것이다.

암페어 기초 지식

암페어는 전류의 국제 단위로, 약어로는 대문자 A를 사용한다. 1밀리암페어(mA)는 0.001암페어(A)이고, 1마이크로암페어(μA)는 0.001밀리암페어이다.

1mA = 1,000μA

1A = 1,000 mA = 1,000,000μA

그림 2-9는 각 값의 변환을 보여 준다.

마이크로암페어	밀리암페어	암페어
1μA	0.001mA	0.000001A
10μA	0.01mA	0.00001A
100μA	0.1mA	0.0001A
1,000μA	1mA	0.001A
10,000μA	10mA	0.01A
100,000μA	100mA	0.1A
1,000,000μA	1,000mA	1A

그림 2-9 전류 단위 변환표.

전류 측정하기

내가 지금껏 보아 온 계측기에는 처리할 수 있는 최대 암페어 값인 **10A** 또는 **20A**를 표시한 전류 측정용 소켓이 있었다. 그러나 여기에서는 그 정도로 높은 전류를 측정하지 않는다.

또한 계측기에는 더 작은 전류를 측정할 수 있도록 **mA**(밀리암페어)라고 표시된 소켓도 있다. 해당 소켓의 최댓값은 보통 소켓 옆에 인쇄되어 있다. 200mA가 보통이지만 400mA인 제품도 있다. 계측기를 주의 깊게 살펴보고 몇 밀리암페어까지 견딜 수 있을지 기억해 두자.

mA 소켓은 다른 소켓과 따로 떨어져 있는 것이 보통이지만 항상 그런 것은 아니다! 계측기 중에는 볼트, 옴, mA 측정용 소켓을 하나에 통합시켜 놓은 것도 있다. 그 예가 그림 2-10이다. 이 계측기는 COM 소켓이 가운데에 있다는 점에서 특이하지만, 작동 방식은 다른 제품과 동일하다. 오른쪽 소켓에는 볼트, 옴, 마이크로암페어, 밀리암페어라고 분명하게 표시되어 있다.

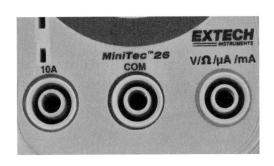

그림 2-10 이 계측기는 하나의 소켓으로 볼트, 옴, μA, mA를 모두 측정할 수 있다.

이런 기능이 있으면 좋다. 특별한 일이 없는 한 빨간색 리드를 한 소켓에 꽂은 채로 두면 되기

때문이다. 그러나 여러분의 계측기에는 mA용 소켓이 따로 있을 수도 있으며, 실제로 그런 제품도 많다. 이전 실험에서 소개한 계측기(그림 1-19, 1-20 참조)는 이런 식으로 구성되어 있다.

전류를 측정하려면 전류가 계측기를 통과해 흘러야 한다. 지나치게 많은 전류가 흐르면 계측기 내부의 퓨즈가 끊어질 수 있기 때문에 어느 정도 주의가 필요하다. 퓨즈가 끊어지면 교체를 위해 계측기를 열고 퓨즈를 꺼내 확인한 뒤 이와 정확히 일치하는 유형의 퓨즈를 온라인에서 찾아야 한다. 이 경우 주문한 계측기가 도착하기를 기다리는 동안 전류 측정이 불가능하다. 저렴한 계측기 중에는 퓨즈가 소켓 방식으로 연결되어 있지 않아서 제거가 어려운 제품도 있다. 그러니 계측기에 지나친 전류를 흘려보내지 않도록 하자. 사전에 몇 가지만 주의하면 그런 일은 발생하지 않는다. 내 경우 계측기 퓨즈가 마지막으로 끊어진 게 5년쯤 전인데, 또 이런 일이 발생할 경우를 대비해 여분으로 퓨즈를 몇 개 더 사 두었다.

이번 실험에서 사용하는 회로의 경우 계측기의 mA 소켓이면 안전하게 사용할 수 있다. 이미 25mA 이상을 측정하지 않을 것임을 알고 있기 때문이다. 다이얼을 돌려 범위의 최댓값(보통 200mA)에 맞추자.

내가 측정할 전류 세기를 알려주지 않았다면 어떻게 해야 했을까? 전류 세기를 계산하거나(4장에서 설명) 10A(또는 20A)라고 표시된 소켓부터 시작해서 값을 낮춰가며 작업할 수 있다.

LED 회로의 전류

새 LED를 사용해 회로를 다시 만들어 보자. 이번에는 1.5K 저항인지 확인하고 사용한다. 당연한 이야기지만 150옴 저항은 물론 15옴 저항도 안된다. 불필요하게 LED를 낭비하고 싶지 않다.

그림 2-11처럼 회로에 계측기를 설치하고 빨간색 리드가 VΩ 소켓이 아닌 **mA** 소켓에 꽂혀 있는지 확인한다(계측기에 mA 소켓이 별도로 있는 경우).

- 전류를 측정할 때 계측기가 회로와 연결되어 있는 상태에서 전류가 회로를 통과한다는 점을 기억하자.

전류는 전지의 양극 단자에서 출발해 계측기와 LED, 저항을 순서대로 통과한 뒤 전지의 음극 단자로 돌아간다.

계측기의 검은색 리드를 LED의 긴 리드와 연결하기가 걱정스러울 수 있다. 그러나 이렇게 연결해도 크게 나쁘지 않다. 그 이유는 다음과 같다.

- 계측기의 빨간색 리드는 검은색 리드보다 더 양의 값을 띠기 때문에 전지의 양극과 연결한다.
- 계측기의 검은색 리드는 LED와 저항을 사이에 두고 전지의 음극에 연결한다.

계측기에 어떤 값이 표시되는가? 값이 얼마이든 메모해 두자. 내 경우 회로의 전류값은 5.1mA였다.

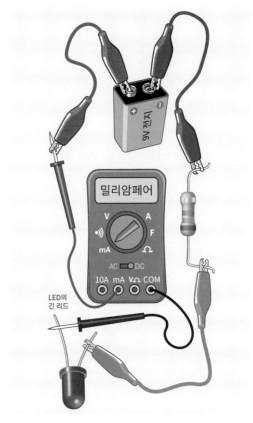

그림 2-11 계측기로 전류 측정하기.

실제로는 5.08이었지만, 이런 식의 측정값은 그다지 정확하지 않기 때문에 5.1로 반올림했는데 그 이유는 뒤에서 설명한다. 측정값을 읽을 때 계측기에서 지원하지 않는 자릿수에도 숫자를 추가하는 습관은 좋지 않다.

- 소수점 이하 자릿수를 생략할 때 해당 숫자가 5, 6, 7, 8, 9라면 앞자리 수에 1을 더한다. 즉, 5.08은 5.1이 된다. 이를 반올림이라고 한다.
- 생략하는 숫자가 1, 2, 3, 4라면 앞자리 수는 바꿀 필요가 없다. 이를 반내림이라고 한다.

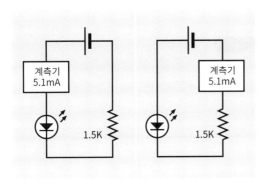

그림 2-12 회로를 통과하는 전류를 측정하는 두 가지 방법

이제 회로의 왼편에서 계측기를 제거한 뒤 오른편에 다시 연결한다. 두 계측기의 위치는 그림 2-12를 참조한다. 계측기의 검은색 리드는 전지의 음극에 연결한다. 내가 이렇게 연결했을 때 계측기에 표시된 값은 이전과 완전히 같았다. 여러분의 회로에서도 같은 결과를 얻었는가? 그랬을 거라 생각하는데, 이 정도로 간단한 회로에서는 전류가 달리 흐를 곳이 없기 때문이다. 다시 말해 회로의 어디에서 측정하더라도 전류값이 동일해야 한다.

• 간단한 회로라면 모든 지점에서 전류 크기가 같다.

5.1mA는 LED에 허용 가능한 전류값일까? 보기에는 그래 보인다. LED가 타지 않았다. 그러나 하루나 이틀 동안 5.1mA 전류를 흘려줘도 괜찮을까? 내 생각에는 그렇다.

또는 저항을 아주 조금만 줄이면 LED를 손상시키지 않으면서도 LED가 조금 더 밝은 빛을 내도록 할 수 있다고 생각하는가? 추측을 하지 않

아도 되는 쉬운 방법이 있다. 바로 제조사에 문의하는 것이다.

데이터 얻기

거의 모든 부품에는 데이터시트가 존재하며, 대부분의 제조업체가 온라인으로 이를 공개하고 있다. 부품 번호를 알고 있다면 데이터시트는 아주 쉽게 찾을 수 있다. 부품을 직접 구입한다면 그때 부품 번호를 확인한다. 키트에 포함된 부품을 사용하는 경우, 보통 공급업체가 부품 번호를 표시해 둔다.

가지고 있는 빨간색 LED의 부품 번호가 Cree C503B-RAN이라고 해 보자. 그러면 보통 사용하는 검색 엔진에서 다음을 입력하기만 하면 된다.

cree C503B-RAN datasheet(cree C503B-RAN 데이터시트)

잠시 후 모든 정보가 화면에 나타난다. 사실 필요한 것보다 더 많은 정보가 표시되며, 그중에는 상당히 기술적인 내용도 있다. 그림 2-13의 데이터시트에는 관련 부분만 발췌했다.

데이터시트에서 '최대 정격 절댓값(absolute maximum rating)'이라는 문구를 보면 이를 높이가 낮은 교량의 아래로 지나갈 수 있는 차량의 높이라고 생각하면 이해가 쉽다. 이 값들은 정말 중요하다! 말 그대로다! 이 한계값을 초과하면 부품이 손상된다. 그러니 반드시 최댓값보다 훨씬 낮은 값으로 유지해야 한다.

예의 LED는 전류의 최대 정격 절댓값이

최대 정격 절댓값 ($T_A = 25°C$)

항목	기호	최대 정격 절댓값	단위
순방향 전류	I_F	50 *1	mA
피크 순방향 전류 *2	I_{FP}	200	mA
역방향 전압	V_R	5	V
전력손실	P_D	130	mW
작동온도	T		

평상 특성 ($T_A = 25°C$)

특성	조건	최소	평상	최대
순방향 전압	$I_F = 20mA$		2.1	2.6
역방향 전류	$V_R = 5V$			100
주파장	$I_F = 20mA$			

그림 2-13 LED 데이터시트의 일부.

50mA이므로 이에 비하면 내가 측정한 5.1mA의 전류는 아주 작은 값이다. 참고로 덧붙이자면 순방향 전류(forward current)는 전류가 부품 내에서 올바른 방향으로 흐르고 있음을 의미한다. 피크 순방향 전류(peak forward current)는 공급 전원이 어떤 이유로 1초 미만의 짧은 시간 동안 변동할 때의 순방향 전류를 말한다. 일반적으로는 발생하면 안 된다.

이제 데이터시트에서 '평상 특성(typical characteristics)'을 확인하자. 영어의 경우 'typical'이라는 단어는 'Typ'으로 줄여 쓰기도 한다. 평상값은 일상적으로 사용하는 실제 값을 뜻한다. '조건' 열을 보면 '$I_F = 20mA$'라는 문구가 보인다. 낯선 용어인 'I_F'는 뒤에서 데이터시트를 더 자세히 다룰 때 설명한다. 지금은 20mA에 대해 알아보자. 이는 '평상시' 실제로 사용하게 되는 값이다.

따라서 회로에 1.5K 저항을 추가한 것은 안전을 위해 아주 잘한 일이었다. 전류가 20mA에

가까워질 때까지 더 낮은 값의 저항으로 바꾸어 가며 전류를 측정해 볼 수도 있지만, 여기서는 그냥 답을 알려 주겠다. 빨간색 일반 LED를 9V 전지와 사용하는 경우 470옴이 선택할 수 있는 최젓값일 것이다. 이는 직접 확인해 볼 수 있다.

물론 어떤 이유로(아마도 전지 수명 연장을 위해) LED 밝기를 낮추고 싶다면 저항값을 더 높일 수도 있다.

이제 LED를 무기한으로 만족스럽게 사용할 수 있는 회로를 완성했다. 여기서 얻을 수 있는 교훈은 이것이다. 반드시 제조업체의 데이터시트를 읽자!

당장은 회로의 저항을 470옴으로 두되 전지가 닳지 않도록 전지에서 악어 클립을 제거해 둔다.

전자기학의 아버지

1775년 프랑스에서 출생한 앙드레 마리 앙페르(그림 2-41)는 수학 신동이었으며 커서 과학 교사가 되었지만, 지식의 대부분은 아버지의 서재에서 독학으로 배운 것이었다. 앙페르의 업적 중 1820년 전류가 자기장을 생성하는 방식을 설명한 전자기학 원리가 가장 널리 알려져 있다. 앙페르는 해당 원리를 사용해 처음으로 전류량을 신뢰할 수 있을 수준으로 측정했다.

그는 또한 전기의 흐름을 측정할 수 있는 최

그림 2-14 앙드레 마리 앙페르.

초의 장치(현재의 '갈바노미터')를 제작했다. 시간이 남았었는지 불소 원자를 발견하기도 했다. 당시에는 사람들의 집중력을 뺏는 문자 메시지나 고양이 동영상이 없었다.

직류와 교류

전지에서 얻는 전류의 흐름을 직류(direct current) 또는 DC라고 한다. 수도꼭지에서 흐르는 물처럼 전자가 한 방향으로 전자가 일정하게 흐른다고 생각할 수 있다.

가정의 전원 콘센트에서 나오는 전류는 교류(alternating current)로 AC라고도 한다. 벽면에 설치된 콘센트 중 활선(live)은 중성선(neutral)과 비교해 초당 60회(유럽 등 다른 여러 국가에서는 초당 50회)의 속도로 양에서 음의 값으로 변화한다. 활선은 영어로 hot side라고도 한다.

AC는 전력회사에서 변압기(transformer)로 송전선의 높은 전압을 가정에서 안전하게 사용할 수 있는 수준으로 낮추어 주기 때문에 유용하다. 뒤에서 설명하겠지만, 변압기는 교류만 사용

한다. 교류는 모터와 가전제품에도 유용하게 사용된다.

전기 콘센트의 모양은 그림 2-15와 같다. 이런 유형의 콘센트는 북미와 남미 지역, 일본을 제외하면 일부 국가에서만 사용한다. 유럽에서 사용하는 콘센트의 모양은 이와는 다르지만 원리는 같다.

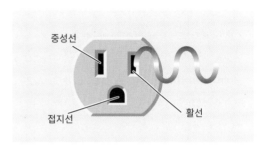

그림 2-15 전원 콘센트 소켓.

전자기기 내부에 전선의 연결이 끊어진다든가 하는 결함이 발생하면 접지선 소켓(ground socket, 영국 등에서는 earth socket)을 통해 전압을 떨어뜨려 자신을 보호해야 한다.

그런데 나는 두 가지 이유로 AC를 이 책에서 다루지 않는다. 첫째, 간단한 전자 회로는 대부분 직류로 전원을 공급하며, 둘째, 직류의 작동 방식이 이해하기 훨씬 더 쉽다.

정리와 재활용

이번 실험에서 사용한 회로를 다음 실험에서 계속 사용하기 때문에 별도로 정리해 둘 부품은 따로 없다. 진지도 아직은 상태가 괜찮을 것이다.

전압에 대한 모든 것

이번 실험에서는 전압의 모든 것을 배울 것이다.

실험 준비물

- 9V 전지 1개
- 470옴 저항(노란색-보라색-갈색) 1개
- 1K 저항(갈색-검은색-빨간색) 2개
- 1.5K 저항(갈색-초록색-빨간색) 1개
- 2.2K 저항(빨간색-빨간색-빨간색) 1개
- 3.3K 저항(주황색-주황색-빨간색) 1개
- 빨간색 일반 LED 1개
- 테스트 리드(빨간색 1개, 검은색 1개, 기타 색 1개)
- 계측기 1개

전위차

계측기가 볼트값을 측정할 것이라서 여기서는 계측기를 회로 내부에 설치하지 않는다. 회로는 그림 3-1처럼 연결해야 하며, 회로도는 그림 3-2와 같다.

전압을 측정하기 위해 mA 소켓에서 빨간색 계측기용 리드를 빼내 VΩ 소켓에 꽂아 준다.

- 계측기에 mA 소켓이 따로 있다면 볼트값을 측정하기 전에 빨간색 리드를 VΩ 소켓에 끼웠는지 항상 확인한다. 꼭 해야 한다!

계측기의 다이얼을 최대 20VDC로 설정한다. 계

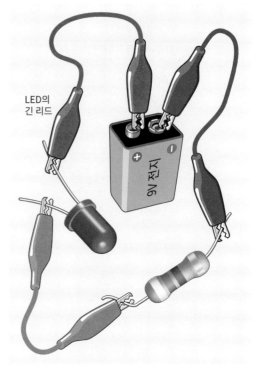

그림 3-1 회로는 처음에 이렇게 연결한다.

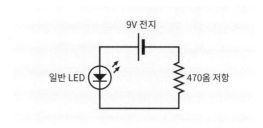

그림 3-2 그림 3-1 회로의 회로도.

측기에 자동 범위 측정 기능이 있다면 다이얼을 VDC에 맞춰 주기만 하면 된다. 그림 3-3과 3-4를 참조한다.

이제 계측기로 회로 내 두 지점 사이의 전압을 확인할 수 있다. 계측기가 볼트값을 측정하도록 설정했을 때의 계측기 저항은 매우 크기 때문에

그림 3-3 수동 계측기에서 적절한 전압 범위 설정하기.

그림 3-4 전압 측정을 위해 자동 계측기 설정하기.

전류가 거의 흐르지 않는다. 그림 3-5처럼 하면 전지 단자 사이의 전압도 확인할 수 있으며, 이때 계측기에는 손상이 발생하지 않는다. 측정한 전압값은 기록해 둔다.

- 전압을 측정할 때 계측기는 회로 내에 설치하지 않는다. 계측기는 스포츠 경기에서 점수를 기록하는 사람처럼 회로 외부에 둔다.

그림 3-6처럼 저항 양쪽에 계측기 탐침을 갖다 대면 저항이 회로에서 전압을 얼마나 떨어뜨리는지(어느 정도의 전압 강하를 발생시키는지) 알 수 있다. 값을 적어 두자.

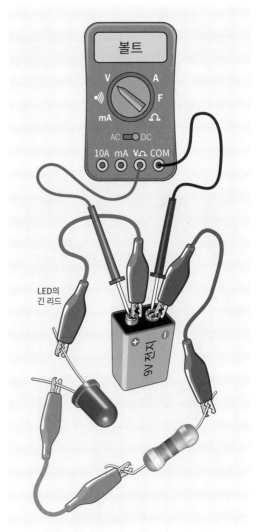

그림 3-5 회로에서 전지 전압 확인하기.

LED에도 같은 작업을 시도해 볼 수 있다.

그림 3-7의 회로도는 계측기로 측정한 결과를 소수점 첫째 자리까지 반올림한 값이다. 여기서 사용한 계측기와 저항, 전지가 여러분의 것과 같지 않기 때문에 측정한 값도 다를 수 있다. 그렇지만 비슷하기는 해야 한다.

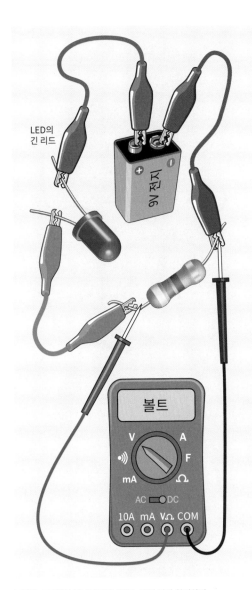

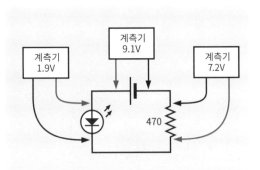

그림 3-7 회로의 전압 확인하기.

그림 3-6 저항을 지나면서 발생하는 전압 강하 확인하기.

이다.

다음은 전압을 측정할 때 기억해 두어야 할 사항이다.

- 회로에 전원이 공급되고 있어야 한다.
- 계측기가 전압을 측정하도록 설정해 둔다.
- 계측기는 회로 외부에 두어야 한다.
- 전압은 압력과 같아서 언제나 두 지점 사이의 값을 측정한다. 이때 한 지점에 걸리는 전압은 다른 지점에 걸리는 전압보다 크다. 이를 보통 두 지점 간의 전위차(potential difference)라고 한다.
- 계측기를 잘못된 방향으로 연결하더라도 측정은 할 수 있지만 화면에 마이너스 기호가 표시된다.

부품의 전압 강하 크기를 합산해 보면 그 총합이 전지가 공급하는 전압의 크기와 거의 같다. 즉, 부품은 전지가 공급하는 만큼 전압을 가져간다. 전압을 측정할 때 소량을 가져다 쓰는 계측기를 제외하고는 전압이 달리 손실될 곳이 없기 때문

LED를 지나는 전압은 순방향 전압(forward voltage)이라고 하며, 그림 2-13의 데이터시트에 따르면 평상값이 2.1~2.6V이다. 따라서 내 회로의 측정값은 데이터시트가 명시한 평상값 범위의 최젓값보다 낮다.

LED를 예로 들었을 때 데이터시트에 명시된 이 수치는 2.1~2.6V의 압력을 가해 준다면 생성하는 빛의 양이라는 측면에서 LED가 제조업체의 사양을 충족할 것이라는 뜻이다.

볼트 기초 지식

볼트는 전압을 나타내는 국제 단위이며 대문자 V를 약어로 사용한다. 밀리볼트(mV)는 0.001볼트에 해당한다. (이 책에는 마이크로볼트로 측정하는 실험이 없다.)

1V = 1,000mV

그림 3-8은 볼트 단위별 변환값을 나타낸 표이다. 킬로볼트 단위는 보통 고전압 송전선 등에서 만 볼 수 있다.

밀리볼트	볼트	킬로볼트
1mV	0.001V	0.000001kV
10mV	0.01V	0.00001kV
100mV	0.1V	0.0001kV
1,000mV	1V	0.001kV
10,000mV	10V	0.01kv
100,000mV	100V	0.1kV
1,000,000mV	1,000V	1kV

그림 3-8 전압 변환 표.

전지 발명가

알레산드로 볼타(그림 3-9)는 1745년 이탈리아에서 태어났다. 이 시기는 과학이 세분화되기 훨씬 전이었던지라 볼타는 화학을 공부한 뒤(1776년 메탄을 발견했다) 물리학 교수가 되었다. 또, 개구리 다리에 전기 충격을 가했을 때 다리가 이

에 반응해 경련을 일으키는 갈바닉 반응에 관심을 가지고 이를 연구하기도 했다.

그림 3-9 알레산드로 볼타는 전기를 생성할 수 있는 화학반응을 발견했다.

볼타는 소금물이 가득 든 와인잔을 사용해서 구리와 아연 두 전극 사이의 화학적 반응이 전류를 꾸준히 생성한다는 사실을 입증했다. 1800년에는 구리와 아연 판 사이에 소금물에 적신 판지를 끼워 쌓아 올리는 식으로 장치를 개선했다. 이렇게 최초의 전지인 볼타 전지가 탄생했다.

금속판 몇 개와 소금물, 판지만으로 전기에 대한 중요한 발견을 할 수 있었던 시대라니 상상이 되는가?

전압 vs. 전류

앞서 저항을 낮추면 전류가 더 많이 흐르는 것을 보았다. 저항을 동일하게 유지하면서 전압을 높이면 어떻게 될까? 이렇게 하면 전류가 더 많이 흐를 것이라고 생각하는가?

그렇다, 이렇게 하면 전류가 더 많이 흐른다. 이를 눈으로 확인할 수 있도록 시각화하는 데에

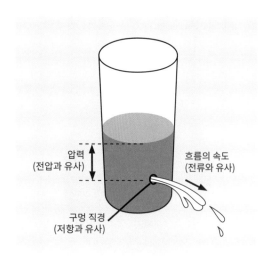

그림 3-10 전류, 전압, 저항을 물에 비유해 보기.

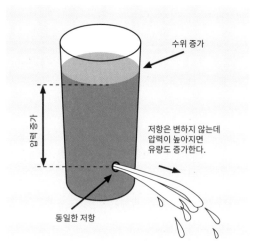

그림 3-11 저항은 변하지 않는데, 압력이 증가하면 유량도 증가한다.

는 전기가 물처럼 행동한다고 생각하는 것이 가장 좋다. 사실, 초창기 과학사를 되짚어보았을 때 연구자 중에는 물처럼 움직이는 전자의 흐름을 보고 전기가 일종의 유체라고 생각한 사람들이 실제로 있었다.

그림 3-10에서 원통의 물 높이는 구멍에 수압을 가한다. 유속은 전류와 비슷하며, 구멍의 직경은 저항에 비유할 수 있다.

원통에 물을 더 부어주면 그림 3-11처럼 압력이 높아진다. 원통의 구멍 크기가 변하지 않았다고 할 때 압력이 증가하면 유량도 증가한다.

- 전압은 압력이라고 생각한다. 두 지점 사이를 측정한다.
- 전류는 유속이라고 생각한다.
- 저항은 흐름을 제한하는 무언가라고 생각한다.

그림 3-12는 같은 현상을 바라보는 또 다른 방법

그림 3-12 전기의 압력, 흐름, 저항의 또 다른 비유.

을 소개한다.

이제 전압, 전류, 저항이 서로 어떤 관계에 있는지 정확히 알고 싶어졌다. 다행히도 이런 관계를 알아내기란 아주 쉽다.

별표와 괄호

이번 실험에서는 다음의 기호를 사용해 몇 가지 간단한 계산을 해 본다.

– 빼기

+ 더하기

/ 나누기

* 곱하기

나누기와 곱하기 기호는 낯설게 느껴질 수 있다. 이 책에서는 나눗셈에 ÷ 기호 대신 슬래시 기호 (/)를, 곱셈에 × 기호 대신 별표(*)를 사용한다. 대부분의 컴퓨터 언어에서 나눗셈과 곱하기 기호를 이렇게 사용하기 때문이다.

또, 괄호도 사용한다. 여기서 괄호는 보통 (와)인 소괄호를 뜻하며 [와]는 대괄호라고 부른다. 다음과 같은 계산식을 예로 들어 보자.

A = 13 * (12 / (7 – 3))

어떤 계산을 먼저 해야 할지 고민이 될 때 괄호를 보면 도움이 된다. 이 식에는 한 쌍의 괄호 안에 괄호 한 쌍이 더 있다. 이때 계산은 언제나 가장 안에 있는 괄호 쌍부터 시작한다. 이 경우에는 (7 - 3)이고 그 값은 4와 같다. 따라서 식은 다음처럼 정리할 수 있다.

A = 13 * (12 / 4)

이번에는 12/4가 괄호 안에 있으므로, 이를 계산한 값인 3을 대신 넣어준다.

A = 13 * 3

따라서 답은 A = 39이다.

전압이나 전류값을 나타내는 문자를 처리할 때도 동일한 규칙을 적용한다. 언제나 가장 안쪽에 있는 괄호에서 시작해서 바깥쪽으로 계산해 나간다.

법칙은 바로 이것!

이 실험의 목적은 값을 네 번 측정한 뒤 전기가 작동하는 방식에 대한 결론을 도출하는 것이다. 과학 원리는 이런 식으로 도출한다. 먼저 데이터가 조금 있어야 이를 바탕으로 결론을 얻을 수 있다.

부품을 분리하고 LED는 따로 보관하자. 지금 당장 사용하지는 않는다. 값이 1K, 1.5K, 2.2K, 3.3K인 저항 4개가 필요하다.

그림 3-13에서처럼 전지 전압을 확인하자. 계측기가 전압을 측정하도록 설정해 둔 상태에서는 전압을 확인해도 괜찮다. 이 경우 계측기의

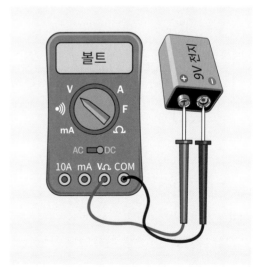

그림 3-13 계측기가 전압을 측정하도록 설정한 상태에서 이 작업을 수행할 수 있다.

저항이 아주 커서 지나치게 큰 전류가 흘러도 계측기를 보호해 준다. 계측기가 mA를 측정하도록 설정해 둔 상태에서 이 작업을 수행해서는 안 된다. 이렇게 하면 계측기의 퓨즈가 끊어질 수 있다. 측정한 값은 기록해 두자.

이제 계측기의 빨간색 리드를 mA 소켓에 끼우고(계측기에 해당 소켓이 있는 경우) 최대 20mA(계측기에 20mA만큼 낮은 범위가 없다면 200mA)까지 측정하도록 계측기를 설정한다. 그림 3-14에서처럼 네 가지 경우에서 측정해 보자. 그림에는 내가 측정한 값을 소수점 아래 첫째 자리까지 반올림해 표시했다.

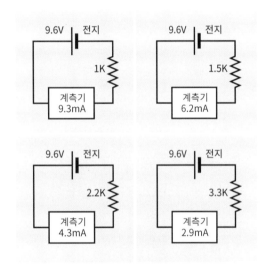

그림 3-14 서로 다른 저항 4개를 사용해 얻은 전류 측정값 4개.

9V 전지의 실제 전압도 표시해 두었다. 새 전지였고 전압은 9.6V였다.

그런 다음 그림 3-15와 같이 해당 값을 표에 옮겨 적었다. 표의 마지막 열은 계산기로 mA와 K를 곱한 값을 넣었다. 직접 측정한 값을 사용해

전류(mA)	저항값(K)	mA * K
9.3	1	9.3
6.2	1.5	9.3
4.3	2.2	9.5
2.9	3.3	9.6

그림 3-15 그림 3-14의 측정값을 정리한 표.

마찬가지로 계산해 보자. 다시 한번 말하지만 내 경우 측정값을 반올림해 소수점 아래 첫째 자리까지 표시했다.

이 표에서 이상한 점을 발견했는가? 마지막 열의 숫자가 모두 아주 비슷하며 전지의 전압 크기와도 비슷하다.

이런 우연의 일치를 보게 되면 그때마다 어떤 패턴이 있는 게 아닌지 궁금해 해야 한다. 진지하게 연구를 진행한다면 저항과 전원 공급 장치를 여러 개 바꿔가며 같은 실험을 여러 번 반복해 패턴이 있는지 확인해야 한다. 또한 사용하는 측정 장치도 아주 정확해야 할 것이다. 그러나 분명 매번 같은 결과를 얻게 될 것이다. 그 결과는 다음처럼 표시할 수 있다.

볼트 = 밀리암페어 * 킬로옴

밀리암페어와 킬로옴 대신 기본 값인 암페어와 옴을 사용해 수식을 다시 쓸 수도 있다. 다음을 떠올려 보자.

1mA = 1암페어 / 1,000

1K = 1옴 * 1,000

따라서 식은 다음과 같이 쓸 수 있다.

볼트 = (암페어/1,000) * (옴 * 1,000)

여기에서 1,000은 서로 상쇄된다. 그러므로 정리하면 다음과 같다.

볼트 = 암페어 * 옴

이제 수식에 볼트 대신 문자 V, 옴 대신 저항을 뜻하는 문자 R, 암페어 대신 문자 I를 사용해 보자. 어째서 암페어 대신 문자 I를 쓸까? 왜냐하면 과거에 전류를 측정할 때는 보통 전류가 유도된 (induced) 효과를 이용했기 때문이다. 이는 까다로운 주제이지만, 어쨌거나 모든 전자기학 공식에서 I는 전류를 뜻한다. 따라서 식은 다음처럼 정리할 수 있다.

V = I * R

V는 단위가 볼트, I는 암페어, R은 옴임을 잊지 말자. 이는 옴의 법칙을 수식으로 표현한 것으로, 전자공학에서 가장 기본적인 공식이다. 여러분이 방금 이 공식을 발견해 냈다. 물론 최초의 발견이 아니기는 하다.

그림 3-16에서 저항은 하나, 혹은 여러 개의 저항으로 이루어져 있을 수 있다.

공식 변환

고등학교 때 배운 대수학을 기억한다면 옴의 법

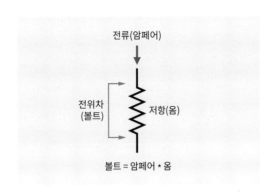

그림 3-16 옴의 법칙을 적용하는 법.

칙은 문자의 순서를 바꾸어 다르게 표현할 수도 있다.

저항을 구하려면 다음의 공식을 사용한다.

R = V / I

전류를 구하려면 다음의 공식을 사용한다.

I = V / R

전압을 구하고 싶다면 처음의 공식을 사용한다.

V = I * R

소수점 변환

영국의 저명한 정치가 윈스턴 처칠은 그의 나이 12세 때 '망할 놈의 점들(those damned dots)'이라고 불평을 늘어 놓은 것으로 유명하다. 여기에서 점은 소수점을 말한다. 처칠은 추후 정부 지출 전반을 감독하는 재무장관 직을 역임하게 된다. 그가 이런 어려움을 이겨내고 명예로운 영국

인으로 우뚝 섰다는 것을 생각하면 여러분도 할 수 있을 것이다.

옴의 법칙은 볼트, 암페어, 옴 단위를 기준으로 하기 때문에 밀리암페어는 암페어로, 킬로옴은 옴으로, 또는 이와 반대로 값을 변환해야 하는 경우가 종종 발생한다. 값이 1.2mA라고 할 때 이 값을 암페어 단위로 바꾸고 싶다고 해 보자. 작은 단위에서 1,000배 큰 단위로 변환할 때는 소수점을 왼쪽으로 세 칸 옮기면 된다.

1.2밀리암페어 = 0.0012암페어

이번에는 230옴을 킬로옴 단위로 바꾸고 싶다고 해 보자. 이번에도 작은 단위에서 1,000배 큰 단위로 값을 변환해야 한다. 이 경우 230 뒤에 소수점이 있다고 상상해 보자. 실제로 230은 230.0과 같다. 이제 소수점을 왼쪽으로 세 칸 움직여 보자.

230옴 = 0.23킬로옴

물론 계산기로 1,000을 곱하거나 나눠도 된다.

계측기의 영향

볼트값을 측정할 때 계측기가 정확히 어떠한 영향을 미치는지에 대해서는 따로 언급하지 않았다. 28쪽에서 계측기로 전압을 측정할 때 계측기의 저항이 아주 크다고 이야기했는데, 이 저항이 미약하나마 영향을 미치지 않을까?

그렇다. 영향은 분명히 있다. mA * K를 계산

했을 때 결과 값이 모두 같지 않았던 데에는 이런 이유도 있을 것이다. 그렇다고는 해도 달리 무언가 할 수 있는 방법은 없다. 내 경우는 계측기가 측정값의 정확도에 영향을 미칠 것을 알고 있었기 때문에 값을 반올림해 소수점 아래 첫째 자리까지 나타냈다.

이 방법이 그다지 만족스럽지 않겠지만 보통 과학 전반에서 무언가를 측정하는 과정은 측정하려는 값 자체에 영향을 미치는 경향이 있다.

직렬과 병렬 연결

지금까지 만들었던 간단한 회로에서 전기는 부품을 하나씩 지나갔다. 이들 부품은 직렬로 연결되어 있었다.

- 저항 2개가 직렬로 연결되어 있을 때, 총 저항값은 각각을 서로 더해 구한다(그림 3-17 참조).

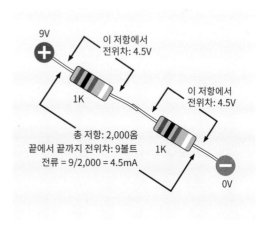

그림 3-17 직렬로 연결한 동일한 저항 2개의 총 저항값은 각 저항값을 서로 더해 구할 수 있다.

그렇다면 그림 3-18처럼 같은 저항 2개를 나란히 배치하면 어떻게 될까? 여기서 전기는 두 가지 길로 갈 수 있기 때문에 저항의 값이 같을 경우 전체 저항값은 하나의 저항값을 2로 나누어야 한다. 이런 경우 저항이 병렬로 연결되어 있다고 한다.

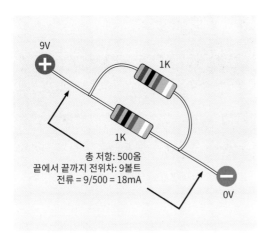

9V

1K

1K

총 저항: 500옴
끝에서 끝까지 전위차: 9볼트
전류 = 9/500 = 18mA

0V

그림 3-18 같은 저항 2개를 병렬로 연결했을 때 총 저항값은 하나의 저항값을 2로 나누어 구할 수 있다.

만약 저항의 값이 서로 같지 않다면 어떻게 될까? 직렬이라면 앞에서와 마찬가지로 두 값을 더하면 된다. 그러나 병렬이라면 전체 저항값을 구하기가 조금 더 까다롭다.

여러 저항을 병렬로 연결한 뒤 계측기로 저항을 측정하는 식으로 전체 저항값을 조사해 볼 수 있다. 그러나 이보다 쉬운 방법이 있다. 한 저항의 값을 R1, 다른 저항값을 R2라고 할 때, 이 두 저항이 병렬로 연결되어 있으면 전체 저항 R은 다음과 같이 구할 수 있다.

1/R = (1/R1) + (1/R2)

그다지 쉬워진 것 같지 않다! 1을 R로 나눈 값이 아니라 R을 구하고 싶다. 좋다. 중학교 수학을 배웠다면 공식을 다음과 같이 변환할 수 있을 것이다.

1/R = (R1 + R2)/(R1 * R2)

따라서 최종 공식은 다음과 같다.

R = (R1 * R2)/(R1 + R2)

이 공식이 정말 필요할까? 그렇다. 이 공식은 유용하다. 또, 이 공식을 언급하지 않고 넘어가는 건 내 의무를 다하지 않는 것과 같다. 수학을 그다지 좋아하지 않는 사람들이 있다는 사실을 알기 때문에 여기서 이 이상 자세히 설명하지는 않겠다. 그러나 다음 실험에서 회로에 필요한 전력 크기를 구하는 법을 소개하려면 약간의 계산이 필요하다.

정리와 재활용

다음 실험에서는 LED를 사용하지 않는다. 저항은 저항값이 15옴인 것만 사용한다. 사용하지 않는 나머지 저항은 작은 주머니나 봉투에 넣은 뒤 각각 저항값을 적어서 보관하면 된다. 비즈 구슬을 보관하는 용도의 작은 용기를 사용하면 저항을 보관하기가 더 좋다. 이에 대해서는 5장의 시작 부분에서 자세히 설명한다.

9V 전지는 여전히 상태가 양호할 것이다.

열과 전력

전기는 열을 발생시킬 수 있다. 전기 온수기, 전기 스토브, 전기 헤어 드라이어 등을 생각하면 이 말이 사실임을 알 수 있다. 또한, 9V 전지를 연결했을 때 LED가 타버린 이유도 분명 LED가 너무 뜨거워졌기 때문일 것이다.

이 가정이 맞을까? 다시 한번 말하지만 이는 숫자로 확인해야 한다.

실험 준비물

- 9V 전지 1개
- 15옴 저항(갈색-초록색-검은색) 1개
- 직경 5mm, 정격 전류 1A인 원통형 퓨즈 1개
- 직경 5mm, 정격 전류 3A인 원통형 퓨즈 1개
- 테스트 리드(빨간색 1개, 검은색 1개)
- 계측기 1개

저항 과열시키기

그림 4-1과 같이 15옴 저항을 전지에 연결한다. 그러나 너무 오랫동안 연결해 두지는 말자! 저항이 아주 빠르게 뜨거워진다는 사실을 알 수 있을 것이다.

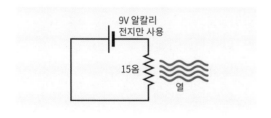

그림 4-1 15옴 저항에 9V 전압을 걸면 저항이 빠르게 뜨거워진다.

이때 주의할 점이 있다. 이보다 큰 전지로 실험하면 안 된다. 특히 노트북 컴퓨터, 전동 공구, 휴대폰이나 기타 휴대용 장치에 전원을 공급하는 리튬 전지는 절대 사용하면 안 된다. 리튬 전지는 그림 4-2처럼 나쁜 결과를 초래할 수 있다.

그림 4-2 이 모습을 보면 리튬 전지로 장난치겠다는 게 그다지 좋은 생각이 아님을 알 수 있다.

납축 전지를 쓰는 것도 썩 좋은 생각이 아니다. 자동차용 전지는 금속 조각 2개를 용접해 붙일 수 있을 정도의 전류를 흘려 보낼 수 있다는 점을 잊지 말자. 자동차용 전지 단자 2개 위로 렌치를 떨어뜨려 본 사람이라면 무슨 이야기인지 알 것이다. 물론 아직 살아 있다면 말이다. 이러한 위험성 때문에 자동차용 전지는 양극 단자에 플라스틱 캡을 씌워 판매한다(그림 4-3 참조).

이번 실험에서 사용하는 9V 알칼리 전지는 큰 전류를 흘려보낼 수 없기 때문에 안전하게 가지고 놀 수 있다.

저항을 통과해 이동하는 전자가 열을 생성한다는 사실을 확인했으니 이제 얼마나 많은 열이 발생하는지 계산하고 싶을 것이다. 계산을 하려면 와트 단위를 알아야 한다.

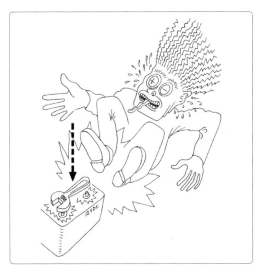

그림 4-3 자동차 전지로 장난치겠다는 것은 그다지 좋은 생각이 아니다. 단자 2개 위로 렌치를 떨어뜨려 보겠다는 생각은 그보다 더 나쁘다.

추신. 15옴 저항을 잊지 말고 회로에서 분리해 두자!

온도, 열, 전력

온도는 크기나 무게같이 물체가 지닌 속성 중 하나이다.

열은 한곳에서 다른 곳으로 열에너지가 이동하는 것을 말한다. 열에너지는 전도, 대류 또는 복사로 인해 이동하며 측정 단위는 줄(J)이다. 모닥불 앞에 앉아 있으면 몸이 뜨거워지는데 이는 더 높은 온도의 모닥불로부터 열에너지(J)가 몸 쪽으로 전달되기 때문이다.

전력은 열이 전달되는 속도로 정의하며 측정 단위는 와트이다. 1와트는 초당 1줄의 에너지가 전달된다는 뜻이다.

그러나 전기에서 와트는 다른 식으로 정의할 수 있다.

와트 = 볼트 * 암페어

또한, 힘을 나타낼 때 문자 P가 주로 사용되기 때문에 다음의 공식을 사용하기도 한다.

P = V * I

15옴 저항이 뜨거워지면 손가락으로 열을 느낄 수 있다. 실제로 손가락으로 전달되는 열을 느끼고 있다면, 열의 전달이 빨라질수록 손가락에 느껴지는 고통은 커질 것이다. 또, 전기가 부품 내부에서 열을 생성하는 속도가 증가할수록 부품이 주변으로 열을 내보낼 가능성이 줄어든다. 따라서 열 전달 속도가 중요하며, 와트는 이를 표현할 때 사용하는 단위이다.

와트 변환

와트는 볼트와 마찬가지로 '밀리'를 뜻하는 소문자 'm'이 앞에 올 수 있다.

1W = 1,000mW

발전소, 태양열 설비, 풍력 발전소에서는 훨씬 큰 숫자를 다루기 때문에 이곳에서는 킬로와트(소문자 k 사용)로 표시한 수치를 볼 수도 있다.

1kW = 1,000W = 1,000,000mW

밀리와트, 와트 및 킬로와트의 변환은 그림 4-4에 정리해 두었다.

밀리와트	와트	킬로와트
1mW	0.001W	0.000001kW
10mW	0.01W	0.00001kW
100mW	0.1W	0.0001kW
1,000mW	1W	0.001kW
10,000mW	10W	0.01kW
100,000mW	100W	0.1kW
1,000,000mW	1,000W	1kW

그림 4-4 전력 단위 간 변환표.

오디오의 출력은 와트로 나타낸다. 전구와 LED
의 조도도 와트로 측정한다.

전력량의 기원

제임스 와트(그림 4-5)는 증기기관을 발명한 사
람으로 잘 알려져 있다. 와트는 1736년 스코틀랜
드에서 태어났으며, 글래스고대학교에 마련한
작은 작업실에서 증기를 사용해 실린더의 피스
톤을 효과적으로 움직일 수 있는 장치를 설계하
기 위해 애썼다. 증기기관은 경제적인 문제와 기
초적인 수준이던 당시 금속 가공 기술 탓에 1776
년에서야 실제로 활용될 수 있었다.

와트의 증기기관 발명은 산업혁명의 토대가
되었으며, 특허 취득에 어려움을 겪기는 했지만

그림 4-5 제임스 와트.

(당시에는 의회 법령에 의해서만 특허 취득이 가
능했다) 와트와 그의 동업자는 결국 그의 혁신적
인 발명으로 큰돈을 벌어들일 수 있었다. 와트가
비록 전기 분야의 선구자로 시대를 앞서 살기는
했지만, 그가 죽고 70년이 지난 1889년이 되어서
야 그의 이름인 와트가 암페어와 볼트를 곱한 값
으로 정의되는 전력의 기본 단위로 지정되었다.

어째서 혓바닥은 뜨거워지지 않았을까?

이제 와트가 무엇인지 배웠으니 전달되는 열의
크기를 아주 쉽게 계산할 수 있다. 전지를 혀에
갖다 대었을 때 혀가 뜨거워지지 않았다고 생각
했을지 모르지만 실제로는 뜨거워졌다. 다만 살
짝 뜨거워졌을 뿐이다.

여기서 '살짝'이란 얼마나 작은 것일까? 와트
는 '볼트 * 암페어'이기 때문에 혀를 통과하는 암
페어 수치를 구하는 것부터 시작해야 한다. 값을
구하기 위해 옴의 법칙을 사용해 보자. 노트에서
실제로 측정했던 값을 확인해 볼 수도 있지만,
여기서는 9V를 가했을 때 혀의 저항이 50,000옴
이라고 가정해 보자. 전류의 세기는 모르지만,
여기서는 전류를 구하고 싶으니 그에 해당하는
옴의 법칙을 사용한다.

$$I = V/R$$

따라서 다음처럼 계산할 수 있다.

$$I = 9/50,000 = 0.00018A$$

이제 전위차에 전류를 곱해 와트 값을 계산할 수 있다.

W = V * I

따라서 W = 9 * 0.00018 = 0.00162이다.

이 값을 밀리와트로 바꾸면 어떻게 될까? 소수점을 오른쪽으로 세 칸 옮기면 1.62mW가 된다. 정말 작은 값이다. 혀는 저항이 커 초당 흐르는 전자 수를 제한했기에 생성되는 열의 양은 얼마 되지 않았다. 이런 이유로 혀에서는 아무것도 느끼지 못했던 것이다(따끔거림은 예외다. 이건 전기로 신경이 자극되면서 느낀 것뿐이다).

어째서 저항이 뜨거워졌을까?

여러분이 사용하는 저항이 처리할 수 있는 전력의 최대 크기는 보통 0.25W이다. 이보다 큰 전력을 처리하는 저항을 구입할 수도 있지만 이 책의 프로젝트에 그 정도까지는 필요하지 않다.

여기서 의문점이 하나 생긴다. 15옴 저항을 사용한 마지막 실험에서 저항에 조금 지나치게 큰 전력을 사용했던 것일까?

다시 한번 옴의 법칙을 사용해 전류부터 계산해 보자. 9V 전지에 15옴 저항을 연결한 경우 계산은 다음과 같다.

I = V/R

따라서, I = 9/15 = 0.6A이다.

이제 전류값을 구했으니 와트 값을 계산할 수 있다.

W = V * I = 9 * 0.6 = 5.4W

됐다! 저항이 처리하도록 설계된 전력이 0.25와트이니 계산한 전력 값은 저항이 처리할 수 있는 전력의 20배가 넘는다. 그렇기 때문에 앞에서 너무 오래 연결해 두지 말라고 말했던 거다. 이러니 뜨거워졌지!

퓨즈 사용하기

이 공식은 놀랍도록 간단하지만 한계가 있다. 9V 전지 단자에 일자 전선 조각을 놓았을 때, 이 전선의 저항이 0.01옴으로 작다고 가정해 보자. 이론적으로 옴의 법칙에 따르면 전지는 900A의 전류를 보내기 때문에 여기에 9V를 곱하면 전력은 8,100W가 된다. 이 정도의 전력이면 집 전체에 공급하기에 충분한 크기다. 집에 연결된 배전망 대신 9V 전지를 차단기에 연결하는 것만으로 집에 전력을 공급할 수 있을까?

아마 아닐 것이다. 전지가 전달할 수 있는 전류량은 한계가 있다. 전지 내부에서는 전기를 생성하는 화학반응이 충분히 빠르게 일어날 수 없기 때문이다. 따라서 옴의 법칙은 전원 공급이 안정적일 때만 적용할 수 있다.

그렇다면 9V 전지에서 얻을 수 있는 전력의 크기는 어느 정도일까? 그냥 계측기가 암페어를 측정하도록 설정하고 전지에 연결해 볼 수도 있지만, 이는 계측기에 좋지 않은 영향을 끼칠 수 있다. 퓨즈를 사용해 보자.

퓨즈 사진은 그림 1-12에 넣어 두었다. 생각이 잘 안 난다면 확인해 보자. 그림의 퓨즈는 원

통형 퓨즈로, 작은 원통형 유리관과 양쪽 끝의
금속 캡, 그리고 그 사이를 연결한 얇은 금속선
으로 구성되어 있다. 금속선은 지나치게 큰 전류
가 흐를 때 아주 쉽게 녹는 특수 합금으로 만든
다. 퓨즈의 용도는 회로의 다른 부품을 보호하기
위해 다른 부품이 타기 전에 먼저 타버리는 것이
다. 이를 퓨즈가 끊어진다고 말한다.

퓨즈의 직경이 5mm여야 테스트 리드로 집을
수 있다. 아니면 작은 탭이 튀어나와 있는 자동
차 퓨즈를 사용할 수도 있다.

퓨즈는 정격 전류가 1A와 3A인 것을 하나씩
사용한다. 두 부품은 겉으로는 똑같아 보이지만
확대경으로 자세히 들여다 보면 각 퓨즈의 금속
캡 한쪽에 1A나 3A라고 새겨져 있다. 이 외에 다
른 숫자나 문자도 몇 개 있을 것이다.

퓨즈를 확인하고 둘을 헷갈리지 않도록 주의
한다! 각 퓨즈의 끝에 다른 색의 마커 펜으로 점
을 찍어 구분할 수도 있다.

- 퓨즈에는 극성이 없다. 어느 방향으로 연결해
  도 된다.

처음에는 1A 퓨즈를 사용한다. 그림 4-6처럼 전지
에 연결한다. 연결되지 않은 검은색 악어 클립을
퓨즈에 2초 동안만 갖다 댄다. 그 정도면 퓨즈를
녹이기에 충분하다. 퓨즈가 뜨거워져도 걱정하
지 말자. 퓨즈 내부 전선이 녹는 속도가 아주 빠
르기 때문에 퓨즈 외부에서 열을 느낄 새가 없다.
그림 4-7은 그림 4-6을 회로도로 나타낸 것으로,
다양한 퓨즈 기호를 보여 준다. 기호가 이렇게

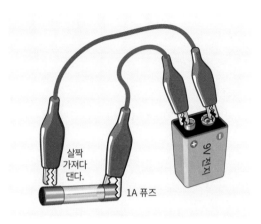

그림 4-6 1A 퓨즈를 끊어 버리는 방법.

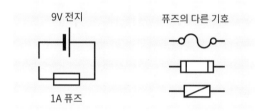

그림 4-7 그림 4-6의 회로도.

많은 이유는 무엇일까? 나도 정말 모른다. 심지
어 여기에 수록한 기호 외에도 사용하는 기호가
많이 있다. 여기에는 가장 흔히 보이는 것들만
수록했다.

회로에서 퓨즈를 제거해 자세히 살펴보자.
(전류가 흐르는 동안에는 퓨즈를 들여다보지 않
도록 주의한다. 이는 나쁜 습관이다. 퓨즈에 지
나치게 과부하가 걸리면 퓨즈가 더 격렬하게 반
응해 심하면 터질 수도 있다.)

전선이 끊어진 곳이 보이는가? 아마 그림 4-8
처럼 보일 것이다. 끊어진 부분이 보이지 않는다
면 실험을 다시 하되 이번에는 시간을 3초로 늘
린다.

그림 4-8 이 퓨즈는 끊어졌다.

- 퓨즈의 정격 값은 정확하지 않다. 1A 퓨즈라
도 어떤 퓨즈는 녹이는 데 다른 퓨즈보다 더
큰 전류가 필요할 수 있다.

1A 퓨즈가 녹았기 때문에 정격 전류값이 정확하
다고 가정할 때 1A가 넘는 전류가 퓨즈를 통해
흘렀음을 확신할 수 있다. 그러나 얼마나 더 큰
전류가 흘렀을까?

이번에는 3A 퓨즈를 사용해 보자. 실험을 반
복하되 이번에는 퓨즈를 연결하고 4초 동안 둔
다. 이제 악어 클립을 제거하고 확인해 보자. 이
퓨즈가 끊어지지 않았기를 바란다. 끊어지지 않
았을 것이다, 그렇지 않은가? 퓨즈의 정격 전류
값이 정확하다고 가정할 때 이제 회로에 흐르는
전류의 크기가 1A 이상, 3A 미만임을 알게 되었
다. 정격 전류값이 정확하지 않더라도 3A 퓨즈
는 10A 퓨즈보다 더 쉽게 끊어지는 게 당연하다.
따라서 10A 또는 20A라고 표시된 소켓을 사용한
다면 계측기로 전류를 측정해도 안전할 것이다.
그렇다고는 하지만 만일을 위해 회로에 3A 퓨즈
는 그대로 연결해 둔다.

이제 그림 4-9와 같이 회로를 연결하자. 이때
빨간색 리드가 10A 또는 20A라고 표시된 소켓에
꽂혀 있는지 반드시 확인해야 한다. 다이얼을 돌

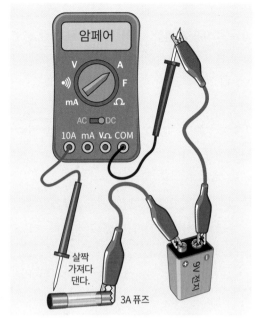

그림 4-9 9V 전지에서 얻을 수 있는 전류의 크기 구하기.

려 암페어를 측정하도록 설정하고(아마도 10A
또는 20A라고 표시된 부분이 있을 것이다) 화면
에 수치가 표시될 정도의 시간 동안만 계측기 탐
침을 퓨즈에 갖다 대보자. 화면에 표시된 값은
얼마인가? 내가 측정했을 때는 1.6A였다.

덧붙여서, 계측기는 10A 또는 20A 소켓을 사
용하더라도 높은 전류를 아주 오랫동안 흘려 보
내도록 설계되지 않았다. 보통 최대 크기의 전류
면 약 15초 동안 처리할 수 있으며, 그 뒤에 30분
간 냉각 시간을 두어야 한다.

실험이 끝나면 빨간색 계측기용 리드를 볼
트-옴 소켓으로 다시 옮겨 보자. 이제 앞서 그림
3-13에서 했던 것처럼 계측기를 전지에 직접 연
결해 전압을 측정할 수 있다.

내 전지 전압은 8.73이었다. 노트에 측정했던

값을 모두 표시해 두어야 실험이 전지 전압에 미치는 영향을 확인할 수 있다. 전지에 예상 한도를 초과한 부하를 걸면 전지의 수명이 오래 가지 않는다.

전류의 결론

이 실험에서 어떤 결론을 내릴 수 있을까?

- 작은 9V 전지라도 1A 이상의 전류를 전달할 수 있다. 이론상 전지를 병렬로 연결하면 LED 50개도 켤 수 있다.
- 그러나 이 정도 크기의 전류를 몇 초 동안 흘려 보내면 전지 수명이 상당히 줄어든다.

옴의 법칙을 생각했을 때, 전지가 퓨즈를 통해 어느 정도 크기의 전류를 전달해야 할까? 이는 회로의 저항값에 좌우된다. 계측기와 퓨즈의 저항이 거의 없다고 생각할지 모르지만, 실제로 퓨즈는 일반 전선보다 저항이 크다. 퓨즈를 회로에서 분리해 계측기로 저항값을 측정해 볼 수 있다. 내가 갖고 있는 퓨즈의 저항은 약 0.5옴이다.

그렇다면 계측기 자체는 어떨까? 계측기로 자체 저항을 측정할 수는 없지만 제품 명세서에서 확인할 수는 있다. 내 계측기의 내부 저항은 **10A** 소켓을 사용할 때 0.5옴 정도이다.

테스트 리드도 2개 사용했다. 테스트 리드의 저항 또한 0에 가깝다고 생각할 수 있다. 제조업체는 지난 10여 년간 테스트 리드의 전선 두께를 줄이기 위해 노력했을 것이다. 하지만 아무리 작아도 그 값을 알고 싶다. 내가 리드 10개를 한번

에 연결해 측정했을 때 전체 저항값은 2옴 정도였다. 여기에는 악어 클립을 연결했을 때의 저항도 포함된다. 따라서 테스트 리드 2개의 저항은 약 0.4옴이다. 긴 리드를 사용한다면 저항값은 더 커질 수 있다. 여기에 계측기용 리드도 있다.

이 실험에서는 계측기, 퓨즈, 리드를 모두 직렬로 연결했기 때문에 전지에 총 1.5옴 정도의 저항이 걸렸다. 따라서 옴의 법칙을 사용하면 다음과 같다.

$$I = V / R = 9 / 1.5 = 6A$$

아직 한 가지 요인이 더 남았다. 전지 자체에도 저항이 있다! 내가 확인한 바에 따르면 9V 알칼리 전지의 내부 저항은 약 1.5옴이다. 그러니 전지는 3A의 전류를 전달해야 한다. 그러나 앞에서 말했듯이 부품 한계를 넘어 부하를 가할 때는 옴의 법칙을 적용할 수 없다.

정리와 재활용

타버린 퓨즈는 버려도 된다.

전지는 아직 사용할 수 있을지 모른다. 얼마 동안 퓨즈에 연결해 두었는지에 따라 달라질 수 있다. 전압 측정값이 8.7V 이상이면 나중을 위해 보관해 두자. 단, 다음번 실험에 사용하기 전에 전압을 다시 확인한다.

대부분의 지역에서는 전지를 재활용할 수 있다. 어떤 곳에서는 전지 재활용을 법률로 정해 둔 곳도 있다.

실험 5 전지를 만들어 보자

인터넷이 없던 옛날에는 아이들이 가지고 놀 게 부족했다. 그래서 부엌 식탁에 앉아 못과 동전을 레몬에 끼워서 전지를 만드는 등의 실험을 하며 놀았다. 믿기 어렵겠지만 사실이다!

옛날의 레몬 전지 실험은 몇 밀리암페어의 전류에도 반응하는 LED가 발명된 지금에 와서 더욱 흥미로워졌다. 이 실험을 해본 적이 없다면 이번이 좋은 기회다.

실험 준비물

- 레몬 2개, 또는 레몬 농축액 1병
- 미국 1센트 동전 등 구리 도금된 동전 4개. 구리 동전을 구할 수 없는 곳에 살고 있다면 359쪽 부록 A에 정리해 둔 대안을 참조한다.
- 크기가 최소 2.5cm인 아연 도금 강철 브라킷이나 플레이트 브라킷 4개 (인터넷에서 구매하고 싶다면 '구멍뚫린 구리판', '스틱형 아연판' 등을 검색한다.)
- 테스트 리드(빨간색 1개, 검은색 1개, 기타 색 3개)
- 계측기 1개
- 빨간색 일반 LED 1개

실험 준비하기

전지는 전기화학 장치이다. 즉, 화학적 반응을 통해 전기가 생성된다. 당연한 이야기겠지만 전지가 작동하려면 제대로 된 화학물질을 사용해야 한다. 이번 실험에서는 구리와 아연, 레몬 주스를 사용한다.

주스는 구하기가 그다지 어렵지 않을 것이다. 레몬 자체도 저렴하지만 노랗고 조그만 플라스틱 용기에 든 농축액을 사도 된다.

1센트 동전은 더 이상 구리로 만들지 않지만, 아직도 구리로 겉을 얇게 도금하며, 이번 실험을 위해서는 이것으로 충분하다. 반짝이는 새 동전을 구하기만 하면 된다. 구리가 산화되어서 흐린 갈색을 띤 동전을 사용하면 실험이 제대로 되지 않는다.

아연을 구하기는 조금 까다롭다. 실험에는 녹이 슬지 않도록 아연으로 도금한 금속 부품이 필요하다. 동네 철물점에 가면 아연 도금한 작은 강철 브라킷(각 변이 2.5cm 정도)이나 플레이트 브라킷을 구입할 수 있다. 아연 도금한 부품은 겉이 은백색을 띤다.

레몬 실험

레몬을 반으로 자르고, 자른 레몬에 동전을 끼운다. 아연 도금 플레이트 브라킷은 동전과 가급적 가까운 곳에 끼우되, 동전과 닿지 않도록 주의한다. 이제 최대 2VDC를 측정할 수 있도록 계측기를 설정한 다음 빨간색 탐침은 동전에, 검은색 탐침은 플레이트 브라킷에 갖다 댄다. 계측기에서 측정된 전압이 0.8~1V임을 확인할 수 있을 것이다.

일반 LED에 전원을 공급하려면 순방향 전압이 이보다 커야 한다. 그렇다면 어떻게 전압을 높일 수 있을까? 전지를 직렬로 연결하면 된다.

다시 말해 레몬이 더 필요하다! 악어 클립이 달린 테스트 리드를 사용해서 그림 5-1처럼 전지를 연결해 줄 수 있다. 각각의 리드가 브라켓과 동전을 연결하고 있다는 점에 주목하자. 동전과 동전을 연결하거나 브라켓과 브라켓을 연결하지 않도록 주의한다.

그림 5-2 직접 짠 레몬 주스나 시판용 레몬 농축액 어느 쪽을 사용하더라도 신뢰할 만한 결과를 얻을 수 있다.

포도 주스를 사용해도 결과는 비슷하다.

나는 칸을 4개 사용해서 레몬 주스 전지를 만들기로 했다. LED의 부하가 전압을 어느 정도 끌어내리며, 레몬 전지로는 LED를 망가뜨릴 정도의 전류를 흘려보내지 못하기 때문이다. 주스 전지는 내부 저항이 상대적으로 크다!

사진처럼 설치하면 즉시 작동한다.

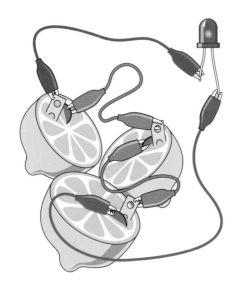

그림 5-1 레몬 3개로 전지를 만들면 LED를 밝힐 수 있을 만큼의 전류를 생성할 수 있을 것이다.

동전과 브라켓이 닿지 않으면서도 최대한 가까이에 있도록 신중하게 배치해서 레몬 주스 전지 3개를 직렬로 연결하면 LED에 불이 들어올 것이다.

아니면 그림 5-2처럼 여러 칸으로 나누어진 작은 부품 보관함을 사용할 수도 있다. 보관함의 칸을 직렬로 연결된 전지처럼 사용하면 동전과 브라켓을 고정하기가 더 쉽다. 모든 요소를 제대로 배치했다면 레몬 농축액을 부어준다. 식초나

전기의 속성

레몬 전지의 작동 방식을 이해하려면 원자에 대한 기본 지식부터 알아야 한다. 각각의 원자는 중앙에 원자핵이 위치하며, 원자핵의 구성 물질에는 양의 전하를 가지는 양성자(protons)가 있다. 원자핵의 주변에는 음의 전하를 띠는 전자(electron)가 둘러싸고 있다. 앞에서 말한 것처럼 전기의 흐름은 전자로 이루어진다.

원자핵을 깨려면 많은 에너지가 필요하며, 동시에 핵폭발처럼 많은 에너지를 방출할 수 있다. 그러나 전자들이 원자에서 알아서 떨어져 나가거나 원자와 결합하도록 하면 에너지가 거의 들지

않는다. 원자가 전자를 1개 이상 잃거나 얻으면 이온(ion)이 된다. 원자핵의 양성자에 비해 전자가 부족하면 원자가 양 전하를 띄게 되어 양이온(positive ion)이 되고, 반대로 전자가 더 많으면 원자가 음전하를 띄게 되어 음이온(negative ion)이 된다.

아연과 레몬 주스 간에 화학반응이 일어나면 아연 전극에서 양의 아연 이온이 발생하면서 전자가 남게 된다. 이들 전자는 자유롭게 돌아다닐 수 있다. 그러나 대체 어디를 돌아다니는 걸까?

나는 전자를 성미 나쁜 소인족으로 생각하곤 한다. 이들은 그림 5-3처럼 서로에 대한 거부감을 보인다. 그러나 레몬 전지는 그림 5-4에서와 같이 이들 전자가 스스로를 해방시킬 수 있는 기회를 준다. 전자는 LED 같은 부하를 통해 전선을 따라 달릴 수 있다. 전자는 부하에 약간의 에너지를 뺏기기는 하지만 구리 전극까지 계속 이동할 수 있다. 구리를 둘러싸고 있는 레몬 주스 안에는 음의 동료를 반기는 양의 수소 이온이 기다리고 있다.

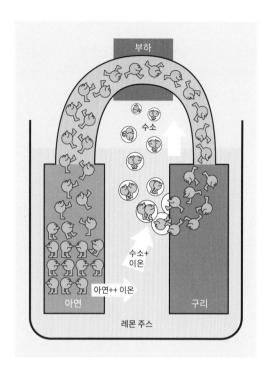

그림 5-4 레몬 전지에서 풀려난 전자들.

구리에서 나온 한 쌍의 전자는 한 쌍의 수소 이온과 만나 수소 기체가 되면서 조그만 기포를 형성한다. 그 결과 레몬 주스에서 공기방울이 솟아오르고 전자는 새 친구들과 함께 모험을 찾아 떠난다.

물론 현실은 내가 말한 것처럼 그렇게 간단하지는 않지만, 완전한 이야기를 찾아보는 건 독자 여러분의 몫으로 남겨 두겠다.

지금까지의 설명은 일차전지(primary battery)에 해당된다. 일차전지는 단자를 서로 연결하는 즉시 전자가 한 전극에서 다른 전극으로 이동하면서 전기가 발생한다. 일차전지가 생성하는 전류의 양은 전지 내의 화학반응으로 인해 전자가 발생하는 속도에 좌우된다. 전극의 금속이

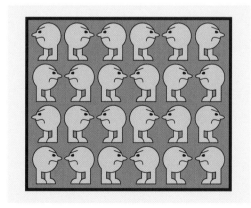

그림 5-3 서로 거부감을 보이는 전자 집단.

화학반응에 모두 사용되고 나면 전지에서 더 이상 전기가 발생하지 않는다. 이런 상태를 전지가 방전되었다고 표현한다. 일차전지는 충전이 쉽지 않다. 화학반응을 되돌리기가 쉽지 않고 전극 상태가 나빠졌을 가능성이 높기 때문이다.

충전지는 이차전지(secondary battery)라고도 부르는데, 전극과 전해질을 주의 깊게 선택해서 화학반응을 되돌릴 수 있도록 한다.

혼동되는 양극과 음극

앞에서 전기는 음전하를 띠는 전자의 흐름이라고 말했다. 그렇다면 지금까지 했던 실험에서 전기가 전지의 양극 단자에서 음극 단자로 흐르는 것처럼 말했던 이유는 무엇일까?

그 이유는 이렇다. 1747년 벤저민 프랭클린이 뇌우를 관찰한 뒤 번개가 양의 폭풍 구름으로부터 내려와 지구에 접지된다고 결론 내렸다.

실제로 프랭클린은 절반만 맞았다. 폭풍 구름이 지구보다 더 높은 양전하를 가진 경우도 있지만, 그러한 조건에서 '벼락을 맞은' 사람이 다치는 것은 사실 전기가 땅에서 몸을 통과해 머리 꼭대기로 빠져나가기 때문이다(그림 5-5).

프랭클린의 실수를 바로잡은 것은 1897년이 되어서였다. 당시 물리학자 조세프 존 톰슨이 전자를 발견했음을 발표하고 전기가 음전하를 띤 입자의 흐름임을 증명했다. 전지에서 전자는 음극 단자를 떠나 양극 단자로 흘러간다.

이 사실이 밝혀졌을 때 전기가 양에서 음으로 이동한다는 벤저민 프랭클린의 생각을 모두가 잊어버렸어야 했다고 생각할지 모른다. 그러나

그림 5-5 이 불행한 사람은 자신이 번개를 맞았다고 생각할지 모르지만 실제로는 그 반대일 수 있다.

음전하가 더 양인 위치로 이동한다는 것은 사실 양전하가 더 음인 위치로 이동한다는 말과 같다. 전자가 원래 있던 곳을 떠나면 그곳에서 음전하도 조금 가져가기 때문에 그곳은 살짝 양극화된다. 이는 양의 입자가 반대 방향으로 이동한 것과 거의 같은 효과를 낸다. 더욱이 전기의 행동을 설명하는 수식들은 양전하가 이동한다고 가정하고 적용해도 같은 계산 결과를 얻을 수 있다.

그 결과 전통과 관습의 문제로 전기가 양에서 음으로 흐른다는 생각이 살아남게 되었다. 사람들이 100년 이상을 이러한 식으로 생각하기도 했고, 결과적으로 큰 차이도 없었기 때문에 가능했던 일이다.

- 전류가 양에서 음으로 흐른다고 생각하는 관습에서 이런 전류를 관습 전류(conventional current)라고 부른다.

다이오드나 트랜지스터 같은 부품의 회로도 기호는 화살표로 이러한 부품의 연결 방향을 알려 주는데, 이때 화살표는 모두 양에서 음의 방향을 가리킨다. 이 책에서도 전류는 모두 같은 방식으로 표시한다.

정리와 재활용

레몬이나 레몬 주스에 담근 철물은 색이 변할 수 있지만 다시 사용할 수 있다. 단, 전기화학반응 때문에 금속이 레몬에 남을 수 있으니 먹지 않는 것이 좋다.

2장

스위칭

스위치(switch)를 사용해 전류를 제어한다는 생각은 아주 기본적인 것처럼 느껴진다. 하지만 이번 장에서 이야기하는 스위치는 단순히 손가락으로 누르는 스위치가 아니다.

전기의 흐름은 릴레이(relay)나 트랜지스터(transistor)를 사용해 스위칭할 수 있다. 이런 식의 스위칭은 매우 중요하며, 모든 디지털 장치가 이 방식을 사용한다.

이 장에서는 정전용량(capacitance)에 관해서도 다룬다. 정전용량은 전자회로에서 저항만큼이나 기본적인 개념이다.

1장과 마찬가지로 여러분이 쉽게 알아볼 수 있도록 추천 공구, 물품, 부품의 목록으로 시작한다. 이미 가지고 있는 것도 있겠지만, 그렇지 않다면 책 뒷부분에서 구입 방법과 판매업처에 대한 설명을 참조한다.

- 부품 구입에 필요한 사양은 부록 A를 참조한다.
- 부품 구입 시 추천하는 온라인이나 오프라인 매장은 부록 B를 참조한다.

소형 드라이버

먼저 일부 전자부품에 사용되는 작은 나사에 사용할 소형 드라이버(miniature driver)가 필요하다. 그림 6-1과 같은 드라이버 세트를 권한다.

저가 세트도 그림과 아주 비슷해 보이는 제품이 있지만 돈을 조금만 더 지불해서 유명 브랜드 제품을 구입해 보자. 재료와 제조 품질이 훨씬 우수한 제품을 사용할 수 있다.

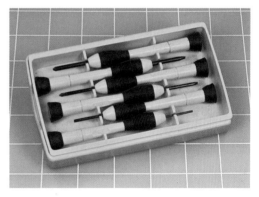

그림 6-1 소형 드라이버. 일자드라이버 4개, 십자드라이버 2개로 구성되어 있다.

소형 롱노즈 플라이어

필요한 롱노즈 플라이어(long-nose plier) 유형은 끝에서 끝까지 길이가 13cm를 넘지 않는다.

전선을 정확한 위치에서 구부리거나 작은 부품을 잡기에 손가락이 너무 크고 거추장스러울 때 사용한다. 그림 6-2의 플라이어에는 손잡이에 스프링이 장착되어 있지만, 이 기능이 없는 플라이어를 선호하는 사람도 있다.

플라이어를 대단한 작업에 사용할 일은 없을 것이기 때문에 품질을 고려할 필요없이 가장 저렴한 제품을 사면 된다.

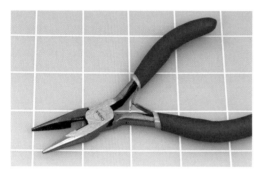

그림 6-2 전자부품을 사용하는 작업에 적합한 플라이어는 길이가 13cm를 넘지 않아야 한다.

니퍼

플라이어의 집게가 겹쳐지는 부분은 보통 절단용 날로 되어 있지만, 플라이어의 집게가 접근할 수 없는 위치에 있는 전선을 자르려면 그림 6-3

그림 6-3 니퍼 또한 길이가 13cm를 넘지 않도록 한다.

과 같은 니퍼(wire cutter)가 필요하다. 마찬가지로 길이는 13cm를 넘지 않도록 한다. 주로 부드러운 구리 전선을 자르는 데 사용할 것이기 때문에 품질이 뛰어날 필요는 없다.

플라이어와 마찬가지로 니퍼에는 손잡이에 스프링이 달려 있을 수도, 없을 수도 있다.

플러시 커터(선택 사항)

그림 6-4의 플러시 커터(flush cutter)는 니퍼보다 집게가 더 얇고 작지만, 그렇기 때문에 견고함도 부족할 수 있다. 플러시 커터나 니퍼 중 어느 쪽을 선택하든 개인의 취향일 뿐이다. 나는 개인적으로 니퍼 쪽을 더 좋아한다.

그림 6-4 플러시 커터는 니퍼보다 더 좁은 곳까지 닿을 수 있다.

주둥이가 뾰족한 플라이어(선택 사항)

이런 플라이어는 롱노즈 플라이어와 비슷해 보이지만 집게가 얇고 정밀하며 끝으로 갈수록 가늘어진다. 나는 부품을 빽빽하게 꽂아 놓은 브레드보드에서 부품을 잡을 때 뾰족한 플라이어를 많이 사용한다. 이 도구는 비즈 장식 같은 공예품 전문 웹사이트나 상점에서 사면 좋다. 단, 그림 6-5와 같이 집게의 안쪽 면이 평평한지 확인한다. 비즈 공예용 플라이어는 액세서리용 금속 줄에 고리를 만들기 위해 집게 안쪽 면이 둥글게 패여 있는데, 이런 유형은 필요하지 않다.

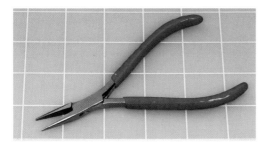

그림 6-5 주둥이가 뾰족한 플라이어를 사용하면 아주 작고 정밀한 부품에 작업이 가능하다.

와이어 스트리퍼(전선 스트리퍼)

이 책에서는 절연용 플라스틱 피복으로 감싼 전선을 사용한다. 이런 전선을 사용하다 보면 피복을 조금 제거해야 할 경우가 생기는데 이때 가장 적합한 도구가 그림 6-6과 같은 와이어 스트리퍼 (wire stripper)이다.

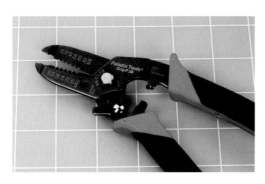

그림 6-6 전선에서 피복을 제거하기 위한 와이어 스트리퍼.

와이어 스트리퍼 중에는 손잡이가 각지거나 직선인 제품도 있고, 곡선으로 휘어진 것도 있다. 내 생각에 손잡이 모양은 그다지 중요하지 않다.

구입할 와이어 스트리퍼가 사용하는 전선 크기에 적합한지 먼저 확인한다. 스트리퍼 집게에 표시된 크기 범위에 22게이지 와이어에 해당하는 숫자 22가 포함되는지 확인한다. 적절한 크기는 14~24나 20~30이다. 게이지 번호는 다음 페이지의 '연결용 전선'에서 설명한다.

온라인 쇼핑을 하다 보면 자동 와이어 스트리퍼를 보게 된다. 이런 제품은 전선을 잡아 피복을 끊은 뒤 당기는 작업을 한번에 해주기 때문에 한 손으로 피복을 벗길 수 있도록 해 준다. 나는 잠시 사용해 봤지만 정밀도가 떨어지고 피복을 깔끔하게 벗기기 어려웠다.

남성 호르몬이 넘치는 사람이라면 전선 피복을 벗기는 데 도구가 전혀 필요하지 않다고 말할 지도 모른다. 그렇지만 앞니 두 개를 잃은 사람의 말을 믿어주길 바란다. 그건 결코 좋은 생각이 아니다(그림 6-7 참조).

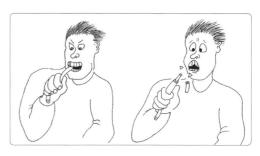

그림 6-7 급한가? 와이어 스트리퍼가 어디 있는지 모르겠는가? 그렇더라도 유혹에 빠지지 말자. 이런 일은 실제로 일어난다.

브레드보드

전자공학에서 브레드보드(breadboard)는 0.1인치(2.5mm) 간격으로 구멍을 뚫어 놓은 작은 플라스틱 판을 말한다. 플라스틱 안쪽에는 작은 스프링 클립이 숨겨져 있어서 전선과 부품을 구멍에 끼웠을 때 이들 사이를 연결해 준다. 브레드보드를 사용하면 1장처럼 악어 클립이 달린 테스트 리드를 사용할 때보다 회로를 빠르게 만들 수 있다.

브레드보드는 무땜납 브레드보드(solderless breadboard)나 프로토타이핑 보드(prototyping board)라고도 부른다.

그림 6-8은 소형 브레드보드의 모습이다. 보통 '아두이노용'으로 판매하지만 이 책의 실험에 사용하기에는 구멍이 충분치 않으니 이 유형은 살 필요가 없다.

그림 6-8 소형 브레드보드는 이 책의 프로젝트에 사용하기에는 너무 작은 경우가 대부분이다.

그림 6-9는 1열 버스 브레드보드(single-bus breadboard)를 보여 준다. '버스'는 브레드보드의 양쪽 끝에 긴 변을 따라 한 줄로 평행하게 뚫어 놓은 구멍들을 말한다. 그림에서 빨간색으로 표시했다.

그림 6-10은 2열 버스 브레드보드(dual-bus breadboard)의 예이다. 이 제품에는 브레드보드 양 끝으로 구멍이 길게 두 줄로 뚫려 있는데, 이를 2열 버스라고 한다. 쉽게 알아볼 수 있도록 보드에 빨간색과 파란색 선이 인쇄되어 있다.

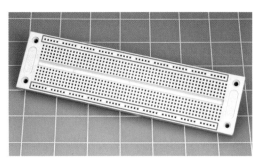

그림 6-9 1열 버스 브레드보드. 각 버스는 빨간색으로 표시했다. 이 유형의 브레드보드는 이 책에 추천하지 않는다.

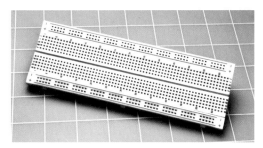

그림 6-10 이 책 전체에서 사용하는 2열 버스 브레드보드.

이 책의 1판에서는 부품의 배선을 최소화할 수 있는 2열 버스 브레드보드를 사용했다. 그러나 양쪽의 버스 2개를 혼동하기 쉽다 보니 독자들 중에 전선을 연결할 때 실수를 하는 경우가 있음을 알게 되었다. 그래서 2판을 낼 때 모든 회로를 1열 버스 브레드보드를 사용하도록 바꾸었고 회로 자체도 잘 작동했다. 그러나 아쉽게도 현재 1열 버스 보드는 많이 사용하지 않아 구하기가 어렵다. 그런 이유로 3판에서는 다시 2열 버스 브레드보드로 돌아올 수밖에 없었다.

이 책에서는 그림 6-10과 같은 유형이 필요하다. 제조업체는 중요하지 않지만 보드 사양을 확인했을 때 구멍(접속점(tie point)이라고도 한다)이 최소 800개가 있어야 한다.

나는 예전에는 브레드보드가 하나만 있으면 된다고 말했다. 재사용이 가능하기 때문이다. 그렇지만 가격이 떨어져서 2~3개 구입을 고려해도 좋을 정도다. 여러 개가 있으면 기존 회로를 분해하지 않고도 새 회로를 만들 수 있다.

연결용 전선

브레드보드에서 부품 연결에 사용하는 전선 유형을 연결용 전선(hookup wire)이라고 하지만, 벌크 전선(bulk wire)으로 분류하는 경우도 많다. 보통 그림 6-11처럼 플라스틱 스풀에 감아서 25피트(8m)와 100피트(30m) 길이로 많이 판매한다.

그림 6-11 여기서 보는 것처럼 연결용 전선은 25피트나 100피트 단위로 스풀에 감아서 판매한다.

연결용 전선은 피복을 벗기면 그림 6-12처럼 단일 도선(solid conductor, 단선)이 나타난다. 이를 그림 6-13의 연선(stranded wire)과 비교해 보자. 연선은 단선보다 더 쉽게 구부러지기 때문에 브레드보드의 구멍에 끼우려고 하면 잘 안 들어가서 짜증이 날 수 있다. 그러니 브레드보드에는 단선을 사용한다.

그림 6-12 단선은 피복 내부의 도선이 하나이다.

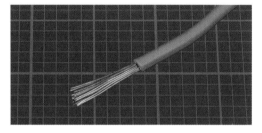

그림 6-13 연선은 단선보다 잘 휘어진다는 장점이 있다.

AWG는 미국 전선 규격(American wire gauge)의 약어로 전선 두께를 표시하는 수치이다. 숫자가 클수록 두께는 얇아진다. 전선 규격을 인치나 밀리미터로 변환한 값을 알아보려면 검색창에 다음과 같이 입력하면 된다.

convert awg inches(awg 인치로 변환)
convert awg metric(awg 미터로 변환)

이 책의 프로젝트에서 사용하기에 가장 좋은 두께는 22게이지이다. 이 책의 2판에서는 브레드보드와의 연결이 더 안정적인 20게이지 전선(22게이지보다 두껍다)을 추천했지만, 유난히 클립이 빽빽한 보드에서는 두꺼운 전선을 사용하기가 어렵다는 사실을 알게 되었다. 그런 이유를 감안하면 22게이지 전선이 좋은 절충안일 듯하다.

전선 피복을 벗겼을 때 구리선이 은색으로 도금된 경우가 있다. 이런 유형을 주석 도금선(tinned wire)이라고 한다. 이 책의 프로젝트에는 주석 도금선과 일반 구리선 중 어느 쪽을 사용해도 무방하다.

전선은 각각 빨간색, 파란색, 초록색, 노란색으로 25피트(8m) 스풀 4개를 구입하면 좋다. 서로 다른 색을 사용하면 실수를 피할 수 있으며, 회로 연결을 실수했을 때도 찾기 쉽다. 이 책에서 양극과 음극 공급 전원은 빨간색과 파란색 전선으로 구별하고, 초록색과 노란색은 그 사이의 연결을 만들 때 사용한다. 전선을 검색하다 보면 검은색이 파란색보다 인기 있는 색상임을 알 수 있다. 원한다면 파란색 대신 검은색을 사도 된다.

연선(선택 사항)

완성된 회로를 케이스 안에 설치할 때 잘 휘는 연선을 사용하면 스위치와 회로 기판을 연결하기가 수월하다. 이런 목적으로 연선을 구매하겠다면 22게이지를 구입하기를 권한다. 연선은 빨간색, 파란색, 초록색, 노란색 이외의 색상으로 구입하면 연결용 전선과 구분할 수 있다.

점퍼선(점퍼 케이블)

짧은 전선의 양 끝에서 1cm 정도 피복을 벗겨낸 뒤 끝을 아래로 구부려 브레드보드의 구멍에 끼우면 그림 6-14와 같은 점퍼선(jumper)이 완성된다. 점퍼선은 구멍으로 이루어진 열을 몇 개 뛰어넘어(jump) 연결을 만들어 주며, 알맞은 길이로 잘라 사용하면 회로가 깔끔해져서 오류를 쉽

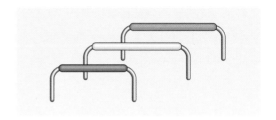

그림 6-14 브레드보드 연결을 위한 점퍼선.

게 찾아낼 수 있다.

피복을 벗기고 양 끝을 직각으로 구부리는 데 시간이 많이 걸리지는 않지만, 이 과정을 참지 못하는 사람들도 있다. 그런 사람들은 그림 6-15와 같이 미리 잘라 둔 점퍼선 세트를 구입하고 싶을 수 있다.

나도 이런 점퍼선을 사용해 보았지만, 피복 색깔이 헷갈려서 사용하지 않게 되었다. 이런 제품의 경우 점퍼선의 길이에 따라 색을 다르게 사용하지만, 내 회로에서는 점퍼선의 기능에 따라 색을 구분한다. 예를 들어, 나는 빨간색 전선은 길이에 관계없이 전원 공급 장치의 양극과 연결하는 데 사용하고 싶다.

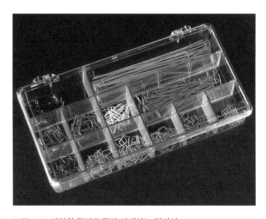

그림 6-15 다양한 길이로 잘라 판매하는 점퍼선.

원한다면 잘라서 판매하는 점퍼선을 사용해도 되지만, 색상이 혼동을 일으킬 뿐 아니라 비용도 더 많이 든다.

그렇다면 그림 6-16처럼 끝에 작은 단일 핀 플러그가 있고 휘어지는 점퍼선은 어떨까? 인터넷에서 점퍼선을 검색하면 이런 유형이 가장 먼저 나온다. 휘어지기 때문에 크기에 맞춰 자를 필요가 없으며 짧으면 0.1인치(2.5mm), 길면 3인치(7.5cm) 떨어져 있는 구멍끼리 연결할 때 사용할 수 있다. 한 가지 종류의 점퍼선으로 어디에나 쓸 수 있다! 이렇게 생각하면 매력적인 선택지인 것처럼 보인다.

그런데 불행히도 이러한 유형의 점퍼선이 지니는 편리함은 배선 오류가 발생하는 순간 사라진다. 안타깝게도 현실에서 배선 오류를 범하지 않는 사람은 없다. 빠르게 연결을 만든 덕에 절약한 시간은 엉켜 있는 점퍼선 사이에서 잘못 연결한 부분을 찾느라 애쓰는 동안 사라져 버릴 것이다.

그림 6-17은 휘어지는 점퍼선을 사용해 소형 보드 2개에 만든 작은 회로를 보여 준다. 그림

6-18은 완전히 같은 회로지만 이번에는 손으로 자른 점퍼선을 사용해 연결한 것이다. 오류를 찾아야 한다고 하면 어디서 찾고 싶은가?

회로가 제대로 작동하지 않아 나에게 질문하고 싶을 때도, 손으로 잘라 만든 점퍼선을 사용하는 게 유리하다. 휘어지는 점퍼선을 이용한 회로 사진을 보낸다면 내가 도움을 주기 어려울 것이다.

이것만으로는 점퍼선을 올바른 길이로 잘라 사용할 충분한 이유가 되지 않는다고 느낄 수도 있다. 그럴 때는 휘어지는 점퍼선은 플러그 핀에

그림 6-17 휘어지는 점퍼선을 사용해 소형 보드에 만든 회로.

그림 6-16 양 끝에 플러그가 달린 휘어지는 점퍼선.

그림 6-18 손으로 잘라 만든 점퍼선을 사용해 그림 6-17과 똑같이 구성한 회로.

결함이 있을 수 있으며, 겉으로는 아무런 문제가 없어 보여도 연결이 제대로 되지 않을 수 있다는 점을 기억하자. 이런 경우 문제를 찾는 과정이 무척이나 답답할 수 있다. 또, 이런 점퍼선은 일정 기간 사용하고 나면 핀이 부러지기 쉽다.

그럼에도 진심으로 휘어지는 점퍼선을 사용하고 싶다면 에이다프루트(adafruit.com)에서 '프리미엄' 제품을 구입할 것을 권한다. 이런 제품의 플러그 연결이 그나마 믿을 만한 것 같다.

슬라이드 스위치

스위치의 종류는 수십 가지지만 이 책의 실험에는 슬라이드 스위치(slide switch)가 필요하다. 실험 6에서는 그림 6-19와 같이 핀 간격이 0.2인치(5mm)이고 악어 클립이 달린 테스트 리드로 쉽게 집을 수 있는 스위치가 몇 개 있다면 도움이 될 것이다.

그 외의 모든 실험에는 브레드보드에 삽입할 수 있도록 핀 간격이 0.1인치(2.5mm)인 슬라이드 스위치를 사용한다(그림 6-20 참조).

이 책 전용 부품 키트를 주문할 때는 키트에 더 큰 크기의 슬라이드 스위치가 2개 포함되어

있는지 확인한다. 키트를 구입하지 않았고 큰 크기의 슬라이드 스위치를 찾지도 못한 경우 작은 스위치의 양옆 핀을 바깥쪽으로 살짝 구부려 악어 테스트 리드와 함께 사용할 수 있다(그림 6-30 참조).

이 책의 실험은 낮은 전압과 전류를 스위칭하기 때문에 튼튼하거나 값비싼 스위치를 살 필요는 없다.

택타일 스위치

이 부품은 작은 푸시버튼처럼 생겼고, 실제로 푸시버튼과 비슷하게 작동하지만, 제대로 된 명칭은 택타일 스위치(tactile switch)이다. 브레드보드에 꽂으면 손가락으로 눌러 쉽게 회로를 작동시킬 수 있다. 그림 6-21은 택타일 스위치의 일반적인 유형 네 가지를 보여 준다.

A형은 브레드보드에 쉽게 끼울 수 있도록 각이

그림 6-21 택타일 스위치의 네 가지 유형.

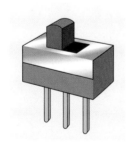

그림 6-19 핀 간격이 약 0.2인치 (5mm)인 슬라이드 스위치.

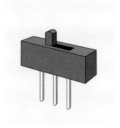

그림 6-20 핀 간격이 0.1인치 (2.5mm)이고 전체가 플라스틱인 슬라이드 스위치.

지지 않은 핀이 매끈하고 곧게 나 있어서 내가 선호하는 유형이다. 그러나 안타깝게도 이 유형은 다른 유형보다 일반적이지 않다.

B형은 이 책의 실험에 사용할 수는 있지만 핀 간격이 보통 6.5mm 정도이다. 이 간격이면 브레드보드에 딱 맞지는 않더라도 사용은 가능하다 (6.5mm를 인치로 변환하면 약 0.26인치이다). 핀을 브레드보드 구멍에 맞게 만들면 된다. 먼저 핀을 하나씩 플라이어로 단단히 잡고 휘어진 부분을 평평하게 펴준다. 그런 다음 핀이 0.2인치(5mm)만큼만 벌어지도록 핀을 안쪽으로 조심스럽게 구부려주면 된다. 내가 테스트한 결과 이렇게 하면 스위치가 보드의 구멍에 단단히 고정된다.

C형은 핀 간격이 0.2인치 간격이라 브레드보드에 사용하기에 문제는 없지만, 내 브레드보드 배치상 이 정도의 정사각형 몸통이 들어갈 만한 공간이 없다.

D형은 가장 흔한 유형이지만 핀 4개가 휘어져 있어 브레드보드에 끼우기가 어렵고 끼웠더라도 금세 튀어나오는 경향이 있다. 또, 정사각형 몸통이 조금 클 뿐 아니라 이 책의 브레드보드 배치상 핀 4개를 끼워 넣을 공간도 없다.

부품 번호와 판매업체는 다른 부품과 마찬가지로 부록 A와 부록 B에 수록해 두었다.

릴레이

릴레이(relay)에는 원격 제어로 활성화할 수 있는 스위치가 있다. 제조업체마다 핀 기능이 표준화되어 있지 않기 때문에 교체를 위해 새 릴레이를 구입할 때는 주의가 필요하다. 내가 추천하는 제품은 그림 6-22의 Omron G5V-2-H1-DC9이지만 다른 릴레이를 사용하고 싶다면 부록 A를 참조한다.

그림 6-22 이 책에서 사용을 권장하는 릴레이.

반고정 가변저항

가변저항(potentiometer)에는 연결부가 3개 있는데, 이들 간의 저항은 손잡이나 축을 회전할 때마다 달라진다. 반고정 가변저항(trimmer potentiometer)은 트리머 저항(trimmer resistor)이라고도 하는데 브레드보드에 연결하기 좋은 소형 가변저항이다. 그림 6-23은 소형 드라이버로 조절하도록 설계된 가변저항 유형 두 가지를 보여 준다. 이 책에서는 값이 서로 다른 두 가지 유형을 사용하며, 이에 대한 내용은 부록 A의 부품

그림 6-23 반고정 가변저항.

표에 명시해 두었다.

이 책의 회로에는 정사각형을 기준으로 한 변 길이가 0.3인치(7.5mm) 이하인 가변저항이 필요하다. 이보다 더 큰 제품을 사용하기에는 공간이 부족하다. 다른 여러 부품과 마찬가지로 반고정 가변저항의 핀 배열은 표준화되어 있지 않다. 직접 구입한다면 부록 A를 참조한다.

트랜지스터

이 책에서는 한 가지 유형의 트랜지스터(transistor)만 사용한다. 부품 번호가 2N3904이기만 하면 제조업체는 상관없다. 그림 6-24는 이 트랜지스터의 모습이다.

그림 6-24 부품 번호가 2N3904인 트랜지스터.

이 책의 2판에서는 2N2222 트랜지스터를 사용했다. 2N3904보다 훨씬 흔하게 사용하며 전력도 더 높지만, 모토로라가 핀 기능을 반대로 바꾼 자체 버전을 제작하기로 결정하면서 큰 혼란을 빚었다. 그런 이유로 2N2222 트랜지스터는 더 이상 사용하지 않는다.

커패시터(콘덴서, 축전기)

커패시터(capacitor)는 저항만큼 저렴하지 않지만 많이 비싸지는 않으니 값마다 부품을 각각 구입하기보다 여러 개 묶음으로 구입하는 쪽을 생각해 보자. 구매 정보는 부록 A에서 확인할 수 있다.

부품값이 많이 들지 않는다면 세라믹 커패시터(ceramic capacitor)를 사용하는 편이 좋다. 세라믹 커패시터는 세라믹이 둥글게 뭉쳐 있는 모양이다. 부품값이 꽤 나온다면 전해 커패시터(electrolytic capacitor) 쪽이 저렴하다. 그림 6-25는 각각의 예를 보여 준다. 부품 색상은 다양하지만 중요하지는 않다.

커패시터에 대한 자세한 내용은 92페이지에서 확인할 수 있다.

그림 6-25 전해 커패시터(왼쪽)와 세라믹 커패시터(오른쪽).

스피커

이 책의 실험에서는 직경이 최소 1인치(2.5cm)인 스피커(loudspeaker, speaker)가 필요하다. 소리는 직경이 2인치(5cm)인 스피커 쪽이 더 좋긴 하다. 스피커 직경이 3인치(7.5cm)쯤 되면 저음 주파수를 더 충실하게 재생해 주지만, 주파수가 낮으면 전력 소비가 늘어나는 경향이 있다.

이 책에서는 고음질 사운드를 다루지 않기 때문에 스피커에 많은 비용을 들일 필요는 없다. 그림 6-26은 스피커의 두 가지 예를 보여 준다. 2인치 스피커로 검색해서 가장 저렴한 제품을 구입하되, 임피던스(회로에서 전압이 가해졌을 때 전류의 흐름을 방해하는 값)가 8옴인지 확인한다.

그림 6-26 두 가지 스피커. 하나는 직경이 1.2인치(3cm)이고 다른 하나는 2인치(5cm)이다.

저항

저항은 이 책의 프로젝트 대부분에서 사용한다. 1장에서 저항을 묶음으로 구입하지 않았다면 부록 A의 부품표를 확인한다.

추가로 필요한 물품

내가 제시한 도구와 부품이 조금 많다고 생각할 수 있다. 그러나 앞에서 언급한 거의 모든 물품은 책 전반에서 다시 사용하니 걱정하지 말자. 각 장의 시작 부분에서 몇 가지 항목을 더 제시할 예정이고 집적회로 칩도 몇 개 필요하기는 하지만, 비용이 많이 들지는 않을 것이다.

실험 6 스위치로 연결하기

스위치의 개념은 지나치게 간단해 보인다. 어찌됐건 집에 널린 게 스위치다. 벽에는 전등 스위치가, 가전 제품에는 전원 스위치가 있다. 그렇지만 여러 곳에 스위치를 두거나 스위치를 2개 이상 함께 연결하면 더욱 흥미로운 일이 생긴다.

실험 준비물

- 계측기
- 9V 전지 1개
- 핀 3개가 각각 0.2인치(5mm)씩 떨어져 있는 SPDT 슬라이드 스위치 2개(신중하고 정밀한 작업이 가능한 사람이라면 더 작은 스위치를 사용해도 된다)
- 테스트 리드(빨간색 1개, 검은색 1개, 기타 3개)
- 빨간색 일반 LED 1개
- 470옴 저항 1개

아주 간단한 스위칭

그림 6-27은 학교의 전기 수업용 교재로 판매되는 가장 원시적인 스위치 유형이다. 이런 유형을 나이프 스위치(knife switch)라고 부른다. 이 유형을 추천하지는 않는다. 단지 대부분의 스위치에 존재하는 기능을 설명하는 데 필요하기 때문에 소개하는 것뿐이다.

레버의 고정점은 빨간색 소켓과 연결되어 있으며 스위치의 극(pole)이라고 부른다. 레버를

그림 6-27 교육용으로 판매되는 나이프 스위치. 이후 개발된 나이프 스위치에도 부위 명칭과 기능은 동일하게 적용된다.

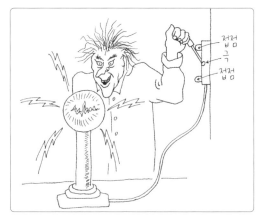

그림 6-28 이 미친 과학자의 연구실에는 단극쌍투 나이프 스위치가 있다.

돌리는 것을 스위치를 넣는다(throwing)고 한다. 따라서 이 스위치는 단극쌍투 스위치(single-pole, double-throw switch, SPDT)가 된다. (SPDT 대신 1P2T로 쓰기도 한다.)

스위치의 검은 판 양 끝에 있는 금속 클립을 접점(contact)이라고 하며, 어느 쪽으로도 연결이 가능하기 때문에 이 스위치는 온-온 스위치(ON-ON switch)라고도 부른다. 이후 개발된 나이프 스위치에도 용어는 동일하게 적용된다.

고전 공포 영화를 좋아한다면 지하실에 있는 미친 과학자가 지금은 골동품이 되어 버린 나이프 스위치를 사용하는 것을 한번쯤은 보았을 것이다.

그림 6-19와 6-20의 스위치는 이보다 작고 저렴하며 실용적이다. 이런 스위치는 액추에이터(actuator)라고 하는 상단의 작은 버튼을 밀어 작동시키기 때문에 슬라이드 스위치(slide switch)라고 한다. 이런 스위치는 주로 그림 6-29의 단면도와 같은 시스템을 사용해 내부에 연결을 만든다.

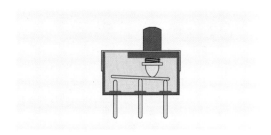

그림 6-29 슬라이드 스위치의 내부 작동 원리.

이 실험에 필요한 슬라이드 스위치에는 핀이 3개씩 있다. 이 핀이 그림 6-27에서 본 나이프 스위치의 소켓 3개와 같은 기능을 한다고 생각하면 맞을 것이다. 잠시 후 확인해 보자.

지난 수십 년간 많이 사용되는 슬라이드 스위치의 크기가 점차 줄어들었다. 크기가 작아지면 좁은 공간에 회로를 끼워 넣기에는 좋지만 스위치의 핀에 악어 클립을 끼우기는 그다지 쉽지 않다. 이번 실험에서는 악어 클립이 달린 테스트 리드를 사용하기 때문에 핀 간격이 0.2인치(5mm)인 슬라이드 스위치를 2개 사용하면 좋다.

이 책에 사용할 키트를 주문했다면 키트에서

그림 6-30 스위치 크기가 작다면 핀을 바깥쪽으로 구부려 테스트 리드의 악어 클립을 연결한다.

이 크기의 슬라이드 스위치 2개를 찾을 수 있을 것이다. 직접 구매한다면 이 정도로 큰 부품을 찾기가 어려울 수 있다. 인내심이 있고 손이 여문 사람이라면 그림 6-20처럼 핀 간격이 0.1인치 (2.5mm)인 스위치를 사용해도 된다. 그림 6-30처럼 테스트 리드를 연결할 수 있도록 핀을 양옆으로 조금씩 구부려 주면 된다.

연속성 테스트

연속성을 테스트하려면 계측기의 다이얼을 돌려 그림 6-31과 6-32에 표시한 기호에 맞춘다. 탐침을 동시에 갖다 대면 계측기에서 신호음이 들릴 것이다. 이는 회로가 연속적으로 이어져 있는지를 확인한다고 해서 연속성 테스트(continuity test)라고 한다. 계측기 화면에도 연속성 메시지가 표시되니 청각 장애가 있는 사람이라면 이쪽을 확인한다.

이제 악어 클립 테스트 리드를 각 계측기의 탐침에 연결하고 리드의 다른 쪽 끝은 그림 6-33과 같이 슬라이드 스위치에 연결한다. 스위치의

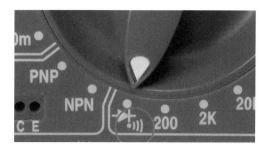

그림 6-31 계측기에서의 연속성 기호.

그림 6-32 다른 계측기에서의 연속성 기호.

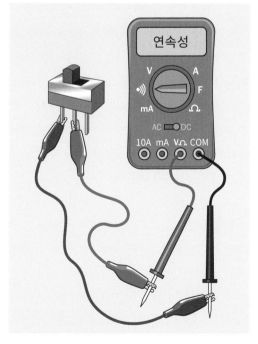

그림 6-33 슬라이드 스위치 조사하기.

액추에이터를 한 방향으로 밀었다가 다시 다른 방향으로 밀면 계측기에서 신호음이 들리다가 멈출 것이다. 호기심이 많은 사람이라면 스위치의 바깥쪽 핀 2개로 테스트를 한 결과도 궁금할 것이다. 당연히 이 경우도 확인해 볼 수 있다.

그림 6-34는 스위치 테스트의 회로도 버전을 보여 준다. 여기서 스위치의 기호는 내부의 실제 생김새와 아주 비슷하다.

계측기
연속성 테스트

그림 6-34 그림 6-33의 회로도 버전.

연속성 테스트가 얼마나 쉬운지 확인했으니 이제 더 흥미로운 것을 시도해 보자. 그림 6-35처럼 스위치 2개를 함께 연결한다(그림 6-36의 회로도 참조). 회로도에서는 스위치 이름을 A와 B로 표기했다. 더 재미있는 이름을 선택할 수도 있겠지만 회로도에는 '마이크'나 '쉴라' 같은 이름보다 A와 B를 더 자주 사용한다. 각 스위치의 두 가지 핀 위치는 1과 2로 구분한다.

이 테스트에서 스위치의 핀 위치는 몇 가지로 조합할 수 있는가? 스위치 A에서 가능한 핀 위치가 두 가지이고 스위치 B에서 가능한 핀 위치가 두 가지이므로 총 네 가지 위치가 가능하다. 그림 6-37과 같이 노트에 작은 표를 그려서 계측기에서 신호음이 울리도록 하는 핀 위치 조합을 표시할 수 있다. 이 표의 내용이 너무 명확해서

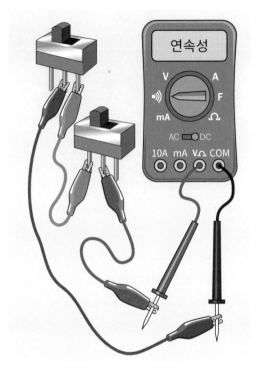

그림 6-35 스위치를 추가해 직렬로 연결하기.

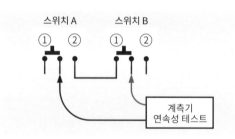

그림 6-36 그림 6-35의 회로도 버전.

직렬로 연결한 스위치		
스위치 A	스위치 B	연속성
위치 1	위치 1	●
위치 1	위치 2	●
위치 2	위치 1	●
위치 2	위치 2	●

그림 6-37 스위치 핀 위치 조합 및 연속성 표.

그다지 유용하지 않아 보이겠지만, 이 책의 뒷부분에서 디지털 논리를 다룰 때 많이 쓰인다.

그림 6-36의 스위치는 직렬로 연결되어 있다. 즉, 전기가 하나의 스위치를 통과해야 다른 하나로 갈 수 있으며, 이때 신호음이 울리는 스위치 핀 위치 조합은 하나뿐이다. 해당 조합을 표에 빨간색으로 표시했다.

이제 다른 테스트 리드를 추가해 그림 6-38처럼 회로를 만든다. 따로 도해를 보여주지 않더라도 리드를 추가할 수 있을 것이라 생각한다.

그림 6-38 같은 회로는 직병렬(series-parallel) 회로라고 하는데, 회로 내에 존재하는 직렬 연결 2개가 병렬로 연결되어 있기 때문이다. 그림 6-39에서처럼 표를 그려 보면 A-1과 B-2 또는 A-2와 B-1에서 계측기 신호음이 울리며, 다른 조합의 경우에는 신호음이 울리지 않음을 알 수 있다.

흥미롭게도 측정기에서 신호음이 울리지 않을 때 두 스위치 중 하나의 액추에이터를 움직이면 신호음이 울린다. 반대로 계측기에서 신호음이 울릴 때 두 스위치 중 하나의 액추에이터를 움직이면 신호음을 멈출 수 있다. 이를 가정의 전등 스위치에 응용할 수 있다.

3로 스위치

지금까지 회로도에 사용한 기호는 슬라이더 스위치에만 사용했다. 이 외에 대부분의 스위치에 사용할 수 있는 기호도 있다. 이를 범용 스위치 기호라고 한다. (스위치는 종류가 수백 가지나 된다. 인터넷에 '스위치 유형' 이미지를 검색해 보자.)

범용 스위치 기호는 슬라이드 스위치 기호보다 흔하게 사용된다. 나는 그림 6-40에서 그림 6-38의 회로를 표시하면서 범용 스위치 기호를 사용했다. 회로의 연결이 같기 때문에 작동 방식도 그대로다. 수평으로 그은 두 개의 전선은 병렬로 연결되어 있지만, 계측기에서 나온 전류는 직렬로 스위치를 통과한다.

계단이 있는 집이라면 배선을 이런 식으로 해

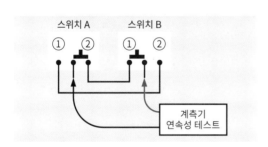

그림 6-38 직병렬 회로.

직병렬로 연결한 스위치		
스위치 A	스위치 B	연속성
위치 1	위치 1	●
위치 1	위치 2	●
위치 2	위치 1	●
위치 2	위치 2	●

그림 6-39 그림 6-38 회로의 연속성 표.

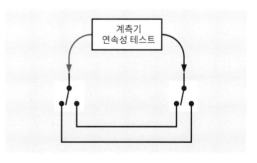

그림 6-40 그림 6-38 회로에서 사용한 단극단투 스위치를 여기에서는 범용 기호를 사용해 나타냈다.

둔 조명을 적어도 하나는 찾을 수 있을 것이다. 이런 스위치는 계단 아래에서 꺼져 있는 스위치를 켜거나 켜져 있는 스위치를 끄는 식으로 사용한다. 물론 계단 위쪽에서도 같은 식으로 사용할 수 있다. 그림 6-41은 지금 설명한 내용을 보여 준다. 전기기사들은 이런 방식을 3로 스위칭(three-way switching)이라고 부르는데, 스위치마다 핀이 3개씩 존재하기 때문이다. 실제로 확인했을 때 스위치 핀 위치의 조합은 네 가지였지만, 전기기사는 내가 이 문제로 이야기하려 했을 때 그다지 관심을 보이지 않았다.

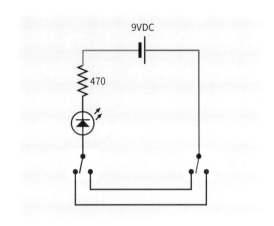

그림 6-42 3로 스위칭의 저전압 버전 데모.

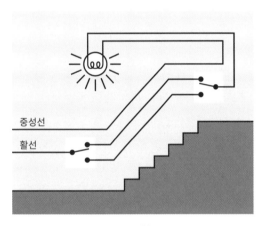

그림 6-41 가정 내 배선에서 3로 스위칭.

가정 내 3로 스위칭 배선의 데모를 간략하게 만든다고 하면 그림 6-40의 회로에서 계측기 대신 전지와 부하 저항으로 LED를 넣어서 그림 6-42처럼 수정할 수 있다.

그려 놓은 회로도대로 회로를 실제로 만든다는 것을 보여 주기 위해 작업대에서 직접 만든 회로를 그림 6-43에 수록했다.

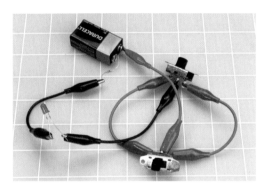

그림 6-43 실제 부품으로 만든 그림 6-42의 회로.

스위치 더 알아보기

때로는 단극단투 스위치(single-pole, single-throw switch) (SPST 또는 1P1T로도 표기한다)만 있으면 충분하다. 대표적인 예가 온-오프 스위치이다. 이 유형은 한 가지 위치에서만 회로가 연속으로 이어진다. 회로도 기호는 그림 6-44처럼 다양한 스타일로 표시하지만 모두 같은 뜻이다. 이 책에서는 알아보기 쉽도록 각 스위치에 흰색 직사각형을 함께 그린다.

이처럼 다양한 스타일을 사용해 쌍투 스위치를

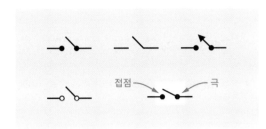

그림 6-44 회로도에서 SPST 스위치를 표현하는 여러 가지 방법.

표시할 수 있다.

스위치 중에는 극 2개가 완전히 분리되어 있고 이를 하나의 액추에이터로 작동시키기 때문에 별개의 연결을 한번에 만들 수 있는 제품도 있다. 이를 쌍극 스위치(double-pole switch)라고 하며 약어로는 DP(또는 2P)를 사용한다. 쌍극 스위치는 용도에 따라 단투 또는 쌍투 방식을 사용한다. 그림 6-45는 DPDT 스위치를 뜻하는 기호 2개를 보여 준다. 각 기호의 점선은 스위치를 넣었을 때 둘 사이에 전기 연결이 없음에도 두 접점이 동시에 생긴다는 것을 보여 준다.

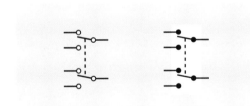

그림 6-45 DPDT 스위치를 나타낼 수 있는 기호.

그렇다면 극 2개를 이런 식으로 분리해 두는 이유는 무엇일까? 예를 들어, 가지고 있는 스테레오 시스템의 출력을 거실의 스피커 2개에서 주방의 스피커 2개로 전환한다고 해 보자. 이때 스위치는 하나만 사용하면서도 두 가지 오디오 채널은 서로 분리된 상태로 두고 싶다. 이를 위해서는 DPDT 스위치를 사용하고 스테레오의 출력은 극의 접점 2개에 연결해야 한다.

그림 6-46의 표는 지금까지 설명한 개념을 요약한 것이다. 스위치 극의 개수는 1, 2, 3개, 또는 그 이상일 수 있으며 스위치마다 접점을 하나(단투)나 두 개(쌍투)로 선택할 수 있다.

	단극	쌍극	3극
단투	SPST 또는 1P1T	DPST 또는 2P1T	3PST 또는 3P1T
쌍투	SPDT 또는 1P2T	DPDT 또는 2P2T	3PDT 또는 3P2T

그림 6-46 스위치 유형.

스위치에 대해 배울 것이 많지 않다고 생각했을 수도 있지만, 이게 끝이 아니다. 스위치 중에는 스프링이 장착되어 있어서 압력을 가하면 기본 위치로 되돌아가는 유형도 있다. 이런 유형은 순간형 스위치(momentary switch)라고 한다. 대표적인 예로는 단순한 형태의 푸시버튼이 있다. 보통 버튼을 누르면 스위치 내부의 접점이 스위치 내부에서 만난다고(닫힌다고) 생각할 것이다. 이는 대부분의 경우 사실이며, 따라서 이런 유형을 평상시 열림(normally open), 약어로 NO 접점 방식이라고 한다. 그러나 스프링식 스위치 중에는 버튼을 누를 때 접점이 떨어지는(열리는) 유형도 있는데, 이를 평상시 닫힘(normally closed), 약어로 NC 접점 방식이라고 한다.

NO 접점 방식의 단극단투 순간형 스위치는 (온)-오프 스위치라고 부르기도 한다. 이때 괄호는 버튼을 누르고 있을 때의 상태를 말해준다. 따라서 NC 접점 방식은 온-(오프) 스위치가 된다.

찾아보면 쌍투 순간형 스위치도 있다. 즉, 스위칭이 2개의 '온' 위치 사이에서 이루어지지만, 그중 하나에는 스프링이 장착되어 있다. 따라서 온-(온) SPDT 순간형 스위치라고 표현할 수 있다.

마지막으로 꺼진 상태에서 액추에이터가 양극이 아닌 중앙의 위치에 오는 쌍투 스위치도 있다. 이 유형에도 스프링이 장착되어 있을 수 있다.

이 책의 실험에는 특이한 스위치가 필요하지 않지만 언젠가 사용할 수도 있으니 참고를 위해 간단히 소개한다. 그림 6-47의 '가능한 상태'는 스프링이 장착되어 있지 않은 스위치에서 가능한 위치를 보여 준다. '순간형 스위치'에서 순간이란 스위치를 누르고 있을 때만 순간적으로 그 위치가 유지됨을 뜻한다.

	가능한 상태	순간형 스위치
단투	온-오프	평상시 닫힘 온-(오프)
		평상시 열림 (온)-오프
쌍투	중앙 위치 없음 온-온	중앙 위치 없음 온-(온)
	중앙 꺼짐 온-오프-온	중앙 꺼짐 (온)-오프-(온)

그림 6-47 스위치 구성.

기억해 둘 것은 순간형 스위치 중에 푸시버튼은 따로 기호가 존재한다는 점이다. 그림 6-48은 푸시버튼 기호 세 가지를 보여 준다. 이 책에서는 택타일 스위치 등 모든 유형의 푸시버튼을 표시

그림 6-48 가장 단순한 유형의 순간형 스위치인 푸시버튼을 나타내는 세 가지 방법.

할 때 가장 오른쪽 기호를 사용한다.

이 외에도 여기에서 소개하지 않은 유형의 스위치는 아주 많다. 위치가 5개나 10개도 가능한 회전식 스위치나 극이 여러 개인 스위치도 있다. 그러나 이런 스위치는 지금은 흔하게 사용하지 않기 때문에 이 책에서는 다루지 않는다.

스파크

전기를 연결하기 위해 접점이 닫히기 직전에는 접점 사이에서 전류가 요동치면서 스파크가 발생하기 쉽다. 연결을 끊을 때도 다시 스파크가 발생하는 경향이 있는데, 이런 스파크는 스위치에 좋지 않다. 스파크가 일어나면 접점에서 부식이 일어나 결국에는 안정적인 연결을 만들 수 없게 된다.

이 책의 회로에서처럼 낮은 전압에서 소량의 전류를 끌어올 때는 스파크가 문제가 되지 않는다. 그러나 모터를 켜고 끌 때는 정격 전류가 충분히 큰 스위치를 사용하도록 주의해야 한다. 모터가 처음 작동할 때 끌어오는 초기 서지(급속히 증가하고 서서히 감소하는 특성을 지닌 전기적 전류, 전압 또는 전력의 과도파형) 전류(surge current)는 안정된 상태에서 계속 작동할 때 사용하는 전류 크기의 두 배가 넘기 때문이다. 따라서 2A 모터를 사용한다면 모터를 끄고 켤 때

정격 전류가 4A인 스위치를 사용해야 한다.

가정의 배선에도 정격값이 중요할 수 있다. 내 작업실에는 약 8A의 전류를 끌어들이는 아주 환한 천장 조명이 있으며 조명은 작동 시 서지 전류 크기가 더 크다. 그곳에 전기 배선을 설치해 주었던 전기기사는 내가 그 정도로 환한 조명을 사용할 줄 몰랐기 때문에 흔히 사용하는 보통의 전등 스위치를 달아 주었다. 나는 그 스위치를 보고 '이게 얼마나 버틸까'라는 생각이 들었다. 3년 정도 지난 뒤 스위치의 접점은 결국 스파크로 인해 타 버렸고 정격 전류가 15A인 스위치로 교체해야 했다.

가끔은 생각하는 용도보다 낮은 등급의 스위치를 사용하고 싶을 때가 있다. 그도 그럴 것이 충분히 제대로 작동하기 때문이다! 그러나 시간이 지나면 결국 망가질 가능성이 높다.

초기 스위치 장치

우리가 살고 있는 세상에서 스위치는 아주 기본적인 기능처럼 보이고 그 개념이 너무 간단하기 때문에 스위치가 점진적인 진화의 과정을 거친 산물이라는 사실을 잊어버리기 쉽다. 초기의 나이프 스위치는 전기 분야의 선구자들이 연구실의 장치를 단순히 끄고 켜기에는 충분했다. 그러나 전화 시스템이 보급되면서 조금 더 정교한 방식이 필요해졌다. 보통 당시 전화 교환원들은 교환대(switchboard) 앞에 앉아 교환대에 달린 수백 쌍의 회선 중에 2개를 골라 서로 연결해야 했다. 이런 일은 어떻게 가능했을까?

1878년 찰스 E. 스크리브너(그림 6-49)는 잭

그림 6-49 찰스 E. 스크리브너는 '잭나이프 스위치'를 개발해서 1800년대 후반 전화 시스템의 스위칭 수요를 해결해 주었다.

나이프 스위치(jack-knife switch)를 개발했다. 잭나이프라는 이름이 붙은 이유는 교환원이 잡는 스위치 손잡이가 잭나이프의 손잡이와 닮아서였다. 스위치에서 0.6cm 정도 튀어나와 있는 플러그를 소켓에 끼우면 소켓 내부에서 연결이 이루어졌다. 소켓의 내부에 실제로 스위치 접점이 존재했다.

기타와 앰프에 달린 오디오 커넥터도 정확히 같은 원리로 작동한다. 이 커넥터를 잭(jack)이라고 부르는데, 이 이름은 스크리브너의 발명에서 따 온 것이다.

다르게 표현할 수 있는 회로 기호

앞에서 단투 스위치를 나타내는 여러 기호를 소개했다. 이제 전지 등 앞에서 이미 접한 기호의 다른 유형도 소개한다. 이런 기호는 어딘가 다른 회로도에서 볼 수 있기 때문에 미리 확인해 두어야 한다.

그림 6-50은 회로에서 전력을 표시하는 다양한 방법을 보여 준다. 가장 위는 전지를 뜻하는

세 가지 기호이다. 전통적으로 선 한 쌍은 1.5V 전지 하나를 뜻하며, 두 쌍은 3V의 전압의 전지를 나타내는 식이다. 회로에서 이보다 큰 전압을 사용한다면 회로도를 그릴 때 수십 개의 셀을 연속으로 그리는 대신 셀 사이에 점선을 표시한다. 전지 여러 개를 하나하나 표시하는 일이 크게 번거롭지 않아 자주 쓰이는 기호가 아니지만 이런 뜻임은 알아 두자.

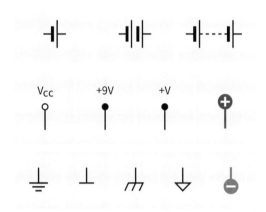

그림 6-50 회로도에서 전력을 나타내는 여러 가지 방법.

점선으로 표시했을 때 전지의 전체 전압은 어떻게 알 수 있을까? 알 수 없다. 그렇지만 아마도 회로도를 그린 사람이 전압값을 숫자로 표시해 두었을 것이다.

전지 기호는 지금은 많이 사용하지 않는다. 대신 Vcc, V+, +V, V 등의 약어를 숫자와 함께 표기할 가능성이 높다. 이는 회로에서 양의 전원이 공급되는 위치를 보여 준다. 이전에 Vc라는 용어는 트랜지스터의 컬렉터에 공급되는 전압, Vcc는 모든 컬렉터에 공급되는 공급 전압을 의미했지만, 지금은 회로에 트랜지스터가 없어도

Vcc를 사용한다. 많은 사람들이 출처도 모른 채 그냥 Vcc를 사용한다.

이 책에서는 혼동을 피하기 위해 빨간색 원 안에 플러스 기호를 넣은 회로 기호를 사용해 양의 전원 입력을 나타낸다.

전원 공급 장치의 음극은 그림 6-50의 가장 아랫줄에 소개한 기호를 사용할 수 있으며, 음극 접지(negative ground)나 단순히 접지(ground)라고 부른다. 회로에 사용하는 여러 부품을 접지할 수 있기 때문에 접지 기호는 여러 개가 회로도 전체에 흩어져 있을 수 있다. 실제로 회로를 구성할 때 모든 접지 지점은 어떤 식으로든 연결이 이루어져야 한다. 전선이나 브레드보드 내부 연결을 사용할 수 있다. 아니면, 구리띠가 부착되어 있는 인쇄 회로 기판을 사용하는 법을 배워도 된다.

이 책에서는 접지의 회로도 기호로 파란색 원 안에 마이너스 기호를 넣은 유형을 사용한다. 직관적으로 분명하게 구별할 수 있기 때문이다. 다른 사람들이 그린 회로도에서는 다른 음극 접지 기호를 볼 수도 있다. DC 전원을 사용하는 회로라면 이런 기호는 모두 양의 전원 공급 장치와 비교해 상대적으로 0V임을 뜻한다.

벽면 콘센트를 통해 교류(alternating current)를 사용하는 장치의 경우라면 상황이 조금 더 복잡하다. 콘센트에는 활선(live), 중성선(neutral), 접지(ground)의 세 가지 소켓이 존재하기 때문이다.

벽면 콘센트의 전류를 사용하는 회로도는 보통 그림 6-51처럼 S자가 옆으로 누운 모양으로

AC 전원을 나타낸다. 주로 전원 공급 장치의 값을 함께 표시하는데, 미국이라면 110, 115, 120V가 일반적이다. 이런 회로에는 그림 6-51의 오른쪽과 같은 기호도 볼 수 있는데, 이 기호는 콘센트에 끼운 전자기기의 금속 섀시를 뜻한다. 핀이 3개인 전원 코드를 사용하는 경우 섀시는 벽면 콘센트의 접지 핀과 연결된다.

그림 6-51 AC 회로의 전원과 접지.

가정에서 사용하는 AC 전원 콘센트의 접지 핀은 실제로 건물 외부의 접지와 연결된다. 내가 아무것도 없는 땅에 전기를 끌어올 계획을 세울 당시 전력회사 측에서는 접지를 위해 집터에 구리로 도금한 2.4미터 정도의 말뚝을 박아야 한다고 말했다. 지구라는 행성은 전자를 저장하는 능력이 대단하다.

그런 이유로 영국에서는 접지를 표현할 때 ground라는 단어 대신 earth를 사용하기도 한다.

이제 표준 스루홀 LED 기호로 돌아가 보자. LED는 여러 스타일의 기호로 표기할 수 있지만, 의미하는 바는 모두 같다. 그림 6-52는 LED 기호를 모아 놓은 것이다. 기호 안의 큰 화살표 모양은 관습 전류가 흐르는 방향을 보여 준다. 원 밖의 작은 화살표는 해당 부품이 빛을 방출함을 뜻한다. LED를 표시하는 기호가 하나 이상인 이유는 무엇일까? 알 수 없다. 이 책에서는 회로와 부품을 구분할 수 있도록 흰색으로 윤곽을 표시한다.

그림 6-52 회로도에서 LED를 표시하는 네 가지 방법.

LED 기호는 회로도를 그리는 사람이 편리한 방향으로 그리기 때문에, 회로도에서 표현되는 방향은 다양하다. 또, 작은 한 쌍의 화살표는 왼쪽 사선이나 오른쪽 사선 어느 쪽으로 그려도 상관없다. 모두 같은 의미이다.

별것 아닌 저항조차도 여러 가지 스타일로 그릴 수 있다. 그림 6-53에서는 미국에서 많이 사용하는 지그재그 기호 외에 유럽에서 사용하는 오른쪽의 스타일도 볼 수 있다. 그림에서 두 저항의 값은 4.7K라고 표시되어 있지만 이 값은 달라질 수 있다. 앞에서 유럽은 옴, 킬로옴, 메가옴 단위의 저항값을 표시할 때 소수점 대신 문자 R, K, M을 각각 사용한다고 말했던 것을 기억하자.

그림 6-53 미국 스타일(왼쪽)과 유럽 스타일(오른쪽)로 표현한 4.7K 저항.

회로도 배치

많은 이들이 회로도를 작성할 때 인터넷에서 회로도 소프트웨어를 사용한다. 다음과 같은 검색어를 사용하면 이런 소프트웨어를 지원하는 인터넷 사이트를 찾을 수 있다.

online circuit simulator(온라인 회로 시뮬레이터)

사용은 어렵지 않다. 부품을 드래그한 뒤 부품 사이에 연결을 표시하는 선을 그어주기만 하면 된다. 그러면 시뮬레이터가 회로에 전원이 공급될 때 어떤 일이 일어나는지 보여 준다.

그림 6-54는 이런 식으로 그린 일반적인 회로도를 보여 준다. 회로도에는 이 책에서 아직 소개하지 않은 기호도 포함되어 있지만, 가장 위의 양극 전원 공급 장치와 가장 아래의 접지(아래에 GND라고 표시), LED(화살표를 둘러싼 원이 없다), 저항(유럽식이지만 소수점은 왜인지 미국식을 사용했다)은 알아볼 수 있을 것이다.

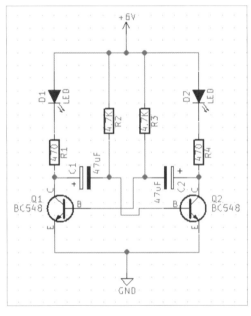

그림 6-54 회로도 소프트웨어를 사용해 작성한 회로도.

각 부품은 D1, R1 등으로 표기해 회로를 설명할 때 쉽게 참조할 수 있도록 했다. LED의 발광을 표시하는 작은 화살표는 위쪽이 아닌 아래쪽을 가리키고 있어서 내게는 이상하게 보이지만, 회

로 작성 소프트웨어에서는 이런 식으로 표기됐다. 이 회로에 모든 정보가 담겨 있기는 하지만 보기에는 썩 좋지 않다.

보통 양극 전원 공급 장치는 가장 위쪽에, 음극 접지는 가장 아래쪽에 배치한다. 관습 전류를 물처럼 생각해서 부품을 타고 흐른다고 상상할 수 있기 때문이다. 그렇지만 이런 식의 배치는 브레드보드에 회로를 구축할 때는 좋지 않다. 브레드보드에서는 전류가 수직 버스 사이를 수평으로 이동하기 때문이다. 전자공학 서적에서는 보통 독자가 회로도 배치를 보고 어떻게든 머리를 굴려 브레드보드 배치로 바꿀 수 있으리라 가정하지만 이 작업은 그렇게 쉽지도 않고 오류가 발생할 수도 있다. 그래서 이 책의 회로도는 대부분 브레드보드와 가급적 비슷해 보이도록 작성했다.

전선의 교차

회로가 점점 복잡해지면 전선이 서로 연결되어 있지 않은 채로 교차만 하는 상태를 회로도에 나타내야 하는 경우가 종종 생긴다. 그림 6-55의 위쪽은 이런 상태를 나타내는 세 가지 방법을 보여 준다. 여기에는 더 이상 사용하지 않는 방법도 있지만, 다른 곳에서 보게 될지도 모르니 함께 소개한다.

'아주 옛날 스타일'은 누가 봐도 혼동할 가능성이 없다는 커다란 장점이 있다. 그러나 이 스타일은 회로 작성 소프트웨어에서 더 이상 지원하지 않는다.

'옛날 스타일'은 1960년대에 사용했지만 혼동

할 가능성이 있으며, 따라서 보통은 사용하지 않는다. 물론 옛날 책을 뒤적이다 보면 보게 될 수도 있다.

지금은 거의 대부분 세 번째 스타일을 사용하며, 이 책에서도 이 스타일을 사용한다. 규칙은 아주 간단하다.

• 회로도에 점이 없으면 연결이 없다는 뜻이다.

반대로 그림 6-55의 아래쪽처럼 점이 있으면 언제나 연결이 존재한다. 회로도 중에는 점이 작은 경우도 있으니 특히 주의해서 확인해야 한다. 이런 회로도는 스캔하거나 복사했을 때 점이 사라지곤 한다. 그래서 나는 언제나 점을 크게 표시한다.

한 가지 덧붙이자면, 그림 6-55의 가장 마지막은 전선 4개를 연결한 모습이다. 이런 연결은 꽤 흔하지만, 연결 없이 전선 2개가 교차하는 것처럼 보이기 때문에 혼동하기 쉽다. 점이 제대로 인쇄되지 않은 경우에는 더욱 그렇다. 마지막에서 두 번째처럼 점을 분명하게 그리는 편이 훨씬 좋다.

색을 사용한 연결 구분

전원 공급 장치는 양극과 음극을 혼동하지 않도록 회로도의 모든 양극 도선은 빨간색, 음극/접지는 파란색으로 표시한다. 그림 6-42에서 이미 이 스타일을 사용했다는 것을 이미 눈치챈 독자도 있을 것이다.

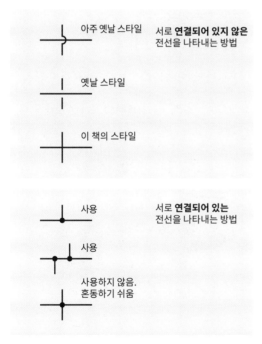

그림 6-55 연결되거나 연결되지 않은 전선을 나타내는 다양한 스타일.

릴레이 조사하기

스위칭 탐험의 다음 단계로 이번에는 신호를 보
내면 자동으로 켜지는 원격 제어 스위치를 사용
해 보자. 이러한 종류의 스위치는 릴레이(relay)
라고 부르는데, 회로의 한 부분에서 다른 부분
으로 명령을 전달(relay)해 주기 때문이다. 전기
를 사용하고 스위칭해 주지만 접점과 레버 등
의 기계 부품도 있기 때문에, 릴레이는 전기기계
(electromechanical) 장치라고 부른다. 트랜지스
터가 여러 응용 장치에서 릴레이를 대체하기는
했지만 완전히 대체한 것은 아니다. 예를 들어
자동차에는 여전히 릴레이를 사용하며, 식기 세
척기, 냉장고, 에어컨 내부에서도 하나쯤은 찾을
수 있을 것이라고 생각한다.

실험 준비물

- 9V 전지 1개
- DPDT 9VDC 릴레이 1개
- 선택 사항: 추가 릴레이 1개
- 택타일 스위치 1개
- 테스트 리드(빨간색 1개, 검은색 1개, 기타 1
  개)
- 커터칼 1개
- 계측기 1개

릴레이

이 책에서 사용하는 릴레이는 한쪽 끝에 핀이
2개, 반대쪽 끝에 핀이 6개가 있는 유형이다. 핀

이 위로 가도록 거꾸로 놓은 그림 7-1의 릴레이
에서 보듯이 6개의 핀은 주사위의 6개 눈처럼 3
개씩 두 줄로 모여 있다. 이번 실험에 적합한 릴
레이에 대한 자세한 내용은 부록 A를 참조한다.

커다란 구식 릴레이 중에는 내부 기계 장치
를 볼 수 있도록 투명한 플라스틱 케이스를 사용
한 제품도 있다. 안타깝게도 대부분의 릴레이에
서 이러한 사치는 허용하지 않는다. 대신 조사를
목적으로 하나를 직접 열어볼 수는 있다. 이 작
업을 아주 조심스럽게 한다면 릴레이를 다시 사
용할 수도 있다. 그렇지 않다고 해도 발견을 통
한 배움을 위해 소소하게 비용을 치렀다고 생각
하자.

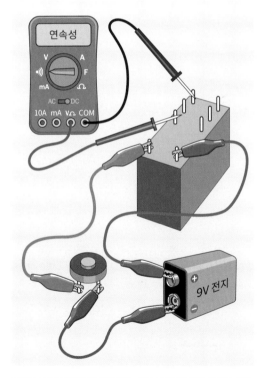

그림 7-1 릴레이 내부에서 일어나는 일을 확인하기 위한 첫 번째 단계.

주의: 극성 문제

릴레이를 작동시키기 위해 가해 주는 전원을 작동 전류(operating current)라고 한다. 이 전류는 릴레이의 한쪽 끝에 달린 한 쌍의 핀에 공급되며, 이 핀은 릴레이 내부의 코일(coil)과 연결되어 있다.

릴레이 중에는 코일에 극성이 없는 제품도 많은데, 이들 제품은 두 핀 중 어디에 전원 공급 장치의 양극을 연결해도 된다. 극성이 있는 제품이라면 극성은 중요하다. 이 책의 실험에 사용하기를 권하는 릴레이는 극성에 까다로운 유형은 아니지만, 다른 유형의 릴레이를 사용한다면 반드시 데이터시트(부품의 성능, 특성 등을 모아 놓은 문서)를 확인해야 한다.

신호음 울리기

먼저 릴레이가 작동하는지 확인해 보자. 그림 7-1의 릴레이 배선은 푸시버튼(정확히 말하면 택타일 스위치)이 전지 전원과 릴레이 내부의 코일을 연결하도록 되어 있다. 연속성을 확인하도록 설정한 계측기는 릴레이 내부의 스위치가 계측기의 탐침과 닿아 있는 두 핀과 연결될 때 신호음을 울린다. 또, 릴레이가 반응할 때의 희미한 '딸깍' 소리도 들릴 것이다. 청력이 좋지 않다면 스위치가 내부에서 움직일 때 릴레이가 살짝 튀는 것을 촉감으로 느껴볼 수도 있다.

이번에는 검은색 테스트 리드를 몸 쪽의 비어 있는 핀으로 한 칸 옮겨 보자. 이번에는 계측기의 동작이 반대가 되어서 버튼을 누르지 않으면 신호음이 울리고 누르면 신호음이 멈춘다. 릴레이

내부에 쌍투 스위치가 있다고 생각했다면 정확히 맞췄다. 전지 전원이 스위치의 상태를 바꾼다.

이런 방식이 왜 유용할까? 릴레이는 작동시킬 때는 소량의 전압과 전류로도 충분하지만, 스위칭할 수 있는 전압이나 전류는 이보다 크기 때문이다. 예를 들어, 차에 시동을 걸면 상대적으로 작고 저렴한 점화 스위치(또는 휴대용 리모컨으로 제어하는 센서)가 얇고 저렴한 전선을 통해 스타터 모터 근처의 릴레이에 작은 신호를 보낸다. 그러면 릴레이는 100A 전류를 전달할 수 있는 훨씬 더 두껍고 값비싼 전선을 통해 모터를 작동시킨다. 마찬가지로 세탁기 속 어딘가에도 타이머가 있고, 그 타이머가 릴레이에 신호를 보내 젖은 옷으로 가득 찬 드럼을 돌리는 모터에 전원을 연결한다.

내부에서 일어나는 일

그림 7-2는 푸시버튼을 누르기 전의 릴레이 내부 모습을 엑스레이로 투사한 것처럼 보여 준다.

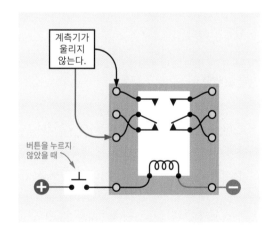

그림 7-2 릴레이 내부.

그림 7-3에서 푸시버튼을 누르면 코일의 자기장이 내부의 스위치를 닫는다. 이때 릴레이가 DPDT임에 주목하자. 내부의 극은 2개이지만 우리는 왼쪽 하나만 사용한다.

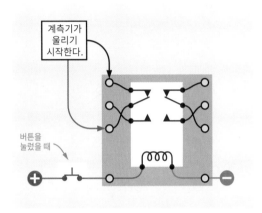

그림 7-3 릴레이 내부에서 코일이 스위치를 움직인다.

릴레이의 코일이 내부에 있는 스위치를 밀어내는 것처럼 보이는 이유가 궁금할 수 있다. 이는 릴레이 내부에 당기는 힘을 미는 힘으로 바꿔 주는 레버가 있기 때문이다. 이 실험의 뒷부분에서 릴레이를 열어볼 텐데, 그때 이 장치를 확인할 수 있을 것이다.

기타 릴레이

여기서 설명한 핀 기능은 이 크기 릴레이에서 가장 흔히 사용되는 것이라고 생각한다. 그러나 핀 기능이 다른 릴레이도 있다. 처음 사용하는 릴레이라면 데이터시트를 확인하거나 코일에 전압을 공급하고 계측기로 서로 다른 핀 쌍을 테스트해서 릴레이가 어떤 식으로 작동하는지 알아볼 수 있다. 소거법을 사용하면 핀의 연결 상태를 파악할 수 있다. 거의 대부분 모든 핀과 분리되어 있는 핀이 한 쌍 존재하며, 바로 이 한 쌍의 핀이 코일을 활성화한다.

데이터시트를 보면 그림 7-4와 같은 도해가 포함되어 있다. 그림의 도해는 내가 사용하고 있는 릴레이를 제조한 업체에서 제공한 것이다. 이 도해 스타일은 내가 그림 7-3에서 사용한 것과 다르지만 연결은 동일함을 알 수 있다.

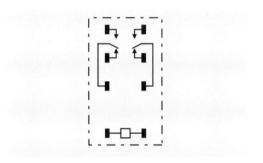

그림 7-4 릴레이의 데이터시트에 표시된 핀 기능.

다음은 릴레이에 관해 유용한 정보를 정리한 것이다.

- 릴레이 중에는 전원이 꺼졌을 때 내부 스위치의 위치가 어느 한쪽으로 유지되는 래칭 릴레이(latching)가 있다. 래칭 릴레이는 아주 흔하지는 않지만 한 가지 이점이 있다. 계속 전원을 공급하지 않아도 스위치를 '켜진' 상태로 유지할 수 있다. 짧은 펄스를 보내면 스위치가 한 위치로 움직이고, 펄스를 다시 한번 보내면 이번에는 다른 위치로 움직인다.
- 어떤 릴레이는 극이 2개이지만, 극이 하나만 있는 유형도 있다. 즉, 쌍극 릴레이도, 단극

릴레이도 존재한다.

- 코일 중에는 DC가 아닌 AC를 작동 전류로 사용하는 것도 있다.

그림 7-5는 다양한 유형의 릴레이에 사용하는 회로도 기호를 보여 준다. A는 단극단투 릴레이다. B는 단극쌍투 유형이다. C부터는 여러 요소(스위치와 코일)가 부품(릴레이) 하나를 구성하고 있음을 분명히 보여주기 위해 릴레이에 해당하는 부분을 흰색 직사각형으로 구분했다. C는 단극단투 릴레이다. D는 단극쌍투, E는 쌍극쌍투, F는 단극쌍투 래칭 릴레이다.

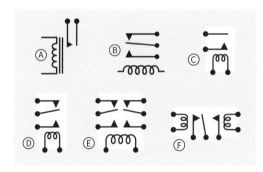

그림 7-5 다양한 스타일의 릴레이 회로도 기호.

릴레이 기호만 보면 대부분 코일에 전압을 공급할 때 전압이 극 접점을 코일 쪽으로 당길 것이라고 생각하게 된다. 안타깝지만 앞에서 보았듯이 릴레이 중 다수는 실제로 이와는 반대로 작동한다는 인상을 준다. 그러니 반드시 데이터시트를 찾아보고 실제로 어떤 일이 일어나는지 확인하기 바란다.

릴레이 회로도는 전원이 공급되지 않았을 때 내부 스위치가 안정된(relaxed) 위치에 있는 상태로 그린다. 단, 래칭 릴레이는 예외인데 이 유형은 안정된 스위치 위치가 정해져 있지 않다.

테스트한 릴레이 유형은 소신호 릴레이(small-signal relay)로 많은 전류를 스위칭할 수 없다. 전류 한도는 데이터시트에서 확인할 수 있다. 릴레이가 커지면 스위칭할 수 있는 전류의 크기도 커진다. 그러니 전류가 회로의 최대 전류를 감당할 수 있는 접점 릴레이를 선택하는 것이 중요하다. 이는 스위치를 사용할 때 정확한 전원에 맞는 값을 지닌 제품을 선택해야 하는 것과 마찬가지다.

뒤에서 해 볼 전자 자물쇠 등의 실험에서 릴레이를 실용적으로 사용하는 경우를 몇 가지 보게 될 것이다. 그전에 릴레이의 내부를 살펴보고, 릴레이를 오실레이터로 바꾸는 법을 소개한다.

릴레이를 뜯어 보자

참을성이 없는 사람이라면 그림 7-6이나 7-7과 같은 방법을 사용해 릴레이를 열 수도 있다. 그러나 보통은 가장 평범하게 문구용이나 큰 커터칼을 사용하는 편이 나을 것이다.

그림 7-6 릴레이를 여는 방법 1(그다지 추천하지 않음).

그림 7-7 릴레이를 여는 방법 2(절대 추천하지 않음).

그림 7-9 모서리를 모두 깎아내면 한쪽을 비집어 케이스를 열 수 있다.

그림 7-8과 7-9는 내가 즐겨 사용하는 기술을 보여 준다. 플라스틱 케이스 가장자리에 칼날을 대고 머리카락처럼 얇은 구멍이 드러날 때까지 비스듬히 깎아낸다. 내부의 부품은 칼날과 가까운 곳에 있으니 그보다 더 깊이 깎지는 않는다. 이제 윗 부분을 들어내본다. 같은 방법으로 남은 모서리도 깎아낸다. 아주 조심히 작업했다면

릴레이를 꺼내서 코일에 전원을 공급해도 릴레이는 여전히 작동할 것이다.

이 과정은 클램프나 바이스로 릴레이를 고정하고 작업하는 편이 가장 안전하다. 손가락은 가급적 칼날의 날카로운 면에서 멀리 떨어뜨리고, 칼날을 아래로 움직여 잘라낸다.

내부에는 무엇이 있을까?

그림 7-10은 흔히 사용하는 릴레이 부품을 단순한 형태로 보여 준다. 코일(A)은 레버(B)를 끌어

그림 7-8 릴레이를 열려면 먼저 플라스틱 케이스의 모서리를 깎아낸다. 칼날은 반드시 몸에서 떨어뜨린 상태에서 작업대 쪽을 향해 아래로 자른다.

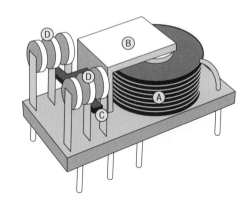

그림 7-10 릴레이 내부 구성. 자세한 내용은 본문을 참조한다.

당긴다. 플라스틱 연결 부위(C)는 잘 휘어지는 금속 띠를 바깥쪽으로 밀면서 접점 사이에서 릴레이의 극(D)을 이동시킨다.

케이스를 제거한 그림 7-11의 실제 릴레이와 그림 7-10의 도해를 비교해 볼 수 있다. 릴레이를 놓은 바닥의 정사각형은 한 변 길이가 1인치(2.5cm)이다.

그림 7-11 소신호 릴레이 내부.

그림 7-12는 케이스를 제거한 다양한 크기의 릴레이를 보여 준다. 우연히도 모든 릴레이가 12VDC용이다. 가장 왼쪽에 있는 차량용 릴레이는 설계할 때 크기를 크게 신경 쓸 필요가 없었기 때문에 가장 단순하고 이해하기도 제일 쉽다. 자동차 차체에는 각 변이 1인치(2.5cm) 크기의 릴레이 몇 개를 넣을 정도의 공간이 있기 마련이다.

이보다 작은 릴레이는 더 정교한 방식으로 설계해서 더 복잡하고 이해하기도 더 어렵다. 항상 그런 건 아니지만 보통 작은 릴레이 쪽이 큰 릴레이와 비교해 더 작은 전류를 스위칭하도록 설계한다.

그림 7-12 다양한 12VDC 릴레이.

릴레이 관련 용어

코일 전압(coil voltage)은 릴레이에 전원을 연결했을 때 릴레이가 받기 적합한 이상적인 전압이다.

세트 전압(set voltage)은 릴레이 스위치를 닫는 데 필요한 최소 전압으로, 이상적인 전압보다 약간 작다. 실제로는 릴레이가 세트 전압보다 훨씬 작은 전압으로 작동할 가능성도 있지만 이는 보장할 수 없다.

작동 전류(operating current)는 릴레이에 전원을 연결했을 때 코일이 소비하는 전력으로 보통 밀리암페어 단위로 나타낸다. 전력은 밀리와트 단위로 나타내기도 한다.

스위칭 용량(switching capacity)은 릴레이 내부의 접점을 손상시키지 않으면서 스위칭 가능한 최대 전류를 말한다. 보통 '저항성 부하(resistive load)'에 사용한다. 저항성 부하란 단순히 공급받은 전력을 소모하는 구형 백열전구 같은 수동 소자를 의미한다. 모터 같은 부하의 초기 서지 전류는 부하가 일단 작동하기 시작한 후에 소비하는 전류보다 보통 두 배쯤 크다.

이전 실험에서 악어 클립이 달린 테스트 리드를 사용하면 회로를 빨리 만들 수 있고, 연결 상태를 보기 쉽다는 큰 장점이 두 가지 있었다.

그렇다고는 해도 언젠가는 가장 널리 사용되는 프로토타이핑 장치이자 그림 6-10에서 보았던 것과 같은 무땜납 브레드보드(solderless breadboard)를 사용하는 데 익숙해져야 한다.

1940년대에는 임시로 회로를 만들 때 빵을 자르는 판과 비슷하게 생긴 나무판을 사용했다. 전선과 부품은 못이나 철심, 나사로 고정했는데, 이편이 금속판 위에 고정하기보다 훨씬 쉬웠다. 당시에는 플라스틱이 흔치 않았다는 점을 잊지 말자. (플라스틱이 없는 세상이라니, 상상이 되는가?)

오늘날 무땜납 브레드보드란 가로 5cm, 세로 18cm 정도, 두께는 약 1.2cm을 넘지 않는 작은 판을 말한다. 이 판을 사용하면 나뭇조각에 부품을 고정시키는 것보다 훨씬 빨리 회로를 만들 수 있지만, 단점이 하나 있다. 브레드보드를 사용하면 부품의 연결이 내부에서 이루어지는 탓에 연결을 눈으로 보기 힘들다. 이 문제를 해결할 수 있도록 내가 도울 것이다.

먼저 릴레이를 사용한 이전 실험에서 한걸음 더 나아가 직접 회로를 조립해 보아야 한다.

실험 준비물

- 9V 전지 1개
- 전지 커넥터 1개(선택 사항)
- 브레드보드 1개
- DPDT 9VDC 릴레이 1개
- 빨간색 일반 LED 2개
- 택타일 스위치 2개
- 저항: 100옴 1개, 470옴 1개, 1K 2개
- 전해 커패시터: 100μF 1개, 1,000μF 1개
- 세라믹 커패시터: 1μF 1개
- 플라이어, 니퍼, 와이어 스트리퍼 각 1개
- 연결용 전선: 최소 2가지 색으로 각각 15cm 정도

점퍼선 만들기

브레드보드에 회로를 구축하려면 그림 6-14와 같은 점퍼선이 필요하다. 첫 번째 단계로 직접 점퍼선을 몇 개 만들어 보자.

그림 8-1처럼 와이어 스트리퍼에서 적절한 크기의 홈을 찾아 연결용 전선 조각을 끼운다. 전선 두께는 22게이지여야 한다. 스트리퍼를 제대로 구입했다면 날에 '22'라고 표시된 홈이 한 쌍 보일 것이다. 홈은 전선 내부의 구리 도체는 그대로 두고 플라스틱 피복만 잘라내기에 딱 맞는 크기다.

두 번째 단계에서는 와이어 스트리퍼 손잡이를 꽉 누른 상태에서 그림의 화살표에 표시된 대로 전선은 아래로, 와이어 스트리퍼는 위로 당긴다.

이제 피복을 벗기는 방법을 배웠으니 특정 길이의 점퍼선을 만드는 가장 쉬운 방법을 소개한다(그림 8-2 참조). 첫째, 피복을 몇 센티미터쯤 잘라내 제거한다. 둘째, 만들려는 점퍼선 길이를

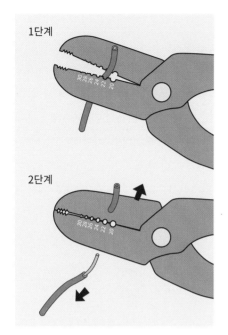

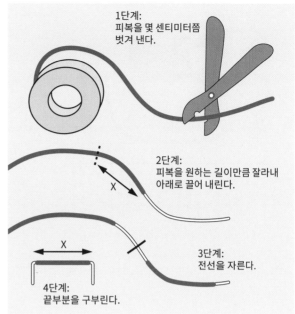

그림 8-1 전선 끝에서 피복 벗기기.

그림 8-2 점퍼선 만들기.

남은 피복에 표시한다. 브레드보드의 구멍 간격이 0.1인치(2.5mm)였음을 기억하자.

뒤에서 사용할 0.5인치(1.2cm) 길이의 빨간색과 파란색 점퍼선이 필요하다. 한 쌍은 전지에서 브레드보드로 전류를 공급하는데, 두 쌍은 브레드보드 내에서 사용한다. 따라서 그림 8-2에서 X로 표시한 길이는 0.5인치여야 하며, 빨간색 점퍼선과 파란색 점퍼선이 각각 3개씩 필요하다.

전원 공급하기

버스(bus)는 부품에 전력을 전달하는 전기 도체이다. 버스의 한쪽 끝에 전원을 공급하고, 부품을 버스에 끼우는 식으로 사용한다.

브레드보드의 양변을 따라 플라스틱 안에 한 쌍의 버스가 내장되어 있다. 모든 버스는 물리적으로 동일하지만, 양극과 음극 전원에 사용할 버스를 구별하도록 외부에 빨간색과 파란색 줄무늬를 표시해 둔다. 이 책의 모든 브레드보드 도해는 가장 왼쪽에 빨간색 줄무늬를 표시한다. 따라서 그 방향으로 브레드보드를 사용하는 습관을 들이도록 하자.

이 책의 앞부분에서는 연결을 복잡하게 만들지 않을 것이기 때문에 각 쌍의 버스 중 하나씩만 사용한다. 가장 왼쪽의 빨간색 버스에는 양의 전원을 공급하고 가장 오른쪽 파란색 버스에는 음의 전원을 공급한다. 이런 방법 중 하나를 보여주는 것이 그림 8-3이다. 이때 점퍼선의 한쪽 끝은 보드에 끼우고 다른 쪽 끝은 90도만큼 꺾어서 악어 클립 테스트 리드로 쉽게 전지와 연결할 수 있도록 한다.

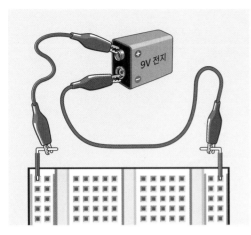

그림 8-3 테스트 리드와 점퍼선으로 브레드보드에 전원을 공급한다.

그림 8-4는 또 다른 방법을 보여 준다. 이런 방법은 전지 커넥터의 전선 끝부분에 아무것도 달리지 않았을 때 사용할 수 있다. 전선 끝을 브레드보드에 직접 밀어 넣으면 되니 쉽고 간단하다. 단, 전선 끝이 지나치게 가늘어서 구멍에 꽂기가 쉽지 않을 수는 있다. 또, 22게이지 연결용 전선만큼 잘 고정되지 않아서 원치 않게 빠지기도 한다. 나는 그림 8-3처럼 테스트 리드를 사용하는 쪽을 선호한다.

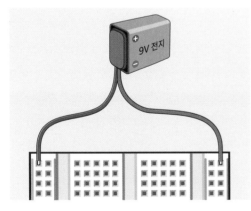

그림 8-4 전지 커넥터로 보드에 전원 공급하기.

첫 번째 브레드보드 회로 만들기

브레드보드 배치를 보여주기에 도해 쪽이 사진보다 분명하다고 생각하기 때문에 책 전체에서 도해를 사용했다. 그림 8-5는 이 책에서 보게 될 부품 일부를 보여 준다. 이 부품은 책의 뒷부분에서 다룰 것이다. 책을 읽다가 해당 부품을 만난다면 그림 8-5로 다시 돌아와서 살펴봐도 좋다. 다음은 그림에 사용하는 기호와 관련해 기억해 둘 사항을 정리한 것이다.

그림 8-5 이 책 실험의 브레드보드에 사용하는 부품.

- 숨어 있는 핀. 부품 내부에 표시하기 어려운 핀이 존재한다면 해당 위치를 흰색 선과 분홍색 점을 사용해 표시한다. 이런 표시 방법은 택타일 스위치(푸시버튼), 슬라이드 스위치, 가변저항, 릴레이에서 볼 수 있다.
- 부품은 좀 더 진짜처럼 보이도록 하기 위해 살짝 옆에서 바라보는 식으로 그렸다. 브레드보드에 끼울 때는 표면과 수평이 되도록 수직으로 세워야 한다.
- LED의 경우 긴 양의 리드 쪽에 플러스 기호를 추가하고, 각각의 전해 커패시터에는 알루미늄 케이스 옆면에 인쇄된 마이너스 기호를 확인하도록 해당 기호를 표시한다. (커패시터는 이 실험 뒷부분에서 소개한다.) 다이오드의 음극은 제조업체 측에서 어떤 식으로든 표시해 두지만 확인을 위해 그림에도 음의 부호를 표시한다. 이런 유형의 다이오드는 현재 LED라고 알려진 다이오드 유형보다 더 먼저 사용하기 시작했다.
- 릴레이 내부의 접점은 엑스레이처럼 투시해 보여 줌으로써 작동 방식을 알려준다.

그림 8-6의 회로에는 실험 7에서 사용한 것과 같은 릴레이를 사용한다. 공교롭게도 두 줄로 나열된 핀끼리의 간격이 각각 0.3인치(8mm)여서 브레드보드 가운데를 아래로 가로지르는 홈 위에 걸치도록 연결할 수 있다. 도해에는 470옴 저항 2개와 빨간색 LED도 보인다. 푸시버튼은 핀 간격이 0.2인치(5mm)인 택타일 스위치라 보드에 끼우기 편리하다.

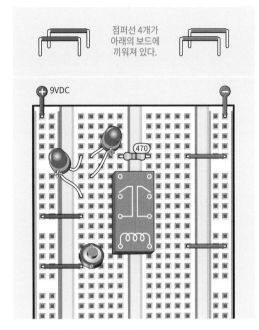

그림 8-6 첫 번째 브레드보드 회로.

왼쪽의 빨간색 전선 2개와 오른쪽에 있는 파란색 전선 2개는 점퍼선이며 보드에 끼웠다.

- 형식 참고: 브레드보드 도해에서 부품값은 보드의 구멍과 쉽게 구별할 수 있도록 옅은 파란색 바탕의 타원에 표시한다. 파란색 타원은 회로도에는 필요하지 않아서 추가하지 않는다.

이제 전원을 공급하면 왼쪽 LED에 불이 들어온다. 택타일 스위치(왼쪽 하단의 푸시버튼)를 누르면 왼쪽 LED가 꺼지고 오른쪽 LED가 켜진다. 완성이다. 첫 번째 브레드보드 회로를 완성했다. 이제 이렇게 작동하는 브레드보드의 내부의 연결을 이해할 차례다.

브레드보드 내부

그림 8-7에서는 보드 안에 숨어 연결을 생성하는 금속띠를 보여 준다. 띠 위의 작은 점은 부품의 각 리드가 접촉할 수 있는 위치를 표시한 것이다.

• 이 책의 도해대로 부품을 보드에 끼우기가 어려우면 부품을 보드의 왼쪽이나 오른쪽으로 한 칸 옮길 수 있다(단, 옮길 수 있는 공간이 존재해야 한다). 보드 내부에는 같은 크기의 금속띠가 수평으로 이어져 있기 때문에 이렇게 옮겨도 리드를 연결할 수 있다.

그림을 보면 버스마다 단절이 있음을 알 수 있다. 어떤 보드는 단절이 있지만, 없는 제품도 있다. 단절이 있으면 서로 다른 전원 공급 장치 2개를 두어 하나는 보드의 위쪽 절반에, 다른 하나는 아래쪽 절반에 전원을 공급하도록 할 수 있다. 그렇지만 실제로 보드를 이런 식으로 사용할 가능성이 적고 단절의 존재를 잊을 수도 있기 때문에 버스에 단절이 존재하는 것 자체가 성가시다. 보드 아래까지 회로를 연결했다가 중간쯤에서 전력이 공급되지 않는 게 이상하다 싶어서 보면 깜빡 잊고 버스의 단절 지점에 점퍼선을 연결하지 않았음을 깨달을지도 모른다.

보드의 각 버스 중간이 끊어져 있는지 확인하려면 버스의 양 끝에 점퍼선을 한 쪽만 끼우고 계측기로 버스 사이의 연속성을 확인해 보면 된다. 필요하다면 회로를 구축하기 전에 버스가 끊어진 부분을 점퍼선으로 연결한다. 그림 8-8은 점퍼선을 추가한 보드의 중앙 부분을 보여 준다.

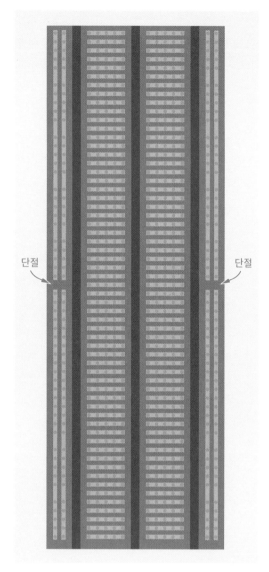

단절　　　　　　　　　　　　단절

그림 8-7 브레드보드 내부의 연결.

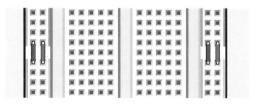

그림 8-8 보드의 버스 중앙이 비어 있다면 그림처럼 점퍼선을 추가한다.

릴레이 회로 내부

그림 8-9는 릴레이 회로의 작동 방식을 설명하는 데 도움이 되기를 바라며 부품과 보드 내부 금속 띠와의 연결을 표시했다. 부품과 연결되지 않아서 아무런 일도 하지 않는 띠는 어둡게 처리했다. 전류가 지그재그로 움직이며 양극 버스에서 시작해 릴레이 접점, LED, 470옴 저항을 차례로 통과한 뒤 마지막으로 음극 버스에 도달한다고 상상해 볼 수 있다. 금속띠의 저항은 아주 낮기 때문에 전기가 얼마나 먼 거리를 이동하는지는 중요하지 않다.

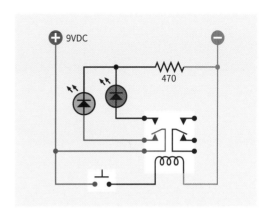

그림 8-10 릴레이의 회로도.

그림 8-9 릴레이 회로에서 부품 간 연결. 연결되지 않은 금속띠는 어둡게 처리했다.

이제 같은 회로의 회로도를 살펴보자(그림 8-10). 회로도는 가급적 브레드보드와 비슷하게 보이도록 그렸다. 뒤로 가면 회로도를 더 많이 참조하고, 브레드보드 도해는 큰 회로에만 수록한다.

회로도를 보면 택타일 스위치가 아직 릴레이에 전원을 공급하지 않았지만 양극 버스의 전류가 릴레이 접점을 통해 왼쪽 LED와 연결되어 있음

을 알 수 있다. 이 위치에서 접점은 안정 상태다.

약 9V와 0V의 전압이 어디에 공급되는지 표시하기 위해 전선에 색상을 지정하고, LED가 켜졌는지 아닌지를 보여주도록 LED에도 색을 표시했다. LED와 저항 사이의 전선은 검은색으로 표시했는데, 전압이 0V와 9V 사이의 어느 값이기는 하지만 정확히 알 수 없기 때문이다.

이제 그림 8-11을 보자. 릴레이 코일에 전원을 공급해 스위치를 활성화하면 오른쪽 LED가 켜진다.

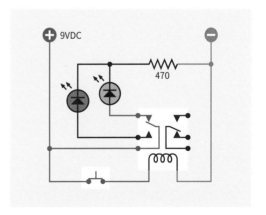

그림 8-11 전원이 공급된 릴레이.

LED 2개를 보호하는 데 470옴 저항을 하나만 사용한 이유가 궁금할 수도 있다. 그러나 잘 생각해 보면 LED가 한번에 하나씩만 켜지기 때문에 저항 1개로 충분하다는 걸 알 수 있다.

벌레 소리 내기

다음 단계에서는 회로를 조금 더 재미있게 고쳐 보자. 그림 8-12의 새로운 회로도를 그림 8-10의 이전 회로도와 비교해 보자. 차이점을 찾았는가? 새 회로도에는 버스에서 오는 전류가 먼저 릴레이 내부의 접점을 통과한 뒤 코일에 전원을 공급하는 버튼에 도달한다.

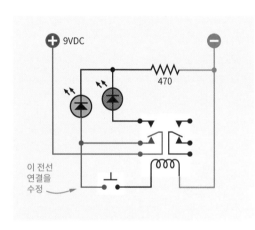

그림 8-12 수정을 거친 회로도.

연결을 이렇게 바꾸면 어떤 영향이 있을까? 직접 해 보면 릴레이에서 '즈즈' 거리는 소리가 나는 것을 알 수 있다. (청력이 좋지 않은 사람은 릴레이를 만져서 진동을 느껴 보자.)

그림 8-13은 같은 회로를 보여 준다. 이제 빨간색 점퍼선이 릴레이 극에 전원을 공급한다. 전원은 안정된 상태의 릴레이 접점을 통과한 뒤 핀을 지나 내가 새로 추가한 초록색 점퍼선을 따라 내려간다. 이렇게 하면 전원이 택타일 스위치에 공급된다. 이제 버튼을 누르면 릴레이가 접점을 움직인다. 그러나 잠깐! 접점이 열리면 버튼으로 가는 전원이 차단되어 릴레이 코일에 더 이상 전원이 공급되지 않고 접점이 다시 안정된다. 이제 다시 전원이 연결되면서 접점이 열린다. 이 과정은 계속 반복된다. 즉, 릴레이가 두 상태를 왔다 갔다 하면서 진동한다.

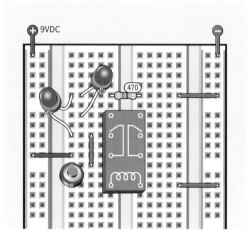

그림 8-13 그림 8-12 회로도를 브레드보드로 옮긴 모양.

여기서는 소형 릴레이를 사용하기 때문에 온, 오프 전환이 아주 빠르게 일어난다. 실제로 진동은 초당 50번 정도 이루어진다(무슨 일이 일어나는지를 LED로 확인하기에는 너무 빠른 속도다).

이렇게 동작하도록 하면 릴레이가 타버리거나 접점이 망가지기 쉬우니 푸시버튼을 너무 오래 누르고 있지는 말자. 회로가 망가지지 않도록 이런 일이 조금 더 천천히 일어나게 하려면 커패시터(capacitor)를 사용하면 된다.

정전용량(전기용량, 커패시턴스) 추가하기

그림 8-14의 브레드보드 도해를 보면 가장 아래에 부품을 새로 추가했음을 알 수 있다. 이 부품은 값이 1,000μF(마이크로패럿)인 전해 커패시터(electrolytic capacitor)이다. 패럿은 먼저 커패시터의 역할을 살펴본 뒤 설명한다.

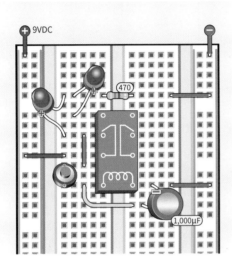

그림 8-14 그림 8-13의 회로에 1,000μF 커패시터를 추가했다.

커패시터는 음극 리드가 브레드보드의 위쪽을 향하도록 연결해야 한다. 커패시터의 아래쪽 리드는 노란색 점퍼선을 통해 코일의 다른 쪽에 연결되며, 이때 커패시터가 코일을 통해 연결되어 있다고 말한다.

커패시터의 리드가 충분히 길다면 노란색 점퍼선을 사용하지 않고도 릴레이 코일 핀을 통해 연결할 수 있다.

이제 푸시버튼을 누르면 릴레이에서 '즈즈' 소리 대신 간격을 두고 '딸깍' 소리가 나면서 LED가 깜빡거린다.

커패시터는 소형 충전지 역할을 한다. 커패시터가 전압을 받는 시간은 1초도 안 되지만 이 시간 동안 릴레이는 아래쪽 접점 한 쌍을 연다. 접점이 열리면 커패시터가 릴레이(와 왼쪽 LED)에 전원을 흘려 보내면서 잠시 동안 릴레이의 코일에 전기를 공급한다.

커패시터는 처음에 회로에서 전원을 공급받았다가 이를 다시 회로로 공급한다. 이 과정 동안 커패시터는 충전(charging)과 방전(discharging)을 반복한다.

전하 저장하기

실제로 커패시터 내부에서 어떤 일이 일어나는지 더 분명히 이해할 수 있도록 그림 8-15처럼 회로를 만들어 보자. 이번에는 커패시터를 돌려서 음극 리드가 브레드보드의 아래쪽을 향하도록 연결했음을 알 수 있다.

먼저 하단의 버튼을 1초 동안 누른다. 이렇게 하면 보드와 100옴 저항을 통해 커패시터의 두

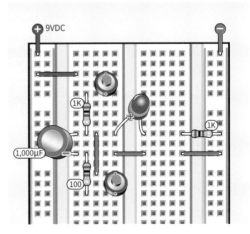

그림 8-15 커패시터의 충전과 방전을 보여주는 회로.

리드가 연결된다. 버튼을 누르고 있으면 커패시
터의 한쪽에 있는 전하가 반대쪽의 전하를 상쇄
시킨다.

여기서 저항은 정격이 50mA인 택타일 스위
치의 접점을 갑작스러운 서지 전류로부터 보호
하기 위해 사용했다.

이번에는 하단의 버튼에서 손을 떼 보자. 이
제 상단 버튼을 누르고 있다 보면 LED가 천천히
켜진다. 버튼에서 손을 떼면 LED가 천천히 꺼진
다. 전류가 이동하는 경로를 상상해 보자. 위쪽
버튼을 누르면 전원이 1K 저항을 통과해 커패시
터의 위쪽 리드로 전달된다. 커패시터가 충전을
시작할 때는 내부 저항이 아주 낮기 때문에 전류
를 끌어들인다. 그러나 커패시터에 공급되는 전
압이 늘어나면 LED가 이를 공유할 수 있다. 브레
드보드 내부의 도체가 전기를 LED로 전달하기
때문이다. 그러나 1K 저항이 전류를 제한하기 때
문에 이 모든 일은 상대적으로 천천히 일어난다.

• 직렬 저항을 사용하면 커패시터 충전이 더 느
  려진다.

아래쪽 버튼을 다시 누르면 LED가 금세 꺼진다.
커패시터의 전하가 LED 대신 100옴 저항을 통해
자체 접지하는 쪽을 선호하기 때문이다.

그림 8-16은 같은 회로를 회로도로 다시 그린
것이다. 커패시터를 나타내는 새로운 기호도 볼
수 있다.

다음 페이지의 그림 8-17은 브레드보드 회로
를 엑스레이로 투사한 것처럼 보여 준다.

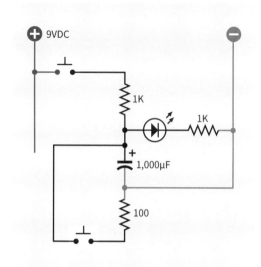

그림 8-16 그림 8-15 왼편의 회로도.

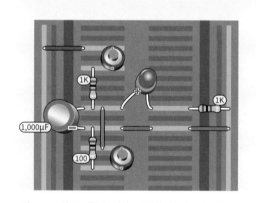

그림 8-17 그림 8-15를 엑스레이로 투사한 것처럼 보여 준다.

이렇게 간단한 회로로부터 다음의 내용을 배울
수 있다.

• 이 회로에서 커패시터의 아래쪽 리드는 접지
  해야 한다. 그러지 않으면 회로가 작동하지
  않는다. 보드 중앙의 파란색 점퍼선을 제거해
  보면 이를 확인할 수 있다.

- 저항(resistor)과 커패시터(capacitor)를 직렬로 연결한 조합을 RC 네트워크(RC network)라고 한다.
- RC 네트워크에서 저항값이 높으면 커패시터 충전이 느려진다. 혼자서 직접 해 보자. 1K 저항 중 하나를 더 높은 값의 저항으로 교체해 보면 된다.
- RC 네트워크에서 더 큰 용량의 커패시터를 사용하면 충전이 느려진다. 1,000μF보다 용량이 큰 커패시터가 없다면 반대로 더 작은 것으로 교체해서 LED가 더 빠르게 밝아지고 어두워지는지를 확인하면 된다.
- 사용하는 커패시터 유형 중에는 아주 얇은 알루미늄 포일을 감아 만든 띠가 커패시터의 리드와 붙어 있는 제품도 있다. 이 띠는 보통 플레이트(plate)라고 부르는데, 초기에 만들어진 커패시터는 내부에 금속 플레이트 2개가 살짝 떨어진 상태로 달려 있었기 때문이다.
- 양의 전압이 한쪽 플레이트에 공급되면 다른 플레이트로 음의 전압을 끌어당기기 때문에 이 회로에서 커패시터의 아래쪽 리드는 접지해야 한다. 파란색 전선은 전자를 공급한다.

그림 8-18은 커패시터 내부에서 서로 반대되는 전하가 서로를 끌어당긴다는 개념을 보여 준다.

- 커패시터는 회로에서 분리해도 전하를 유지하지만 내부 절연이 완벽하지 않기 때문에 두 플레이트 사이에서 전하가 서서히 누출될 수 있다.

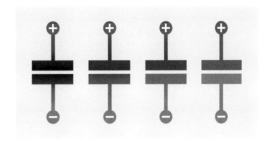

그림 8-18 커패시터가 전하를 얻는 과정을 보여 주는 4개의 그림.

패럿 기초 지식

커패시터의 저장 용량은 패럿(F)으로 측정한다. 이 단위는 전기 부문 선구자들 중 하나인 마이클 패러데이(Michael Faraday)의 이름에서 따왔다.

패럿으로 값을 표시하는 대형 커패시터는 만들기 어렵고 비싸지만, 다행히도 현대 전자공학에서 이 정도 용량의 커패시터가 필요한 경우는 거의 없다. 회로에는 보통 용량이 마이크로패럿이나 나노패럿, 피코패럿 단위인 커패시터를 사용한다. 가장 작은 단위에서 큰 단위로의 변환은 다음과 같다.

1,000피코패럿(pF) = 1나노패럿(nF)
1,000나노패럿(nF) = 1마이크로패럿(μF)
1,000,000마이크로패럿(μF) = 1패럿(F)

커패시터의 전기적 저장 용량인 정전용량의 단위 변환표는 그림 8-19를 참고한다.

그런데 밀리패럿은 어디 갔을까? 존재하기는 하는 건가? 그래야 하지 않을까? 어쨌거나 밀리암페어도, 밀리볼트도 있지 않은가? 1,000마이크로패럿이 1밀리패럿이고 1,000밀리패럿이

피코패럿	나노패럿	마이크로패럿	패럿
1pF	0.001nF	0.000001µF	
10pF	0.01nF	0.00001µF	
100pF	0.1nF	0.0001µF	
1,000pF	1nF	0.001µF	
10,000pF	10nF	0.01µF	
100,000pF	100nF	0.1µF	
1,000,000pF	1,000nF	1µF	0.000001F
		10µF	0.00001F
		100µF	0.0001F
		1,000µF	0.001F
		10,000µF	0.01F
		100,000µF	0.1F
		1,000,000µF	1F

그림 8-19 정전용량 단위 변환표.

1패럿이어야 하지 않을까?

이 모든 질문에 대한 대답은 '그렇다'이다. 밀리패럿의 기호 mF도 사용하기는 하지만 자주 볼일은 없을 것이다. 사람들이 mF을 '마이크로패럿'과 혼동할 수 있기 때문에 사용을 꺼린다.

조그만 전자 회로에 사용하는 커패시터의 범위는 보통 0.1nF(0.0001µF)~1,000µF이다. 용량 값이 낮은 커패시터는 저항값에서 설명한 것과 같은 이유로 두 자릿수(1.0, 1.5, 2.2, 3.3, 4.7, 6.8)를 주로 사용한다.

피코패럿, 나노패럿, 마이크로패럿 단위에 익숙해져야 한다. pF의 값을 nF로 변환하려면 소수점을 왼쪽으로 세 칸 이동한다. nF를 µF로 변환하려면 소수점을 왼쪽으로 세 칸 더 이동한다.

반대로 µF 값을 nF로 변환하려면 소수점을 오른쪽으로 세 칸 이동하고(소수점이 없는 경우 0을 3개 추가) nF를 pF로 변환할 때는 소수점을 오른쪽으로 세 칸 더 이동한다.

커패시터 내용 정리

다음은 커패시터에 대한 개념을 확인하고 싶을 때 참조하기 바란다.

커패시터의 종류는 많지만 가장 흔히 사용되는 유형 두 가지는 세라믹 커패시터(ceramic capacitor)와 전해 커패시터(electrolytic capacitor)로, 두 가지 모두 이 책에서 사용한다.

세라믹 커패시터는 보통 그림 6-25의 오른쪽에 있는 것과 같은 작은 디스크나 방울 모양을 하고 있다. 언제나 그런 것은 아니지만 베이지색이나 파란색이 많으며, 1µF 미만의 작은 용량 제품이 가장 흔하게 사용된다. 극성이 없어서 어느 쪽으로 연결해도 된다.

전해 커패시터는 그림 6-25의 왼쪽 것과 같이 얇은 플라스틱 필름으로 싸인 작은 원통형으로 색은 다양하다. 이런 유형은 1µF 이상 용량이 가장 흔한데, 이 정도 용량이면 세라믹 커패시터보다 저렴해진다. 극성이 있어서 올바른 방향으로 연결해야 한다. 음극은 원통에 표시되어 있으며 음극 리드는 양극 리드보다 짧은 경우가 대부분이다.

커패시터의 회로도 기호는 그림 8-20처럼 크게 두 가지로 나타낸다. 직선을 2개 사용한 기호는 보통 모든 커패시터에 사용하며 선은 내부의 플레이트를 의미한다고 볼 수 있다. 곡선이 있는 오른쪽 기호는 극성이 있는 커패시터를 표시할

그림 8-20 커패시터의 회로도 기호. 자세한 내용은 본문을 참조한다.

때만 사용하며 곡선 쪽이 음극이다. 이 책에서는 항상 플러스 기호를 함께 표시하지만, 다른 데서는 여기까지 신경 쓰지 않는 회로도도 보게 될 것이다. 또 실제로 전해 커패시터를 사용할 것 같은 경우에도 일반 직선 플레이트 기호를 사용한 회로도를 보게 될 수도 있다. 이 경우 어느 쪽이 다른 쪽보다 '더 양'일지 알아내야 한다.

다음은 커패시터를 교체할 때 적용할 수 있는 일반 규칙이다.

- 세라믹 커패시터는 어느 쪽으로도 연결할 수 있어서 언제라도 전해 커패시터 대신 사용할 수 있다.
- 전류가 커패시터를 통과해 어느 방향으로도 흐를 수 있도록 회로를 설계하려면 전해 커패시터는 사용하지 않는다.
- 극성이 없는 전해 커패시터도 있기는 하지만 거의 사용하지 않는다. 이런 유형은 실제로 일반 전해 커패시터 2개를 극성이 반대가 되도록 직렬로 연결해 만든다.

그림 8-16의 회로도를 다시 보면 커패시터의 한쪽이 음극 접지에 직접 연결되어 있어서 커패시터의 어느 쪽이 다른 쪽보다 더 양의 값을 가지게 될지는 명백하다. 극성 문제는 책 전반에서 회로에 설명이 필요할 때마다 이야기한다.

DC 차단하기

커패시터가 전하를 저장하고 내보낼 수 있음을 확인했다. 그러나 이런 능력이 있다는 것과 전류

가 지나가도록 허용하는 것은 전혀 다른 문제다. 실제로 커패시터는 내부의 플레이트가 서로 닿지 않기 때문에 DC 전류를 차단하는 것이 보통이다.

이를 테스트하기 위해 아주 간단한 실험을 해볼 수 있다. 계측기가 mA를 측정하도록 설정한 뒤 10K 저항과 1uF 세라믹 커패시터를 직렬로 연결한다. 직렬 연결 한쪽 끝에서 다른 쪽 끝으로 9V의 전압을 공급하고 측정했을 때 전류가 전혀 흐르지 않음을 알 수 있다. 커패시터를 제거했다가 반대 방향으로 다시 연결해 보자. 여전히 전류가 흐르지 않음을 확인할 수 있다. 세라믹 커패시터는 극성이 없다.

100uF 전해 커패시터로 같은 실험을 해볼 수 있다. 커패시터를 10K 저항, 계측기와 직렬로 연결했을 때 커패시터의 극성이 틀리지 않았다면 커패시터가 전류를 차단하기 때문에 계측기로 측정했을 때의 전류값은 거의 0에 가깝다. 이제 커패시터의 방향을 바꾸면 계측기를 통해 커패시터가 약간의 전류를 흘려보내는 것을 알 수 있다.

- 전해 커패시터는 올바르게 사용하면 DC 전류를 차단하지만, 잘못된 방향으로 연결하면 커패시터의 저항이 상대적으로 줄어든다.

계측기를 제거하고 잘못된 극성으로 커패시터에 직접 전류를 공급하되, 보호를 위해 직렬로 연결해 둔 10K 저항도 사용하지 않으면 어떤 일이 일어날까?

이건 좋은 생각이 아닌 듯하다. 이렇게 하면

커패시터에 영구 손상을 입힐 수 있으며 실제로 지나치게 빨리 뜨거워져서 폭발할 수도 있다.

극성을 관찰해야 하는 커패시터는 전해 커패시터만이 아니다. 예를 들어, 탄탈륨 커패시터는 제대로 연결하기가 쉽지 않다. 이런 유형은 특별히 취급에 주의해야 하는데, 극성을 표시하는 플러스 기호가 너무 조그맣게 표시되어 있어서 이를 눈치채지 못하는 사람이 있을 수도 있다. 예를 들자면 나 같은 사람 말이다.

그림 8-21은 상당한 크기의 전류를 공급할 수 있는 전원 공급 장치에 탄탈륨 커패시터를 역방향으로 연결했을 때 어떤 일이 일어났는지 보여준다. 10초쯤 지나자 커패시터가 작은 불꽃처럼 터지면서 불이 붙은 작은 조각이 흩어졌고, 그중 몇은 브레드보드로 떨어져 타버렸다. 교훈은 분명하다. 극성을 잘 살피자!

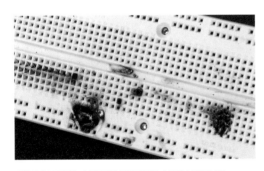

그림 8-21 탄탈륨 커패시터가 폭발하면서 손상된 브레드보드.

마이클 패러데이와 커패시터

패럿은 마이클 패러데이의 이름에서 따왔다. 패러데이는 금속 플레이트 2개를 아주 가깝게 나란히 가져다 대면 한 플레이트에 공급된 전하가 반대 극 전하를 다른 플레이트로 끌어당긴다는 사실을 발견했다. 영국의 화학자이자 물리학자로, 1791년부터 1867년까지 살았다(그림 8-22).

그림 8-22 마이클 패러데이. 패럿은 그의 이름에서 따왔다.

패러데이는 상대적으로 교육을 받지 못했고 수학적 지식도 거의 없었지만 제본업자 밑에서 7년간 견습 생활을 하는 동안 다양한 책을 읽으면서 과학을 연구할 기회를 가질 수 있었다. 그가 살던 당시는 상대적으로 간단한 실험으로 전기의 기본적인 성질을 밝혀내던 시기였다. 패러데이는 전기 모터의 발전에 크게 기여했던 전자기 유도 같은 중요한 원리를 발견했다. 그뿐 아니라 자기가 광선에 영향을 미칠 수 있다는 사실도 발견했다.

패러데이는 자신의 업적으로 엄청난 영예를 얻었으며, 그의 초상화는 1991년부터 2001년까지 영국의 20파운드 지폐에 실리기도 했다.

전해 커패시터 값 읽기

전해 커패시터에는 용량 외에 커패시터가 안정적으로 견딜 수 있는 최대 전압 크기인 작동 전압이 함께 인쇄되어 있다. 커패시터는 내부의 절연층이 아주 얇아서 지나치게 큰 전압이 들어오면 파손될 수 있기 때문에 작동 전압을 아는 것은 중요하다.

커패시터는 언제나 정격 작동 전압보다 낮은 전압에서 사용할 수 있다.

정말로 그럴까? 제한은 없을까? 정격 전압이 250V인 커패시터가 있다고 가정해 보자. 5V 전원 공급 장치를 사용하는 회로에서 이 커패시터를 사용할 수 있을까? 사용할 수 있다. 정격 전압이 높다는 것은 커패시터가 물리적으로 더 크고 비싸다는 의미일 뿐이다. 정격 전압이 높아도 낮은 전압에서 잘 작동한다.

세라믹 커패시터 값 읽기

최신 세라믹 커패시터는 크기가 아주 작은 플레이트 여러 개를 겹친 구조를 사용하기도 한다. 그림 8-23은 이런 유형의 세라믹 커패시터를 보여 준다. 왼쪽부터 56pF, 22pF, 100,000pF (0.1μF) 커패시터이다. 상단의 눈금 간격은 0.1인치(2.5mm)이다.

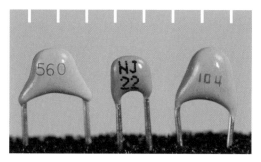

그림 8-23 최근의 세라믹 커패시터는 아주 작고 보통 둥근 형태를 하고 있다. 눈금 한 칸은 0.1인치(2.5mm)이다.

과거 20세기에는 평평한 디스크 2개를 플레이트로 사용하는 디스크 커패시터가 더 흔했다. 그림 8-24는 디스크 커패시터 두 종을 보여 준다. 왼쪽은 1,500pF(1.5nF) 커패시터이고 오른쪽은 47pF, 허용오차 20%, 정격 전압이 1kV인 커패시터이다. 상단 눈금 간격은 0.2인치(5mm)이다.

그림 8-24 구식 세라믹 디스크 커패시터 두 가지. 눈금 간격은 0.2인치 (5mm)이다.

보다시피 세라믹 커패시터에는 값이 보통 코드로 인쇄되어 있다. 이를 읽는 법은 다음과 같다.

처음 숫자 2개: 커패시터 값이 시작하는 숫자.
세 번째 숫자: 뒤에 붙는 0의 개수.

마지막에는 커패시터의 허용오차를 표시해 주기도 한다. 다음은 커패시터에서 쉽게 볼 수 있는 허용오차 표기의 예다.

J : 5%

K : 10%

L : 15%

M : 20%

첫 번째 숫자 2개의 값은 항상 피코패럿 단위

이며, 따라서 47M이 인쇄된 세라믹 커패시터는 허용오차가 20%이고 용량값이 47pF이다. 만약 473M이라고 표시되어 있다면 용량값은 47,000pF(47 다음에 0이 3개)이 된다.

작은 단위에서 큰 단위로 변환하고 싶다면 소수점을 세 칸 왼쪽으로 움직이면 된다는 점을 기억하자. 따라서 47,000pF은 47nF, 또는 0.047μF과 같다.

이제 다른 예를 살펴보자. 표면에 685K라고 표시된 세라믹 커패시터가 있다고 가정해 보자. 용량값은 68 다음에 0을 다섯 개 붙여서 6,800,000pF이 된다. 이 값은 6,800nF 또는 6.8μF과 같으며, 세라믹 커패시터치고는 비정상적으로 높은 값이지만 실제로 이런 값을 가진 커패시터가 존재한다. 문자 K는 킬로를 뜻하는 접두어가 아니다. 세라믹 커패시터에서 K는 10%의 허용오차를 뜻한다. 커패시터에서 K를 킬로라는 뜻으로 사용하는 경우는 뒤에 V가 추가로 붙어서 '킬로볼트'를 나타낼 경우뿐이다.

코드가 22처럼 숫자 2개로만 구성되어 있으면 어떻게 될까? 이때는 0을 추가하지 않으니 그냥 22pF이 된다. 그림 8-23의 파란색 커패시터가 이런 경우다.

그러나 작동 전압은 어떻게 알 수 있을까? 부품에는 전압을 표시하지 않은 경우가 많은데, 이때는 이 공급업체가 알려주는 전압값을 참고해야 한다. 작은 부품을 구입하면 보통 이름표가 붙은 작은 비닐 봉투에 담아 배송되는데 커패시터는 이 상태로 보관하면 된다. 부품 상자(그림 24-3 참조)에 보관하고 싶다면 작은 이름표를 직접 만들어야 한다. 내가 커패시터를 보관하는 방식은 그림 24-7에서 확인할 수 있다.

세라믹 커패시터를 보관함에서 꺼낸 다음 작동 전압을 잊어버리면 문제가 된다. 다행인 점은 커패시터는 대부분 정격 전압이 25VDC 이상이다(이와는 달리 전해 커패시터는 정격 전압이 5VDC까지 낮아질 수 있다). 내가 공급업체 몇 곳을 확인한 결과 스루홀 세라믹 커패시터의 정격 전압이 25VDC 미만인 경우는 1%가 채 되지 않았다. 이 책에서는 정격 전압이 12VDC 이상인 회로를 만들지는 않을 것이기 때문에 부품을 직접 구입한다면 반드시 정격 전압이 25VDC 이상인 세라믹 커패시터를 선택한다. 그렇게 하면 정격 전압을 걱정할 필요가 없다.

주의: 커패시터에 의한 감전

용량이 아주 큰 커패시터는 높은 전압을 충전할 수 있으며 그 전압이 몇 분, 또는 몇 시간까지도 유지될 수 있다. 이 책에서 만드는 회로는 낮은 전압을 사용하기 때문에 걱정할 필요가 없다. 그러나 조심성 없이 높은 전압을 사용하는 구형 가전제품(음극선관을 사용하는 골동품 TV 등)을 분해하다가는 큰일이 날지도 모른다. 진심으로 충고한다. 구식 TV의 코드를 콘센트에 꽂아 두었다면 코드를 뽑고 나서도 한동안은 내부를 건드리지 말기 바란다. 남은 전압이 목숨을 앗아갈 정도가 되기도 한다.

시간과 커패시터

이번 실험은 커패시터와 시간 사이의 흥미로운 관계를 보여 준다. 또 커패시터를 사용해 전류를 평활화하는 방법도 소개한다. 그 과정에서 용량 결합(capacitive coupling)이라는 불가사의한 현상을 보게 될 것이다.

실험 준비물

- 수명이 많이 남은 9V 전지(실질 전압이 최소 9.1V)
- 브레드보드, 연결용 전선, 니퍼, 와이어 스트리퍼, 테스트 리드, 계측기(앞서 사용한 것).
- 택타일 스위치 2개
- 빨간색 일반 LED 1개
- 저항: 100옴 2개, 470옴 1개, 1K 2개, 10K 2개
- 커패시터: 100μF, 1,000μF 각각 1개

커패시터 내부

먼저 계측기가 볼트를 측정하도록 설정한 뒤 9V 전지의 전압을 확인해 메모한다. 뒤에서 다시 확인할 일이 생긴다. 이번 실험에서는 전지 전압이 9.1V 이상이어야 한다. 전압이 그보다 낮다면 새 전지로 교체해야 한다.

그림 8-15의 회로는 RC 네트워크의 동작을 간략히 소개했지만, 이번에는 커패시터가 어떻게 충전되고 방전되는지 정확히 알아본다. 이를 위해서는 LED 대신 계측기를 사용해야 하므로 가장 먼저 해야 할 일은 LED와 이에 직렬로 연결한

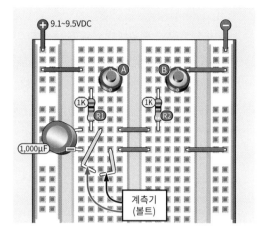

그림 9-1 커패시터의 충전과 방전을 보여 주는 회로.

저항을 제거하는 것이다. 새로 만드는 회로는 그림 9-1과 같아야 한다. 새 회로의 특징을 확인해 보자.

- 공급하는 양의 전압은 9.1V 이상이어야 한다.
- 두 번째 택타일 스위치를 추가했다.
- 노란색 점퍼선 2개는 아래쪽 끝을 바깥쪽으로 구부려 바깥으로 노출시켰다. 계측기 탐침을 이 부분에 갖다 대면 커패시터 플레이트에 얼마나 많은 전압이 걸리는지 확인할 수 있다.

설명하기 쉽도록 택타일 스위치에는 A와 B로, 저항에는 R1과 R2로 표기했다. 다음은 이 책의 브레드보드 도해에 적용한 몇 가지 일반적인 규칙이다.

- 어두운 배경색의 타원 안에 표시한 흰색 글자는 어떤 부품을 가리키는지 지칭할 때 사용하는 이름이다. 이 이름은 부품값(저항값이 몇

옴인지 등)과는 아무런 관련이 없다.

- 부품값은 이름과 구분하기 위해 항상 옅은 파란색 배경에 검은색 글씨로 표시한다. 뒤로 가면서 브레드보드에 부품을 더 많이 사용하게 되면 도해 하단에 사용한 부품을 모두 정리해 둘 것이다.
- 더 단순한 회로도에서는 부품 이름과 값을 그냥 표시한다.

테스트 준비가 끝났는가? 먼저 노란색 점퍼선 2개의 리드 중 보드에 끼우지 않은 쪽을 서로 연결해서 커패시터가 완전히 방전되도록 한다. 이제 리드끼리 분리한 뒤 계측기의 탐침과 연결한다. 이때 악어 클립 테스트 리드가 있다면 이를 사용한다. 계측기에는 0V가 표시될 것이다.

전화기의 타이머 앱이나 초 표시가 있는 시계를 사용해서 충전에 걸리는 시간을 측정한다. 버튼 A를 누름과 동시에 타이머를 실행시키자. 커패시터 전압이 9V까지 올라가는 데 걸리는 시간은 얼마인가?

내가 한 실험에서는 계측기에 9V가 뜨기까지 약 3초가 걸렸다.

이번에는 R1에 10K 저항을 연결해 보자. 노란색 점퍼선을 사용해 커패시터를 방전시킨 뒤 실험을 반복한다.

- 1K 저항 대신 10K 저항을 사용하면 커패시터 전압이 9V가 되기까지 걸리는 시간이 10배로 늘어나는가?
- 커패시터 양단의 전압이 일정한 속도로 상승

했는가? 아니면 처음이 나중보다 더 빠르게 증가했는가?

- 충분히 기다리면 커패시터의 전압이 실제 전지를 측정한 전압 크기에 도달할 수 있는가?
- 버튼 A에서 손을 뗀 상태로 커패시터의 전압을 계측기로 계속 측정했을 때 전압이 아주 느리게나마 감소하는가?
- R2 대신 10K 저항을 연결한다. 버튼 B를 누르고 있으면 커패시터를 충전할 때와 같은 속도로 방전이 이루어지는가?

이 모든 질문을 확인하는 방법을 알아보자.

전압, 저항, 정전용량

그림 9-2와 같이 R1을 물의 흐름을 제한하는 수도꼭지, 커패시터는 물을 채우려는 풍선이라고 상상해 보자. 수도꼭지를 물이 한 방울씩 떨어지도록 잠그는 일은 회로의 저항을 높이는 것에 비유할 수 있다. 이 경우 풍선을 채우는 데 걸리는 시간이 길어진다.

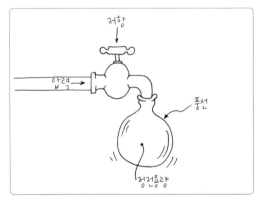

그림 9-2 풍선으로 흘러 들어가는 물은 커패시터로 흘러 들어가는 전류에 비유할 수 있다.

처음에는 파이프의 압력이 풍선 내부의 압력보다 크다. 결과적으로 물은 풍선으로 아주 **빠르게** 흘러가지만 이 과정이 계속되면 풍선 고무가 부풀어 오르면서 풍선 내부의 압력이 증가한다. 배압(back-pressure)으로 인해 수도꼭지에서 물이 흘러나오는 속도가 느려지다가 파이프의 압력과 풍선 내부 압력과 같아지면 (풍선이 터지지 않는 한) 물이 더 이상 흐르지 않는다.

커패시터 내부의 상황도 비슷하다. 처음에는 전자들이 빠르게 흘러 들어오지만 전압이 높아질수록 새로 들어온 전자는 쉴 곳을 찾는 데 더 오랜 시간이 걸린다. 따라서 충전 속도가 점차 느려진다. 사실 이론상으로 커패시터의 전하가 이에 공급한 전압까지 도달하는 일은 없다.

배경지식: 시상수

커패시터를 충전하는 속도는 시상수(time constant, 時常數)라는 값으로 측정된다. 정의는 매우 간단하다. R옴 저항을 통해 F패럿 용량의 커패시터를 충전한다고 가정해 보자. 이때 시상수 TC는 다음과 같이 계산한다.

$$TC = R * F$$

그림 9-1 회로의 경우 1K 저항을 통해 1,000μF 용량의 커패시터를 충전했다. 이 값을 시간 상수 공식에 대입할 수 있지만, 이때 단위를 옴과 패럿으로 변환해야 한다. 1K는 1,000옴이고 1,000μF는 0.001패럿이니 계산은 그다지 어렵지 않다.

$$TC = 1,000 * 0.001 = 1$$

이렇게나 간단하다. 따라서 해당 저항과 커패시터를 사용했을 때 시상수 TC=1이라는 걸 알 수 있다.

그런데 이게 대체 무슨 말인가? 커패시터를 1초만에 완전히 충전할 수 있다는 뜻일까? 그렇지 않다. 직접 실험했을 때 충전이 그렇게 빨리 이루어지지 않는다는 것을 이미 확인했다. 다음은 시상수 TC의 정의이다.

- TC는 공급되는 전압의 63%만큼 커패시터를 충전하는 데 걸리는 시간(초)이다(충전은 0V에서 시작한다고 가정한다).

왜 63%일까? 62%나 64%, 50%가 아닌 63%여야 하는 이유는 무엇일까? 이 질문에 대해 자세히 답하려면 기술적인 내용이 조금 필요하다. 여기서는 작동 방식만 설명한다. 따라서 이유를 알고 싶다면 인터넷에서 다음을 검색한다.

capacitor time constant(커패시터 시상수)

그림 9-3과 9-4는 해당 원리를 시각화해 두 가지 방법으로 보여 준다. 내부를 전자로 채우려는 커패시터는 케이크로 배를 채우려는 욕심쟁이에 비유할 수 있다.

욕심쟁이는 너무 배가 고파서 1초 동안 케이크의 63%를 뱃속으로 보낸다. 이 1초가 케이크를 먹을 때의 시상수이다. 두 번째로 먹을 때는

그림 9-3 배고픈 미식가가 배를 채우는 것도 커패시터와 비슷하다.

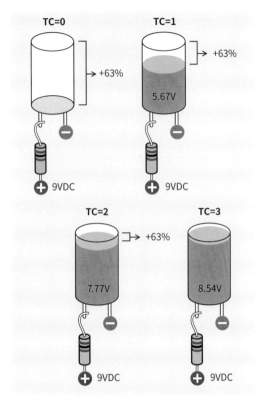

그림 9-4 커패시터를 액체가 든 원통으로 시각화하기.

처음만큼 배가 고프지 않기 때문에 먹는 속도가 조금 줄어든다. 그래서 남은 케이크의 63%를 먹는데도 1초가 걸린다. 세 번째 먹을 때는 그때 남아 있는 케이크의 63%를 먹지만, 여전히 걸리는 시간은 1초다. 이 과정이 계속된다. 점차 케이크로 배를 채우고는 있지만 남은 케이크의 63%만 먹기 때문에 케이크를 완전히 먹는 순간은 오지 않는다.

그림 9-4는 커패시터를 분홍색 액체를 채운 원통에 빗대어 보여 준다. 액체의 높이는 전압을 나타낸다. 시상수만큼의 시간(1,000μF 커패시터에 1K 저항을 사용했다면 1초임을 기억하자)이

지날 때마다 커패시터는 충전된 전하와 공급된 전압 차의 63%씩을 새로 얻게 된다.

이론상으로는 커패시터의 충전 과정이 영원히 계속될 수 있지만 실제 세계에서는 경험에서 얻은 법칙이 적용된다.

• 시상수만큼 시간이 다섯 번 지나면 전하량이 100%에 근접하기 때문에 충전 과정이 끝난 것으로 생각할 수 있다.

이를 그래프로 확인하고 싶다면 그림 9-5를 보자. 시간이 지남에 따라 증가하는 커패시터의

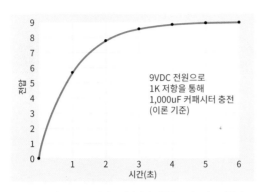

그림 9-5 시상수를 사용하여 커패시터의 전하를 그래프에 표시하기.

전압을 보여 준다. 그래프의 좌표는 TC 공식을 사용해 계산했다.

충전할 때 커패시터 플레이트에 얼마나 많은 전압이 걸리는지 정확히 기억하는 사람은 없겠지만, 다음 사항은 기억해 두자.

- 저항값이나 커패시터 크기를 줄이면 충전이 빨라진다.
- 저항값이나 커패시터 크기를 늘리면 충전이 느려진다.

시상수 검증하기

내 계산이 맞았는지 여러분이 직접 확인해 볼 수 있다. 확인해 보겠다는 생각은 언제나 환영하며, 과정도 아주 쉽다.

다시 그림 9-1로 돌아가 보자. R1과 R2에 10K 저항 2개를 사용하면 충전과 방전 중에 메모할 시간이 생긴다.

노란색 점퍼선을 서로 마주 대서 커패시터를 방전시킨 다음 버튼 A를 눌러 충전 시간을 잰다. 1분이 될 때까지 10초마다 전압을 기록하자. 친

구가 시간을 보고 있다가 언제 값을 확인해야 할지 알려준다면 작업이 더 쉬워진다.

TC는 커패시터 값(패럿)에 저항값(옴)을 곱한 값과 같다. 이번에는 1K 저항 대신 10K 저항을 사용하므로 TC는 지난 번보다 10배 커진다. 그러나 10초마다 전압만 기록하기 때문에 순서대로 측정한 값은 여전히 1초 간격으로 그래프에 표시해 둔 전압과 같아야 한다.

또, 버튼 B를 눌러서 커패시터가 R2를 통해 방전하는 데 걸리는 시간을 측정할 수도 있다. 이때 걸리는 시간은 커패시터가 버튼 A를 통해 충전하는 데 걸린 시간과 같아야 한다.

물론 전자공학에서는 완벽하게 정확한 값이란 존재하지 않는다. 여러분이 측정한 값은 다음의 몇 가지 이유로 나와 다를 수 있다.

- 사용한 전지와 저항, 커패시터가 내 것과 다를 수 있다.
- 계측기가 완벽하게 정확하지 않으며, 값을 읽는 데도 몇 마이크로초가 걸린다.
- 커패시터에서는 누출이 일어나기 때문에 충전을 하는 동안에도 전하를 조금씩 잃는다.
- 계측기의 내부 저항이 아주 높다고는 해도 여전히 커패시터로부터 약간의 전하를 뺏어간다. 그렇기 때문에 버튼은 아무것도 누르지 않은 상태로 노란색 점퍼선만 연결해 두어도 (계측기 수치 값이 아주 느리기는 하지만) 떨어진다.

이 시점에서 다음과 같은 일반 규칙에 동의할 것이다.

- 값을 측정하는 과정 자체가 측정하는 값을 바꾸기 마련이다.

타이머를 만들 수 있을까?

내게 좋은 생각이 떠올랐다. 시계를 사용해서 커패시터를 충전하는 데 걸리는 시간을 확인하는 것과는 반대로 커패시터를 충전해서 시간을 측정할 수 있을 것이다. 커패시터가 특정 전압에 도달했을 때, 어떤 식으로든 LED를 밝힐 수 있다면 회로가 스톱워치 역할을 할 수 있다.

가능한 방법이 머릿속에 떠오르는가? 어쩌면 부품이 하나 더 필요할 수 있다. 이에 대해서는 실험 10에서 소개한다. 이 실험이 끝날 때쯤이면 아주 단순한 타이머를 보게 될 것이다.

한편, 커패시터에 대해 알아야 할 사항이 몇 가지 더 있다. 커패시터는 너무 다재다능해서 할 수 있는 일이 두 가지 더 있다. 바로 평활화(smoothing)와 용량성 결합(coupling)이다.

평활화

커패시터는 신호를 평활화하는 데 사용할 수 있다. 그림 9-6의 회로는 이를 위한 빠르고 간단한 예를 보여 준다. 원리는 그림 8-15의 회로와 비슷하다. 단, 왼쪽의 1K 저항은 초록색 점퍼선으로 교체하고 1,000μF 커패시터 대신 100μF를 사용하며, 노란색 점퍼선 2개는 제거한다.

버튼을 최대한 빠르게 누른 뒤 LED를 살펴보자. 이번에는 커패시터를 제거하고 다시 테스트해 보자. 커패시터가 있을 때 LED가 켜지고 꺼지는 과정이 매끄러워진다.

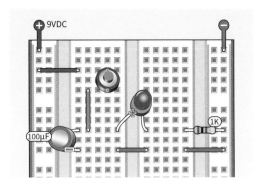

그림 9-6 평활화 회로의 예.

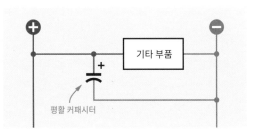

그림 9-7 평활 커패시터의 기본 구성.

그림 9-7의 회로도는 평활 작업을 수행하기 위해 커패시터가 어떤 식으로 사용되는지를 명확히 보여 준다. 공급되는 전원이 9V로 안정되지 않은 경우를 가정해 보자. 전원이 변덕스럽게 요동치면 회로도의 '다른 부품들'은 이런 상태를 그다지 좋아하지 않는다. 이때 커패시터를 추가하면 전원에서 스파이크(spike)라고 부르는 약한 서지가 발생할 때마다 이를 흡수한다. 그런 다음 커패시터는 다음 스파이크가 오기 전에 흡수한 스파이크를 다시 돌려 보낸다.

전압 스파이크는 그다지 오래 지속되지 않기 때문에 과도(transient) 신호라고도 부른다.

더 작은 커패시터로 교체하면 평활화 효과는 줄어들지만 전하 축적은 빨라진다. 기본 원칙을 정리하면 다음과 같다.

- 커패시터가 작아지더라도 짧고 빠르게 발생하는 전류의 작은 변동을 평활화할 수 있다.

이 기능은 전기 잡음을 제거하려 할 때 유용할 수 있다. 예를 들어, 가정의 AC 콘센트에 꽂아 사용하는 '벽 사마귀'라는 별명의 AC 어댑터는 LED 책상 램프 같은 장치에 공급할 DC 전압을 생성할 수 있다. 이때 어댑터에서 생성하는 DC 전류는 스파이크가 있어 고르지 않을 수 있다. 이런 전류는 램프에서 사용하기에 나쁘지 않지만, 실리콘 칩을 사용하는 회로에 전원을 공급하기에는 좋지 않다. 이 경우 평활 커패시터(smoothing capacitor)를 추가해 전류를 평활화할 수 있다.

다른 응용 방식도 있다. 커패시터의 크기에 따라 커패시터가 특정 주파수에 민감하게 반응하도록 만들 수 있다.

이런 방식은 음파 회로에서 유용할 수 있다. 그림 9-8은 가상의 음파를 가상의 커패시터로 다듬기 전과 후를 보여 준다.

용량성 결합

이제 커패시터가 할 수 있는 특히 이상한 행동을 소개한다. 이는 사람들이 잘못 이해하기 쉬운 현상이다.

실험 8에서 나는 커패시터가 DC 전류를 차단한다고 말했다(극성이 있는 커패시터라면 올바른 방향으로 사용한다고 가정한다). 그러나 이 차단 기능은 전압이 안정적이어야만 제대로 작동한다. 전압이 급격하게 변하면 전류가 차단되지 않고 빠르게 흘러간다는 인상을 준다.

어떻게 이런 일이 일어날 수 있을까? 아니, 이런 일은 일어날 수 없다. 어쨌거나 커패시터 내부의 플레이트는 서로 닿아 있지 않다.

'어떻게'라는 부분은 잠시 후에 다루도록 하자. 언제나 그렇듯이 가장 먼저 해야 할 일은 어떤 일이 일어나는지 직접 확인하는 것이다.

그림 9-9에서 브레드보드를 구성하는 부품을 살펴보자. 커패시터를 다시 1,000μF 용량으로 바꾸어 놓은 것을 알 수 있다. 아래쪽 버튼은 여기에서도 커패시터를 방전하는 데, 위쪽 버튼은

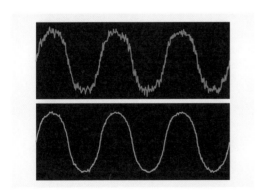

그림 9-8 (위) 커패시터로 평활화하기 전의 가상 음파. (아래) 평활화 후의 가상 음파.

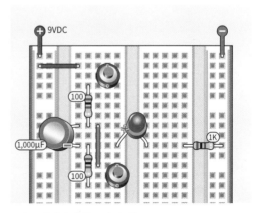

그림 9-9 용량성 결합을 보여주는 회로.

충전하는 데 사용한다. 100옴 저항은 지나치게 큰 전류가 흐를 때 푸시버튼을 보호하기 위한 용도로만 존재한다.

이 회로에서 주목할 부분은 LED와 1K 직렬 저항을 아래로 옮겨 커패시터의 하부 플레이트와 연결했고, 플레이트는 더 이상 접지되어 있지 않다는 점이다. 그림 9-10은 새로운 회로를 회로도로 그린 것이다.

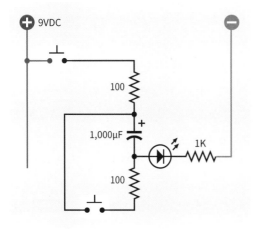

그림 9-10 그림 9-9의 회로도.

먼저 아래쪽 버튼을 눌러서 커패시터의 두 플레이트가 동일한 전위를 가지도록 하자. 이제 아래쪽 버튼에서 손을 떼고 위쪽 버튼을 누른다. 버튼에 손가락을 대고 있으면 LED가 깜박이다가 천천히 꺼지는 것을 볼 수 있다.

이번에는 위쪽 버튼에서 손을 뗐다가 다시 눌러보자. 이제는 아무 일도 일어나지 않는다. 다시 한번 말하지만 실험이 제대로 이루어지려면 커패시터의 플레이트 전위가 0인 상태에서 시작해야 한다.

아래쪽 버튼을 다시 눌러 커패시터를 방전시킨 다음 위쪽 버튼을 다시 누르면 LED가 다시 깜빡인다.

LED가 깜빡이도록 하는 전류는 어디서 온 것일까? 답은 한 군데뿐이다. 분명 어떤 식으로든 위쪽 버튼을 통해 내려와 커패시터를 통과해 왔을 것이다.

나는 이 실험을 진행하면서 전압의 아주 급격한 변화를 표시할 수 있도록 오실로스코프(oscilloscope)를 사용해서 커패시터의 위쪽 플레이트와 아래쪽 플레이트를 모니터링했다. 이렇게 해서 그림 9-11과 같은 곡선을 얻을 수 있었다. 나는 몇 초 동안 회로의 상단 버튼을 손가락으로 누르고 있었다. 이 과정에서 속도를 조절해 주는 것은 100옴 저항뿐이기 때문에 위쪽 플레이트는 아주 빠르게 충전된다. 그러나 전압은 거의 동시에 하단 플레이트에서도 나타났다가 LED를 통해 조금씩 빠져 나간다.

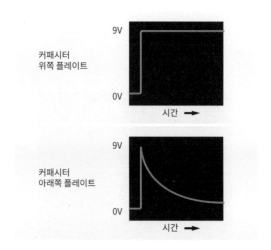

그림 9-11 펄스가 커패시터를 통과한 뒤 부하를 통해 음극 접지로 사라지는 동안 전하가 급증하는 모습.

대부분의 교재에는 다음과 같은 내용이 나온다.

- 커패시터는 DC를 차단하지만 AC(교류)는 통과시킨다.

이런 일이 일어난다는 것은 누구나 동의하며, 내가 만든 조그만 회로는 빠른 펄스가 커패시터를 통과함을 보여 준다. AC 전원 같이 빠른 일련의 펄스를 생성하기만 하면 모두 통과한다. 사실, 이 원리는 수십억, 아니, 아마도 수조 개의 전자 장치에서 사용되고 있다.

문제는 이런 현상이 일어난다는 사실을 안다 한들 그 원리가 무엇인지 이해하는 데는 도움이 되지 않는다는 것이다.

제임스 맥스웰이라는 유명한 초기 실험과학자는 이런 현상이 일어날 수 없다고 생각했다. 하지만 이 현상을 눈으로 확인한 뒤, 그 이유를 설명하기 위한 이론을 만들어 냈다. 그는 커패시터를 통과하는 펄스를 변위전류(displacement current)라고 명명했다. 다시 말해 이는 전류가 존재하는 위치가 커패시터의 한쪽에서 다른 쪽으로 변경된다는 것이다.

변위전류에 관한 글을 읽다보면 다음과 같은 내용을 찾을 수 있다.

"현대 물리학에서 변위전류만큼 많은 혼동과 오해를 불러일으킨 주제는 거의 없다. 이는 부분적으로 맥스웰이 그의 유도 모형에서 소용돌이 분자로 가득 차 있는 공간을 가정했기 때문이다. 반면 현대 교과서에서는 변위전류가 자유 공간에 존재할 수 있다는 전제하에 성립한다."

소용돌이 분자

이 내용은 전자공학 입문 서적에서 보통 다루는 범위를 살짝 벗어난다. 이보다 조금이라도 더 들어가면 어려운 방정식이 등장한다. 아마도 이런 이유로 입문서에서는 대부분 이 개념을 다루지 않는 듯하다. 절대로 간단한 주제가 아니기 때문이다.

그래도 꼭 알아 두어야 할 모든 내용은 아주 간단하게 요약할 수 있다. 변위전류는 존재한다! 커패시터의 한쪽 플레이터에서 전압이 갑자기 변하면 다른 플레이트에서도 마치 마음이 통해 반응하는 것처럼 동일한 전압 변화가 일어난다.

다음에서는 이 현상을 유용하게 사용하는 방법을 몇 가지 소개한다.

실질적인 결합

용량 결합은 버튼을 눌렀을 때 긴 펄스를 짧은 펄스로 변환해 준다. 그림 9-12에는 짧은 시간 동안 활성화해야 하는 장치가 있다. 오른쪽의 10K 저항은 풀다운 저항(pulldown resistor)이라고 하는데, 장치에 대한 입력을 약 0V로 유지시켜준다. 이제 버튼을 누르고 있으면 빠른 전류

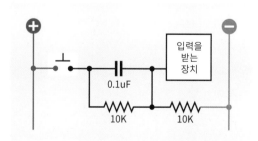

그림 9-12 결합 커패시터를 풀다운 저항과 함께 사용해 깨끗한 입력 생성하기.

펄스가 커패시터를 통과한다. 이렇게 직접 연결되면 장치 입력에 걸리는 전압을 잠깐 동안 증가시켜 커패시터에 저장된 전하가 사라지고 회로가 원래 상태로 돌아갈 때까지 10K 저항의 효과를 무력화한다. 버튼을 계속 누르고 있더라도 커패시터는 첫 번째 펄스만 통과시킨다.

펄스 폭은 사용하는 커패시터의 용량에 따라 달라진다. 이 경우는 0.1μF 커패시터가 적당하다. 회로도의 왼쪽에 놓인 10K 저항은 동일한 양의 전하가 커패시터의 양쪽 플레이트에 있는 상태로 시작할 수 있도록 해 준다.

이러한 방식으로 사용하는 커패시터는 회로의 한 쪽이 다른 쪽과 결합하기 때문에 결합 커패시터(coupling capacitor)라고 부른다.

입력이 필요한 장치 중에서 양의 펄스가 아닌 음의 펄스를 수신하도록 설계된 제품이 있다고 해 보자. 이 경우 전원 공급 장치의 펄스를 역전시킬 수 있다. 이때 풀다운 저항은 풀업 저항이 되고 회로는 음의 펄스를 보내 장치 입력에 걸린 양의 전압을 상쇄한다. 뒤에서 이 방식을 사용하는 여러 실험을 보게 될 것이다.

결합 커패시터는 이 외에도 오디오 신호를 증폭기와 연결할 때도 많이 사용한다. 그림 9-13에서 오디오 신호는 8V와 9V 사이에서 변동하는데, 이때 8V와 0V 사이의 공간을 0V 초과 오프셋(offset)이라고 한다. 신호를 증폭하고 싶지만 앰프에 직접 연결하면 신호뿐 아니라 오프셋도 증폭된다. 증폭기가 전압을 10배 늘리면 전압 범위가 80~90V로 늘어나기 때문에, 이 역시 도움이 되지 않는다.

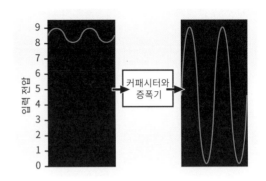

그림 9-13 오디오 신호에서 오프셋 제거하기.

원칙적으로 적절한 용량의 커패시터를 통해 신호를 전달하면 오프셋을 차단하고 변동되는 부분만 통과시킬 수 있다. 그러면 이제 통과한 부분을 증폭하고 몇 가지 부품을 추가하면 0~9V 범위의 신호를 얻을 수 있다.

다음 내용: 능동 소자

커패시터는 아주 중요하고 다양한 목적으로 사용할 수 있기 때문에 자세하게 다루었다. 설명한 내용을 모두 기억할 것이라고 기대하지 않지만 나중에 해당 개념을 적용할 때가 되면 이 장을 다시 참조하면 된다.

저항과 커패시터는 수동 소자(passive component)로 알려져 있다. 이들 부품은 무언가를 켜거나 끄지 않고, 증폭시키지도 않는다. 또, 자체 전원 공급 장치가 별도로 없어도 작동한다. 단지 회로를 통과하는 전압과 전류를 조정할 뿐이다.

이제 능동 소자(active component)를 알아보자. 무엇보다 가장 중요한 부품은 트랜지스터이다.

인류 역사의 현 시점에서 트랜지스터는 일상 생활에 없어서는 안 될 존재가 되었다. 트랜지스터는 무한한 가능성을 열어 주었다.

실험 준비물

- 브레드보드, 연결용 전선, 니퍼, 와이어 스트리퍼, 계측기(앞서 사용한 것)
- 9V 전지 1개와 필요한 경우 커넥터 1개
- 트랜지스터: 2N3904 1개
- 저항: 100옴 1개, 470옴 2개, 1K 1개, 33K 1개, 100K 1개, 330K 1개
- 커패시터: 1μF 1개
- 빨간색 일반 LED 1개

- 택타일 스위치 2개
- SPDT 슬라이드 스위치 1개
- 9VDC 릴레이(앞서 사용한 것)
- 반고정 가변저항: 10K 1개

무접점 스위치

그림 10-1은 두 가지 트랜지스터를 실제 크기에 가깝게 보여 준다. 왼쪽 위의 트랜지스터는 약 1.5mm×3mm 크기의 표면 노출형 부품으로 쌀알 정도의 크기이다. 생김새를 확인할 수 있도록 흰색 원 안에 확대한 모습을 담았다. 이 트랜지스터는 몇 백원이면 구입할 수 있으며, 3.3V 전원으로 작동하도록 설계되었다. 아래의 트랜지스터는 위의 것보다 크기가 25배 크며 600V 전압에서 최대 정격 전류가 100A이다.

1948년에 트랜지스터가 처음 개발되었을 때만 해도 트랜지스터를 이렇게 다양한 용도로 사용하리라고는 누구도 상상하지 못했을 것이다. 그러나 오늘날 세상은 트랜지스터 없이는 돌아가지 않는다.

이 책에서는 그림 10-2에 소개한 유형의 트랜지스터를 사용한다. 이 유형은 소형 저전압 회로에 흔하게 사용하며 최대 정격 전압이 40V이고 최대 200mA의 전류를 통과시킬 수 있다. 부품 번호는 2N3904이며, 뒷면은 둥글고 앞면은 평평한 검은색 플라스틱 케이스의 치수는 각각 0.25인치(6mm) 정도이다.

그림 10-1 표면 노출형 트랜지스터(왼쪽 위)와 파워 트랜지스터(아래)는 실제 크기에 가깝다(흰색 원 안에는 표면 노출형 트랜지스터를 10배 확대한 모습이다).

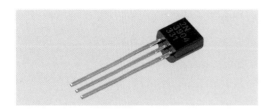

그림 10-2 2N3904 트랜지스터.

그림 10-3의 트랜지스터에 달린 세 리드는 이름을 알아 두어야 한다. 소형 알루미늄 원통 모양의 제품은 지금은 흔하지 않지만 여러 부품을 취급하는 곳에서 볼 경우를 대비해 포함시켰다. 그림과 같이 튀어나온 작은 탭이 보이도록 몸체를 돌리면 각 핀의 위치가 검은색 플라스틱 제품을 평평한 면이 오른쪽을 향하도록 돌렸을 때와 같아진다.

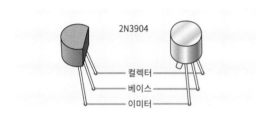

그림 10-3 2N3904 트랜지스터의 리드 구분하기.

• 트랜지스터는 극성에 민감하다. 잘못된 방법으로 사용하면 영구 손상이 발생할 수 있다.

트랜지스터는 어떤 면에서는 릴레이처럼 작동할 수 있다. 이를 이해하는 가장 좋은 방법은 직접 사용해 보는 것이다. 그림 10-4의 회로를 만들어 보자. 이때 100K 저항(갈색-검은색-노란색)과 100옴 저항(갈색-검은색-갈색)을 주의해서 구별한다. 100옴 저항이 LED를 보호하기에 충분히

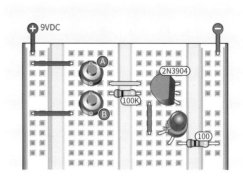

그림 10-4 트랜지스터 테스트.

큰지 염려될 수도 있지만 쓸데없는 걱정이다. 트랜지스터는 LED를 손상시킬 정도의 전류를 허용하지 않는다.

버튼 A는 노란색 점퍼선과 브레드보드 내부의 금속띠를 통해 트랜지스터의 컬렉터에 직접 연결된다. 버튼 B는 100K 저항을 통해 트랜지스터 베이스에 연결된다. 트랜지스터의 이미터는 초록색 점퍼선, LED, 100옴 저항을 통해 음극 접지와 연결된다.

버튼 B를 누르면 LED가 희미하게 빛난다. 이제 B 버튼에서 손을 떼고 버튼 A를 눌러보자. 아무 일도 일어나지 않을 것이다.

이번에는 버튼 A를 누른 상태에서 버튼 B를 눌렀다 떼보자. 트랜지스터의 컬렉터로 들어가 이미터로 나가는 전류를 버튼 B가 제어하고 있음을 알 수 있다. 이 개념을 그림으로 설명한 것이 그림 10-5이다.

테스트의 중요한 결론을 정리하면 다음과 같다.

• 100K 저항은 값이 너무 높아서 가운데 리드를 통해 트랜지스터로 들어가는 전류가 거의

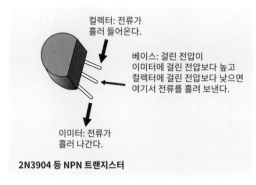

컬렉터: 전류가
흘러 들어온다.

베이스: 걸린 전압이
이미터에 걸린 전압보다 높고
컬렉터에 걸린 전압보다 낮으면
여기서 전류를 흘려 보낸다.

이미터: 전류가
흘러 나간다.

2N3904 등 NPN 트랜지스터

그림 10-5 NPN 트랜지스터가 전류의 흐름을 제어하는 원리.

없음을 확인할 수 있다.

- 따라서 소량의 전류가 상단 리드를 통해 들어
오는 훨씬 더 큰 전류를 스위칭한다.

그림 10-6에서는 NPN 유형이라고 알려진 이 트
랜지스터의 회로도 기호 유형을 몇 가지 소개한
다. NPN 유형이라고 부르는 이유는 잠시 후에 살
펴본다. 2N3904의 평평한 면이 위에서 보았을 때
오른쪽을 향하도록 하면 소개한 회로도 기호의
모양과 일치한다. 회로도에 따라 기호에 원을 그
리기도, 그리지 않기도 하며, 방향은 회로도를 그
리는 사람의 편의에 따라 달라질 수 있다. 언제
나 NPN 트랜지스터 기호의 화살표가 가리키는

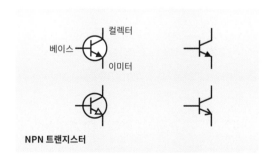

컬렉터

베이스

이미터

NPN 트랜지스터

그림 10-6 NPN 트랜지스터의 회로도 기호 중 일부.

방향에 주의해서 컬렉터와 이미터를 혼동하지
않도록 한다.

- 화살표는 NPN 트랜지스터를 통과하는 관습
전류의 방향(양극에서 음극)을 나타낸다.

그림 10-7은 방금 테스트한 회로의 회로도를 보
여 준다.

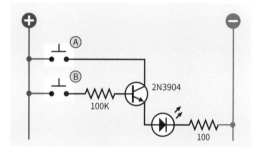

그림 10-7 그림 10-4의 회로도.

작동 원리

2N3904 내부에는 극성이 반대인 두 가지 유형
의 실리콘이 샌드위치처럼 겹쳐 있다. 하나는
P층(P layer)으로 양전하 전달체(positive charge
carrier) 과잉 상태이다. 이는 실제로는 전자가
부족한 상태라 집을 찾는 새로운 전자에게 공간
을 내어준다는 뜻이다. P층은 전자가 과잉 상태
인 2개의 N층(N layer) 사이에 끼여 있다. 그림
10-8은 이를 설명한 것이다. 이미터를 기준으로
베이스(가운데 층)에 가해지는 전압을 바이어스
전압(bias voltage)이라고 한다.

전자는 P층에 걸리는 양의 바이어스 전압에
서 끌어 당겨주기 전에는 아래 N층을 통해 들어

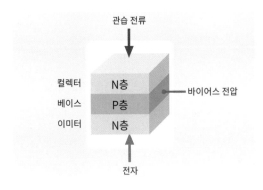

그림 10-8 NPN 트랜지스터 내부.

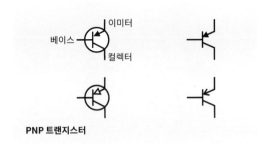

그림 10-9 PNP 트랜지스터의 회로도 기호.

갈 수 없다. 바이어스 전압이 전자를 유인하면, 전자는 에너지를 공급받아 외부에서 양의 전압이 공급된 위쪽 N층을 계속 지나갈 수 있게 된다. 관습 전류는 전자와 반대 방향으로 흐르며, 이런 이유로 위의 층이 모은다는 뜻의 컬렉터(collector), 아래의 층이 방출한다는 뜻의 이미터(emitter)라는 이름을 갖게 되었다. 같은 이유로 NPN 트랜지스터 기호에 바깥쪽을 가리키는 화살표가 있다.

• 모든 회로도 기호에서 화살표는 관습 전류의 흐름을 표시한다. (LED 기호에 덧붙이는 두 개의 화살표는 전기가 아닌 빛을 방출함을 뜻한다.)

PNP 트랜지스터는 NPN 트랜지스터와 반대로 2개의 P층 사이에 N층이 끼여 있기 때문에 하는 행동도 반대다. 그림 10-9는 다양한 회로도 기호를 보여 준다.

PNP는 NPN의 정반대 버전 같은 거라 조금 헷갈릴 수 있다(적어도 나는 그렇다). PNP의 이미터 화살표가 이번에는 안쪽을 가리킨다. 여기서도 화살표는 관습 전류 방향을 보여 주지만 이제 트랜지스터는 베이스 전압이 이미터에 비해 높을 때가 아닌 낮을 때 전류를 흘려 보낸다.

• NPN 트랜지스터: 베이스 전압을 높이면 컬렉터에서 이미터로 전류 흐름이 촉진된다.
• PNP 트랜지스터: 베이스 전압을 낮추면 이미터에서 컬렉터로의 전류 흐름이 촉진된다.

NPN과 PNP를 서로 혼동하기 쉽지만, 둘을 쉽게 구분해 기억할 수 있는 방법이 있다.

• NPN 기호의 화살표는 '절대 안을 가리키지 않는다(Never Pointing iN).'

PNP 트랜지스터의 모든 점이 NPN 트랜지스터와 반대이니 전류가 그림 10-10처럼 흘러도 놀라지 않을 것이다.

NPN과 PNP 트랜지스터는 모두 바이폴라 접합형 트랜지스터(bipolar junction transistors, BJT)로 층 3개 사이에 2개의 접합 지점(bipolar

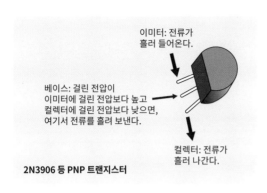

이미터: 전류가
흘러 들어온다.

베이스: 걸린 전압이
이미터에 걸린 전압보다 높고
컬렉터에 걸린 전압보다 낮으면,
여기서 전류를 흘려 보낸다.

컬렉터: 전류가
흘러 나간다.

2N3906 등 PNP 트랜지스터

그림 10-10 PNP 트랜지스터가 전류의 흐름을 제어하는 원리.

junction)이 존재한다. 이 외에도 여러 유형의 트랜지스터가 존재하는데 이 책에서는 지면 부족으로 다루지 않는다.

- 이 책의 도해에서는 각각 케이스의 평평한 면을 기준으로 2N3904와 2N3906 트랜지스터의 핀 이름을 보여 준다. 트랜지스터가 다르면 핀 구성도 달라질 수 있다. 자세한 내용은 데이터시트를 확인한다.

그렇다면 이런 의문이 들 수 있다. 어째서 정반대로 작동하는 두 종류의 트랜지스터가 필요할까? 그 이유는 회로에 따라 PNP 트랜지스터를 쓰는 쪽이 편리한 경우가 존재하기 때문이다. 그렇지만 보통은 NPN 트랜지스터가 사용되며, 이 책에서도 PNP 유형은 사용하지 않는다.

앞에서 한 실험에서 NPN 바이폴라 트랜지스터의 베이스에 걸린 양의 전압이 어떻게 전류 흐름을 제어하는지 확인했다. 그러나 베이스 전압이 조금 변한다면 어떤 일이 일어날까? 다른 실험을 해 볼 차례다. 이번에는 트랜지스터가 베이스를 통해 들어오는 전류의 변화를 증폭할 수 있음을 확인해 보자.

증폭

먼저 계측기가 mA를 측정하도록 설정하고 필요하다면 빨간색 리드를 계측기의 해당 소켓에 꽂는다. 수동 범위 계측기를 사용한다면 mA 중 가장 낮은 범위를 선택한다.

2N3904 트랜지스터의 컬렉터를 통해 얼마나 많은 전류가 흐르는지 알아보기 위해 그림 10-11과 같이 회로를 구성했다. 보드에서 빨간색 점퍼선의 한쪽 끝과 노란색 점퍼선의 한쪽 끝을 빼내 계측기와 연결한다. 이제 R1으로 표시된 '알 수 없는 저항' 위치에 서로 다른 세 가지 저항을 적용해 볼 것이다. 33K, 100K, 330K 저항이 하나씩 필요하다. 각 저항을 한번에 하나씩 연결해서 버튼 B를 누른 뒤 측정한 전류를 기록한다. (계측기로 버튼 A를 우회하도록 구성했기 때문에 버튼 A는 누를 필요가 없다.)

이제 각각의 경우에 트랜지스터의 베이스를 통해 얼마나 많은 전류가 흘러 들어오는지 확인

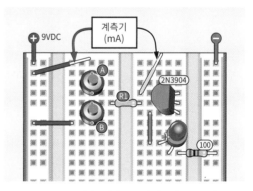

그림 10-11 트랜지스터의 컬렉터를 통해 흘러 들어온 전류 측정하기.

해 보자. 측정을 위해서는 빨간색과 노란색 점퍼선을 보드에 다시 끼우고 그림 10-12와 같이 다른 빨간색 점퍼선과 저항 사이에 계측기를 연결한다. 저항(33K, 100K, 330K)을 하나씩 순서대로 바꾸고 버튼 A를 눌러 트랜지스터의 컬렉터를 통해 전류가 흘러 들어오도록 한다. (계측기를 연결해 버튼 B를 우회하도록 했으니 이 실험에서는 버튼 B를 누를 필요가 없다.)

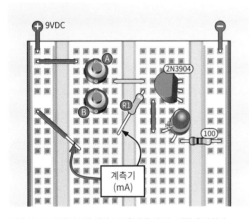

그림 10-12 트랜지스터 베이스로 흘러 들어오는 전류 측정하기.

데이터를 수집해서 무엇을 알 수 있을까? 우선 그림 10-13과 같은 표를 만들 수 있다.

베이스 저항	베이스 전류 (mA)	컬렉터 전류 (mA)	베타값
33K	0.12	22.0	183
100K	0.056	10.6	189
330K	0.020	3.8	190

그림 10-13 트랜지스터 테스트에서 측정한 실험값.

'베타값'이라고 표시한 세 번째 열이 궁금할 수 있다. 나는 이 값을 계산기를 사용해 구했다. 각

경우마다 측정한 컬렉터 전류를 베이스 전류로 나누었다. 여러분도 측정한 값으로 같은 계산을 해 보자.

- 베타값(beta value) = 컬렉터 전류 / 베이스 전류
- 베타값은 트랜지스터의 증폭(amplification) 계수이다.

각 저항에 대해 구한 베타값은 190 정도이다. 여기서 중요한 것은 증폭 계수가 베이스에 흐르는 전류의 양에 관계없이 거의 동일하다는 점이다. 적어도 여기서 사용한 세 값의 경우 그렇다. 트랜지스터는 선형 반응(linear response)을 보이며, 이는 음악 증폭 등의 응용 방식에 중요하다.

실험에서 컬렉터 전류는 베이스 저항이 33K일 때의 약 20mA로 가장 높았다. 베이스 저항값을 더 낮춰서 트랜지스터가 더 많은 전류를 흘러보내도록 하면 베타값이 트랜지스터의 한계인 200mA까지는 거의 일정하게 유지된다는 사실을 알 수 있을 것이다. 그러나 이렇게 하면 LED 퓨즈가 끊어질 수 있으며, 200mA의 전류를 내보내기란 9V 전지에게도 쉬운 일이 아닐 것이다.

이제 재미있는 부분으로 들어가 보자. 다음 페이지의 그림 10-14와 같이 회로를 단순화시킨 다음 LED를 보면서 보드에 끼우지 않은 빨간색과 노란색 점퍼선을 손가락으로 눌러 본다. 아무일도 일어나지 않는다면 손가락에 물기를 살짝가한 뒤 다시 시도한다. 점퍼선을 세게 누를수록 LED가 밝아진다. 트랜지스터는 손가락을 통해

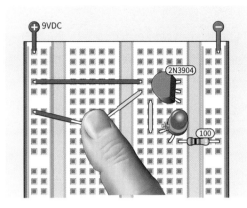

그림 10-14 손가락 테스트.

흐르는 소량의 전류를 증폭시킨다. (이때 빨간색과 노란색 점퍼선이 서로 직접 접촉하지 않도록 주의한다. 이런 상황은 트랜지스터에게 그다지 좋지 않다.)

손가락 스위칭 회로는 전기가 손가락을 통과해 흐를 때만 안전하다. 이렇게 해도 소형 전지의 전압이 9VDC에 불과하기 때문에 전기를 느끼지는 못한다. 그렇다고 이 실험에 더 높은 전압을 사용하지는 않는다. 또, 양손으로 점퍼선을 하나씩 잡는 식으로 전기를 가하면 전류가 몸을 통과할 수 있으므로 주의해야 한다. 책의 회로대로 테스트하면 전류가 아주 작기 때문에 다칠 가능성은 없지만 애초에 전기가 한 손에서 다른 손으로 흐르지 않도록 하는 습관을 들여야 한다. 또한 전선을 만질 때는 전선이 피부를 찌르지 않도록 조심해야 한다.

다음은 증폭에 관한 몇 가지 기본을 정리한 내용이다.

바이폴라 트랜지스터는 내부를 통과해 흐르는 전류에 유효 저항(effective resistance)을 가진다.

'유효'라는 단어에서 이 저항이 언제나 같은 값으로 유지되는 단순한 저항이 아님을 알 수 있다. 이 값은 바이어스 전압에 따라 달라진다. 바이어스 전압이 낮아지면 유효 저항이 아주 높아져서 컬렉터와 이미터 사이에 전류가 거의 흐르지 못한다. 유효 저항이 줄어들면 트랜지스터가 베이스 전류를 증폭하기 시작한다. 최종적으로, 트랜지스터는 포화(saturated) 상태가 되는데, 유효 저항이 최저 수준으로 떨어지면서 트랜지스터가 전달할 수 있는 전류의 한계치에 도달하기 때문이다.

- 트랜지스터를 통해 한계치의 전류가 흐르는 상태를 포화 상태라고 한다.
- 이미터 전압은 언제나 컬렉터 전압보다 낮다. 이 차이는 증폭을 위해 트랜지스터에 지불하는 비용이라고 생각하자.
- 바이폴라 접합형 트랜지스터는 출력 전압이 입력 전압보다 낮아서 전압을 증폭하지 않는다. 전류는 증폭한다.
- 베이스가 전류를 통과시킬 수 있으려면 이미터보다 최소 0.7V '더 큰 전압'을 가해야 한다.

중요한 사실

이전에 사용해본 적 없는 트랜지스터는 사용하기 전에 인터넷으로 데이터시트를 확인한다. 많은 트랜지스터가 2N3904와는 다른 이미터, 컬렉터, 베이스 리드 배치를 사용한다. 또 트랜지스터가 견딜 수 있는 최대 전류도 데이터시트에서 확인한다.

- 트랜지스터는 잘못된 방향으로 연결했을 때 제대로는 아니어도 작동하는 것처럼 보이기는 한다. 그러다가 어느 순간 작동을 완전히 멈추는데, 트랜지스터가 영구적으로 손상되었을 수 있다. (나도 알고 싶지 않았다.)
- 트랜지스터의 두 핀 사이에 직접 전원을 공급하지 않는다. 그런 식으로 연결하면 트랜지스터가 타 버린다. LED를 보호할 때와 마찬가지로 반드시 저항이나 다른 부품을 사용해서 트랜지스터를 통과해 흐르는 전류를 제한해야 한다.

트랜지스터가 여전히 작동하는지 확인하려면 브레드보드에서 트랜지스터를 제거한 뒤, 이런 목적을 위해 계측기에 마련된 작은 구멍에 리드를 꽂는다. 구멍에는 각각 컬렉터, 이미터, 베이스를 뜻하는 C, E, B가 표시되어 있다. 측정기의 다이얼은 hFE라고 표시된 테스트 위치로 고정한다. hFE는 하이브리드 매개변수 순방향 전류 이득, 공통 이미터(hybrid parameter forward current gain, common emitter)의 약어인데, 그저 약자인 hFE만 기억해 두면 된다.

트랜지스터 리드를 제대로 끼우면 계측기 화면에 베타값이 숫자로 표시된다. 트랜지스터 테스트 방법이 잘못되었거나 트랜지스터가 손상된 경우 계측기에 표시된 수치가 안정되지 않거나 값 자체가 표시되지 않거나 0이거나 원래 값보다 훨씬 낮은 값이 표시된다(보통은 5 미만이며 높아도 50보다 작다).

트랜지스터의 유형은 이 외에도 많이 있지만,

그중에서도 특히 모스펫이라고 발음하는 MOS-FET(metal-oxide semiconductor field-effect transistor, 금속 산화물 반도체 전계효과 트랜지스터)은 바이폴라 트랜지스터보다 더 효율적이다. 그래도 바이폴라 제품군이 가장 오래되기는 했다. MOSFET은 지나치게 큰 전압이나 정전기 방전 등의 사고에 가장 강하지만, 부주의하게 취급하면 손상될 수 있다.

트랜지스터와 릴레이, 어느 쪽을 사용할까?

마지막으로 트랜지스터와 릴레이를 비교하면서 설명을 마치겠다. 릴레이는 트랜지스터처럼 전류 범위를 증폭할 수는 없지만 전류를 스위칭할 수는 있다. 그렇다면 스위칭을 해야 하는 경우 어느 쪽을 사용해야 할까? 이는 상황에 따라 다르다. 해당 상황을 그림 10-15에 정리했다.

NPN과 PNP 트랜지스터의 단점을 하나 꼽자면 기능을 제공하기 위해 전력을 어느 정도 빼앗아간다는 점이다. 반면 릴레이의 경우 '꺼짐' 위치에서는 전류를 전혀 사용하지 않으며 '켜짐' 위치일 때 릴레이에서 나오는 전류의 크기는 들어오는 전류와 같다. 래칭 릴레이를 사용하는 경우 양쪽 위치 어느 쪽에서도 전류를 사용하지 않으며, 상태를 바꿀 때 펄스 하나만 있으면 된다.

릴레이는 평상시 열림, 평상시 닫힘, 래칭 등 더 많은 스위칭 방식을 제공한다. 릴레이에는 두 가지 '켜짐' 위치를 선택할 수 있는 쌍투 스위치도 있으며, 별개의 회로 2개에 사용 가능한 쌍극 스위치도 있다. 반면 단일 트랜지스터 장치는 이처럼 다양한 용도로 사용할 수 없지만, 여러 트

	트랜지스터	릴레이
장기간 구동 신뢰도	뛰어남	제한적
DP 또는 DT 모드에서 스위칭	불가능	가능
고전류 스위칭	제한적	가능
교류 스위칭	보통 불가능	가능
교류로 활성화	보통 불가능	선택적 가능
소형화 적합성	뛰어남	아주 제한적
초고속 스위칭	가능	불가능
고전압/고전류에서 가격 경쟁력	없음	있음
저전압/저전류에서 가격 경쟁력	있음	없음
전류 차단 상태에서 전류 누설	있음	없음

그림 10-15 트랜지스터와 릴레이의 특성 비교.

랜지스터를 여러 개 사용하면 이와 같은 동작을
모방할 수 있다.

트랜지스터의 기원

어떤 역사가는 트랜지스터의 기원이 다이오드
(전기가 한쪽 방향으로만 흐르고 반대 방향으로
는 흐르지 못하게 막는 부품)의 발명으로 거슬러
올라간다고 보기도 한다. 그러나 충분한 기능을
갖춘 쓸만한 트랜지스터는 1948년 벨연구소의
존 바딘, 윌리엄 쇼클리, 월터 브래튼이 처음 개
발했다.

당시 팀을 이끌던 쇼클리는 무접점 스위치의
잠재적 중요성을 내다본 통찰력이 뛰어난 인물

이었다. 바딘은 이론적인 부분을 담당했고, 브래
튼이 실제로 트랜지스터를 만들었다. 이 셋은 서
로 협업하며 아주 많은 결실을 거두었으나, 이들
의 협업은 트랜지스터의 개발이 성공하면서 끝
을 맺었다. 쇼클리가 자신의 이름으로 트랜지스
터의 특허를 받으려고 잔꾀를 부렸기 때문이다.
쇼클리가 이 사실을 동료들에게 알렸을 때 그들
이 불쾌감을 느낀 것은 당연했다.

홍보용으로 여기저기 배포한 사진도 도움이
되지 않았다. 사진에는 쇼클리가 마치 실무를 담
당한 것처럼 가운데에 앉아서 현미경을 들여다
보고 있고 다른 두 명은 쇼클리의 뒤에 서있기
때문이다. 이 사진은 잡지 〈electronics〉의 표지

그림 10-16 윌리엄 쇼클리(앞), 존 바딘(뒤), 월터 브래튼(오른쪽).
이들은 1948년 실제 작동하는 트랜지스터를 최초로 개발한 공로로
1956년 노벨상을 공동 수상했다.

로 처음 사용되었다. 그러나 사실 쇼클리가 실제
작업이 이루어졌던 연구실에 오는 일은 거의 없
었다.

큰 성과를 낸 이들의 협력은 순식간에 와해됐
다. 브래튼은 AT&T의 다른 연구소로 전근을 신
청했다. 바딘은 이론물리학을 연구하기 위해 일
리노이대학으로 소속을 옮겼다. 쇼클리는 결국
벨연구소를 떠나 이후 실리콘 밸리라 불리게 되
는 곳에 쇼클리 세미컨덕터라는 이름의 회사를
설립했다. 하지만 쇼클리의 야망을 당시의 기술
력이 따라가지 못했다. 수익을 내는 상품을 하나
도 만들어 내지 못했던 것이다.

결국 쇼클리의 회사 동료 여덟 명은 퇴사 후
페어차일드 세미컨덕터라는 회사를 설립했다.
이 회사는 처음에는 트랜지스터 제조로, 그 이후
에는 집적회로 칩 제조로 큰 성공을 거두었다.

페어차일드는 2016년 240억 달러에 온세미컨
덕터에 인수되었다.

가장 단순한 타이머

나는 앞에서 지금까지 배운 부품만으로 만든 타
이머 회로를 만들겠다고 약속했다. 그 회로를
여기에서 소개한다. 브레드보드 버전은 그림
10-17에서 확인할 수 있다. 부품 중에는 아주 가
까이 배치한 것도 있어서 설치할 때 주의해야 한
다. 상태가 두 가지인 스위치를 액추에이터가 보
드 아래로 향하도록 둔 상태로 시작한다. 그런
다음 액추에이터를 위쪽으로 밀어보자. 1초쯤
지나면 LED가 켜진다.

1초라고? 타이머로 쓰기에는 너무 짧은 시간

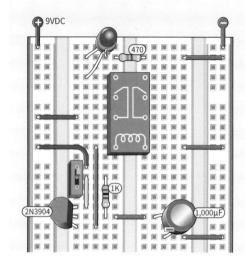

그림 10-17 기본 타이머 회로.

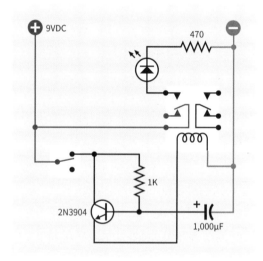

그림 10-18 그림 10-17의 회로도.

아닌가!

맞다. 이제 이 값을 조정하는 법을 알려 주겠
다. 그 전에 먼저 회로가 어떻게 작동하는지를
살펴보자. 그림 10-18은 이를 알아보는 가장 쉬
운 회로를 보여 준다.

회로는 실험 7에서 사용했던 릴레이가 코일을 통해 전원을 공급받으면 LED가 켜지도록 구성했다. 따라서 이 회로를 작동시키려면 커패시터를 0VDC에서부터 충전시켜야 한다. 커패시터 전압이 충분히 높은 값에 도달하면 릴레이가 활성화된다. 간단하지 않은가?

사실 그렇게 간단하지는 않다. 커패시터를 릴레이에 직접 연결하면 커패시터는 릴레이 코일을 통해 자체 방전이 되는 동시에 저항을 통해서는 충전이 된다. 따라서 커패시터의 전압은 릴레이를 활성화할 정도로 높아지지 않는다. 릴레이 내부의 코일은 접점을 움직이기도 전에 전기를 전도해 버린다는 것을 기억하자.

커패시터를 충전하는 동안에는 커패시터로부터 큰 전류를 끌어올 수 없다. 그러니 전류 증폭기가 필요하다. 그렇다면 그 일은 트랜지스터가 해야 하지 않겠는가?

그림 10-18의 왼쪽에 있는 스위치를 위로 올리면 1K 저항을 통해 커패시터에 전원이 공급된다. 커패시터는 트랜지스터의 베이스와도 연결되어 있기 때문에 베이스에도 커패시터와 동일한 전원이 공급된다.

스위치에서 공급되는 전원은 트랜지스터의 컬렉터로도 전달되며 전류는 이미터를 통해 릴레이 코일로 흘러간다. 코일에도 저항이 어느 정도 존재하기 때문에 트랜지스터에 과부하가 걸리지는 않는다.

커패시터가 충전되면 트랜지스터가 전류를 증폭시키고, 그 출력이 코일로 이동해 트랜지스터의 출력이 약 6V에 도달하면 릴레이가 LED를 켠다. 내가 정한 값대로 회로를 만들면 이 과정이 일어나는 데 약 1초가 걸린다.

이제 이 회로를 더 유용하게 만들려면 어떻게 해야 할까? 커패시터가 필요한 전압 크기에 도달하는 데 걸리는 시간을 조정하려면 저항을 바꿀 수 있는 부품이 필요하다. 그 부품이 바로 가변저항(potentiometer)이다. 또, 여기서는 브레드보드에 꽂는 유형이 필요하니 반고정 가변저항(trimmer)을 사용해야 한다.

타이머 발전시키기

그림 6-23에서 반고정 가변저항을 몇 가지 볼 수 있었다. 그림 10-19는 반고정 가변저항의 도해로, 분홍색 원은 부품 아래에 튀어나와 있는 핀의 위치를 보여 준다. 핀은 3개가 있지만 위치는 그림과 다를 수 있다. 핀 A 외에 B라고 표시한 핀 2개나 C로 표시한 핀 2개가 달린 유형을 사용할 수 있다.

반고정 가변저항은 브레드보드에 꽂아야 하기 때문에 핀 사이의 거리가 중요하다. 다양한 유형이 있으니 직접 구입한다면 부록 A에서 정확한 사양을 확인한다.

그림 10-19에는 반고정 가변저항이나 가변저항에 사용하는 회로도 기호도 세 가지 소개했다.

반고정 가변저항은 작은 버전의 가변저항이라는 점을 기억하자. 이번 판에서는 일반 크기의 가변저항은 사용하지 않았는데, 지금은 사람들이 그다지 사용하지 않기 때문이다. 궁금하다면 온라인에서 찾아볼 수 있다.

가변저항 내부에는 그림 10-20처럼 저항성 물

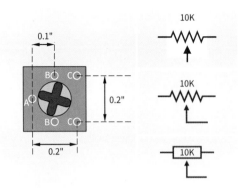

그림 10-19 반고정 가변저항의 바닥에는 분홍색 원으로 표시한 위치에 핀이 있어야 한다. 단, 핀은 A와 B 또는 A와 C 위치에 있다. 오른쪽은 가변저항에 사용하는 회로도 기호를 세 가지 보여 준다. 값은 임의로 표시했다.

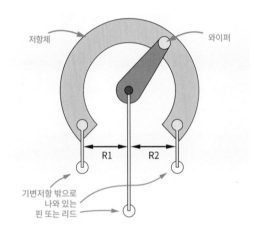

그림 10-20 일반 가변저항의 내부. 전체 저항값은 R1 + R2이다.

질로 이루어진 원형의 저항체(track)와 이에 접촉하는 와이퍼(wiper)가 있다. 와이퍼는 저항체를 중심으로 회전할 수 있으며, 이 과정에서 와이퍼와 저항체 양 끝 간의 저항값이 달라진다. R1은 와이퍼와 저항체 왼쪽 끝 사이의 저항이고 R2는 와이퍼와 저항체의 오른쪽 끝 사이의 저항이다. 판매할 때 가변저항의 저항은 R1 + R2로 표시한다.

타이머 실험을 위해서는 10K 반고정 가변저항을 사용할 것을 추천한다. 10K 부품을 사용하면 최대 11초의 시간을 측정할 수 있다. 더 긴 시간을 측정하려면 25K 반고정 가변저항을 사용하면 될까? 아마도 그럴 것이다. 그러나 커패시터의 충전 시간이 길어지면 전류가 내부에서 누설되는 시간도 길어져서 정확도가 떨어진다.

그림 10-21은 브레드보드에 추가한 반고정 가변저항을 보여 준다. 나는 그림 10-19의 C 위치에 한 쌍의 핀이 달린 부품을 사용하지만, B 위치에 핀이 있는 부품을 사용해도 어차피 브레드보드 내부의 같은 금속띠와 연결되기 때문에 작동에 문제가 없다. 단, 핀 A는 표시한 방향대로 연결해야 한다.

그림 10-22는 그림 10-21의 회로도를 보여 준다. 1K 저항에 반고정 가변저항을 추가했으니 이제 양의 전원 공급 장치와 트랜지스터 베이스

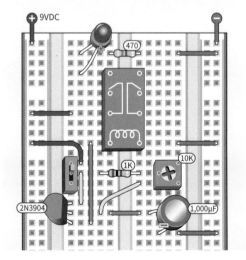

그림 10-21 반고정 가변저항을 추가해서 시간을 조정할 수 있도록 만든 타이머 회로.

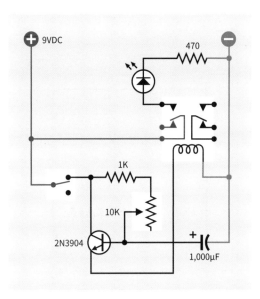

그림 10-22 그림 10-21의 조정 가능한 타이머 회로를 보여 주는 회로도.

간의 저항값이 1K에서 11K까지 변할 수 있음을 알 수 있다.

타이머를 만들어 계속 사용하고 싶다면 일반 가변저항을 구입해 작은 상자에 넣는 쪽을 추천한다. 9VDC 출력의 AC 어댑터로 회로를 구동해서 가변저항의 축에 달린 손잡이를 다양한 위치로 움직여 테스트해 보자. 종이를 반원형으로 잘라 다이얼을 만들고 정확한 시계나 앱을 사용해서 각각의 실행 시간을 측정한다. 하다 보면 다이얼에 1부터 10초나 20초까지 표시해 볼 수 있을 것이다. 장담은 할 수 없지만 그보다 더 늘려갈 수도 있을 것이다.

전자부품 입문서는 거의 대부분 점멸 장치 회로를 수록하고 있다. LED가 깜빡이도록 만든다고 대단히 신나지는 않겠지만 이런 회로를 수록해야 하는 이유는 분명히 있다. 출력이 즉각적이고 단순한 점멸 장치가 이후 더 엄청난 무언가로 이어질 수 있기 때문이다.

정확히 어떤 것이 있을까? 여기서는 자동차 경보음 같은 오디오 출력을 만들어 볼 계획이다. 거기서 장치를 조금 더 손보면 새소리를 낼 수도 있다고 하면 믿을 수 있겠는가?

이 책의 3판을 집필하는 동안 내가 한 유일한 고민은 어떤 유형의 점멸 장치를 책에 수록할지였다.

나는 가급적 간단하게 만들고 이해할 수 있는 회로를 원했지만 다양한 회로를 깊이 파고들고 보니 어떤 회로는 변덕스러워서 가끔 깜박이지 않는 경우가 있었고, 어떤 회로는 인덕터를 사용했다. 이 부품은 5장에 가서나 설명하고 싶었다. 많지는 않지만 프로그래밍 가능한 단접합 트랜지스터를 사용하는 회로도 있었는데, 이 부품은 거의 구식이 되어서 미래가 불투명했다. 4장에서나 다룰 생각이던 칩을 사용하는 회로도 많았다.

결국 나는 안정적이고 다양한 용도로 사용할 수 있다는 이유로 2판에서 사용한 것과 동일한 회로로 되돌아올 수밖에 없었다. 단, 이 회로가 이해하기가 어렵다고 느낀 독자들을 위해 설명을 많이 추가했다.

- 브레드보드, 연결용 전선, 니퍼, 와이어 스트리퍼, 계측기(앞서 사용한 것)
- 트랜지스터: 2N3904 1개
- 9V 전지 1개와 필요한 경우 커넥터 1개
- 저항: 100옴 1개, 470옴 1개, 1K 1개, 4.7K 4개, 10K 1개, 47K 2개, 470K 2개
- 커패시터: 10nF 3개, 1μF 2개(가능하면 세라믹 커패시터), 47μF 2개(선택 가능)
- 빨간색 일반 LED 2개
- 택타일 스위치 2개
- 8옴 소형 스피커 1개

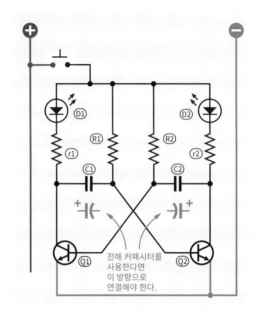

그림 11-1 인기 있는 비안정 멀티바이브레이터 회로. 간단해 보이지만 잘못 이해하는 경우가 흔하다.

잘못 이해하고 있는 멀티바이브레이터

점멸 장치 회로는 오실레이터(oscillator)라고 부르기도 하는데 엄밀히 말해 정확한 명칭은 아니다. 오실레이터는 사인파(sine wave)라는 곡선 형태로 매끄럽게 변하는 출력을 내보내야 하기 때문이다.

출력이 온오프 상태를 반복하는 점멸 장치의 정확한 명칭은 비안정 멀티바이브레이터(astable multivibrator)이다. 이름이 길고 복잡하기는 하지만 출력이 안정되어 있지 않으며(astable) 진동한다(vibrator)는 점에서 적절한 이름임을 알 수 있다.

인터넷에서 다음과 같이 검색해 보자.

transistor astable multivibrator(트랜지스터 비안정 멀티바이브레이터)

검색된 이미지를 보다 보면 그림 11-1과 같은 회로의 버전을 100개도 넘게 볼 수 있다. 인터넷에서는 회로도와 함께 회로 작동 방식에 관한 설명도 찾을 수 있지만 여기에 이상한 점이 있다. 곧 보게 되겠지만 변위전류를 언급하는 설명이 거의 없다. 기본적인 내용인데도 그렇다. (다행히 우리는 실험 9에서 이미 변위전류를 관찰할 기회가 있었다.)

먼저 멀티바이브레이터 회로가 작동하는지 확인해야 한다. 그림 11-1에는 설명할 때 쉽게 알아볼 수 있도록 부품에 이름표를 달았다. 그림 11-2에서는 브레드보드에 배치하는 법을 소개했다. 그림 11-3은 보드를 엑스레이로 투사한 것처럼 보여 준다.

부품을 배치할 때는 정확한 위치에 놓도록 주

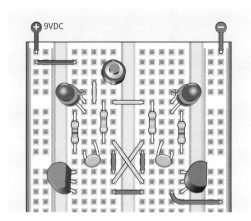

그림 11-2 출력으로 LED를 사용하는 비안정 멀티바이브레이터의 브레드보드 배치.

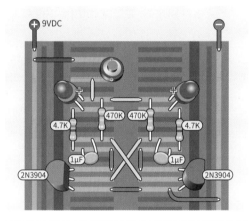

그림 11-3 그림 11-2의 브레드보드를 엑스레이로 찍은 것처럼 나타낸 모습.

의한다. 브레드보드의 구멍을 세어서 모든 것을 제 위치에 연결하자.

브레드보드 배치를 그림 11-1의 회로도와 비교해 보면 연결이 같음을 알 수 있다. 이 책에서는 세라믹 커패시터를 사용했지만, 그림 11-1에서 초록색 표시를 따라 올바른 방향으로 연결한다면 전해 커패시터를 사용해도 된다. 이 회로에서 전해 커패시터를 사용하는 방법은 뒤에서 더

자세히 설명한다.

그림 11-3에서 보드의 왼쪽에 있는 부품은 오른쪽 부품과 거울에 비친 것처럼 마주보도록 배치하며, 부품값은 종류가 같은 부품끼리 서로 같다. 그림 11-1에서 r1, r2 저항은 저항의 값이 4.7K로 상대적으로 낮음을 보이기 위해 소문자 r을 사용했다. 반면 R1, R2 저항의 값은 각각 470K이다. 두 값을 혼동하지 말자!

이름을 붙일 때 다이오드의 일종인 LED는 보통 문자 D로 표시한다. 트랜지스터는 문자 Q로 표시하는데, 이는 작은 알루미늄 원통형의 초기 트랜지스터는 탭이 튀어나와 있어서 Q처럼 보이기 때문이다.

버튼을 누르고 있으면 LED가 교대로 깜박이는데, 약간 빠른 초당 1회 이상의 속도로 반복된다.

이 회로는 지금까지 만들었던 다른 회로들보다 파악하기가 조금 어렵다. 따라서 부품이 아무 일도 하지 않는 답답한 상황에 닥쳤을 때 어떤 식으로 해결할 수 있을지 도움이 될 팁을 먼저 소개한다. 이런 상황은 누구에게나 일어날 수 있지만, 이에 대처하기 위한 전략이 잘 수립되어 있다.

회로가 작동하지 않을 때 해야 할 일

1. 인내심을 가지자. 짜증을 내고 좌절할수록 문제 인식 능력이 떨어진다. 회로가 내 인생을 망치려는 적이라고 생각하지 않는다. 그냥 도움이 조금 필요한 친구라고 생각하자.

2. 자리에 앉아서 회로만 들여다 본다고 도움이 되는 게 아니다. 부품을 모든 각도에서 살펴

보아야 한다. 브레드보드를 들고 눈앞에 갖다 대고 구멍의 각 줄을 따라가보면서 리드를 모두 정확한 위치에 제대로 끼웠는지 확인한다.

3. 어떤 종류든 확대경을 사용한다. 개인적으로 나는 작업물을 아주 가까이에서 볼 수 있도록 여분의 확대경을 가지고 있으며 그림 12-11같이 머리에 장착하는 확대경도 가지고 있다. 그 외에 휴대전화의 카메라를 근접 촬영 모드로 전환해서 화면을 현미경처럼 사용할 수도 있다.

4. 항상 탁상용 스탠드를 사용한다. 세세한 곳까지 그림자에 가려지지 않도록 스탠드 2개를 양쪽에 두고 사용하면 더 좋다.

5. 이 책에 수록한 브레드보드 도해를 스캔하거나 사진으로 찍어 확대 인쇄한다. 브레드보드를 확대해 인쇄하면 부품을 하나하나 연결할 때마다 펜으로 표시해 둘 수 있다.

6. 모든 값을 확인한다. 저항의 줄무늬에서 노란색을 갈색으로 착각하면 지정한 값보다 1,000배 더 높거나 낮은 값을 사용할 수도 있다. 가장 바람직한 방식은 보드에 끼우기 직전에 계측기로 각 부품의 값을 확인하는 것이다. 이렇게 하는 편이 나중에 확인을 위해 부품을 빼내는 것보다 빠르다.

    또, 트랜지스터의 식별 번호를 꼼꼼히 보고 계측기로 값을 확인한다. 자신도 모르는 사이에 트랜지스터가 손상되었을 수 있다.

7. 전류 소비량을 확인한다. 계측기가 mA를 측정하도록 설정하고 전지의 양극과 브레드보드의 양극 버스 사이에 연결한다. 배선 오류로 인해 단락이 발생했다면 계측기에 높은 전류값이 표시된다. 이 회로가 소비하는 전류는 50mA 미만이다.

8. 보드 주변의 전압을 확인한다. 악어 클립 테스트 리드를 사용해서 계측기의 검은색 리드를 전원 공급 장치의 음극에 고정한다. 그런 다음 계측기가 DC 전압을 측정하도록 설정하고 회로에 연결된 전원이 켜져 있는 동안 보드의 이곳저곳을 빨간색 탐침으로 건드려본다. 전압이 0에 가깝다면 연결이 잘못된 곳이 있다는 뜻일 수 있다. 전지를 사용할 때는 전지 상태가 아직 쓸 만한지 확인한다.

9. 브레드보드를 맹신하지 않는다. 저렴한 제품은 리드를 고정해 주는 보드 내부의 클립 상태가 좋지 않을 수 있다. 특히 이전에 두께가 두꺼운 전선을 삽입했다면 클립이 손상되었을 수 있다.

10. 그럼에도 오류를 찾을 수 없었다면 일어나서 나가자. 휴식을 취한 다음 돌아왔을 때 즉시 오류를 알아차리는 경우는 정말 아주 흔하다.

아마도 이런 권장 사항은 어느 것이나 너무 당연한 듯해 보이지만 이처럼 명확한 내용을 종종 잊어버리는 경우가 있다.

전선의 내부

이 회로에서 무슨 일이 일어나고 있는지 파악하기 위해 그림 11-1의 회로도로 돌아가 이렇게 자문해 보자. 어떤 상황이라면 D1이 켜질까? 전류가

LED를 통과한 뒤 음극 접지로 흘러가야 D1이 켜진다. 이 경우 전류는 D1을 지난 뒤 저항 r1과 트랜지스터 Q1을 순서대로 통과한다.

Q1은 어떤 상황에서 전류를 흘려보내는가? 답은 베이스의 전압이 이미터보다 0.7V 더 높이 올라갈 때다. 이미터는 음극 접지와 연결되어 있다.

Q1의 베이스는 어디에서 전압을 얻는가? 전압은 R2를 통해 공급되지만 문제가 하나 있다. R2의 아래쪽도 C2와 연결되어 있는데 처음 전원을 켤 때 C2는 완전 방전 상태이다. 따라서 전압이 Q1의 베이스에 필요한 0.7V에 도달하기 전에 전류가 C2로 먼저 흘러간다. 그런 다음 Q1이 전류를 흘려보내기 시작하면서 D1이 켜진다.

이 회로는 대칭 형태라서 반대쪽에서도 같은 일이 일어나고 있다. 회로의 양쪽에 사용한 부품은 그 값이 서로 같은데 LED가 동시에 켜지지 않는 이유는 무엇일까?

질문이 하나 더 있다. LED는 무엇 때문에 꺼질까?

이 질문에 답하려면 회로를 보다 자세히 들여다 보아야 한다. 다섯 단계로 간단히 정리해 이 과정을 설명하겠다. 먼저 0단계부터 보자. 0단계라고 한 이유는 회로에 전원을 공급했지만 실제로 LED가 번갈아 깜박이기 전의 순간을 내가 상상했기 때문이다.

어떤 일이 일어나는지 분명히 파악할 수 있도록 기존과는 다른 방식으로 전압의 색을 표시했다. 또 트랜지스터가 전류를 흘려보낼 때는 초록색으로, '꺼짐' 상태일 때는 투명하게(배경색) 두었다.

부품을 지칭할 수 있도록 커패시터 내부의 플레이트에도 이름을 붙여 주었다. C1L은 커패시터 C1의 왼쪽 플레이트이고 C1R은 C1의 오른쪽 플레이트를 지칭한다.

0단계에서 C1R과 C2L은 R1과 R2를 통해 충전을 시작하고 시간이 조금 지났다고 가정하기 때문에 이 둘의 전압은 약 0.7V로 거의 동일하다. 그러나 제조 공정에서 작지만 차이가 발생하기 때문에 두 부품이 완전히 같지는 않다. 어느 한쪽 저항값이 다른 쪽보다 약간 작으면, 한쪽 커패시터가 다른 쪽보다 조금 더 빨리 충전될 것이다. 여기에서는 C2L이 C1R보다 조금 빠르게 0.7V의 안정 상태에 도달했다고 가정한다. 그런 이유로 그림에서 C1R의 전압은 '상승'하고 있지만 C2L과의 연결은 '안정' 상태를 보인다. 결과적

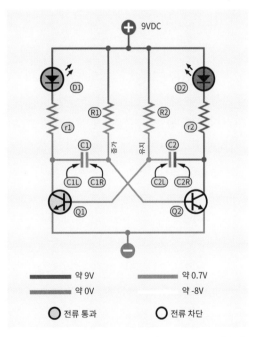

그림 11-4 비안정 멀티바이브레이터 0단계(켜져 있을 때 회로의 상태).

으로 Q1은 전류를 흘려보내기 시작했지만 Q2는 아직 전류를 차단하고 있다. 그렇기 때문에 한쪽의 LED가 다른 쪽보다 먼저 켜진다.

Q1이 전류를 흘려보내기 때문에 컬렉터의 전압은 이미터의 전압만큼 낮다. 그 결과 C1L의 전압은 모두 Q1을 통해 빠져나갔다. D1은 전류가 D1과 r1을 통과해 내려가 Q1을 지난 뒤 음극 접지에 도달하는 동안 빛을 낸다. 이는 안정 상태다.

회로의 오른쪽에서 Q2는 아직 전류를 흘려보내지 않고 있다. D2의 양쪽 전압이 거의 같기 때문에 다이오드는 꺼진 상태를 유지한다.

설정에 설명할 내용이 너무 많았다. 이제 그림 11-5의 1단계를 보자. Q2의 베이스 전압이 드디어 0.7V에 도달하면서 이 트랜지스터에서 전류를 흘려보내기 시작했다. 그 결과 D2가 켜졌지만 C2R의 전압은 모두 Q2를 통해 빠져 나갔다. 커패시터의 한쪽 플레이트에 걸린 전압을 매우 빠르게 변화시켜 주면 다른 쪽도 거의 동일한 양만큼 변한다. 이런 일이 일어나는 원인이 바로 변위전류다. 이 현상은 전압이 갑자기 상승하거나(예: 실험 9) 갑자기 떨어질 때 확인할 수 있다. 여기서 C2R의 전압은 약 9V에서 거의 0V로 떨어졌다. 그 결과 C2L의 전압은 약 0.7V에서 같은 크기(9V)가 줄어들어 마이너스 8V가 된다.

그런데 대체 어떻게 0보다 낮은 전압을 가질 수 있는가?

답은 의외로 간단하다! 전지에서 9V는 두 극 사이의 차이(difference)를 의미하며, 이는 화학 반응으로 제한한다. 따라서 양극을 9V, 음극을 0V로 지칭하는 편이 편하다. 그러나 0V는 엄밀히 말해 이쪽에 전자가 더 많음을 뜻한다. 즉, 이는 전위차(potential difference)이다. 전지의 0V가 전지의 '가장 음'인 부분이라는 뜻은 아니다.

C2L은 Q1의 베이스와 연결되어 있기 때문에 C2L의 전압이 갑자기 낮아지면 트랜지스터에 영향을 미쳐 전류를 차단한다. 양의 전압은 더 이상 갈 곳이 없어져서 C1L이 빠르게 충전된다. 이 과정이 끝나면 D1의 두 리드에 양의 전압이 걸리게 되어 D1이 꺼진다.

이것으로 1단계가 끝난다.

2단계는 1단계가 끝나고 약 4분의 1초가 지난 시점으로 회로의 왼쪽은 변한 것이 없지만 오른쪽은 C2가 충격적인 음의 전압 경험에서 회복 중이다. 전류가 R2를 통해 C2L로 흘러 들어가면서 C2L의 전압이 약 -8V에서 0V 근처로 상승했으며

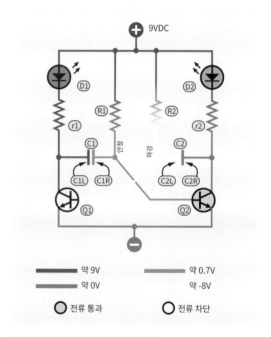

그림 11-5 비안정 멀티바이브레이터 1단계.

지금도 증가하고 있는 중이다. 단, 아직 Q1을 켤 정도로 증가하지는 않았다.

3단계에서 C2L 전압은 마침내 0.7V까지 다시 증가해 Q1을 활성화한다. 그 결과 C1L에서 모든 양전하가 접지로 빠져나가기 때문에 이번에는 C1이 급격한 전압 손실을 겪을 차례다. C1R 전압은 약 -8V까지 떨어져 Q2가 꺼진다. 3단계가 1단계를 거울로 비춘 듯한 상황임을 알 수 있다.

4단계에서 C1R 전압은 다시 0V로 상승한다. 전압은 아직 Q2를 다시 활성화할 만큼 높지는 않지만 얼마 지나지 않아 0.7V에 도달하면 1단계로 되돌아간다.

여기에서 변위전류의 개념이 아주 중요함을 알 수 있다. 이 회로를 설명하는 대부분의 자료가 변위전류를 언급하지 않기 때문에 나는 이

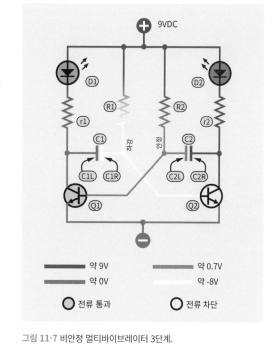

그림 11-7 비안정 멀티바이브레이터 3단계.

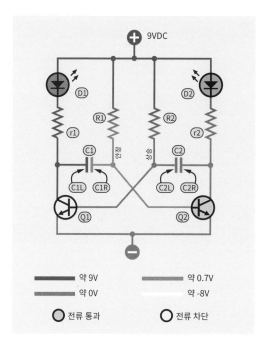

그림 11-6 비안정 멀티바이브레이터 2단계.

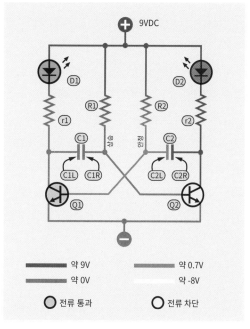

그림 11-8 비안정 멀티바이브레이터 4단계.

회로를 사람들이 가장 잘못 이해하고 있다고 생각한다.

한마디만 더 하겠다. 회로가 깜박이는 원리를 설명하면서 나는 상황을 아주 단순화시켰다. 오실로스코프 화면을 보면 LED가 처음 깜빡이기 전에 미미한 변동이 LED로는 확인할 수 없을 정도로 아주 빠르게 발생했음을 알 수 있다. 커패시터는 어느 한쪽이 9V에 도달하면 다른 쪽이 작동하는 식으로 교대로 작동한다. 그래도 회로의 기본 원리는 앞에서 설명한 바와 같다.

수치들의 의미

전선이 투명하고 전자가 이리저리 돌아다니는 작은 파란색 점으로 보인다면 전자부품의 원리를 이해하기가 훨씬 쉬울 것이다. 불행히도 이런 일은 일어날 수 없지만 오실로스코프는 어떤 일이 일어나고 있는지 볼 수 있도록 도와준다. 계측기는 전압을 측정해 화면에 표시하기까지 1초 정도의 시간이 걸리지만 오실로스코프는 회로를 초당 수천 번(또는 그 이상) 측정해 어떤 일이 일어나고 있는지 보여 준다.

내가 사용하는 오실로스코프는 탐침이 2개뿐이지만 하나는 C1L에 고정하고 다른 하나는 C1R, C2L, C2R로 바꿔가며 캡처한 화면을 저장했다. 그런 다음 해당 이미지들을 겹쳐 그림 11-9를 완성했다.

그림의 각 곡선은 커패시터의 플레이트 전압을 나타내며 단계별로 붙인 1부터 4까지 번호가 그림 11-9 오실로스코프 캡처 화면의 화살표와 점선에 표시한 숫자와 일치함을 알 수 있다.

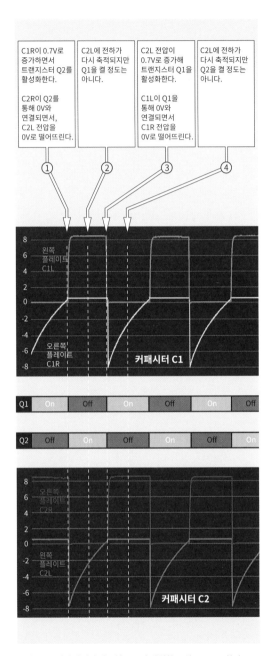

그림 11-9 점멸 장치가 작동하는 동안 캡처한 오실로스코프 화면.

3단계에서 파란색 곡선의 전압이 9V에서 거의 0V로 갑자기 떨어진다. 그와 동시에 C1R의 전압을

-8V로 떨어뜨린다. 이는 내가 설명한 내용과 정확히 일치한다. C2R과 C2L 사이에도 같은 일이 일어난다.

이러한 음의 전압은 몇 가지 흥미로운 생각을 떠올리게 한다.

먼저, 어떤 식으로 전해 커패시터를 사용할 수 있을지 궁금할 수 있다. 극성을 지닌 커패시터를 사용할 때 유의해야 할 점은 한 플레이트의 전압이 다른 플레이트보다 상대적으로 높아야 한다는 점뿐이다. 오실로스코프 화면의 파란색 곡선은 거의 대부분 노란색 곡선에 비해 전압이 더 높은 상태에 있음을 알 수 있다. 그렇지 않은 경우는 두 곡선이 약 0.7V에서 겹쳐지는 1초도 안 되는 아주 짧은 시간뿐이다. 전압이 역전되는 시간이 길지 않고 전류가 낮다면 전해 커패시터는 이 상태를 견딜 수 있다. 나는 극성이 있는 커패시터를 남용하지 않으려고 하는 편이지만 이 회로에서는 사용해도 괜찮다고 생각한다.

그러나 인터넷을 검색해 보면 많은 사람들이 전압의 역전으로 커패시터 손상을 겪었다는 걸 알 수 있다. 이는 이 회로가 많은 사랑을 받으며 오랫동안 사용된 탓이다. 그런 일이 생기면 사람들은 인터넷에 이야기를 털어놓는 경향이 있다!

어쨌거나 이 책의 점멸 장치는 이렇게 완성되었다. 자, 이제 어떻게 하면 출력을 귀로 들을 수 있는 소리로 바꿔 놓을 수 있을까?

주파수

소리를 생성하는 첫 번째 단계는 똑같은 점멸 장치를 하나 더 만들되, 조금 더 빠르게 작동하도록 하는 것이다.

이미 만든 회로의 부품값을 조금 손볼 수도 있지만, 회로를 다시 사용할 생각이라 그 방법은 사용하고 싶지 않다. 그러니 그림 11-10처럼 이전에 만든 회로 아래에 새 회로를 추가로 만들었으면 한다. 구별이 쉽도록 새로 추가한 회로는 컬러로, 이전 회로는 회색으로 표시했다.

이 프로젝트가 끝나면 이 회로에 부품을 몇

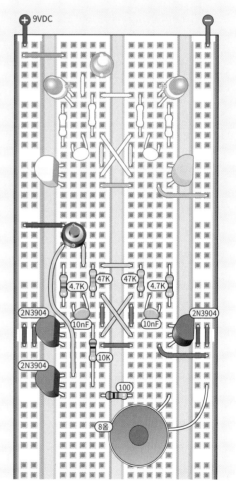

그림 11-10 점멸 장치 회로 아래에 비안정 멀티바이브레이터 회로의 소리 생성용 버전을 설치했다.

가지 추가할 생각이라 브레드보드의 두 회로 사이 간격이 그림에 표시한 대로가 되도록 주의해야 한다. 또, 회로가 브레드보드의 아래쪽 절반까지 확장되기 때문에 버스의 가운데가 떨어져 있는 보드라면 잊지 말고 버스에 점퍼선을 추가한다.

새로운 오디오 회로의 배치는 기본적으로 이전 회로와 동일하지만 LED는 제거한다. 브레드보드 중앙에 있는 큰 저항은 이전의 470K 대신 47K로, 커패시터는 1μF 대신 10nF으로 교체한다.

보드 아래쪽에 있는 둥근 물체는 스피커(speaker)이다. 앞서 그림 6-26에서 소개한 유형 중 어느 쪽을 사용해도 된다. 사용하는 스피커가 브레드보드 도해의 것보다 클 수 있지만 저항값이 8옴이기만 하면 이 회로에서 물리적인 크기는 그다지 중요하지 않다.

스피커는 대부분 극성이 없어서 어느 쪽으로도 연결할 수 있다. 스피커의 전선이 하나는 빨간색이고 다른 하나는 검은색이면 보통 어느 쪽으로 연결해도 상관없다. 스피커에 납땜 탭만 있다면 악어 클립 테스트 리드를 사용해서 브레드보드의 점퍼선과 연결할 수 있다.

버튼을 누르면 스피커에서 가느다랗게 윙윙거리는 소리가 들린다. 썩 재미있게 들리지는 않지만 곧 흥미가 생기도록 해 주겠다.

스피커는 유효 저항이 너무 낮아서 100옴 저항과 직렬로 연결한다. 그럼에도 스피커에 필요한 전력이 LED보다 훨씬 크기 때문에 구동을 위해 회로 아래쪽에 트랜지스터를 하나 더 설치했다. 추가한 트랜지스터의 컬렉터는 푸시버튼에서 아래로 내려오는 노란색 점퍼선 중 긴 쪽을 통해 공급되는 전원과 연결하고, 트랜지스터의 베이스는 10K 저항과 초록색 점퍼선을 통해 10nF 커패시터의 왼쪽 리드와 연결한다. 따라서 Q5는 커패시터에서 약간의 전류를 훔친 뒤 이 펄스를 증폭해 스피커로 전달한다.

실제 오디오 앰프는 이보다 훨씬 복잡하지만 이렇게 사용하는 트랜지스터는 소리가 정확히 어떻게 들릴지 신경 쓸 필요 없이 이어지는 펄스만 증폭하면 된다. 나는 트랜지스터 전류를 제한하거나 전압 크기를 조정하는 데 추가 저항이 필요하지 않음을 확인하기 위해 오실로스코프를 사용했다.

스피커에는 자석과 코일이 있어서 진동판(diaphragm)을 진동시킨다. 이 진동판이 기압파를 방출하고 우리의 귀는 이 파동을 소리로 해석해 낸다. 그렇다면 진동판은 얼마나 빨리 진동할까? 점멸 장치 회로에서 C1과 C2 크기는 1μF이고 R1과 R2 크기는 470K였다. 이때 깜박임은 1초가 조금 안 되는 시간마다 반복되었다. 이 회로의 오디오 버전에서는 470K 대신 47K 저항을 사용하고 1μF 커패시터 대신 10nF 커패시터를 사용했다. 즉, 저항은 이전 값의 1/10이고 커패시터는 1/100이다. 10×100＝1,000이므로 회로는 이제 약 1,000배 빠르게 진동한다. 내 경우 계측기에서 초당 1,700 펄스가 측정되었는데, 스피커에서 미세한 소음이 발생한다.

스피커는 LED보다 훨씬 큰 전력을 필요로 하기 때문에 이 회로를 오래 사용하면 9V 전지가 금세 닳는다. 다음 장에서는 벽 콘센트에 꽂아

9VDC를 공급하는 AC 어댑터 사용법을 소개하겠다. 그렇다고 해도 테스트용으로는 전지도 나쁘지 않다.

헤르츠

초당 펄스 수는 정확한 용어로 주파수(frequency)라고 하며 헤르츠(hertz) 단위로 측정한다. 국제 전자공학 단위인 헤르츠는 또 다른 전기 부문 선구자였던 하인리히 헤르츠의 이름에서 따왔다. 초당 펄스 수가 하나인 경우 1Hz, 1,000개면 1킬로헤르츠(1kHz), 1,000,000개면 1메가헤르츠(1MHz)라고 한다. 단위가 사람의 이름에서 파생되었기 때문에 문자 H를 대문자로 표시한다. 또, 메가는 대문자 M으로 표시한다. 소문자 m은 '메가'가 아닌 '밀리'를 의미한다.

LED의 반응 속도로는 1.7kHz를 쫓아가지 못하고, 가능하다고 해도 인간의 눈으로는 그 깜빡임을 구별할 수 없다. 인간의 눈은 잔상(persistence of vision) 탓에 30Hz정도 이상의 주파수보다 빠르게 발생하는 섬광은 번져 보이기 쉽다.

귀는 눈과 다르다. 인간의 귀는 주파수가 약 40Hz에서 15kHz 사이의 펄스를 들을 수 있다(나이가 들면 최대 10kHz의 주파수 이상은 듣지 못할 수 있다. 어릴 때 시끄러운 록 콘서트를 자주 갔다면 높은 주파수는 특히 잘 듣지 못할 수 있다).

스피커 설치하기

스피커의 진동판은 콘(cone)이라고도 부른다. 앞쪽으로는 소리를 발산하도록 설계되었지만 뒷면도 압력파를 발생시키는데, 두 파동은 위상이 반대라 서로 상쇄되는 경향이 있다.

튜브를 추가해서 전면 출력과 후면 출력을 분리하면 스피커에서 들을 수 있는 출력을 크게 증가시킬 수 있다. 소형 스피커라면 그림 11-11처럼 종이로 감싼 뒤 테이프로 붙여주면 된다.

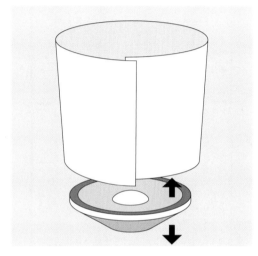

그림 11-11 종이관을 덧붙여서 스피커 소리 키우기. 화살표는 원뿔형 스피커 콘의 진동을 보여 준다.

그러나 이보다는 스피커를 상자에 넣어서 스피커 뒤쪽으로 나오는 소리를 상자가 흡수하도록 하는 편이 좋다. 이 간단한 실험을 위해 벤트식 인클로저(vented enclosure)와 저음 반사 인클로저(bass-reflex enclosure)까지 자세히 설명하지는 않겠다. 원한다면 인터넷에서 검색해 보자. 상자에 설치한 상태로 판매하는 소형 스피커를 구입할 수도 있다. 이런 제품을 사용해 보면 여기서 나는 소리가 작업대에 상자 없이 놓아둔 스피커에서 발생하는 소음과 너무 달라서 놀랄 것이다.

평활화로 새소리 만들기

앞에서 자동차 경보음 같은 소리를 내도록 해 주겠다고 약속했으니 이제 그 부분으로 넘어가 보자. 그림 11-12는 초록색 점퍼선 2개, 노란색 점퍼선 1개, 그리고 트랜지스터 1개를 추가해 보드 위쪽 회로와 아래쪽 회로를 연결한다.

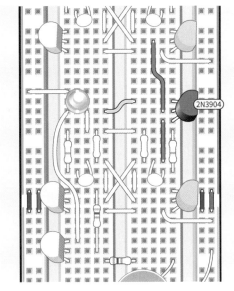

그림 11-12 회로의 두 부분 연결하기.

그런 다음 아래쪽 버튼을 눌러보자. 아무 일도 일어나지 않는다. 위쪽 버튼을 눌러 보자. 그래도 아무 일도 일어나지 않는다. 이제 두 버튼을 동시에 누른다. 이런 세상에!

새로 추가한 노란색 점퍼선은 새 트랜지스터에 전원을 공급하고, 이 트랜지스터의 베이스는 새 초록색 점퍼선을 통해 전원을 공급받으며, 이 전선은 다시 1μF 커패시터로 되돌아간다. 이 초록색 점퍼선의 신호는 0.7V 정도까지 점차 상승했다가 변위전류로 인해 -8V로 뚝 떨어진다.

따라서 추가한 트랜지스터는 이 이상한 전압 변동으로 인해 구동되지만 그 이미터는 이전 회로와 비슷한 반복 주기를 거치되 속도만 1,000배 빠른 10nF 커패시터와 연결된다. 내가 오실로스코프로 확인한 바로는 회로의 위쪽 절반과 아래쪽 절반을 연결하는 트랜지스터가 예외적으로 잔인한 처벌을 받는 것 같지는 않다.

새 트랜지스터는 오디오 회로의 1.7kHz 주파수를 변조(modulate)하기 위해 사용했다. 변조란 높은 주파수에 느린 주파수를 중첩함을 뜻한다.

위쪽과 아래쪽 회로를 단순히 전선으로 연결할 수 없었던 이유가 궁금할 것이다. 사실은, 이미 시도해 봤다! 대수롭지 않은 작업이라고 생각했는데, 그게 아니었다. 그냥 전선으로 연결하면 회로의 아래쪽 절반은 위쪽 절반의 속도를 낮추고 위쪽 절반은 아래쪽 절반의 속도를 높이려고 하면서, 그 사이의 어딘가에 해당하는 주파수가 발생했다. 나는 점멸 회로의 변동을 표본화한 뒤 이를 오디오 회로의 변동에 추가해야 했고, 그러려면 트랜지스터가 필요했다.

이 방법 외에도 사용할 수 있는 다른 방법이 있다. 점멸 회로에 평활 커패시터를 추가해서 신호가 점점 커졌다 작아졌다 하도록 만들 수 있다. 그림 11-13은 그 방법을 보여 준다. 왼쪽에는 출력 트랜지스터에 47μF 커패시터를 추가했다. 또 다른 47μF 커패시터는 오른쪽에서 같은 역할을 하지만 트랜지스터 근처에 둘 공간이 없어서 초록색 점퍼선으로 연결해야 했다.

이제 점멸 회로에 전원을 공급하면(이때 오디오 쪽 회로는 잠시 꺼둔다) LED가 급하게 깜박

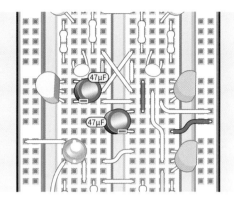

그림 11-13 47μF 평활 커패시터 2개(오른쪽 커패시터는 초록색 점퍼
선과 파란색 점퍼선을 통해 연결된다).

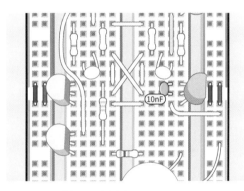

그림 11-14 추가한 10nF 커패시터.

이는 대신 점점 밝아졌다가 어두워지는 모습을
볼 수 있다.

오디오 회로의 전원을 켜보면 소리 역시 변했
음을 알 수 있다.

그림 11-14는 최종 수정 버전이다. 회로가 새
처럼 짹짹거리도록 10nF 커패시터를 추가했다.
완전한 브레드보드 회로는 그림 11-15, 회로도는
그림 11-16과 같다. 그림 11-17은 전선은 모두 생
략하고 연한 배경색을 사용해 부품과 부품값을
분명하게 볼 수 있도록 부각시킨 도해이며, 아래
에 부품 목록을 추가했다.

저항과 커패시터를 다양하게 변경하며 더 많
은 실험을 해 볼 수도 있다. R과 r로 표시한 저항
값의 비율이 10:1에서 100:1 사이인지만 확인하
면 된다. 비율이 지나치게 높으면 회로가 안정적
으로 작동하지 않는다. 2N3904 트랜지스터의 베
타값이 약 200:1이라 저항의 비는 이보다 낮게
유지되어야 한다.

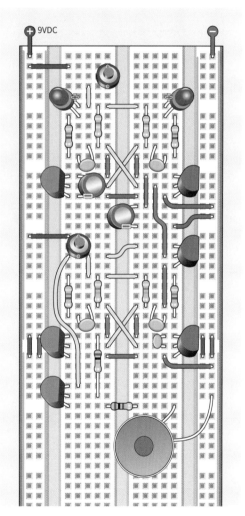

그림 11-15 선택 가능 부품을 모두 사용해 브레드보드에 완성한 비안
정 멀티바이브레이터.

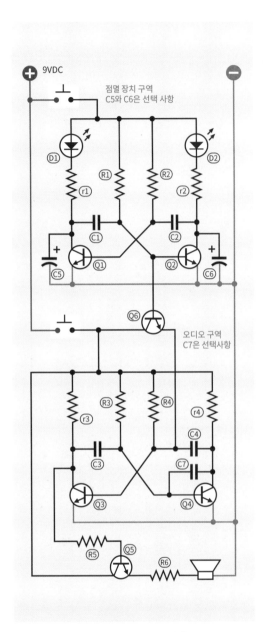

그림 11-16 완성된 비안정 멀티바이브레이터의 회로도.

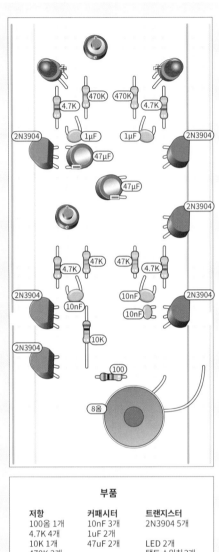

부품

저항	커패시터	트랜지스터
100옴 1개	10nF 3개	2N3904 5개
4.7K 4개	1uF 2개	
10K 1개	47uF 2개	LED 2개
470K 2개		택트 스위치 2개
		스피커 1개

그림 11-17 부품만 보여주는 이 도해는 연결하기 전에 부품을 선택해 배치하도록 도와준다.

가능한 출력 선택지

트랜지스터에 대한 설명을 마무리하기 전에 트랜지스터로부터 출력을 가져오는 기본적인 방법 두 가지를 설명한다. 하나는 공통 컬렉터(common collector) 구성이고, 다른 하나는 공통 이미터(common emitter) 구성이다.

지금까지 회로에서 사용한 구성은 공통 컬렉터였다. 이 구성은 전원을 컬렉터에 직접 공급하고 베이스와 에미터가 컬렉터를 공통으로 공유한다. 적어도 내가 이해하는 방식은 그렇다. 그림 11-19에서 이 구성을 볼 수 있지만, 이를 자세히 들여다 보기 전에 차이점을 먼저 알아보자.

그림 11-18처럼 회로를 변경해 보자. 이제 전류는 100옴 저항과 스피커를 순서대로 지나 트랜지스터의 컬렉터에 도달하고, 이때 이미터는 음극 접지에 직접 연결되어 있다. 베이스와 컬렉터가 이미터를 공통으로 공유하고 있으니 이런 회로를 공통 이미터(common emitter) 회로라고 한다.

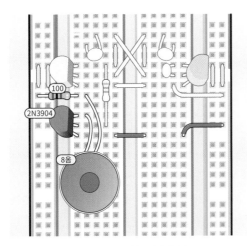

그림 11-18 공통 이미터 구성으로 회로 재배치하기.

회로를 이렇게 구성하면 소리가 두 배 커진 것을 알 수 있다. 대체 이게 무슨 일인가?

그림 11-19는 회로를 단순화시켜 표현한 것이다. 트랜지스터와 부하는 두 경우 모두 직렬로 연결되어 있지만, 공통 이미터 구성에서는 제어 전압이 트랜지스터를 통해 직접 음극 접지로 이동하는 반면 공통 컬렉터 구성에서는 제어 전압과 접지 사이에 부하가 존재한다. 그리고 이것이 놀라운 차이를 만들어 낸다.

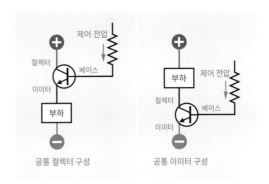

그림 11-19 공통 컬렉터와 공통 이미터 구성의 트랜지스터 증폭기 회로 비교하기.

그림 11-20은 두 가지 멀티바이브레이터 회로에서 실제로 측정한 값을 보여 준다. 공통 컬렉터 구성에서는 스피커(와 직렬 저항) 양단에서 전압이 0V에서 5.6V 사이에서 변동했다. 공통 이미터 구성에서는 스피커의 입력과 출력 사이의 전압이 0V에서 7.7V 사이에서 변동해 변동 폭이 증가한 것을 알 수 있다. 이러니 소리가 커진 게 당연하다!

이들 전압은 초당 1,000번 이상 진동했기 때문에 측정이 어려웠다. 그러나 그림 11-21처럼 전압이 일정한 회로를 만들기란 쉽다.

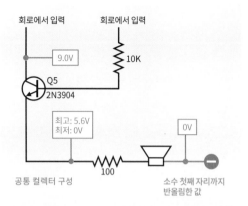

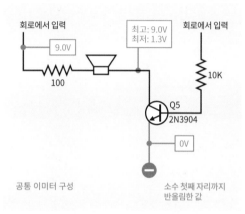

그림 11-20 멀티바이브레이터 회로에서 스피커와 저항 간의 전압 차를 측정한 값.

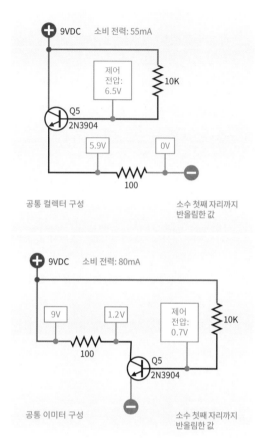

그림 11-21 DC 전압을 측정하도록 두 가지로 구성한 테스트 회로.

이 회로에서는 트랜지스터에 안정적인 9VDC 전압을 공급하고, 부하로는 100옴 저항만 사용한다. 스피커에 DC 전압을 흘려보내는 것은 그다지 좋은 생각이 아니다.

각각의 경우 저항이 같더라도 부하 양단의 전위차는 공통 컬렉터 회로가 5.9V인 반면 공통 이미터 회로는 7.8V로 전력을 약 50% 더 많이 사용한다.

전류는 각각의 경우 동일한 부품을 통과한다. 순서만 다를 뿐이다. 차이가 있을 이유가 뭐가 있겠는가?

이에 관해 한참을 더 이야기할 수도 있지만, 어쨌거나 문제의 핵심은 반도체에 공급되는 전압의 크기에 따라 반도체의 작동이 크게 변한다는 점이다. NPN 바이폴라 트랜지스터의 유효 저항은 베이스와 이미터 사이의 전압 차에 따라 크게 달라진다.

필요로 하는 것보다 내가 기술적으로 더 깊게 다루고 있는 것일 수 있지만, 여기서 중요한 점을 알 수 있다.

- 공통 이미터 구성로 회로를 연결하는 편이 트랜지스터에서 더 큰 전력을 끌어올 수 있다.

그렇다면 멀티바이브레이터 회로를 처음 만들 때 나는 왜 공통 컬렉터 구성을 사용했을까?

- 공통 컬렉터 구성이 직관적으로 더 명확하다고 생각한다. 트랜지스터의 출력에 부하를 걸어주는 것을 직관적으로 이해할 수 있다.
- 소리는 그다지 크지 않았지만 전력 소비는 훨씬 적다. 전지로 구동하는 회로에서는 이 점이 중요하다고 생각했다.

- 브레드보드 배치가 더 편리했다.

다음 장에서 다룰 내용

이것으로 스위칭, 저항, 커패시터, 트랜지스터에 관한 기본 소개를 마친다. 이제 다음의 프로젝트인 경보 장치 등 온갖 종류의 회로를 만들기 위해 필요한 기본 지식은 대부분 배웠다.

경보 장치 회로를 만들기 전에는 부품을 만능 기판에 납땜하여 회로의 내구도를 올리는 방법을 소개한다. 그런 다음 예상치 못한 별의별 상황을 만들어 내는 타이머 칩과 숫자를 세고 결정을 내릴 수 있는 논리 칩을 사용해 볼 것이다.

3장

납땜하기

브레드보드에 만든 회로를 영구 버전으로 만들고 싶은가? 이렇게 하려면 부품을 재배치한 뒤 금속 합금인 땜납(solder)을 뜨겁게 녹여 만든 작은 금속 방울을 사용해 리드끼리 연결해 주어야 한다. 이 과정을 납땜(soldering)이라고 한다. 땜납이 상당히 뜨거워지기는 해도 적은 양을 안전하게 묻히면 되는 일이라 생각보다는 훨씬 쉽다.

이 장에서는 납땜 과정을 단계별로 설명하고 실험 11의 점멸 회로를 영구 버전으로 만드는 법을 소개한다. 또 이 책의 나머지 프로젝트에서 전지 대신 사용할 수 있는 전원 공급 장치도 소개한다. 이 장치를 사용하면 지금까지 만든 것보다 더 큰 전류를 사용하는 회로를 만들 때 도움이 된다.

• 부품, 도구, 소모품에 관한 구매 정보는 부록 A를 참조한다.
• 부품 구입시 추천하는 온라인이나 오프라인 매장은 부록 B를 참조한다.

납땜인두

납땜인두는 연필 모양으로 길이가 20~25cm 정도이며 끝부분의 날카로운 팁이 땜납을 녹일 정도로 뜨거워진다. 비싼 부품을 살 필요는 없다. 처음이라 이것저것 도전해 보고 싶다면 가장 저렴한 제품을 골라도 괜찮다. 문제는 사용 전력이 어느 정도여야 하느냐다.

보통 15W의 저전력 납땜인두는 과도한 열로 손상되기 쉬운 트랜지스터나 LED 같은 작고 섬세한 부품에 사용하기 좋다. 땜납은 열을 가해주면 더 잘 흐르고 즉시 달라붙는다는 점을 생각하면 30W의 중간 전력 납땜인두 쪽이 저전력 제품보다는 사용하기 쉽다. 그러나 그만큼 부품을 손상시킬 가능성도 크다. 사실 30W와 15W 납땜인두를 각각 연습용과 실제 회로 구축용으로 사두면 제일 좋다. 그렇지만 하나만 선택해야 한다면 15W 납땜인두를 구입하자.

전력을 변경할 수 있는 듀얼 제품도 간간히 보기는 했지만, 이런 제품은 섬세한 작업을 하기에는 너무 컸다.

나는 그림 12-1과 같은 납땜인두 유형을 좋아하는데, '소형 납땜인두'라는 이름으로 판매하기도 한다. 0.1인치(2.5mm) 간격으로 연결을 만들다 보면 중간 크기 제품보다는 소형 제품이 쓰기

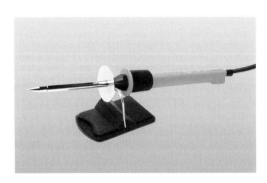

그림 12-1 열에 민감한 부품으로 섬세하게 작업할 때 좋은 소형 납땜인두.

편하다고 느낄 것이다.

30W 납땜인두를 구입하기로 결정한 독자에게는 내가 좋아하는 웰라 서마-부스터(Weller Therma-Boost)를 추천한다(그림 12-2). 방아쇠를 당기면 일시적으로 열이 확 오르기 때문에 접합부에서 열을 흡수해 버리는 무거운 구리선도 쉽게 납땜할 수 있다. 권총 손잡이 형태의 제품을 좋아하는 사람도 있고 사용하기 어색하다고 생각하는 사람도 있지만, 어느 쪽을 선택해도 상관없다고 생각한다.

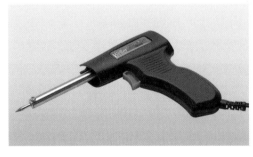

그림 12-2 웰라 서마-부스트는 납땜을 연습하거나 열을 금세 흡수하는 무거운 구리선을 납땜할 때 유용하다.

선택할 수 있는 또 다른 제품으로는 온도 조절 납땜인두가 있다. 이런 유형으로는 온도를 설정

하는 작은 버튼이 2개 달린 독립형 제품이나 조절식 전원 공급 장치를 작업대에 올려 두어야 하는 '납땜 스테이션' 유형이 있다. 개인적으로 납땜을 배울 때 온도 조절 유형까지는 필요 없다고 생각한다.

납땜인두의 팁 유형도 선택할 수 있다. 팁이 끝으로 갈수록 뾰족하게 좁아지는 원추형 팁은 정밀한 작업을 하기에는 좋지만 열을 빠르게 전달하지 못할 수 있다. 흔히 사용하는 유형은 일자 드라이버 날을 닮은 팁이 달린 제품이다. 납땜인두 중에는 여러 종류의 팁과 함께 판매하는 제품도 있어서 사용하면서 마음에 드는 유형을 찾아나갈 수도 있다.

땜납

땜납은 피복을 벗긴 전선처럼 보이지만 사실 연결하고자 하는 전선 주변에 녹여 사용한다. 그림 12-3은 땜납의 유형을 몇 가지 보여 준다. 굵기가 0.02~0.04인치(0.5~1mm)인 얇은 땜납은 작은 부품을 납땜할 때 쓰기에 가장 좋다. 이 책의 프로젝트에 사용하는 땜납은 최소한의 양(30g 또는 약 100cm)이면 충분하다.

배관용이나 보석류를 만드는 등의 공예용 땜납은 구입을 피한다. 전자부품에 사용하기 적합하지 않은 산이 포함되어 있을 수 있다. '전자부품'에 적합한 땜납은 제조업체 사양서에 '전자부품'이라는 단어가 정확히 명시되어 있으며, 수지 성분(rosin core)이 들어 있어야 한다.

납이 들어간 땜납을 사용하는 데에는 약간의 논란이 있다. 어떤 사람들은 이런 옛날식 땜납을

그림 12-3 땜납의 두께.

사용하면 조금 낮은 온도에서도 쉽게 좋은 연결을 만들 수 있으며, 건강상의 위험도 없다고 말한다. 미 해군에서 근무하는 전자공학 기술자인 내 지인도 자신이 사용한 땜납은 모두 납이 있는 제품이었다고 말해주었다. 나는 이 문제를 판단할 전문 지식이 부족하지만, 유럽연합 국가에서는 환경적 이유로 납이 함유된 땜납을 사용하면 안 된다고 알고 있다.

용어와 보조 도구

납땜인두의 제품 설명서 중에는 용접(welding)이라는 단어를 쓰는 경우도 있지만 보통 납땜인두로는 용접을 하지 않기 때문에 이 부분은 무시해도 된다. 어째서 이 단어를 사용하게 되었는지 알 수가 없다.

납땜인두 중에는 연필 유형이 많다. 그러나 15W나 30W 납땜인두 어느 쪽에도 사용할 수 있기 때문에 실제 크기가 소형이나 중형이라면 연필 유형이라는 표현 자체로는 대단한 정보를 주

지 않는다.

납땜인두는 여러 종류의 팁, 땜납 스풀, 납땜인두용 스탠드, 또는 작업하는 동안 작은 부품을 잡아주는 납땜 보조기 같은 보조 도구 물품을 키트로 함께 판매하는 경우가 많다. 이 장의 나머지 부분을 읽은 뒤 그러한 보조 도구가 필요하다고 생각했다면 인터넷 검색으로 키트에 원하는 물품이 포함되어 있는지 확인한다. 이렇게 하면 돈을 절약할 수 있다.

납땜 보조기

이 장치에는 납땜하는 동안 부품이나 전선을 정확한 위치에 고정해 주는 악어 클립이 2개 달려 있다. 납땜 보조기 중에는 그림 12-4처럼 확대경과 납땜인두를 놓아둘 수 있도록 철사를 나선형으로 감아놓은 장치가 있는 제품도 있다.

그림 12-4 이 납땜 보조기에는 납땜인두를 내려놓을 수 있는 철사를 감은 나선형 장치, 팁 청소용 스펀지, 큰 확대경이 포함되어 있다.

납땜하는 동안 전선과 부품을 고정해 주는 장치는 이 외에도 다양하며, 날개 너트로 조이는 볼 형태의 접합부를 사용하는 예전의 보조기보다

더 정교해졌다. 나는 그림 12-5의 클립이 4개 달린 제품을 좋아하지만 이 제품은 상대적으로 비싸다. 인터넷에서 다음과 같이 검색하면 다양한 제품을 볼 수 있다.

soldering third hand(납땜 보조기)

어떤 방식이든 작업물을 고정해야 하는 건 분명하다.

그림 12-5 클립이 4개 달린 보조기.

납땜인두 스탠드

납땜인두를 놓아둘 일반적인 나선형 스탠드만 필요하다면 그림 12-6에서 확인할 수 있다. 물론 이 중 하나가 꼭 있어야 하는 건 아니다. 즉석에서 대체할 무언가를 만들거나 작업대 가장자리에 납땜인두를 올려 둔 채 절대 떨어뜨리지 않도록 아주, 아주 조심하겠다고 마음속으로 되새기면 된다. 납땜인두가 바닥에 떨어지면—이건 일

어날지도 모르는 일이 아니라 반드시 일어나는 일이다.—합성 섬유로 된 카펫이나 플라스틱 바닥 타일이 녹는다. 이걸 생각하면 떨어지는 납땜인두를 보고 잡으려고 할 수 있다. 그렇지만 열이 오른 끝 부분을 잡게 되면 어차피 바로 놓을 수밖에 없다. 그러니 괜히 화상을 입지 말고 그냥 바닥에 떨어지도록 두는 편이 좋다.

이런 점을 생각하면 납땜인두 스탠드를 사용하는 편이 훨씬 나을 것이다.

그림 12-6 이전부터 많이 사용해 온 납땜인두 스탠드. 노란색 스펀지는 팁을 청소할 때 쓴다.

구리 악어 클립

민감한 부품은 리드를 납땜할 때 열이 리드를 따라 부품으로 이동하면 부품을 손상시킬 수 있다. 실험 13에서 LED를 구워 이를 확인시켜 주겠다.

신중한 사람이라면 납땜인두를 갖다 댈 위치 바로 위에 악어 클립을 꽂아서 열을 흡수하면 된다.

구리 악어 클립(copper alligator clip)은 테스트 리드의 크롬 도금 클립보다 열을 더 효과적으로 전달하기는 하지만 꼭 필요하다고 할 수는 없다. 나는 조심스러운 성격이라 사용하는 편이다. 구리 악어 클립을 몇 개 구입하기로 마음을 먹었다면 구입 전에 구리 도금이 아니라 전체가 구리로 된 제품인지 확인하자.

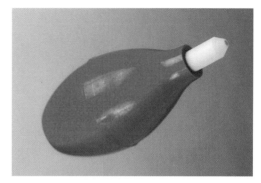

그림 12-8 녹은 땜납을 빨아들이는 땜납 제거기.

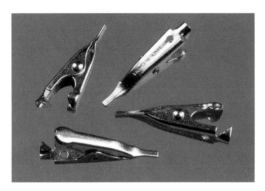

그림 12-7 구리 악어 클립.

땜납 제거기

납땜은 실수를 하더라도 '실행 취소'가 불가능하다. 그러나 한 손으로 납땜인두를 들고 실수한 곳의 땜납을 녹이는 동안 땜납을 빨아들이도록 만들어진 땜납 제거기(squeeze bulb)를 사용해 볼 수 있다(그림 12-8 참조). 나는 이 도구를 능숙하게 사용하지 못하지만, 꽤 잘 사용하는 사람도 있다.

접합 부위에서 조금이나마 땜납을 제거할 수 있는 구리 끈(copper braid)을 사용할 수도 있다(그림 12-9 참조). 납땜을 설명하면서 이런 도구를 다루지 않으면 뭔가 부족한 느낌이 들어 이 책에 싣기는 했다. 그렇지만 개인적으로 이런 도구가

그림 12-9 접합부를 잘못 만들었을 때 땜납을 제거하기 위한 구리 끈.

제 역할을 한다고는 생각하지 않는다.

구리 끈을 사용하는 사람 말로는 제대로 사용하려면 15W 납땜인두로 전달할 수 있는 것보다 더 많은 열을 가해야 한다고 한다.

확대경

시력이 아무리 좋은 사람도 납땜 접합부를 확인할 때는 작고 휴대가 가능한 성능 좋은 확대경이 필요하다.

그림 12-10의 렌즈가 3개 달린 확대경 세트는 눈에 가까이 댈 수 있도록 설계되었으며 납땜 보조기에 달린 커다란 렌즈보다 성능이 더 좋다.

그림 12-10 렌즈는 3개 모두 동일하지만 2개나 3개를 겹쳐 사용하면 전체 배율이 올라간다.

보조기에 달린 렌즈가 쓸 만한지는 잘 모르겠다. 플라스틱 렌즈는 조심스럽게 다루기만 한다면 충분히 사용할 만하다.

휴대전화의 카메라를 확대 모드로 설정해서 휴대용 현미경으로 사용할 수도 있다.

나는 그림 12-11과 같은 유형의 머리에 장착하는 확대경도 좋아한다. 손을 자유롭게 사용할 수 있을 뿐 아니라 각각의 눈에 렌즈가 따로 달려

그림 12-11 머리에 쓰는 저렴한 확대경.

있어서 내가 움직일 때마다 함께 움직이기 때문에 거리 감각을 유지할 수 있다. 돈을 많이 들여서 치위생사가 머리에 쓰는 확대경을 살 수도 있지만, 저렴한 제품으로도 충분히 이 책의 목적을 달성할 수 있다.

열 수축 튜브

전선 2개를 납땜으로 연결하고 나면 접합 부위에 피복을 입히고 싶을 때가 있다. 이때 가장 좋은 방법이 열 수축 튜브(heat-shrink tubing)를 사용하는 것이다. 연결한 전선을 튜브에 끼운 뒤 튜브가 접합 부위를 틈 없이 감쌀 때까지 뜨거운 공기를 가해 준다. 열 수축 튜브는 대부분 수축시키면 직경이 처음의 절반까지 줄어들 수 있다.

이 책의 프로젝트와 실험을 위해서는 직경이 작은 걸로 서너 가지 종류의 튜브를 담은 팩이나 상자 하나로 충분하다. 색상은 보기에 좋을 뿐이다(그림 12-12 참조).

그림 12-12 열 수축 튜브의 크기 및 색상 예시.

열 수축 튜브의 단점은 제대로 사용하려면 가급적 히트건을 사용해야 한다는 것뿐이다.

히트건

히트건은 주로 열 수축 튜브를 수축시키는 데 사용한다. 그림 12-13은 흔히 사용하는 크기의 제품이지만, 튜브 수축에 사용하기에는 과한 게 사실이다. 우리가 사용하기에는 그림 12-14의 소형 제품으로 충분하며 뜨거운 공기를 보다 좁은 범위로 보낼 수 있어서 작업 중인 접합 부위에만 열을 가하기가 더 편리하다.

그림 12-13 일반 히트건.

그림 12-14 전자부품으로 작업할 때 열 수축 튜브에 사용하기 적합한 소형 히트건.

더 저렴한 대안

이유가 무엇이든 납땜을 하고 싶지도, 열 수축 튜브와 히트건에 비용을 들이고 싶지도 않을 수 있다. 그렇다고는 해도 전선을 연결한 뒤 이를 절연할 방법은 필요할 것이다. 특히 잠시 뒤에 설명할 전원 장치를 사용한다면 반드시 필요하다.

공구 전문점에 가면 전선 연결 나사(wire nut)를 판다. 미국에서는 집 배선에 흔히 사용한다. 낮은 전압으로 배선을 하는 데는 가장 작은 크기의 나사가 필요하다. 이 크기에는 회색을 사용하며 22~16게이지 전선 쌍을 연결하는 용도로 설계되었다(그림 12-15 참조). 작은 상자로 하나만 구입하면 충분하다.

그림 12-15 전선 연결 나사는 색상으로 구분한다. 가장 작은 사이즈인 회색이 필요하다.

국가마다 나름의 전선 연결 커넥터 유형을 사용하지만 유형은 사실 중요하지 않다. 22게이지 전선에 사용할 수만 있으면 된다.

이 외에 그림 12-16 같은 나사식 터미널 블록(screw-terminal block)을 사용할 수도 있다. 그

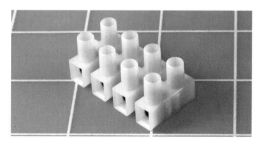

그림 12-16 나사식 터미널 블록.

림의 유형은 커넥터 여러 개가 한 줄로 이어져 있으며, 필요한 만큼 잘라 사용할 수 있다.

이 책에서는 연결 부위에 낮은 전압만 공급하기 때문에 전선을 꼬아서 절연용 전기 테이프를 감아 사용할 수도 있지만, 이런 테이프는 시간이 지나면서 벗겨지기 쉽다.

만능기판

브레드보드에 만든 회로를 좀 더 영구적인 형태로 바꿀 생각이라면 부품을 올려 납땜을 할 무언가가 필요하다. 이때 보통 사용하는 것이 만능기판(perforated board, perf board, prototyping board, proto board)이다.

가장 사용하기 쉬운 유형은 브레드보드 내부에 숨겨진 연결 형태와 똑같이 구리띠가 도금되어 있는 만능기판이다. 이런 유형을 사용하면 만능기판에 부품을 옮길 때 배치를 바꿀 필요가 없어서 오류를 줄일 수 있다. 그림 12-17은 에이다프루트에서 판매하는 조금 괜찮은 제품이다. 에이다프루트에서는 영구 만능기판(perma-proto board)이라는 이름으로 판매 중이다.

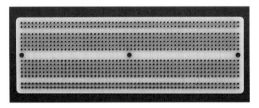

그림 12-17 만능기판에는 브레드보드 내부의 연결 형태와 똑같이 구리띠가 배열되어 있다.

그렇지만 이런 유형의 만능기판은 공간 대비 효율이 그다지 좋지 않아서 프로젝트 상자에 잘 들어가지 않는다는 단점이 있다. 회로 크기를 최소화하기 위해 그림 12-18처럼 아무것도 없는 만능기판에 점대점(point-to-point) 배선 방식을 사용해볼 수 있다. 6×8인치(15×20cm) 크기의 기판을 사서 쇠톱으로 원하는 크기만큼 잘라서 쓰면 된다. (일반 만능기판은 유리 섬유로 되어 있어서 나무 톱을 사용하면 날이 손상되기 쉽다.) 이런 기판 사용법은 실험 14에서 소개한다.

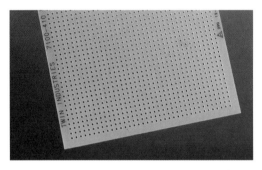

그림 12-18 점대점 배선에 사용하는 아무것도 없는 만능기판(구리띠가 없다).

만능기판 중에는 구리띠가 다양한 형태로 배치된 유형도 있는데, 이런 유형을 선호하는 사람도 있다. 예를 들어, 컷보드(cut-board)는 구리띠를 평행하게 배열하고 연결을 끊고 싶은 곳이 있다면 칼로 구리띠를 잘라내는 식으로 사용한다.

납땜을 많이 하는 사람이라면 누구나 선호하는 기판 배열 유형이 있겠지만, 기판을 이것저것 시험해 보기에 앞서 납땜 과정에 익숙해지는 게 먼저다.

프로젝트 상자

덮개를 뗐다 붙였다 할 수 있는 작은 상자다(보통 플라스틱으로 만들지만 알루미늄으로 된 제품도 있다). 이름에서 알 수 있듯이 전자부품 프로젝트를 보관하는 용도로 사용한다. 덮개에 구멍을 뚫은 뒤 스위치와 반고정 가변저항, LED를 설치한 뒤, 만능기판에 회로를 연결해 상자 안에 넣는다. 프로젝트 상자는 소형 스피커를 넣어두는 용도로도 사용할 수 있다. 그림 12-19는 소형 프로젝트 상자를 보여 준다.

그림 12-19 소형 프로젝트 상자. 덮개를 고정하는 나사와 함께 판매한다.

인터넷에서 다음과 같이 검색하면 수많은 프로젝트 상자를 볼 수 있다.

"project box" electronics("프로젝트 상자" 전자부품)

뒤에서 설명할 실험 15의 경보 장치 프로젝트에서는 15×8×5cm 정도 크기의 상자를 사용할 수 있다.

소형 갈고리

앞에서 한 여러 실험에서 테스트 리드의 한쪽 악어 클립으로 계측기의 탐침을 고정하고 리드의 다른 쪽 악어 클립은 부품이나 전선을 고정하도록 사용할 수 있다고 말한 바 있다.

양손이 자유로운 상태로 측정을 하고 싶을 때 사용할 수 있는 더 좋은 방법은 그림 12-20과 같이 끝에 스프링 장착 클립이 달린 소형 갈고리 (mini grabber)를 한 쌍 구입하는 것이다.

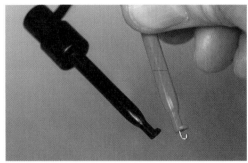

그림 12-20 끝에 작은 갈고리가 달린 계측기용 리드.

그림 12-21처럼 끝부분에 작은 악어 클립이 달린 계측기용 리드를 사용할 수도 있다. 아니면 앞에서 말한 대로 테스트 리드를 그대로 사용해도 된다. 대신 브레드보드 작업에는 짧은 계측기용 리드가 쓰기 편하다는 점을 기억해 두자.

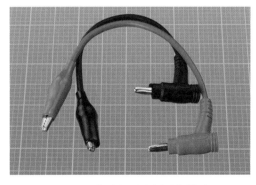

그림 12-21 양쪽 끝에 소형 악어 클립이 달린 계측기용 리드.

전원 공급 장치

이제 가장 중요한 물품을 다룰 차례다. AC 어댑

터(AC adapter)는 전기 콘센트에 연결하며 전선을 통해 DC(직류)를 브레드보드로 전달한다. 그림 12-22는 9V 어댑터를 보여 준다.

그림 12-22 일반 AC 어댑터.

계속 회로를 만들 생각이라면 어댑터를 구입하는 편이 전지를 사용할 때보다 최종적으로 비용을 절약할 수 있다. 또, 9V 어댑터는 대부분 9V 전지보다 더 큰 전류를 공급할 수 있다.

또는 한 가지로 고정된 전압을 제공하는 어댑터나 일정한 범위의 전압에서 값을 선택할 수 있는 선택 스위치가 달린 범용 어댑터를 구입하는 것도 한 방법이다. 말만 들으면 범용 어댑터 쪽이 좋은 것 같지만 비용이 약간 더 들고 출력 조정이 제대로 되지 않을 수 있다.

출력이 '잘 정류'되어 있다는 말은 어댑터의 DC 전압이 소비 전류에 관계없이 일정하고 매끄럽고 안정적이라는 뜻이다. 이런 요건은 중요한데, 4장에서 전압 스파이크에 민감한 논리 칩을 회로에 사용하기 때문이다. 그러니 9VDC만 전달하는 어댑터를 사용하기를 권한다. 전자부품 전문 판매업체에서 제품을 구입할 수 있다. 미국

의 대표적인 전자부품 전문 온라인 판매 사이트로는 올 일렉트로닉스(All Electronics), 일렉트로닉스 골드마인(Electronics Goldmine), 자메코 일렉트로닉스(Jameco Electronics), protechtrader.com 등이 있다.

그림 12-23은 괜찮은 어댑터에서 공급하는 전압을 측정한 그래프다. 그래프에서 소소하게 튀어나온 부분을 볼 수 있지만 그 범위가 약 0.02V 이내다. 평균 전압은 9.0V보다는 8.6V에 가깝지만, 그래프는 어댑터가 25옴 저항에서 300mA 전류를 전달하는 동안 구한 것이며 이 책의 프로젝트에는 8.6V면 충분하다고 생각한다.

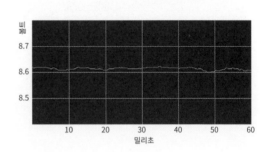

그림 12-23 AC 어댑터에서 허용 가능한 출력.

그림 12-24는 아주 불량한 어댑터의 성능을 보여 준다. 아래의 그래프 출력은 47μF 평활 커패시터를 추가해 조금 개선했지만, 이 역시도 허용 범위에서는 벗어난다. 이 그래프를 보면 이베이에서 가장 저렴한 걸로 구매하려던 사람도 다시 생각해 볼 것이다.

그 외에 AC 어댑터를 구입할 때 염두에 두어야 할 사항을 몇 가지 정리했다.

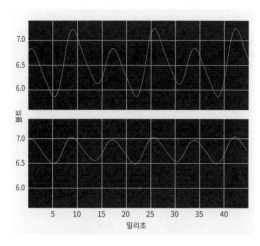

밀리초

그림 12-24 이런 출력은 AC 어댑터에서 허용되지 않는다. 아래의 곡선은 47μF 평활 커패시터를 추가해 얻었다.

- 원치 않게 합선을 일으켰을 때 저렴한 어댑터는 과부하를 제대로 감당하지 못할 수 있다.
- 출력이 AC가 아닌 DC인지 확인한다. 어댑터는 거의 대부분 DC 출력을 제공하지만 예외도 있다.
- 정격 전류가 최소 300mA(0.3A)인 어댑터를 찾는다.
- 전원 출력 전선의 끝에 달린 플러그 종류는 중요하지 않다. 어차피 브레드보드에 맞춰 출력을 조정할 때 자르게 될 것이다. (뒤에서 이 작업 과정을 소개한다.)
- AC 어댑터는 속된 영어 표현으로 벽 사마귀 (wall wart)라고도 하는데, 이 단어를 제품 사양서에서 볼 수도 있다.

이것으로 영구 회로 만들기와 관련한 항목은 모두 다루었다. 이제 납땜 과정을 살펴볼 시간이다.

실험 12 두 전선 연결하기

납땜을 몸에 익히기 위한 탐험은 전선을 다른 전선과 연결하는 작업부터 시작한다. 조금 따분하다고 느낄 수 있겠지만 얼마 지나지 않아 만능기판에 완벽한 전자회로를 만들 수 있게 될 것이다.

실험 준비물

- 연결용 전선, 니퍼, 와이어 스트리퍼
- 납땜인두. 이미 가지고 있다면 아마도 정격 전력이 15W일 것이다. 혹시 전력이 30W인 납땜인두를 가지고 있다면 납땜이 좀 더 쉬워질 것이다.
- 직경 약 1mm 정도인 땜납
- 작업물을 고정할 납땜 보조기나 악어 클립이 2개 달린 비슷한 장치.
- 선택 사항: 직경이 약 3mm와 6mm인 작은 열수축 튜브
- 선택 사항: 히트건
- 선택 사항: 작업 공간에 땜납이 떨어지지 않도록 해 줄 무거운 판지나 합판 조각

주의: 납땜인두는 정말 뜨거워진다!
셔츠를 다릴 때 사용하는 스팀 다리미는 납땜인두에 비해 열용량이 훨씬 크기 때문에 실제로는 이쪽이 더 위험하다. 그렇다고는 해도 납땜할 때는 주의를 기울여야 한다.

다음과 같은 기본적인 주의 사항을 명심한다.

- 납땜인두를 놓아둘 적당한 스탠드를 사용한다. 인두를 작업대에 그냥 놓아 두지 않는다.
- 집에 있는 어린아이나 동물이 납땜인두의 전선을 가지고 놀거나 쥐거나 잡아챌 수도 있다는 점을 명심하자. 아이나 동물이(아니면 여러분 자신이) 다칠 수 있다.
- 납땜인두의 뜨거운 끝부분이 인두에 전기를 공급하는 전원 코드 쪽을 향하도록 두지 않는다. 수 초 만에 피복을 녹여서 끔찍한 합선을 일으킬 수 있다.
- 인두가 떨어질 때 영웅 흉내를 내며 잡으려 드는 것은 금물이다.

납땜인두는 대부분 전원이 켜져 있음을 알려 주는 경고등이 달려 있지 않다. 그러니 전원이 켜져 있지 않더라도 인두는 뜨겁다고 생각하는 편이 낫다. 또, 전원을 끄고 몇 분이 지나도 화상을 입을 정도의 열이 유지되기도 한다.

뜨거운 땜납에서 나오는 연기는 가급적 흡입하지 않도록 한다. 환기가 잘 되는 곳에서 작업하는 것이 좋다.

처음으로 만드는 납땜 접합부

납땜인두의 전원 플러그를 꽂은 뒤 스탠드에 안전하게 올려 두고 적어도 5분 정도는 다른 할 일을 찾는다. 완전히 뜨거워지기 전에 사용하면 땜납이 제대로 녹지 않아 접합부의 품질이 떨어진다. 제조업체는 1분 정도면 납땜인두를 사용할 수 있다고 주장하는 데, 나는 믿지 않는다.

길이가 최소 5cm이고 양 끝에 피복을 벗긴

22게이지 단선 연결용 전선이 2개 필요하다. 그림 12-25와 같이 서로 교차하도록 갖다 댄 뒤 보조기로 고정한다.

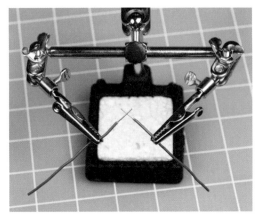

그림 12-25 첫 납땜 모험을 위한 준비가 끝났다.

인두가 준비되었는지 확인하려면 땜납을 인두의 팁에 갖다 대본다. 땜납이 대는 즉시 녹아야 한다. 천천히 녹는다면 인두가 아직 충분히 뜨겁지 않다는 뜻이다. 아니면 팁이 더러워서 그럴 수 있으니 팁을 청소해야 한다.

많은 사람들이 팁을 청소할 때 납땜인두 스탠드에 포함된 것과 같은 스펀지를 사용한다. 물로 충분히 적신 스펀지에 납땜인두 팁을 문지른다. 나는 이 방법을 그다지 선호하지 않는데, 팁에 습기가 닿으면 열팽창과 수축이 발생해서 팁의 도금에 미세하게 균열이 생길 수 있다고 생각하기 때문이다.

나는 다소 원시적인 방법을 사용한다. 그림 12-26처럼 종이를 공 모양으로 구겨서 열이 오른 팁에 대고 문지른다. 이때 종이가 타지 않도록 빠르게 문지르고 손가락에 화상을 입지 않도록 조심한다. 그런 다음 땜납을 약간 바르고 균일하게 윤이 날 때까지 팁을 다시 문지른다. 이때 종이보다 연마성이 강한 무언가로 납땜인두 팁을 문지르지 않도록 주의하자.

그림 12-26 납땜인두 팁을 청소하는 한 가지 방법. 구겨진 종이를 빠르게 움직여야 타지 않는다.

이제 그림 12-27에서 12-30까지의 네 단계를 따라가며 납땜 접합부를 직접 만들어보자.

1단계. 인두의 팁을 전선이 교차한 부분에 안정되게 갖다 대고 5초 이상 가열한다. 땜납은 아직 갖다 대지 않는다!

2 단계. 납땜인두는 그 상태를 유지한 채로 전선이 교차하는 부분에 땜납을 조금 발라준다. 전선 2개, 땜납, 인두 팁이 모두 한 지점에 모여 있어야 한다.

3단계. 처음에는 땜납이 녹는 속도가 느릴 수 있다. 인내심을 가진다.

4단계. 그림 12-30에서 땜납이 둥글고 멋진 공 모양임을 알 수 있다. 입김을 불어 식힌다면 10초 정도 후에 손으로 만질 수 있다. 완성한 접합 부위는 균일하고 반짝이는 둥근 모양이어야 한다.

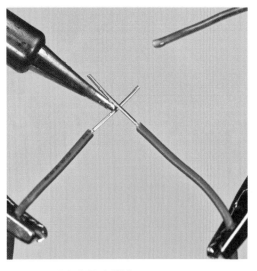

그림 12-27 1단계: 전선을 가열한다.

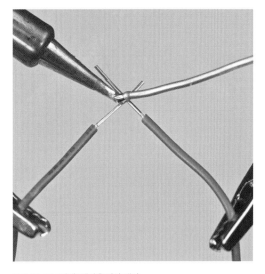

그림 12-28 2단계: 땜납을 갖다 댄다.

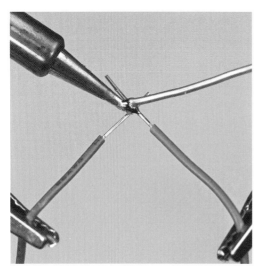
그림 12-29 3단계: 땜납이 접합부로 흐르기 시작한다.

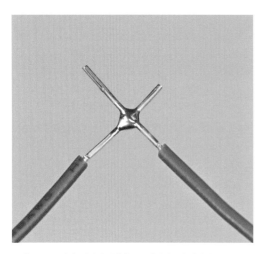
그림 12-30 4단계: 땜납이 전선에 둥글게 달라붙어 반짝인다.

접합 부위가 식고 나면 보조기에서 전선을 빼내서 양쪽으로 잡아당겨 보자. 더 세게 당겨 보자! 최선을 다했는데도 떨어지지 않는다면 두 전선은 전기적으로 연결되어 있으며 연결된 상태가 유지될 것이다. 연결이 제대로 되지 않았다면 상대적으로 쉽게 두 전선이 분리된다. 열이나 땜납이

충분하지 않았기 때문일 수 있다. 그림 12-31를 보면 어떤 느낌인지 알 수 있다.

그림 12-31 잘못 만든 납땜 접합부(왼쪽)와 잘 만든 납땜 접합부(오른쪽)를 구별하기란 그리 어렵지 않다.

납땜에 관한 세 가지 속설

속설 1: 납땜은 아주 어렵다. 아주 많은 사람이 납땜을 배웠지만, 그 사람들이라고 여러분보다 납땜을 매우 잘하는 건 아니다!

속설 2: 납땜은 건강을 해칠 수 있다. 납땜에 든 독성이 있는 화학물질 때문이다. 납땜 중에 나오는 가스는 흡입하지 않도록 해야 하지만, 이는 일상생활에서 사용하는 표백제와 페인트 등에도 똑같이 적용된다. 땜납을 만지는 게 걱정된다면 니트릴 장갑을 낄 수도 있다.

속설 3: 납땜인두는 위험하다. 당연히 주의해야 한다. 납땜인두가 피부가 닿으면 화상을 입을 수도 있으니 손으로 쥐지 않아야 한다. 그러나 작업실에서 사용하는 전동 공구 쪽이 훨씬 위험하다. 적어도 내 경험으로는 그렇다.

납땜 시 저지를 수 있는 실수 여덟 가지

충분히 가열되지 않은 경우. 접합부가 눈으로 보기에는 괜찮지만 열이 충분하지 않아 땜납이 제대로 녹지 않았고 내부 분자 구조가 재배열되지 않았다. 견고하고 균일한 방울 모양이 되지 못하고 입자 상태로 남으면 연결한 전선을 잡아당겼을 때 분리되는 냉납(dry joint, cold joint)이 발생한다. 이런 경우 접합부에 충분히 열을 가하고 땜납을 추가해 주어야 한다.

땜납을 접합 부위로 가져가는 경우. 땜납에 열이 충분히 가해지지 않은 주된 이유는 인두 위에서 땜납을 녹인 뒤 납땜하려는 곳으로 옮기려 하기 때문이다. 전선은 여전히 차가운 상태이기 때문에 땜납을 옮겼을 때 열을 빼앗기고 땜납이 제대로 붙지 않는다. 그러니 먼저 납땜인두로 전선을 가열한 뒤에 땜납을 가져다 대야 한다. 이렇게 하면 전선이 뜨거워져서 땜납을 녹이는 데 도움이 된다.

- 이는 아주 흔하게 일어나는 문제라서 다시 한번 강조한다. 뜨거워진 땜납을 차가운 전선에 가져가지 않는다. 차가운 땜납을 뜨거운 전선에 갖다 대야 한다.

지나치게 열을 가한 경우. 15W 납땜인두를 사용하면 이런 일이 일어날 위험은 그리 크지 않지만 일어나기는 한다. 열을 계속 가하고 있으면 접합부를 제대로 만드는 데는 도움이 되겠지만 그 주변이 손상될 수 있다. 플라스틱 피복이 녹으면 반도체를 손상시킬 위험이 있다. 부품이 손상되면 납땜을 제거한 뒤 교체해 주어야 해서 시간도 잡아먹고 상당히 번거롭다. 원인이 무엇이든 납땜이 제대로 되지 않았다면 납땜을 제거하고 잠시 기다렸다가 온도가 조금 떨어지고 나서 다시 납땜한다.

땜납이 충분하지 않은 경우. 두 도선의 접합이 얇으면 연결이 튼튼하지 않을 수 있다. 전선 2개를 연결할 때는 반드시 접합부 아래쪽도 확인해서 땜납이 아래까지 완전히 스며들도록 한다. 이때 확대경을 사용하면 도움이 된다.

땜납이 완전히 굳기 전에 접합 부위를 움직이는 경우. 이 경우 눈에 띄지 않는 균열이 생길 수 있다. 이런 균열로 인해 회로가 작동을 멈추지는 않겠지만 미래의 어느 시점에 균열이 완전히 벌어지면서 전기 접촉을 끊어버릴 수도 있다. 납땜 전에 부품을 고정하거나 만능기판에 부품을 고정해 두면 이런 문제를 피할 수 있다.

먼지나 기름기가 있는 경우. 전기 땜납에는 납땜할 금속을 깨끗하게 해주는 로진이라는 수지가 들어 있지만, 그럼에도 금속에 먼지가 덮여 있으면 땜납이 표면에 달라붙지 못한다. 부품이 더러워 보인다면 먼저 고운 사포로 깨끗하게 갈아준 뒤 납땜한다.

납땜인두 팁에 카본이 붙어 있는 경우. 납땜인두를 사용하다 보면 팁에 검은 카본(탄소) 덩어리가 점차 엉겨 붙어서 열전달을 방해할 수 있다. 앞에서 설명한 대로 팁을 닦아준다.

적절하지 않은 금속을 사용하는 경우. 전기 땜납은 전자부품에 사용하도록 만들었다. 따라서 알루미늄이나 스테인리스강 같은 금속에는 제 역할을 하지 못한다. 크롬 도금된 부품에는 이런 금속을 납땜해 붙일 수 있을지 모르겠으나 만만한 작업은 아닐 것이다.

접합 부위를 확인하지 않은 경우. 막연히 괜찮을 거라고 생각하지 말자. 접합부는 반드시 손으로 잡아당겨서 확인한다. 접합부에 손이 닿지 않는다면 드라이버 날을 접합 부위 아래에 끼워 넣고 살짝 움직여 보거나 작은 플라이어로 접합 부위를 잡아당겨 본다. 작업한 납땜을 망칠지도 모른다는 걱정은 넣어둔다. 막 다룬다고 해서 접합 부위가 견뎌내지 못한다면 어차피 제대로 납땜했다고 보기 어렵다.

여덟 가지 실수 중에 최악은 냉납이다. 실수하기는 쉽지만 겉으로는 아무런 문제가 없어 보이기 때문이다.

두 번째 납땜 접합부

이제 조금 더 까다로운 납땜 접합부를 만들어 볼 시간이다. 다시 한번 말하지만 제대로 된 접합부를 만들 수 있으려면 납땜인두를 플러그를 콘센트에 꽂고 최소 5분은 두어야 한다.

이번에는 전선을 서로 나란히 놓을 것이다.

나란히 놓인 전선은 교차된 전선보다 납땜하기 더 까다롭지만 반드시 필요한 기술이다. 이 기술을 배워 두지 않으면 완성한 접합부에 열 수축 튜브를 끼워서 절연하기가 불가능하다.

그림 12-32부터 12-36까지는 이러한 접합부를 만드는 다섯 단계를 보여 준다. 처음부터 두 전선을 완벽하게 겹쳐 둘 필요는 없다. 어차피 땜납이 그 사이의 빈틈을 채워준다. 그러나 앞에서처럼 전선은 땜납이 그 위를 흐를 수 있을 정도로 가열해야 한다. 출력이 낮은 납땜인두를 쓰면 가열에 시간이 더 걸릴 수 있다.

땜납은 사진에서처럼 사용해야 한다. 납땜인두 팁 위에 납땜을 올려 접합부에 가져가는 식으

그림 12-32 1단계: 전선을 나란히 놓는다.

그림 12-33 2단계: 전선을 가열한다.

로 하면 안 된다는 점을 기억하자. 겹쳐진 상태의 전선을 먼저 가열한 다음 전선과 납땜인두 팁에 땜납을 갖다 대야 한다. 잠시 기다리면 땜납이 액체가 되어서 접합부 사이로 흘러 들어가는

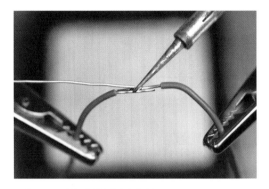

그림 12-34 3단계: 땜납을 가져다 댄다.

그림 12-35 4단계: 땜납이 접합 부위 사이로 녹아 들어가기 시작한다.

그림 12-36 5단계: 완성된 접합 부위가 반짝이고, 땜납은 구리 전선 표면 위로 퍼져 있다.

모습을 볼 수 있다. 땜납이 녹지 않는다면 조금 더 오래 열을 가한다.

접합부를 튼튼하게 완성하기 위해서는 땜납을 충분히 사용해야 하지만 땜납이 지나치게 많으면 열 수축 튜브를 끼우는 데 방해가 된다. 이는 잠시 후에 설명한다.

열 이론

납땜은 납땜인두의 열을 만들고 있는 접합 부위에 전달한다. 이를 위해서는 납땜인두의 각도를 잘 조정해서 접촉 면적이 최대가 되도록 해야 한다. 그림 12-37과 12-38을 참조한다. 이는 두꺼운 전선을 사용할 때 특히 중요하다.

그림 12-37 납땜인두와 작업 표면 사이의 접촉면이 작으면 충분한 열이 전달되지 않는다.

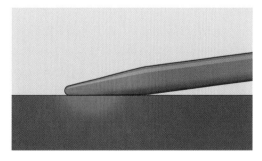

그림 12-38 접촉면이 늘어나면 전달되는 열이 증가한다.

땜납은 일단 녹기 시작하면 접촉 범위를 넓혀 가면서 열 전달을 돕기 때문에 자연스럽게 열 전달 속도가 빨라진다. 단, 이 과정을 촉발하기가 까다롭다.

열 흐름 측면에서 고려해야 할 또 다른 사항은 원치 않는 곳까지 열이 전달될 수 있다는 사실이다. 아주 두꺼운 구리 전선을 납땜할 때는 전선이 접합부로부터 열을 빼앗아 가기 때문에 땜납을 녹일 수 있을 만큼 전선을 가열하지 못할 수도 있다. 이런 문제를 해결하기에는 40W 납땜인두도 충분하지 않을 수 있다. 거기다 구리에 가한 열이 땜납을 녹이기에는 부족하더라도 전선의 피복은 충분히 녹일 수도 있다.

보통 15초 내에 납땜을 끝내지 못한다면 지금 가하는 열이 충분하지 않다는 뜻이다.

열로 튜브 수축시키기

열 수축 튜브와 히트건이 있으면 전선 2개를 겹쳐 만든 접합부를 절연하기는 아주 쉽다.

접합부 위로 열 수축 튜브를 끼워도 걸리는 부분이 없을 정도로 직경이 큰 튜브를 선택한 뒤 길이가 2.5cm 정도 되도록 자르고 접합부가 가운데로 오도록 끼운다(그림 12-39 참조).

히트건에 튜브를 대고 히트건의 전원을 켠다. (손가락은 아주 뜨거운 바람에 닿지 않도록 주의한다.) 그런 뒤 전선을 뒤집어서 반대쪽도 가열해준다. 튜브는 15초 정도면 접합부 주변을 단단히 감쌀 정도로 수축된다(그림 12-40 참조).

튜브에 지나치게 열을 가하면 과하게 줄어들어서 찢어질 수 있다. 이렇게 되면 튜브를 커터

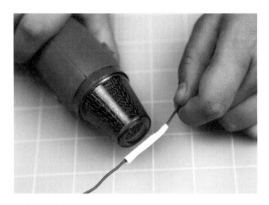

그림 12-39 납땜 접합부를 절연할 준비하기.

그림 12-40 열 수축 튜브가 수축되었다. 작업이 끝났다.

칼로 잘라서 제거한 뒤 과정을 다시 반복한다. 튜브가 접합부를 단단히 감쌀 정도로 수축되면 더 이상 열을 가할 필요가 없다. 튜브는 대부분 길이 방향에 직각으로 수축하지만 길이 쪽으로도 살짝 줄어든다.

흰색 튜브를 사용한 이유는 사진으로 찍었을 때 보기 좋아서다. 다른 색을 사용해도 같은 결과를 얻을 수 있다.

주의: 히트건은 진짜 뜨거워진다!

히트건의 통풍구 부분이 금속 튜브 형태인 제품

의 경우 사용하고 나서도 몇 분 동안은 매우 뜨겁다. 또, 납땜인두의 경우와 마찬가지로 다른 사람(동물도 마찬가지)은 히트건이 뜨겁다는 사실을 모를 수 있기 때문에 특히 위험하다. 무엇보다 가족들이 히트건을 헤어 드라이어로 착각해 사용하지 않도록 해야 한다(그림 12-41 참조). 히트건을 사용하기 전에 먼저 가족들에게 위험성을 경고해야 한다.

그림 12-41 가족들은 히트건이 헤어 드라이어와는 다르다는 점을 꼭 알고 있어야 한다.

전원 공급 장치의 전선 개조하기

AC 어댑터를 구입했다고 가정했을 때 어댑터의 전류를 어떻게 브레드보드로 공급할 수 있을까? 납땜이 필요하지 않은 쉬운 방법을 사용할 수도 있지만 위에서 설명한 납땜 기술을 사용하는 편이 더 낫다.

　두 가지 방법 모두 설명하겠지만, 어느 쪽이나 가장 먼저 해야 할 일은 그림 12-42처럼 어댑터에서 전선의 끝에 달린 플러그를 잘라내는 것

이다. 당연한 이야기겠지만 AC 어댑터를 벽면 콘센트에 꽂아 전원이 공급되는 동안에는 이 작업을 진행해서는 안 된다.

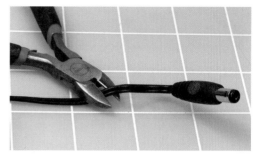

그림 12-42 벽면 콘센트에서 AC 어댑터를 뺀 상태로 전선을 잘라야 한다.

그런데 어댑터의 두 도선 중 어느 쪽이 양극이고 어느 것이 음극일까? 두 도선 중 하나는 그림 12-43처럼 어떤 식으로든 표시가 되어 있을 수 있다. 표시가 있는 쪽이 아마도 '양극'이겠지만 나는 '아마도'라는 단어를 좋아하지 않는다. 확인해 보자.

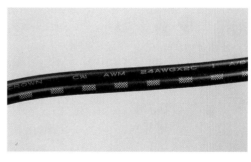

그림 12-43 AC 어댑터의 도선 중 하나에 표시가 되어 있을 수 있다. 보통 표시가 있는 쪽이 양극이지만 확인이 필요하다.

그림 12-44처럼 커터칼로 두 도선 사이를 잘라서 분리한다. 둘을 잡아 떼어낸 다음 그림 12-45처럼 피복을 각각 1.5cm 정도 벗겨 낸다.

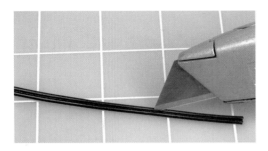

그림 12-44 커터칼로 두 도선을 분리한다.

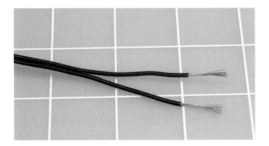

그림 12-45 도선을 잡아 떼어낸다.

피복을 벗긴 부분은 서로 떨어뜨려 놓아야 한다. 다음 단계에서는 어댑터에 전원을 연결하기 때문이다. 전선에 낮은 전압이 흐르더라도 두 전선이 서로 닿으면 큰 스파크가 일 텐데, 이런 일을 좋아하는 사람은 없을 것이다. 이를 예방하기 위해 그림 12-46처럼 악어 클립으로 전선을 고정해 두면 좋다.

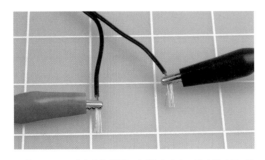

그림 12-46 AC 어댑터에 전원을 연결하기 전에 도선이 닿지 않도록 떨어뜨려 놓는다.

이제 어댑터에 전원을 연결하고 계측기가 볼트를 측정하도록 설정한 뒤 AC 어댑터의 전압을 측정한다. 여기에서는 어떤 전선이 양극이고 음극인지 알고 싶을 뿐이다. 그러니 계측기 화면에 마이너스 기호가 뜨면 그냥 탐침을 서로 바꾸어 다시 측정한다.

계측기의 화면에 나타난 값이 양수이면 계측기의 빨간색 선이 AC 어댑터의 양극과 연결되어 있음을 알 수 있다. 어댑터가 잘못된 방향으로 전원을 공급하면 회로의 부품을 손상시킬 수 있으므로, 중요한 확인 과정이다.

이제 어댑터의 플러그를 뽑고 어떤 식으로든 양극 도선(positive conductor)을 표시해 둔다. 테이프를 붙이거나 악어 클립을 사용할 수 있다. 잊지 말자. 표시는 빨간색 계측기 탐침으로 확인한 양극 도선에 남긴다.

앞에서 분명히 어댑터의 플러그를 뽑으라고 했다. 플러그를 뽑았는가? 제대로 확인한 뒤 다음 단계로 넘어가자.

이제 한쪽 도선을 다른 쪽보다 짧게 잘라 나중에 만들 접합부가 혹시라도 떨어졌을 때 서로 닿을 가능성을 최소화한다. 음극선 쪽을 짧게 자르자. 니퍼로 자른 다음 절연체를 1.5cm 정도 추가로 벗겨 낸다. 잘라낸 모습은 그림 12-47과 같아야 한다.

이제 각각 8cm 정도의 빨간색과 파란색(또는 검은색) 연결용 전선을 가져와 어댑터 전선의 피복을 벗긴 끝부분과 납땜하거나 전선 연결 나사로 연결할 것이다. (어댑터의 플러그를 뽑았으리라 믿는다)

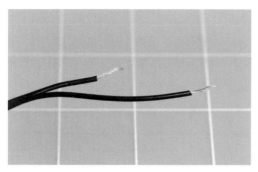

그림 12-47 안전을 위한 예방책으로 AC 어댑터의 도선을 길이가 서로 다르게 잘랐다.

그림 12-48 함께 꼬아 놓은 두 도선.

납땜인두가 없는 경우: 그림 12-48과 같이 전선을 서로 꼬아준다. 그런 다음 꼬인 전선을 그림 12-49처럼 접어서 두께를 두 배로 만들고, 다음 단계에서 전선 연결 나사 안에 잘 끼워 넣는다. 그림 12-50과 같이 전선 연결 나사를 조이고 단단히 조였는지 확인한다. 나사가 풀리지 않도록 위에 전기 테이프나 기타 테이프를 바른다. 내게는 마침 음극 연결에 사용하는 파란색 전기 테이프가 있었다.

그림 12-49 꼬인 전선을 접은 모습.

납땜인두가 있는 경우: 겹쳐 놓은 전선을 납땜하는 법을 사용해 보자. 각 어댑터 전선을 올바른 색상의 점퍼선과 연결한다. 접합부에 납땜이 제대로 이루어지지 않은 것 같다면 열을 다시 가해 전선을 분리한 다음 납땜한다. 언젠가 접합부가 예기치 않게 떨어지는 일은 바라는 바가 아니다.

이제 접합부를 절연할 차례다. 가능하다면 열 수축 튜브를 사용한다. 열 수축 튜브가 없다면 납땜 접합부에서 전선을 접고 그 위로 전선 연결 나사를 끼울 수 있다. 아니면 전기 테이프를 사용하거나, 전기 테이프도 없으면 스카치테이프를 두

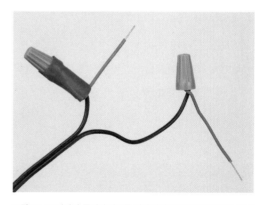

그림 12-50 나사가 풀리지 않도록 전선 연결 나사 위에 테이프를 바른 모습.

세 겹 감는다. 무엇이든 사용하기는 해야한다!

어댑터에 연결된 점퍼선 쪽은 바로 브레드보드에 끼울 수 있다. 9V 전지를 사용할 필요도 없다.

LED를 구워 보자

실험 4에서 LED를 태우기가 얼마나 쉬운지 보여
주었다. 그 소소한 탐험에서 실제로 일어난 일은
지나친 전류가 LED를 통과해서 과도한 열을 발생
시켰고, 이 열로 부품이 수명을 다했다는 것이다.

전기로 발생한 열이 LED를 손상시킬 수 있다
면 납땜인두의 열로도 같은 일을 할 수 있을까?
그럴 듯하게 들리지만 확실히 알아볼 방법은 하
나뿐이다.

실험 준비물

• 9V 전지와 커넥터, 또는 9V AC-DC 어댑터
• 롱노즈 플라이어, 또는 주둥이가 뾰족한 플라
  이어
• 15W 납땜인두
• 선택 사항: 30W 납땜인두
• 3mm LED 1개
• 470옴 저항 1개
• 작업물을 고정해 줄 납땜 보조기
• 구리 악어 클립 1개

이 실험에는 5mm LED보다 열 손상에 더 취약한
3mm LED 사용을 권한다. 사진을 찍기 위해 빨
간색이 아닌 노란색 LED를 골랐는데, 어떤 색을
사용해도 상관없다.

실험의 목적은 열의 영향을 알아보는 것으로,
이를 알기 위해서는 열이 어디로 이동하는지 알
아야 한다. 이런 이유로 이번 실험에서는 브레드
보드를 사용하지 않는다. 브레드보드는 보드 내
부의 접점이 열을 얼마나 흡수할지 알 수 없다.
테스트 리드도 열을 흡수하기 때문에 LED 주변
에서 테스트 리드를 사용하지 않았으면 한다.

대신 주둥이가 뾰족한 플라이어를 사용해서
LED의 한쪽 리드를 작은 고리 모양으로 구부린
다. 470옴 저항의 한쪽 리드도 같은 작업을 해
준다.

그림 13-1은 실험을 위한 설정을 보여 준다.
전도를 통한 열 손실을 최소화하기 위해 LED의
리드 중 하나에 저항을 매달고, 저항의 나머지
리드에 전원 공급 장치의 전선을 매단다. 중력
덕분에 모든 부품이 하나로 이어진다.

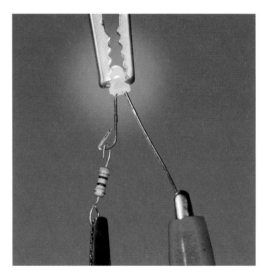

그림 13-1 3mm 노란색 LED의 내열성을 확인할 준비가 되었다.

LED의 플라스틱 본체는 납땜 보조기의 악어 클
립으로 고정한다. 플라스틱은 열전도율이 좋지
않으므로 LED의 렌즈의 전도로 인한 열 손실은
크지 않다.

9V 전압을 공급하면 LED가 밝게 빛난다. 15W 납땜인두가 완전히 가열될 때까지 기다렸다가 켜진 LED의 리드 중 하나에 납땜인두 팁을 가져다 댄다.

15초 정도가 지나면 LED가 힘들어 하기 시작한다. 15초가 더 지나면 LED는 마치 사그러져 가는 불씨(그림 13-2)처럼 꺼진다.

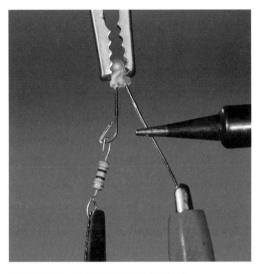

그림 13-2 15W 납땜인두를 15초 정도 대고 있다.

LED는 목숨을 희생해 우리의 지식에 대한 욕구를 충족시켜 주었다. 명예로운 죽음이었다. 타버린 LED는 휴지통에서 편히 쉬도록 두고 새 LED로 교체하자. 이 녀석은 조금 더 상냥하게 대할 생각이다. 새 LED는 이전처럼 연결하지만 이번에는 납땜인두 팁과 LED 사이에 일반 구리 악어 클립을 추가한다. 이렇게 하면 납땜인두를 한곳에 2분 간 대고 있어도 LED가 손상되지 않는다.

열은 어디로 이동하는가

열이 납땜인두 팁을 지나 LED와 연결된 전선으로 흘러간다고 상상해 보자. 단, 이때 열은 그림 13-3처럼 도중에 악어 클립과 만난다. 구리는 LED의 플라스틱 캡슐보다 열을 훨씬 더 잘 전달하기 때문에 열은 구리 클립으로 흘러들어 가려 그 결과 LED는 손상을 피할 수 있다.

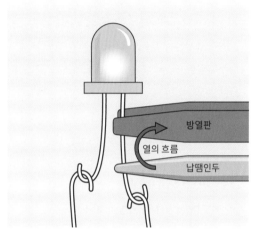

그림 13-3 구리 악어 클립이 LED에서 열을 앗아가는 원리.

악어 클립이 온도 상승을 막아주는 방열판(heat sink) 역할을 했다고 말할 수 있다.

구리 악어 클립은 우수한 열 전도체라 흔히 사용하는 니켈 도금 강철 악어 클립보다 방열 효과가 더 좋다.

부품을 태우면, 거기다 예비 부품이 없다면 아주 짜증이 날 수 있다. 15W 납땜인두를 반도체와 아주 가까운 곳에 20초 이상 두어야 한다면 반도체의 안전을 위해 방열판을 사용한다.

30W 인두를 조심스럽게 취급해야 하는 부품과 함께 사용하려면 방열판은 필수다.

웨어러블 멀티바이브레이터

만능기판에 부품을 올리면 회로 크기를 상당히 줄일 수 있다는 장점이 있다. 이럴 경우 전지를 넣을 곳만 있다면 착용도 가능하다. 예를 들어, 야구모자 앞부분에 회로를 장착한다면 정수리와 모자 꼭대기 사이의 공간에 전지를 숨길 수 있다. 이 작은 프로젝트에서는 실험 10에서 사용한 비안정 멀티바이브레이터 회로를 0.6×1인치 (1.5×2.5cm) 크기의 만능기판에 맞게 축소했다.

실험 준비물

- 테스트용 9V 전지(또는 AC 어댑터)
- 연결용 전선, 니퍼, 와이어 스트리퍼, 계측기
- 15W 납땜인두
- 두께 0.05인치(1.5mm) 이하의 땜납
- 구멍 간격이 0.1인치(2mm)이고 구리 도금이 없는 만능기판
- 납땜 보조기나 이와 비슷한 장치
- 저항: 4.7K 2개, 470K 2개
- 세라믹 커패시터: 1μF 2개
- 2N3904 트랜지스터 2개
- 3mm 빨간색 LED 2개

만능기판에 회로 설치하기

만능기판에 부품을 설치하는 가장 간단한 방법은 점대점 배선을 사용하는 것이다. 점대점 배선은 다음과 같이 연결한다.

1. 부품의 리드를 함께 연결하는 방법을 고민하며 부품 배치를 스케치한다.
2. 리드를 기판 구멍에 끼운다.
3. 리드를 구부려 기판 아래쪽에서 서로 연결시킨다.
4. 납땜 접합부를 만든다.
5. 리드를 정리한다.

이 작업은 상당히 쉬워 보이지만, 해결해야 할 문제가 몇 가지 있다.

1. 기판 아래의 리드는 피복을 입히지 않았기 때문에 서로 겹치지 않도록 주의해야 한다. 어쩔 수 없이 겹쳐야 한다면 피복을 입힌 전선 쪽을 기판 위쪽으로 겹쳐지게 연결한다.
2. 충분히 작은 회로를 만들고 싶다면 처음부터 아주 작은 규모로 작업해야 한다. 흔들리지 않도록 고정해 줄 보조기가 필요하며 납땜인두 팁이 상대적으로 크면 작업이 어려울 수 있다.

그림 11-2의 비안정 멀티바이브레이터 회로는 부품의 배치를 크게 바꾸지 않고도 만능회로에 설치할 수 있다. 그림 14-1은 내가 작업한 배치를 보여 준다. 사용한 만능기판의 피치는 0.1인치 (2.5mm)로, 피치는 구멍 간 간격이라는 뜻이다.

모든 리드는 구멍에 끼운 뒤 그림 14-2와 같이 기판 아래에서 연결한다. 이 회로는 대칭을 이루고 있어서 그리기가 아주 쉽다.

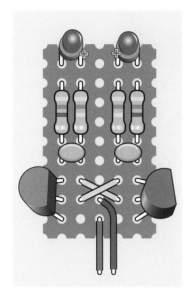

그림 14-1 만능기판에 비안정 멀티바이브레이터를 점대점으로 배선하기 위한 계획.

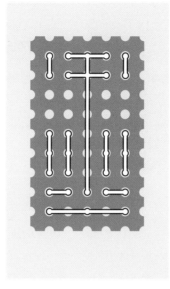

그림 14-2 그림 14-1에서 기판 아래의 부품 연결.

만들고 있음을 알 수 있다. 기판은 전체 회로를 완성하고 테스트를 끝낸 후에 자른다.

먼저 부품 4~5개의 리드를 기판 구멍에 끼운 뒤 기판을 뒤집을 때 부품이 떨어지지 않도록 리드를 구부려 준다. 이제 연결을 그려 둔 스케치와 비교한다(그림 14-2 참조). 리드 몇 쌍을 먼저 납땜해 다듬은 다음 추가로 리드를 끼운다. 실수하기가 너무 쉽기 때문에 중간중간 멈춰서 확대경으로 납땜 접합부를 검사한다.

그러나 회로는 보통 비대칭이라서 왼쪽에서 오른쪽으로 뒤집었을 때의 모습을 머리로 그리기가 어려울 수 있다. 이런 이유로도 그림을 그리는 과정은 주의해서 진행되어야 한다. 그림을 사진으로 찍은 뒤 이미지 편집 소프트웨어로 좌우를 뒤집어보면 기판 뒷면이 어떤 모습이 될지 알 수 있다.

그림 14-1과 14-2를 비교해야 하며, 각 연결을 따라가며 그림 11-2의 회로도와 동일한지도 확인해야 한다.

이제 어려운 부분인 회로 설치로 들어가 보자.

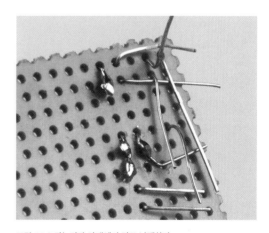

그림 14-3 만능기판 아래에서 리드 납땜하기.

작업 과정

그림 14-3은 진행 중인 작업을 보여 준다. 보조기에 달린 악어 클립으로 기판을 쉽게 고정하기 위해 만들려는 크기보다 큰 기판의 구석에 회로를

그림 14-4는 모든 부품을 설치한 기판의 윗 부분을 보여 준다. 그림 14-5는 최종 크기로 잘라낸 기판의 아랫부분이다. 보기에 좋지는 않지만 내가 세심한 작업을 잘 한다고 자랑한 적은 없다.

그림 14-4 모든 부품을 설치했다.

그림 14-5 납땜을 완료하고 기판을 잘랐다.

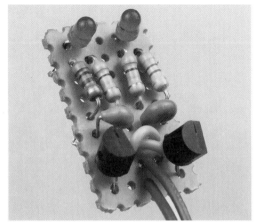

그림 14-6 만능기판에 완성한 비안정 멀티바이브레이터.

있다. 그림 12-17의 브레드보드를 모방한 배치처럼 구리띠가 다양한 패턴으로 도금된 기판을 구입하면 된다. 각 리드를 이 기판의 구멍에 납땜하면 구리띠가 다음 리드와 연결을 만들어 준다. 2개 이상의 리드가 하나의 연결을 공유하도록 하는 대신, 리드를 각각 납땜하면 된다. 이 방법은 하기도 쉽고 결과물도 훨씬 깔끔하다. 그러나 앞에서 말했듯이 앞의 방법만큼 크기를 줄일 수는 없다.

이 외에 인쇄 회로 기판을 맞춤으로 만드는 방법도 있지만, 이는 이 책에서 다루지 않는다.

배선 오류 고치기

내가 비안정 멀티바이브레이터를 만들기 위해 점대점 배선 작업을 할 때는 운이 좋았다. 배선 오류가 없었고 작동도 한번에 성공했다. 그러나 만약 실수를 했다면 납땜한 접합부를 어떻게 되돌려야 할까?

납땜인두 팁을 닦아낸 뒤 팁으로 땜납을 최대

내 결과물을 보고 여러분이 자신감을 가질 수 있었으면 한다.

그림 14-6은 완성된 모습을 보여 준다. 나는 만능기판을 다듬는 데 적합한 띠톱을 가지고 있지만 쇠톱으로도 쉽게 다듬을 수 있다. 당연한 이야기지만 부품이 연결된 쪽이 아닌 사용하지 않는 쪽 기판을 바이스로 고정해야 한다. 또, 기판은 회로를 테스트한 뒤에 자른다.

더 쉬운 방법

전선끼리 연결하는 과정이 너무 번거로웠을 수 있다. 더 좋은 방법이 없을까?

한 제거할 수 있다. 또, 그림 12-8의 고무 땜납 제거기나 그림 12-9의 구리 끈을 사용할 수도 있지만 나는 이러한 도구를 사용하는 데 회의적이라고 말한 바 있다.

남아 있는 땜납을 녹이는 동안 플라이어로 전선을 잡아 주어야 할 수도 있다. 땜납이 녹으면 전선을 떼어 낼 수 있다.

회로가 작동하지 않는 이유가 배선 오류만은 아니다. 부적절하게 열이나 땜납을 가해서 발생하는 문제는 앞에서 이미 다루었지만, 땜납을 지나치게 사용하는 것 자체도 문제가 될 수 있다. 땜납을 너무 많이 사용해서 연결하면 안 되는 전선을 서로 연결한 경우 커터칼로 땜납에 평행하게 선을 2개 그은 뒤 그 사이를 긁어낸다.

조명이 밝으면 모든 작업이 훨씬 쉬워진다.

주의: 날아다니는 전선 조각

니퍼의 날은 전선을 자를 때 강한 힘을 가하게 되는데, 이 힘은 전선이 잘리는 순간 최대가 되었다가 방출된다. 이때 이 힘이 잘린 전선 조각에 가해지면서 급작스러운 움직임으로 변환될 수 있다. 어떤 전선은 상대적으로 부드러워서 그다지 위험하지 않지만 트랜지스터나 LED의 리드는 이보다 더 단단하다. 작게 잘린 전선 조각은 예기치 않은 방향으로 아주 빠르게 튈 수 있어서 눈을 가까이 대고 작업하면 위험하다.

전선을 자를 때는 일반 안경을 써도 눈이 보호될 수 있다. 안경을 쓰지 않는다면 플라스틱 보안경이 적절한 예방책이 될 수 있다.

혼란스러운 단위

이제 지금까지 언급을 피했던 주제인 측정 단위를 이야기할 차례다.

나는 미국에 살고 있어서 주로 인치 단위의 측정값을 사용하지만 그럼에도 LED의 직경은 5mm, 3mm라고 표시했다. 그러나 이건 내가 일관성이 없어서가 아니다. 이런 일관성 없는 표기는 일상에서만이 아니라 동일한 데이터시트에서조차 인치와 밀리미터를 혼용하는 전자산업계의 혼란한 상태를 반영한다. 예를 들어, 표면 노출형 칩의 핀 간격은 밀리미터로 표시하는 경향이 있지만, 스루홀 DIP 칩은 여전히 핀 간격을 0.1인치 단위로 표현하며, 이는 아마도 영원히 변치 않을 것이다.

문제를 더 복잡하게 만드는 것은 미국 내에서 인치를 사용할 때조차 표시 방법이 두 가지라는 점이다. 예를 들어 금속의 두께는 인치를 소수점으로 표시해서 강철판 두께는 0.016인치처럼 표시한다. 반면 드릴 비트는 인치를 분수로 나타내서 1/64인치의 배수로 표시한다. 2/64인치는 1/32인치로, 2/32인치는 다시 1/16인치로 표시하는 식이다. 또, 6/64인치는 3/32인치, 8/64인치는 1/8인치로 나타낸다.

다른 국가들은 대부분 오래전에 미터법으로 옮겨갔지만 미국은 변화를 원치 않는 듯하다. 그래서 단위 표시 체계 간에 변환이 쉽도록 다음 두 페이지에 도표를 4개 만들었다.

그림 14-7의 도표는 분수로 표시한 인치가 인치를 100으로 나누었을 때 어디에 해당하는지 보여 준다.

그림 14-8은 분수 표시 인치 값과 그에 대응되는 소수 표시 인치 값을 보여 준다. 0.375인치 등의 측정값을 보게 될 일이 아주 많을 것이기 때문에 0.375인치가 3/8인치와 같다는 사실을 알고 있으면 유용하다.

데이터시트에서 수치를 표시할 때 밀리미터와 인치 두 가지를 모두 사용하는 경우도 많지만 밀리미터만 사용하기도 한다. 그림 14-9는 밀리미터 기준, 1/100인치 기준, 분수 표기 인치 기준 간의 변환에 사용할 수 있다. 이 도표에서 5mm

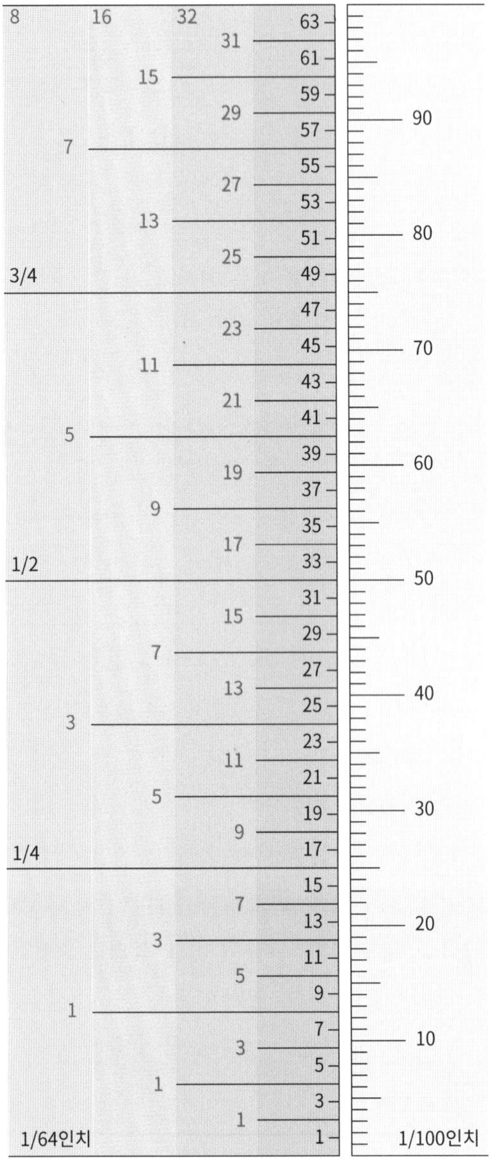

그림 14-7 분수 표시 인치와 1/100인치 기준 간의 변환.

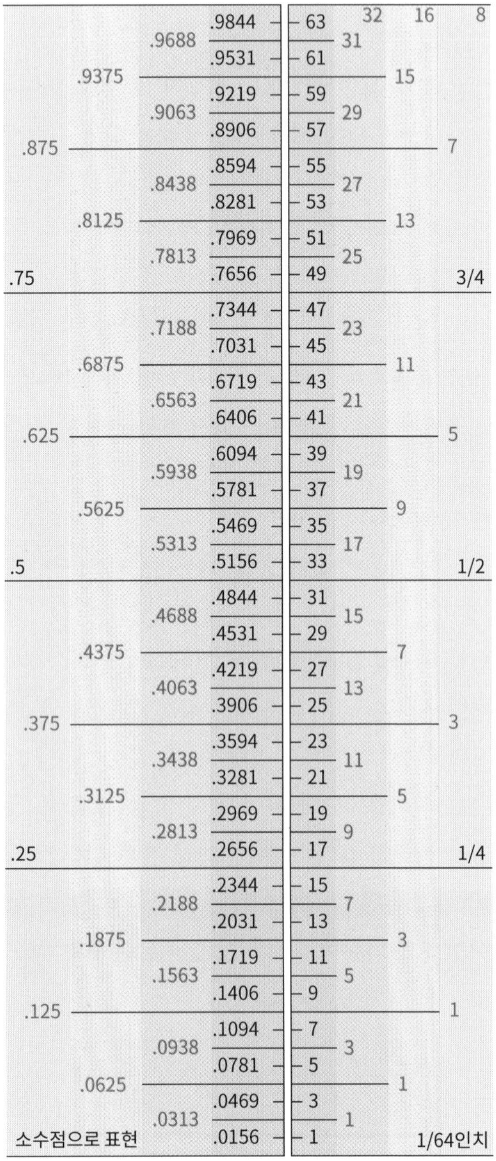

그림 14-8 소수 표시 인치와 분수 표시 인치 기준 간의 변환.

LED용 구멍을 뚫어야 할 때는 3/16인치 비트를 사용하면 거의 비슷한 크기로 뚫을 수 있음을 알 수 있다(실제로 LED를 끼우면 5mm 구멍을 뚫었을 때보다 더 끼기는 한다).

그림 14-10은 이전 도표를 확대한 것으로, 1/10밀리미터와 1/1,000인치 기준을 사용했다. 이 도표를 보면 브레드보드에 끼울 수 있는 핀이 있는 슬라이드 스위치가 필요할 때 2.5mm가 핀 간격인 0.1인치보다 아주 조금 모자람을 알 수 있다.

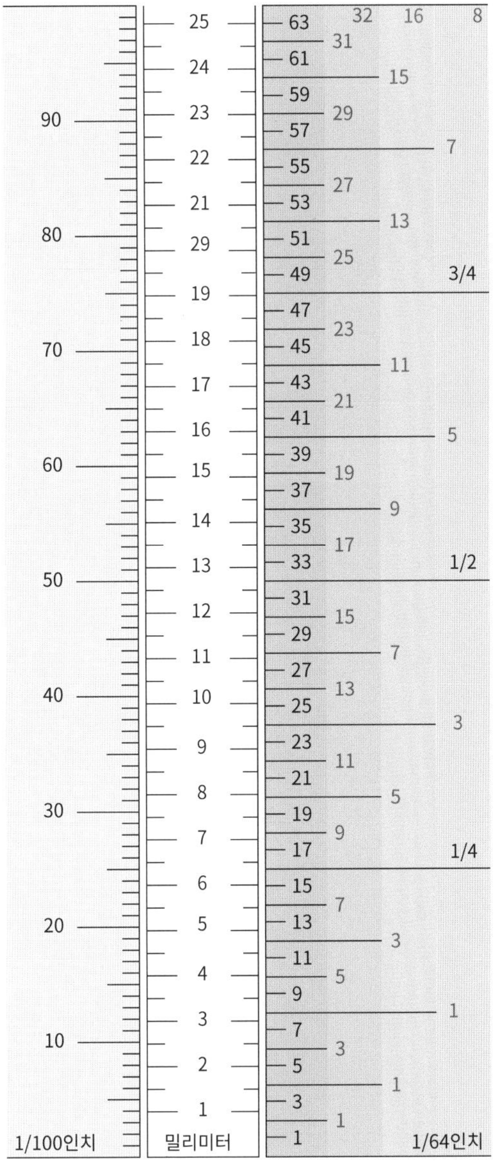

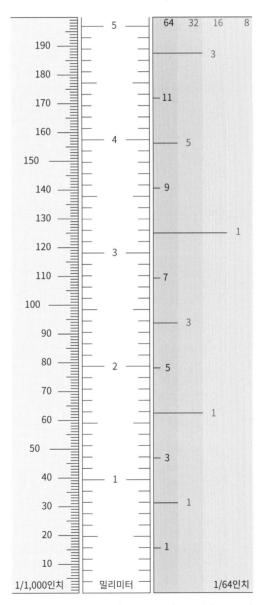

그림 14-9 1/100인치, 밀리미터, 소수 표시 인치 기준 간의 변환.

그림 14-10 더 작은 단위인 1/1,000인치와 1/10밀리미터, 분수 표시 인치 기준 간의 변환.

4장

칩스 아호이!

아주 매혹적인 주제인 집적회로(흔히 IC나 칩(chip)이라고 한다)를 배울 차례다. 그런데 그전에 짚고 넘어가야 할 게 있다. 앞의 실험 중에는 칩을 사용하면 더 빨리 진행할 수 있는 것들이 몇 개 있었다.

그렇다면 여러분이 시간을 낭비한 것일까? 절대 아니다! 저항과 커패시터, 트랜지스터가 서로 어떤 식으로 상호작용을 하는지 알아야 한다. 이와 같은 기본 부품, 정확히 말해 개별 소자(discrete component)는 이 책의 뒷부분에서도 회로에 계속 사용한다.

칩을 사용하면 회로가 단순해지고, 그림 4-1의 로봇만큼 신나지는 않더라도 칩을 가지고 노는 데 푹 빠질 수는 있다.

아래에 설명하는 공구와 장비, 부품, 물품은 앞에서 추천했던 품목과 함께 실험 15~24에서 유용하게 사용한다.

칩 선택하기

그림 15-2는 집적회로(integrated circuit, IC) 칩의 두 가지 유형을 보여 준다. 이 유형은 핀이 0.1인치(2.5cm) 간격으로 떨어져 있어서 브레드보드

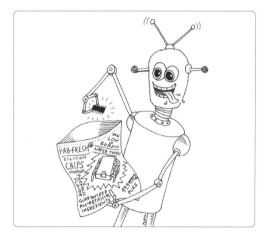

그림 15-1 내 롤 모델.

그림 15-2 스루홀 칩(위)과 표면 노출형 칩(아래).

나 만능기판의 구멍에 끼울 수 있으며(fit through the holes), 이런 이유로 스루홀 칩(through-hole chip)이라고 부른다. 다루기 쉽기 때문에 이 책에서는 이 유형만 사용한다. 작은 크기의 칩은 표면 노출형 칩(surface-mount chip)으로, 브레드보드나 만능기판에 끼울 수 없고 다루기가 어려워서 이 책에서는 사용하지 않는다. (현재 표면 노출형 칩은 대부분 여기에 소개된 제품보다 훨씬 더 크기가 작다.)

칩의 몸체는 흔히 패키지(package)라고 부르며, 플라스틱이나 수지로 만든다. 스루홀 칩은 보통 2열 패키지(dual-inline package)로 판매한다. 2열 패키지란 패키지에 핀이 양쪽 모서리를 따라 두 줄(dual)로 나 있음을 뜻한다. 약어로는 DIP(dual-inline package)라고 하며 플라스틱 칩이라면 PDIP(plastic dual-inline package)라고도 한다.

표면 노출형 패키지(surface-mount package)는 소형 집적회로를 뜻하는 SOIC(small-outline integrated circuit)처럼 보통 S로 시작하는 약어를 사용한다. 세상에는 수많은 표면 노출형 제품이 존재하지만, 이 책에서 모두 다루지는 않는다. 직접 부품을 구입할 때는 실수로 표면 노출형 제품을 선택하지 않도록 주의한다. 칩을 선택할 때는 다음을 참고하자.

• SMT나 SMD처럼 문자 S로 시작하는 모든 칩 유형은 피한다. 또, SO, SOIC, SSOP로 시작하는 부품 번호와 앞에 TSSOP나 TVSOP와 비슷한 문자열로 시작하는 부품 번호도 피해야 한다. 이들 제품은 모두 특별한 취급이 필요한 표면 노출형 유형이다.

패키지 안쪽에는 작은 실리콘 웨이퍼 위에 에칭되어 있는 회로가 숨어 있다. '칩'이라는 용어는 이 실리콘 조각에서 유래했지만, 현재는 부품 전체를 보통 칩이라고 부르며 이 책에서도 그 관행을 따른다. 패키지 내부의 작은 전선은 패키지 양변을 따라 튀어나와 있는 핀을 통해 회로와 연결된다.

그림 15-2의 PDIP 칩에는 각 열에 핀이 각각 7개씩, 총 14개가 있다. 칩에 따라 핀 개수가 4, 6, 8, 16, 또는 그 이상이 되기도 한다.

대부분의 칩은 표면에 부품 번호가 인쇄되어 있다. 그림 15-2의 두 칩은 겉으로 보기에는 상당히 다르게 생겼지만 부품 번호에 모두 '74'가 포함되어 있음을 알 수 있다. 두 칩은 모두 논리 칩으로 수십 년 전 처음 출시되었을 때 7400나 그보다 큰 번호를 할당받았다. 이런 칩들을 74xx 제품군(74xx family)이라고 하며 지금도 아주 유용하게 사용된다.

부품 번호가 무엇을 뜻하는지는 알아야 하기 때문에 그림 15-3에 이 내용을 간단히 정리했다. 처음의 문자는 제조사를 나타내므로 무시해도 된다. 무슨 문자든 우리가 사용하기에 별 차이가 없다. 다음으로 제품군을 표시하는 숫자 '74'

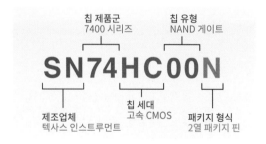

그림 15-3 7400 패밀리 칩의 부품 번호 해석하기.

가 보이고 그 뒤로 나오는 문자 2개(어떨 때는 3개)는 제품군 중 '몇 세대' 제품인지를 알려준다. 7400 제품군은 74L, 74LS, 74C, 74HC, 74AHC 등 여러 세대를 거쳐 진화했다. 세대를 표시하는 문자열은 이 외에도 많지만 이 책에서는 HC 세대 제품을 사용한다. 7400 칩은 거의 대부분 이 유형으로 판매되고 있으며, 비싸지 않고 전력을 많이 잡아먹지도 않는다. 이보다 뒤의 세대 제품은 속도는 **빠르지만** 이 책에서 우리가 하는 실험에는 불필요한 특성이다.

세대를 식별하는 문자 뒤로는 두 자리부터 때로는 다섯 자리까지 숫자를 표시한다. 이 숫자들은 해당 칩의 구체적인 용도와 기능을 표시한다. 전체 부품 번호를 확인하려면 다음을 검색한다.

list 7400 integrated circuits(7400 집적회로 칩 목록)

또는 위키피디아에서 해당 항목의 링크를 클릭하면 된다.

부품 번호의 마지막은 그 외의 문자 1개나 2개, 또는 그 이상으로 끝난다. 문자 N은 칩이 DIP 유형이라는 뜻이다. 이는 제품 사진을 볼 수 없을 때 중요한 정보가 된다.

부품 번호 설명이 길어졌지만, 이를 알아야 칩을 구입할 때 카탈로그 목록을 해석할 수 있다. '74HC00' 칩을 구입하려고 인터넷 쇼핑몰의 검색창에 검색하면 똑똑한 검색 엔진이 적절해 보이는 여러 제조업체의 칩을 보여주지만, 전체 부품 번호에는 입력한 검색어 앞뒤로 문자들이 붙어 있기 마련이다.

이 장의 실험에 필요한 모든 칩은 부록 A의 부품표에 수록해 두었다.

IC 소켓

납땜을 사용해 회로를 고정할 계획이라면 칩 핀에 직접 납땜을 하지 않는 편을 권한다. 배선 과정에서 오류를 범하면 핀 여러 개에서 납땜을 힘들게 제거해야 한다. 이때 그림 15-4와 같은 DIP 소켓(DIP socket)을 구입하면 이런 위험을 피할 수 있다.

그림 15-4 소켓을 사용하면 칩을 잘못 납땜해도 그로 인한 위험으로부터 칩을 보호할 수 있다.

소켓을 먼저 보드에 납땜한 다음 칩을 소켓에 끼우면 추가로 납땜할 필요가 없다. 이 책에 수록한 프로젝트에는 가장 저렴한 소켓을 사용할 수 있다(금도금 접점이 있는 제품을 구입하기 위해 추가로 비용을 들일 필요는 없다).

숫자 표시장치

이 책의 칩 프로젝트 중 하나는 세븐 세그먼트 숫자 표시장치(numeric display)를 사용해 출력을 표시한다. 이런 숫자 표시장치는 디지털 시계와 전자레인지에서 지금도 볼 수 있다. 그림 15-5는 세븐 세그먼트 LED 표시장치 중 하나를 보여

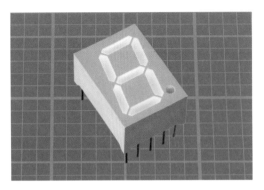

그림 15-5 세븐 세그먼트 LED 표시장치.

준다. 구입을 위한 정보는 부록 A를 참조한다.

전압조정기

논리 칩 중에는 5VDC 전압이 필요한 제품이 많기 때문에 AC 어댑터나 전지에 전압조정기(voltage regulator)를 추가해 주어야 한다. 전압조정기는 7.5~12VDC 범위에 해당하는 입력 전압을 받아들여 출력으로 정확히 5VDC를 전달한다.

LM7805 전압조정기는 최신 제품은 아니지만 견고하고 저렴하다. 부품 번호 앞뒤로는 제조업체와 패키지 스타일을 식별하는 약어가 추가된다. 패키지가 그림 15-6과 같은 모양이면 이런 약어는 무시해도 된다.

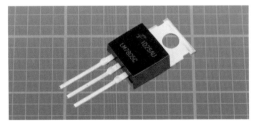

그림 15-6 이 전압조정기는 7.5~12VDC 범위의 전압을 공급받아 5VDC를 전달한다.

다이오드

지금까지 실험에서 필요하지 않았던 기본 부품 중 하나가 보잘것없어 보이는 다이오드(diode)이다. LED(발광 다이오드)와 마찬가지로 다이오드도 한 방향으로는 전류를 통과시키지만 반대 방향으로는 차단한다. 그러나 LED와 달리 견고하게 제작이 가능하다. 대형 다이오드는 상당한 크기의 순방향 전류를 견딜 수 있고, 전압이 사양에 명시한 범위 내라면 상당한 역방향 바이어스 전류에 노출되어도 괜찮다.

그림 15-7 다양한 다이오드.

다이오드에서 더 음인 전압이 걸려야 하는 리드를 캐소드(cathode)라고 하며, 그림 15-7에서 보듯이 선을 그어 표시한다. 순방향 전류는 반대쪽인 애노드(anode)로 들어간다.

저전력 LED

HC 시리즈 논리 칩은 데이터시트에 따르면 4mA를 초과하는 전류를 전달하도록 설계되지 않았다. 반도체 업계에 근무하는 지인의 말에 따르면 실제로는 그보다 두 배의 전류를 공급할 수 있지만 이 사실을 반영하도록 사양을 수정한 적이 없다.

내 경험상 74HCxx 시리즈 칩의 출력 핀(Output Pin)으로 LED를 구동하고 싶을 때 직렬 저항에 10mA 전류가 흐르도록 하면 칩은 분명 무사할 것이다. 그렇지만 과도한 전류가 발생했을 때 이 전류가 출력 핀의 전압을 얼마나 끌어내릴지는 모르겠다.

이 문제가 중요한 이유는 74HCxx 칩 하나의 출력으로 다른 74HCxx 칩의 입력을 구동할 때 두 번째 칩이 전압 상태가 '정논리(logic high)'인지 '부논리(logic low)'인지를 판별해야 하기 때문이다. 다른 부품들(LED 등)이 출력을 공유하면서 전압을 끌어내리면 칩 간에 소통 문제가 발생할 수 있다.

따라서 나는 이 책의 회로에 대해 임의로 다음과 같이 정했다. 74HCxx 칩의 논리 핀 출력은 5mA를 넘지 않는다. LED를 더 밝게 하고 싶어서 이 값을 조금 높여도 아마 모든 것이 제대로 작동할 것이다. 하지만 이를 보장할 수는 없다.

"전류가 낮다면, 앞에서 읽은 특별한 저전류 LED를 사면 되지"라고 생각할 수도 있다.

해 봐도 좋다! 그렇지만 실망할지도 모른다. 나는 다양한 LED로 테스트를 진행했고, '저전류'라고 표시된 LED는 낮은 전류에서 잘 작동했지만 광 출력은 비참할 정도로 형편없었다. 약 2mA 정도 낮은 전류에서 고광도 적색 LED가 실제로 더 나은 성능을 보였다. 광도(light intensity)는 밀리칸델라(millicandela, mcd) 단위로 측정하며 정격 광도가 400mcd 이상이면 LED가 우수한 광출력을 제공한다.

어느 쪽이든, 낮은 순방향 전압에서 적색 LED가 필요한 전류는 비슷한 사양의 청색이나 백색 LED보다 낮은 경향이 있다. 논리 칩으로 전원을 공급하려면 빨간색 LED를 사용하는 편이 좋다.

마지막으로 고려할 사항은 공간 문제다. 뒤에서 소개할 칩 기반 회로 중에는 부품이 빽빽이 들어차 있어서 5mm LED를 사용할 공간이 남지 않은 회로가 있다. 그러니 여기서부터는 실험에 3mm LED를 사용할 것을 권한다.

칩의 역사

몇 가지 실험을 하기 전에 칩이 어디에서 왔는지부터 이야기하고 싶다.

고체 상태의 소자를 하나의 작은 패키지에 집적한다는 개념은 영국의 레이더 과학자 제프리 W. A. 더머가 처음 제시했다. 제프리는 이 개념에 대해 몇 년간 입으로만 이야기하다가 1956년 실제 제작을 시도했지만 안타깝게도 실패했다. 진정한 의미에서 최초의 집적회로는 1958년 텍사스 인스트루먼트에서 근무하던 잭 킬비가 만들었다. 킬비는 당시 반도체로 이미 사용되고 있던 게르마늄을 집적회로에 사용했다. 그러나 로버트 노이스(그림 15-8)가 더 뛰어난 아이디어를 내놓았다.

1927년 미국 아이오와 주에서 태어난 노이스는

그림 15-8 로버트 노이스. 집적회로로 특허를 취득하고 인텔을 공동 설립했다.

1950년대 캘리포니아 주로 건너가 윌리엄 쇼클리의 회사에 입사했다. 이때는 쇼클리가 벨 연구소에서 공동 개발한 트랜지스터를 기반으로 회사를 설립한 직후였다.

노이스는 쇼클리의 경영에 실망해 회사를 떠나 페어차일드 세미컨덕터를 설립했던 여덟 명 중 한 명이었다. 노이스는 페어차일드의 사장으로 재직하는 동안 실리콘 기반의 집적회로를 개발해서 게르마늄과 관련해 발생하는 제조상의 문제들을 피해갈 수 있었다. 이로써 그는 집적회로를 탄생시킨 인물로 유명해졌다.

직접회로는 처음에 작고 가벼운 부품이 필요했던 미닛맨 미사일의 유도 시스템 등 군수 분야에 사용되었다. 1960년부터 1963년까지는 생산된 칩 대부분을 군수 분야에서 소비하면서 칩의 가격이 약 1,000달러에서 1963년 25달러까지 떨어졌다.

1960년대 말에는 칩 하나에 수백 개의 트랜지스터가 집적된 중집적도 칩이 등장했다. 1970년대 중반에는 고집적도 기술이 개발되어 하나의 칩에 수만 개의 트랜지스터를 집적할 수 있었으며, 오늘날에는 수십만 개의 트랜지스터를 사용한 칩도 있다(이 글을 읽고 있는 지금은 그 수가 아마도 더 증가했을 것이다).

이후 로버트 노이스는 고든 무어와 함께 인텔을 설립했으며 1990년 예기치 않은 심장마비로 사망했다. 칩을 설계한 매력적인 초기 선구자들에 대한 추가 정보는 실리콘밸리역사협회(*www.siliconvalleyhistorical.org*) 홈페이지에서 확인할 수 있다.

실험 15 펄스 방출하기

이번 실험은 그동안 출시된 칩 중에 가장 큰 성공을 거둔 칩인 555 타이머(555 timer)를 소개하며 시작하려 한다. 이 칩에 대한 정보는 인터넷에 차고 넘치지만 다음의 세 가지 이유로 이 책에서도 소개한다.

기본 칩이다. 이 칩은 그냥 알아 두어야 한다. 일부 자료에서는 아주 최근까지 555 타이머의 연간 생산량이 10억 개를 넘었을 것으로 추정하고 있다. 이 책에 수록한 대부분의 회로에도 어떤 식으로든 555 타이머를 사용한다.

쓸모가 많다. 555 타이머는 시중에 나와 있는 칩 중에 아마도 가장 쓸모가 많을 것이다. 상대적으로 강력한 출력(최대 200mA)은 릴레이나 소형 모터 등 상당한 부하를 구동할 수 있으며 칩 자체도 쉽게 손상되지 않는다.

사람들이 555 타이머를 충분히 이해하지 못하고 있다. 나는 초기 시그네틱스의 데이터시트에서부터 사람들이 취미로 작성해 놓은 수많은 글까지 555 타이머에 관해 말 그대로 수십 가지의 자료를 읽었다. 그런데 555 타이머의 내부 동작을 자세히 설명한 자료는 거의 없다는 사실을 깨달았다. 나는 여러분이 555 타이머 내부에서 일어나는 일들을 명확하게 머리로 그릴 수 있었으면 한다. 그렇게 하면 555 타이머를 창의적으로 사용하는 데 도움이 될 것이다.

실험 준비물

- 브레드보드, 연결용 전선, 니퍼, 와이어 스트리퍼, 계측기
- 9VDC 전원 공급 장치(전지 또는 AC 어댑터)
- 저항: 470옴 1개, 10K 3개
- 커패시터: 0.01μF 1개, 10μF 1개
- 반고정 가변장치: 500K 1개
- 555 타이머 칩 1개
- SPDT 슬라이드 스위치 1개
- 택타일 스위치 2개

그림 15-9 555 타이머 칩은 스루홀이나 8핀 DIP 패키지로 판매한다.

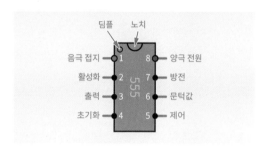

그림 15-10 555 타이머의 핀 배열.

칩 파악하기

이 책에서 사용하는 555 타이머는 가장 흔한 스루홀 패키지로, 그중에서도 그림 15-9와 같은 8핀 DIP를 사용한다. 크기는 한 변이 0.5인치(1.3cm)인 정사각형보다 약간 작다.

부품 번호는 NE555P나 KA555 등으로 555 타이머 위에 인쇄되어 있다. 555 앞의 두 글자는 제조업체(NE는 텍사스 인스트루먼트, KA는 온세미컨덕터)를 알려주고 555 뒤에 붙은 글자는 온도 범위 등 해당 제품에 대한 추가 정보를 알려준다.

그림 15-10은 555 칩의 핀 기능 정보를 보여준다. 이때 타이머는 위에서 본 모습이라고 가정한다. 이처럼 이름표를 붙이는 것을 칩의 핀 배열(pinout)이라고 한다.

이 책에서 사용할 칩은 모두 핀 번호가 위에서 보았을 때 왼쪽 상단 모서리부터 1에서 시작해 시계 반대 방향으로 증가한다. 그러나 칩을 어느 방향으로 놓아야 하는지 어떻게 알 수 있는

가? 플라스틱 패키지에는 노치(notch)가 있어서 칩의 상단 부분을 표시해 주며, 브레드보드에서도 노치 쪽이 위를 향하도록 설치해야 한다. 아니면 1번 핀 옆에 동그란 모양의 딤플(dimple)을 찾아볼 수도 있다. 단, 일부 제조업체는 딤플을 생략하기도 한다.

- 모든 스루홀 칩의 패키지 노치는 브레드보드의 위쪽을 향하도록 설치해야 한다.

항상 그런 것은 아니지만 보통 DIP 칩에서 핀 열 사이의 수평 간격은 0.3인치(8mm)이다. 그 덕에

브레드보드의 세로로 길게 난 홈 위로 깔끔하게 놓을 수 있으며, 브레드보드 내부의 금속 도체를 통해 각 핀에 접근할 수 있다.

단안정 테스트

그림 15-11은 칩이 단안정 모드(monostable mode)일 때 칩 기능을 테스트하려는 첫 번째 회로를 보여 준다. 이 모드에서는 핀 중 하나에서 전압이 변화해 타이머를 활성화하면 다른 핀에서 단일 펄스 하나를 생성한다.

배선을 달리 하면 타이머가 실험 10에서 만든 비안정 멀티바이브레이터와 같이 펄스를 연속으로 방출하는 비안정 모드(astable mode)로 작동할 수 있다. 이는 실험 16에서 다룬다.

• 이 실험에서는 배선을 한층 더 간결하게 만들기 위해 브레드보드의 2열 버스를 사용하기 시작했다. 이를 염두에 두고 그림 15-11의 보드 위쪽의 양 옆에서 양극과 음극 전원을 각

각 분배할 수 있도록 긴 점퍼선을 2개 추가한다. 사용하는 칩에 전원을 공급할 때 주의해야 한다. 극성을 제대로 확인하지 않으면 칩에 영구적인 손상을 일으킬 수 있다.

이 회로를 배선할 때는 잊지 말고 칩의 오른쪽 모서리 근처에 길이가 0.1인치인 짧은 초록색 점퍼선을 추가해 준다. 부품을 끼울 때는 구멍 개수를 신중히 세어야 한다. 전원 공급 장치를 연결해도 아무 일도 일어나지 않지만 타이머는 활성화를 기다리고 있다.

500K 반고정 가변저항의 저항값이 중간값 정도가 되도록 조정기를 가운데로 두고 고정한다. 이제 위쪽 버튼을 눌렀다 놓으면 LED가 켜진다. LED는 일정 시간 동안 켜져 있다가 자동으로 꺼진다.

그림 15-10으로 돌아가 보면 타이머의 2번 핀이 활성화 핀(Trigger Pin)임을 알 수 있다. 그림 15-11에서 활성화 핀은 10K 저항을 통해 보드 왼쪽의 양극 버스와 연결되어 있음을 알 수 있다. 2장에서 다루었던 풀업 저항의 개념을 기억하는 사람도 있을 것이다. 이 10K 저항이 바로 풀업 저항의 예이다. 이 저항의 역할은 위쪽 버튼을 누르기 전까지 타이머의 활성화 핀에 공급되는 전원을 양의 전압으로 유지하는 것이다. 버튼을 누르면 음극 접지와 직접 연결되면서 10K 저항의 역할을 중단시킨다. 그 결과 전압 강하가 발생해 타이머가 활성화되면서 3번 핀에서 양의 펄스를 방출한다. 이 펄스는 노란색 점퍼선을 지나 LED를 밝힌다.

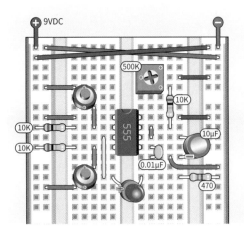

그림 15-11 단안정 모드에서 555 타이머 테스트하기.

- 활성화 핀에 걸린 양의 전압은 타이머가 활성화되지 않도록 막아준다.
- 활성화 핀을 접지하면 타이머가 활성화된다.
- 버튼을 눌렀다 떼면 LED가 일정 시간 동안 계속 켜져 있다.

그림 15-12는 동일한 회로를 회로도로 바꿔 그린 것으로 설명할 때 지칭하기 쉽도록 부품에 이름을 표시해 두었다. 반고정 가변저항 P1을 조정하면 회로의 펄스 폭을 설정할 수 있다. C1은 다른 커패시터로 대체할 수도 있다. 눈치챘을지도 모르겠지만 C1은 P1 + R1을 통해 전하를 축적하며, 이는 RC 네트워크라고 볼 수 있다.

아니면 이렇게 해 볼 수도 있다. 회로에서 긴 펄스를 방출하도록 P1을 설정하고 버튼 A를 누른 다음 버튼 B를 누르고 있어 보자. 이렇게 하면 출력이 취소된다. 버튼 B를 계속 누르고 있는 상태에서 버튼 A를 다시 눌러도 아무 일도 일어나지 않는다.

4번 핀은 초기화 핀(Reset Pin)이다. 10K 풀업 저항으로 4번 핀에 공급 전압과 비슷한 전압을 계속 걸어주는 한 타이머는 활성화 시도에 응답한다. 4번 핀을 접지하면 타이머가 수행 중인 작업을 강제로 중단하며 4번 핀과 음극 접지와의 연결이 끊어질 때까지 어떤 일도 일어나지 않는다. 타이머가 작동하려면 4번 핀을 높은 전압 상태로 유지해야 한다.

- 타이머가 단안정 모드일 동안 4번 핀은 항상 전원 공급 장치의 전압과 비슷한 높은 전압 상태(HIGH state)를 유지해야 한다. 핀이 어디와도 연결되어 있지 않으면(floating pin) 결과를 예측할 수 없다.

그림 15-13은 타이머가 어떤 식으로 작동하는지 그래프로 보여 준다. 555 타이머는 주변의 불완전한 세계를 정확하고 신뢰할 수 있는 출력으로 변환하며, 켜졌다 꺼지는 속도가 아주 빠르기 때문에 응답이 즉각적이다.

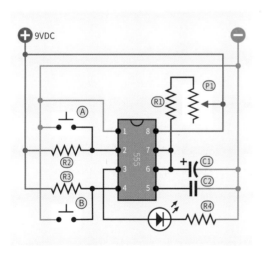

그림 15-12 그림 15-11의 회로도.

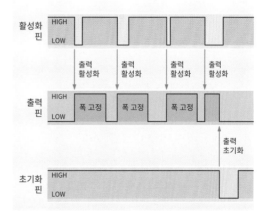

그림 15-13 활성화 핀과 초기화 핀이 출력에 미치는 영향.

그런데 '전원 공급 장치 전압과 비슷한 크기', '음극 접지와 비슷한 크기'라는 표현에서 '비슷한 크기'란 어느 정도를 말하는 것일까?

- 555 타이머는 활성화 핀 입력으로 전원 공급 장치의 2/3보다 큰 전압이 걸리는 경우 '높음(HIGH)'의 1/3 미만인 전압이 걸리는 경우 '낮음(LOW)'으로 간주한다.
- 초기화 핀에서 결과를 얻으려면 전원의 1/3 보다 낮은 전압을 걸어 주어야 할 수 있다. 이에 대해서는 제조사 간에 일관성이 없다.

이제 테스트가 하나 남았다. 버튼 B에서 손을 떼고 이번에는 버튼 A를 타이머의 '켜짐(ON)' 주기가 끝날 때까지 계속 누르고 있는다. 이렇게 하면 타이머의 펄스를 연장해 준다. 그 결과 버튼 A에서 손을 뗄 때까지 높은 전압 상태가 유지된다. 데이터시트에서는 이를 타이머가 자신을 재활성화(retrigger)한다고 표현한다.

- 타이머의 활성화 핀에 낮은 전압을 계속 가하면 출력 펄스가 무기한 연장된다.

어째서 이런 식으로 작동하는 걸까? 계측기를 사용하면 타이머의 동작을 조사할 수 있다. 그림 15-12는 긴 펄스를 생성할 수 있도록 P1을 설정하고 10μF 커패시터인 C1에 걸리는 양극 전압을 음극 접지를 기준으로 측정한다. 측정을 시작하면 전압이 6볼트 정도까지 증가하다가 전하가 갑자기 떨어지는 것을 보게 될 것이다. 이 전

하는 어디로 가는 걸까? 555 타이머의 7번 핀은 방전 핀(Discharge Pin)이라고 하며, 커패시터를 방전시켜 칩으로 보낸다. 바로 뒤에서 칩의 내부 작동을 더 자세히 설명한다.

칩을 활성화한 상태에서 타이머의 3번 핀으로부터 생성되는 출력은 계측기를 사용해서 측정할 수도 있다. 전압은 거의 8볼트까지 증가하지만 이보다 더 커지지는 않는다. 타이머 내부에는 트랜지스터로 가득하며, 이 트랜지스터들이 앞에서 설명한 NPN 트랜지스터와 같은 식으로 일정 비율의 전압을 훔쳐간다.

마지막으로 5번 핀에 연결된 0.01μF 커패시터 (C2)의 용도가 궁금할 것이다. 5번 핀은 제어 핀(Control Pin)으로, 중간 전압을 공급하면 타이머의 출력 펄스 폭을 조정할 수 있다. 아직 이 기능을 사용하지는 않으니 정상 기능을 방해할 수 있는 전압 변동으로부터 5번 핀을 보호하도록 5번 핀에 0.01μF 커패시터를 연결해 주는 습관을 가지면 좋다. C2가 없는 회로도 자주 보게 되겠지만 나는 만일의 경우에 대비해 반드시 사용한다.

핀이 섞이지 않도록 주의하자!

이 책의 모든 회로도에서 칩은 브레드보드에서 볼 수 있는 것처럼 노치가 위쪽을 가리키도록 두고 핀 번호는 순서대로 표시한다.

인터넷 사이트나 다른 책의 회로도에서는 다르게 표시할 수 있다. 회로의 위쪽에 전원을 두고 관습 전류가 보통 아래로 흐르도록 하기 위해 핀을 다른 방식으로 배치해 번호를 표기할 수 있다. 예를 들어 그림 15-14의 회로는 기능 면에서

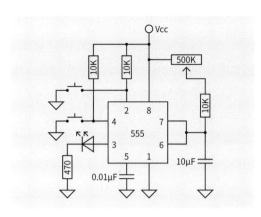

그림 15-14 이 회로는 기능 면에서 그림 15-12의 테스트 회로와 동일하다. Vcc는 공급 전압을, 아래를 가리키는 삼각형은 음극 접지를 나타낸다.

	10K	22K	47K	100K	220K	470K	1M
1000μF	11	24	52	110	240	520	1100
470μF	5.2	11	24	52	110	240	520
220μF	2.4	5.2	11	24	52	110	240
100μF	1.1	2.4	5.2	11	24	52	110
47μF	0.52	1.1	2.4	5.2	11	24	52
22μF	0.24	0.52	1.1	2.4	5.2	11	24
10μF	0.11	0.24	0.52	1.1	2.4	5.2	11
4.7μF	0.052	0.11	0.24	0.52	1.1	2.4	5.2
2.2μF	0.024	0.052	0.11	0.24	0.52	1.1	2.4
1.0μF	0.011	0.024	0.052	0.11	0.24	0.52	1.1
0.47μF		0.011	0.024	0.052	0.11	0.24	0.52
0.22μF			0.011	0.024	0.052	0.11	0.24
0.1μF				0.011	0.024	0.052	0.11
47nF					0.011	0.024	0.052
22nF						0.011	0.024
10nF							0.011

그림 15-15 타이밍 저항과 타이밍 커패시터 값에 대한 단안정 모드 555 타이머의 펄스 폭(초). 시간은 유효 숫자 2개로 반올림해 표시했다.

그림 15-12의 회로와 동일하다. 어떤 면에서는 그림 12-4 회로도를 이해하기가 더 쉬울 수 있지만, 이 경우 회로도를 보고 브레드보드에 회로를 구성하려면 부품을 어떻게 배치할지 확인하기 위해 스케치 과정을 거쳐야 할 수도 있다. 이 책은 실습을 기본으로 하기 때문에 브레드보드에 옮기는 것을 전제로 회로도를 그린다.

펄스 폭

실험 9에서 직접 RC 네트워크를 만들었을 때 커패시터가 특정 전압 크기에 도달하는 데 걸리는 시간을 파악하기 위해 몇 차례 계산을 해야 했다. 이때 555 타이머를 사용하면 훨씬 쉬워진다. 그림 15-15의 표에서 출력 펄스 폭을 확인하면 된다.

구축한 회로에서 반고정 가변저항과 이에 직렬로 연결한 저항값을 더한 값이 커패시터의 충전 시간을 결정한다. 총 저항값이 표 상단에 표시되어 있다. C1의 값은 왼쪽 열에 표시되어 있으며, 표 안의 숫자는 대략적인 펄스 폭(초)을 뜻한다.

555 타이머는 칩 설계의 회심작이다. 타이밍 저항, 타이밍 커패시터, 전원 공급을 아주 넓은 범위에서 변경할 수 있는데도 칩은 여전히 정확하고 일관된 결과를 내놓는다. 이를 위해서는 몇 가지 지침을 따르기만 하면 된다.

양의 전원과 방전 핀(Discharge Pin) 사이에 값이 낮은 저항을 사용하지 않는다. 값이 낮은 저항을 사용하면 전력 소비가 극심해진다. 최소 저항값은 1K이지만 10K 저항을 쓸 것을 권한다.

• 용량이 1,000μF보다 큰 타이밍 커패시터를 사용하면 내부 누설이 충전 속도와 비슷해져서 정확한 결과를 얻지 못한다.

• 555 타이머에는 5VDC와 16VDC 사이의 전원 공급 장치가 필요하다. 555 타이머는 이 전압

범위를 벗어나면 신뢰할 수 없다.

- 표에 없는 펄스 폭이 필요하면 어떻게 해야 할까? 다음과 같이 간단한 공식을 사용해 계산할 수 있다. 여기에서 T는 펄스 폭(초), R은 타이밍 저항값(킬로옴), C는 타이밍 정전용량(마이크로패럿)이다.

$$T = R * C * 0.0011$$

원하는 펄스 폭이 있다고 가정해 보자. 커패시터는 준비되어 있고 사용해야 하는 저항값을 구하고 싶다. 이 경우 공식을 다음처럼 정리할 수 있다.

$$R = T / (C * 0.0011)$$

가지고 있는 커패시터 용량이 47μF라고 하면 C=47이다. 원하는 펄스 폭이 3초라고 하면 T=3이다. 따라서 해당 숫자를 공식에 대입한다.

$$R = 3 / (47 * 0.0011)$$

가장 먼저 47 * 0.0011을 계산하면 0.0517이 된다. 이 값으로 3을 나누면 약 58이 나온다. 따라서 58K 저항이 필요하다. 이 값이 표준은 아니지만 56K 저항은 많이 사용한다. 이보다 쉬운 방법도 있다. 100K 반고정 가변저항을 사용하는 것이다. 저항이 가운데 정도로 오도록 설정한 뒤 시행착오를 거쳐 펄스 폭이 정확히 3초가 될 때까지 조정한다.

이때 총 타이밍 저항을 0으로 낮추지 않도록 주의해야 한다. 이를 방지하기 위해서 이 책에서는 그림 15-11과 15-12처럼 가변저항 P1과 직렬로 10K 저항을 배치했다. 이렇게 해 두면 가변저항의 눈금을 가장 아래로 내리더라도 저항값은 여전히 10K가 된다. 10K 저항이 없으면 커패시터는 전원 공급 장치의 양극에 직접 연결되어 즉시 충전이 시작되며 절대 방전되지 않는다. 거기다 방전 핀이 전원 공급 장치에 직접 연결되어 칩이 손상된다.

- 555 타이머 회로에서는 항상 7번 핀과 양의 전원 사이에 어느 정도 저항을 두어야 한다. 최소 10K 저항을 권장한다.

단안정 모드일 때 555 타이머의 내부

555 타이머의 내부 동작을 상상할 수 있으면 사용이 더 쉬워질 것이라 생각한다. 그림 15-16은 555 타이머의 내부를 간략히 보여 준다.

타이머의 핵심은 플립플롭(flip-flop)으로, 이는 쌍투 스위치와 같은 작동을 하는 트랜지스터 회로이다. 사실, 상상하기 쉽도록 이미 그런 식으로 그림에 표현했다. 플립플롭은 A와 B로 표시한 두 개의 비교기(comparator)로 제어한다. 각 비교기는 두 전압을 비교한 뒤 더 높은 전압에 따라 출력을 변경한다.

비교기 A는 2번 핀(활성화 핀)의 전압을 전원 공급 장치의 3분의 1에 해당하는 고정 전압과 비교한다. 2번 핀의 전압이 해당 수준 아래로 내려가 칩을 활성화하면 비교기 A가 플립플롭을 잡

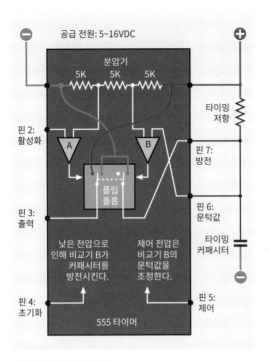

공급 전원: 5~16VDC

분압기

5K   5K   5K

타이밍 저항

핀 2: 활성화

A   B

핀 7: 방전

핀 3: 출력

플립 플롭

핀 6: 문턱값

타이밍 커패시터

낮은 전압으로 인해 비교기 B가 커패시터를 방전시킨다.

제어 전압은 비교기 B의 문턱값을 조정한다.

핀 4: 초기화

핀 5: 제어

555 타이머

그림 15-16 555 타이머 내부.

아당겨 3번 핀(출력 핀)에 양의 전류를 전달한다.

비교기 B는 6번 핀(문턱값 핀, Threshold Pin)의 전압을 전원 공급 장치의 3분의 2에 해당하는 고정 전압과 비교한다. 6번 핀의 전압이 해당 수준보다 높아지면 비교기 B가 플립플롭을 잡아당겨 3번 핀과 7번 핀(방전 핀)도 접지한다. 7번 핀이 타이밍 커패시터와 연결되어 있기 때문에 커패시터의 전하는 칩으로 자체 방전된다. 이는 타이머의 펄스가 끝나는 시점에서 일어나는 일이다.

먼저 타이머가 2번 핀의 낮은 전압으로 활성화되었다고 가정해 보자. 비교기 A가 이를 감지해 플립플롭을 왼쪽으로 당기면 양의 펄스가 발생하기 시작하고 외부 타이밍 커패시터의 접지를 해제한다. 커패시터가 충전을 시작해 전압이

공급 전압의 2/3를 넘어서면 비교기 B가 이를 감지하고 플립플롭을 오른쪽으로 당긴다. 이제 펄스가 끝나면서 커패시터가 접지된다.

그러나 펄스가 지속되는 동안 언제라도 4번 핀의 낮은 전압이 타이머의 상태를 무시하는 일이 벌어질 수 있다. 이때 비교기 B는 스위치를 오른쪽으로 당겨 커패시터를 방전시키도록 하는 동시에 칩의 출력을 차단할 수 있다.

또, 5번 핀에 걸리는 변화하는 전압은 비교기 B의 기준 전압을 바꾸어 커패시터의 차단 전압 (cut-off voltage)을 높이거나 낮춘다. 이는 타이머가 단안정 모드에 있는 동안에는 크게 상관이 없지만, 타이머를 비안정 모드로 다시 구성하면 여러 가지 일이 일어날 수 있다.

시작 펄스 억제

타이머를 단안정 모드로 구성하면 전원을 공급했을 때 타이머를 활성화하지도 않았음에도 펄스 하나가 의도치 않게 방출될 수 있다. 이는 때로 아주 성가실 수 있지만, 해결책은 간단하다. 초기화 핀과 음극 접지 사이에 1μF 커패시터를 추가하면 된다. 전원을 처음 공급할 때 커패시터는 초기화 핀으로부터 전류를 끌어와 아주 짧은 시간 동안 타이머를 낮은 전압 상태로 유지한다. 타이머가 시작 펄스를 방출하지 못하도록 할 정도의 시간이면 된다. 1μF 커패시터는 충전이 끝난 후에는 그 이상 어떤 작업도 수행하지 않으며 10K 풀업 저항은 초기화 핀의 전압을 보통 상태에서 양으로 유지할 수 있으므로 커패시터가 타이머 작동을 방해하지 않는다. 그림 15-17은

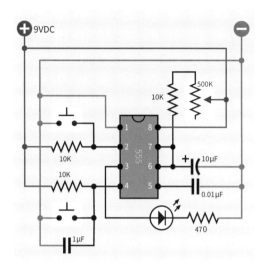

그림 15-17 타이머의 시작 펄스를 억제하도록 1μF 커패시터를 왼쪽 하단에 추가했다.

단안정 테스트 회로 왼쪽 하단 어디에 1μF 커패시터를 추가할 수 있는지 보여 준다.

　뒤의 실험에서는 펄스 억제 개념을 사용한다.

555 타이머는 왜 유용한가

555 타이머로 프로그램을 통해 폭을 고정한 펄스를 출력하면 어떤 일이 가능할까? 다른 부품을 제어하는 타이머라는 측면에서 생각해 보자. 예를 들어 야외 조명의 경우 동작 센서로 활성화되면 잠시 동안만 켜져 있다가 꺼지기를 바랄 것이다. 또, 타이머는 토스터나 깜박이는 크리스마스 트리 전구를 제어할 수도 있다. 과거의 애플 II 컴퓨터는 555 타이머로 커서의 깜빡임을 구현했다. 다음에서 소개하는 몇 가지 프로젝트에서 555 타이머의 예상치 못한 사용 방법을 보게 될 것이다.

　과거에는 555 타이머를 사용했던 곳에 지금은 마이크로컨트롤러(microcontroller)를 사용한다. 일정한 시간을 두고 움직이는 자동차 와이퍼나 전자레인지 등에서의 지연 시간 조정 등이 그 예이다. 그러나 마이크로컨트롤러는 프로그래밍이 필요하고, 회로를 개발하기에 555 타이머가 더 빠르고 간단할 수 있다. 또, 555 타이머 쪽이 마이크로컨트롤러보다 10배 더 강력한 전력을 전달한다.

　다음에 소개할 실험 17의 경보 장치 회로에서는 경보 장치가 울리기 전에 30초의 시간을 두어 장치를 작동한 사람이 밖으로 나가 문을 닫을 시간을 준다. 이렇게 해 두면 다시 들어올 때도 그 30초 동안 경보 장치를 끌 수 있다. 이런 각각의 사건에 555 타이머 칩을 사용할 예정이다.

　이런 사고 실험은 사소해 보이지만 여러 가능성을 떠올려 볼 수 있다.

쌍안정 모드

이 외에도 그림 15-18처럼 타이머를 쌍안정 모드(bistable mode)로 사용할 수도 있다. 쌍안정 모

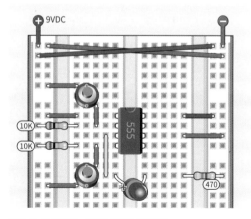

그림 15-18 타이머는 쌍안정 모드로 연결했다.

드의 회로는 그림 15-11과 같지만 모든 타이밍 부품을 제거했고 6번 핀이 음극 접지와 연결되어 있다. 왜 이런 일을 하는 걸까?

버튼 A를 살짝 눌렀다 떼면 LED가 켜진다. 얼마나 오래 켜져 있을까? 회로에 전원이 공급되는 한 켜져 있다. 타이머의 출력은 무한정 이어진다.

이제 버튼 B를 살짝 눌렀다 떼면 LED가 꺼진다. 얼마나 오래 꺼져 있을까? 버튼 A를 다시 누를 때까지다.

보통 타이머를 활성화하면 6번 핀과 연결한 타이밍 커패시터가 공급 전압의 3분의 2만큼 충전될 때가 되어야 출력 펄스가 끝난다. 그러나 여기에서는 커패시터를 제거하면서 6번 핀을 접지한 상태이기 때문에 커패시터의 전압이 공급 전압의 3분의 2 수준에 도달할 수 없다. 따라서 타이머를 일단 활성화하고 나면 출력 펄스가 영원히 계속된다.

이때 버튼 B를 눌러 초기화 핀에 저전압을 공급하면 출력을 멈출 수 있지만, 일단 출력이 멈추고 나면 출력이 다시 시작하게 만들 요인이 없다. 2번 핀에는 풀업 저항을 연결해서 버튼 A를 다시 누르기 전까지는 활성화되지 않는다.

이런 회로 구성은 출력이 높은 전압 상태와 낮은 전압 상태 어느 한쪽으로 고정되기 때문에 쌍안정이라고 한다. 이는 플립플롭의 동작과 유사하며 래치(latch)라고도 부른다.

이런 식의 작동 방식에 555 타이머는 왜 필요할까? 이는 버튼을 하나 눌렀을 때 작동하고 다른 버튼을 눌렀을 때 작동을 멈추는 응용 장치가 필요할 수 있기 때문이다. 내가 쓰는 탁상용

스탠드도 이런 식으로 작동하고, 내 작업실의 띠톱도 이렇게 작동한다. 실험 18의 반사신경 측정기에서는 쌍안정 모드로 연결한 타이머로 회로를 활성화하고 초기화한다.

이 회로에서 5번 핀과 7번 핀은 연결하지 않은 상태로 두어도 괜찮다. 이 회로에서는 555 타이머가 5번과 7번 핀의 임의 출력 신호가 무시되는 극단적인 상태에 있기 때문이다. 이는 이례적으로 핀을 연결하지 않고 두어도 되는 상황이다.

반전 모드

555 타이머를 연결하는 방법을 하나만 더 소개하고 넘어 가자. 반전 모드(reverse mode)에서는 타이머의 출력이 반전되어 입력이 높은 전압 상태일 때 출력이 낮은 전압 상태로, 낮은 전압 상태일 때 높은 전압 상태로 바뀐다. 반전 모드는 전압 상태가 한쪽으로 고정되는 건 아니라는 점을 제외하면 쌍안정 회로와 비슷하다.

이를 수행하는 74xx 제품군의 칩을 구입할 수도 있다. 그러나 인버터(inverter)로 알려진 이 칩은 출력이 제한된 논리 칩이다. 555 타이머의 200mA 출력은 더 큰 전류가 필요할 때 편리하다. 예를 들어 릴레이나 아주 작은 모터를 구동할 때 좋다.

(전원 공급 장치 중에서도 인버터가 있는데 이 장치는 DC를 AC로 바꿔주는 제품이다. 여기서 말하는 인버터 논리 칩과는 완전히 다르다.)

그렇다면 입력을 반전해야 하는 이유는 무엇인가? 그렇게 하는 편이 유용할 때가 있기 때문이다. 가끔 음의 입력으로 양의 출력을 생성하고

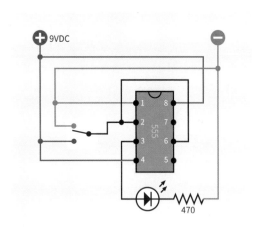

그림 15-19 반전 모드로 연결한 555 타이머.

양의 입력으로 음의 출력을 생성해야 하는 회로를 설계해야 할 때가 있다. 그림 15-19는 타이머가 이렇게 행동하도록 하는 법을 보여 준다.

2번 핀과 6번 핀이 함께 연결되어 있어서 2번 핀에 대한 입력도 6번 핀에 적용된다는 점에 주목한다. 2번 핀은 낮은 전압으로 활성화되고 높은 전압 상태는 무시하는 반면, 6번 핀은 낮은 전압 상태는 무시하지만 높은 전압 상태에서 활성화된다(6번 핀은 충전된 커패시터에 응답하도록 설계되었기 때문이다). 결과적으로 입력이 높으면 6번 핀이 반응해서 출력을 차단해 버린다. 입력이 낮으면 2번 핀이 반응해서 무한히 지속되는 출력 펄스를 발생시킨다. 2번 핀에 음이나 양의 전압을 공급해야 한다는 점을 떠올릴 수 있도록 앞에서 입력을 제공하는 쌍투 스위치를 보여주었다. 2번 핀은 연결하지 않은 상태로 두어서는 안 된다.

이런 동작은 556이라는 칩을 사용하면 아주 편리하게 구현할 수 있다. 556 칩은 하나의 패키지에 555 타이머를 2개 포함하고 있다. 첫 번째 타이머를 정상적인 방법으로 사용하고 있을 때 출력을 반전시키고 싶다면, 첫 번째 타이머의 출력을 앞의 설명대로 연결한 두 번째 타이머를 통해 공급하면 된다. 556 칩이 궁금하다면 직접 알아보도록 하자.

이 외에 반전 모드의 타이머는 매끄럽게 변동하는 신호를 분명한 고출력이나 저출력으로 변환하는 유용한 기능을 제공하며, 그 사이에 히스테리시스(hysteresis)를 둔다.

히스테리시스

여기 온도 조절기가 하나 있다. 기온이 18℃까지 떨어졌을 때 난방 시스템을 켜도록 설정해 두었다고 가정해 보자. 기온이 다시 18.1℃로 올라가면 바로 난방을 끄도록 할 것인가? 아마 아닐 것이다. 시스템이 켜진 즉시 꺼지면 시스템의 작동 효율이 떨어질 수 있다. 따라서 보통 온도 조절기는 온도가 19~20℃가 될 때까지 기다렸다가 난방 시스템을 끈다.

이제 기온이 20℃이고 난방 시스템은 꺼져 있다. 온도가 19.9℃로 떨어졌을 때 다시 켜지면 좋겠는가? 그렇지 않다. 18℃로 떨어질 때까지 기다렸으면 한다.

온도 조절기는 '끈적끈적한 스위치'라고 생각할 수 있다. 기온이 올라가도 잠시 켜짐 상태에 붙어 있고, 온도가 내려가도 꺼짐 상태에 잠시 붙어 있는 식이다. 이런 동작을 히스테리시스라고 하며, 부드럽게 변하는(아날로그) 입력을 '켜짐 또는 꺼짐' 출력으로 변환해야 할 때 아주 유용하다.

반전 모드로 연결한 555 타이머는 다음과 같이 작동한다. 스위치를 사용하는 대신 공급 전원의 3분의 1까지 부드럽게 떨어지는 전압을 사용하면 타이머의 출력이 높은 전압 상태가 된다. 타이머의 출력은 전압이 다시 상승하기 시작해서 전원의 3분의 2 크기에 도달할 때까지 높은 전압 상태를 유지한다.

칩 중에는 히스테리시스 기능을 내장하도록 특별히 설계된 것도 있다. 이런 칩은 흔히 슈미트 트리거(Schmitt trigger)라고 알려진 입력을 사용한다. 히스테리시스에 대해 보다 자세히 알고 싶다면 인터넷을 검색해 보기 바란다.

타이머의 역사

555 타이머의 개발 과정은 놀라운 이야기를 담고 있다. 1970년 당시 실리콘 밸리의 비옥한 토지에 뿌리를 내린 신생 기업은 고작 대여섯 곳에 불과했다. 그중 하나였던 시그네틱스라는 회사가 한스 카멘진트(그림 15-20)라는 엔지니어로부터 아이디어를 하나 샀다. 아주 대단한 아이디어는 아니었다. 그냥 트랜지스터 23개와 저항 몇 개로 펄스 한 개나 일련의 펄스를 방출하도록 하는 것뿐이었다. 이 회로는 다양한 목적으로 사용할 수 있고, 안정적이고 단순한 데다 이러한 장점들을 모두 무시할 수 있을 정도의 큰 장점이 있었다. 이는 바로 당시 부상하던 집적회로 기술을 사용하면 이 모든 기능을 실리콘 칩 하나에 구현할 수 있다는 점이었다. 이 얼마나 참신한 아이디어인가!

그림 15-20 한스 카멘진트. 혼자서 555 타이머 칩을 개발한 뒤 해당 회로를 시그네틱스에 팔았다.

독립한 컨설턴트로 홀로 일했던 카멘진트는 처음에는 시판되는 트랜지스터와 저항과 다이오드를 커다란 브레드보드에 설치하는 식으로 전체 회로를 만들었다. 회로가 작동하자 카멘진트는 여러 부품의 값을 조금씩 바꿔가며 회로가 제작 과정의 여러 변화를 견뎌낼 수 있는지 확인했다. 이 과정에서 회로를 10개 이상의 버전으로 만들었다.

그다음은 만들기를 할 차례였다. 카멘진트는 제도용 책상에 앉아서 공작용 칼을 들고 커다란 플라스틱 위로 회로를 새겼다. 그는 회로 설계를 해 줄 데스크톱 컴퓨터를 사용할 수 없었다. 1970년 당시에는 데스크톱 컴퓨터 자체가 없었기 때문이다.

시그네틱스는 그 뒤 이 이미지를 사진술을 사용해 약 300:1의 비율로 축소했다. 그런 뒤 축소한 도면을 조그만 와이퍼 위에 에칭하고 각각의 웨이퍼를 검은색 플라스틱 케이스에 넣은 뒤 그 위에 부품 번호를 인쇄했다. 시그네틱스의 영업 부장은 이 칩에 555라는 이름을 붙였다. 그는 이 칩이 대성공을 거둘 것이라 직감해서 기억하기 쉬운 번호를 부품에 붙이고 싶어했다.

1971년에 출시된 555 타이머 칩은 역사상 가장 성공적인 칩으로 판명이 났다. 판매 수량 면으로도(이미 수백만 개를 팔았으며 현재도 판매 중이다), 설계의 수명 면으로도(지난 50년간 설계가 거의 변하지 않았다) 성공적이다.

오늘날 여러 곳에서 칩을 설계하고 컴퓨터 소프트웨어를 이용해 동작을 시뮬레이션하는 식으로 테스트를 거친다. 따라서 컴퓨터 안의 칩을 통해 새로운 칩의 설계가 가능해졌다. 한스 카멘진트처럼 설계자가 혼자서 일하던 시대는 오래전에 지나갔지만 그의 천재성은 지금도 조립 설비에서 생산하는 모든 555 타이머 내부에 살아 숨쉬고 있다.

2010년 이 책의 두 번째 판을 집필할 당시 인터넷에서 카멘진트를 검색하다가 그가 개인 홈페이지를 운영하고 있다는 사실을 알게 되었다. 홈페이지에는 그의 전화번호가 수록되어 있었다. 내가 충동적으로 카멘진트에게 전화를 걸었을 때 그는 바로 전화를 받았다. 수십 년간 사용하던 칩을 설계한 사람과 이야기를 하고 있다니, 정말 기묘한 순간이었다. 그는 아주 친절했고(그렇다고 쓸데없는 말을 많이 했다는 건 아니다) 흔쾌히 내 책을 읽고 리뷰를 해주겠다고 약속했다. 거기다 책을 읽고 나서는 내 책을 엄청나게 응원해 주었다.

그 뒤에 나도 그가 쓴 짧은 전자기학 역사서 《Much Ado About Almost Nothing(별것 아닌 일로 엄청난 대소동, 국내 미출간)》을 읽었다. 이 책은 지금도 인터넷에서 구입할 수 있으니 꼭 한 번 읽어보기를 권한다. 집적회로 설계의 선구자 중 한 명과 직접 이야기를 나눌 수 있었던 것을 영광으로 생각한다. 2012년 그의 부고를 접했을 때는 마음이 많이 아팠다. 이번 판을 그와의 추억에 바친다.

모든 타이머가 같지는 않다

지금까지 이야기한 타이머의 특성은 모두 555 타이머 중에서도 초기에 나온 구형 TTL에 해당한다. TTL은 트랜지스터-트랜지스터 논리(transistor-transistor logic)의 약어로, 이 칩이 발전해서 오늘날의 CMOS(상보성 금속 산화막 반도체, complementary metal oxide semiconductor) 칩이 탄생했다. CMOS는 전력 소모가 매우 적다. 555 타이머의 구형 TTL 버전은 내부에 바이폴라 트랜지스터를 포함하고 있어서 바이폴라 버전(bipolar version)으로도 불린다.

TTL 555 칩에는 장점이 세 가지 있다. 저렴하고 견고하며 최대 200mA의 전류를 전달할 수 있다는 점이다. 그러나 동시에 효율이 낮으며, 출력을 켤 때 전압 스파이크를 생성하는 단점이 있다. 스파이크는 아주 짧은 시간에 발생하지만 그림 15-21에서 보듯이 공급 전압보다 50% 이상

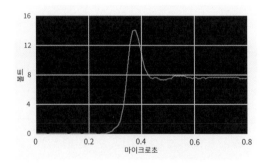

그림 15-21 555 타이머가 출력을 켜면 전압 스파이크가 발생한다.

치솟는다.

CMOS 트랜지스터를 사용하는 555 타이머의 최신 버전은 전력 소비는 줄고 전압 스파이크도 생성하지 않는다. 안타깝게도 가격이 조금 더 비싸고 정전기에 더 취약하며 전달하는 전류도 작다. 얼마나 작을까? 이는 제조업체마다 다르다. 555 타이머의 CMOS 버전은 표준화가 충분히 이루어지지 않았다. 어떤 제조업체는 100mA 전류를 전달한다고 명시해 둔 반면, 10mA라고 명시해 둔 곳도 있다.

CMOS 버전에는 표준화된 부품 번호가 없다. 어떤 버전은 원래의 555와 구별되는 7555를 사용하지만, 다른 버전은 555를 그대로 사용하면서 그 앞에 다른 문자열을 붙인다. 이 문자들이 무엇을 의미하는지는 알기 어려울 것이다. 예를 들어, LMC555CN은 사실 CMOS 타이머.

보통은 공급업체의 인터넷 사이트 어디를 가도 CMOS 버전이 TTL 버전보다 두 배 비싸고 최대 5VDC의 공급 전압을 수용할 수 있다. 그렇다고는 해도 사실 이러한 지표에 의존할 수는 없다. '555 타이머'라고 표시된 제품을 구입할 때는 반드시 데이터시트에서 CMOS 칩인지, 사양이 어떤지를 확인해야 한다. 실수로 TTL 대신 CMOS 버전을 사용하면 해당 칩이 전달 가능한 출력 전류는 10분의 1로 줄어들 수 있다.

이 책에서는 복잡함과 혼란을 피하기 위해 555 타이머의 바이폴라 유형인 TTL만 사용한다. 민감한 디지털 논리 칩을 사용하는 회로에서는 타이머의 전압 스파이크를 억제하기 위해 평활 커패시터를 사용한다.

실험 16 음조 정하기

단안정 모드와 쌍안정 모드로 작동하는 555 타이머에 익숙해졌을 테니 이번에는 비안정 모드(astable mode)를 알아보자. 비안정 모드는 실험 11에서 비안정 멀티바이브레이터가 했던 일을 더 간단하게 더 작은 공간에서 할 수 있으며, 한결 다양한 목적에 사용할 수도 있다.

실험 준비물

- 브레드보드, 연결용 전선, 니퍼, 와이어 스트리퍼, 계측기
- 9VDC 전원 공급 장치(전지 또는 AC 어댑터)
- 555 타이머 칩 1개
- 소형 스피커 1개
- 저항: 100옴 1개, 1K 3개, 10K 3개, 470K 1개
- 커패시터: 0.01μF 2개, 0.47μF 1개, 10μF 1개, 100μF 1개
- 1N4148 다이오드 1개
- 반고정 가변저항: 10K 2개, 500K 1개

비안정 모드 테스트하기

그림 16-1에서 타이머는 비안정 모드로 연결되어 있어 펄스 스트림을 생성한다. 타이머를 활성화하면 하나의 펄스를 생성하도록 연결한 그림 15-12의 회로도와 비교해 보자. 어떤 차이가 있는가?

첫째, 새로운 회로도에는 입력을 생성하는 버튼이 없다. 타이머에 입력이 필요하지 않기 때문

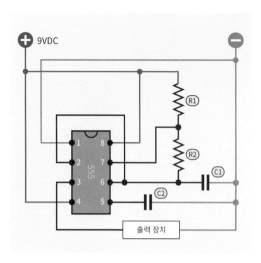

그림 16-1 비안정 모드로 연결한 555 타이머의 범용 회로도.

이다. 타이머는 자체적으로 실행된다.

둘째, R1과 R2로 표시한 2개의 타이밍 저항을 사용한다. 참고로 제조업체의 데이터시트 등 555 타이머에 대한 모든 참고 문서에는 이러한 저항을 R1과 R2로 표시하며, 타이머의 주파수를 계산하는 데 흔히 사용하는 공식에도 같은 기호를 사용한다.

단안정 회로에서 6번 핀과 7번 핀을 연결하는 전선을 여기에서는 사용하지 않는다는 점에 주의한다. 대신 6번 핀을 2번 핀과 연결하는 전선을 추가했다. 회로를 구성할 때 점퍼선은 타이머 옆으로 연결해도 되고 타이머 위를 지나가도록 연결해도 된다. 좋은 쪽으로 연결하자. 그런데 새롭게 추가한 이 연결은 무엇을 위한 걸까? 문턱값 핀과 활성화 핀을 연결하기 위한 것일까? 타이머가 자체적으로 활성화된다는 특징이 이 연결과 관련되어 있다고 생각하면 맞다.

C2는 앞에서와 마찬가지로 5번 핀으로부터

원치 않은 부유전압(stray voltage)의 간섭을 차단하기 위해 여기에서도 사용한다는 점에도 유의한다.

타이머가 느리게 실행된다면 3번 핀에 연결하는 '출력 장치'로 LED를 사용할 수 있다. 또, 타이머가 가청 주파수에서 실행되는 경우라면 스피커를 사용할 수 있다. 타이머가 스피커를 구동하기 위해 외부 트랜지스터를 사용할 필요는 없다.

이제 기본적인 회로만 만드는 데서 벗어나 R2에 반고정 가변저항을 추가하면 오디오 출력으로 찢어지거나 낮은 소리를 만들며 놀 수 있다.

그림 16-2는 회로도를 보여 준다. 부품값은 그림 16-3의 브레드보드 도해에 표시해 두었다. 브레드보드로 옮길 때 반고정 가변저항은 공간 부족으로 보드 위쪽으로 옮겼다. 그러나 연결을 따라 가며 회로도와 비교해 보면 바뀐 부분은 없다는 것을 알 수 있다.

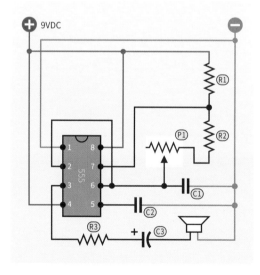

그림 16-2 비안정 멀티바이브레이터 모드로 연결한 555의 테스트 회로.

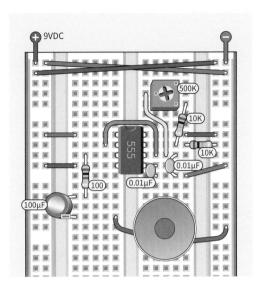

그림 16-3 비안정 모드 테스트 회로의 브레드보드 버전.

- 이 비안정 회로의 경우 이전의 단안정 회로에서와 마찬가지로 7번 핀과 양의 공급 전압 사이에 10K 이상의 저항을 연결해 주어야 한다. 그렇게 해서 저항이 0으로 떨어지는 일을 막아야 한다. 0으로 떨어지면 칩이 타버릴 수 있다.

이번 회로에서는 100μF 전해 커패시터인 C3을 추가해 스피커와 직렬로 연결했다. C3은 실험 9에서 다루었던 결합 커패시터이다. 타이머 펄스는 변위전류로 스피커를 곧장 통과하는 것처럼 보이지만 커패시터 C3는 555 출력의 DC로부터 스피커를 분리해 준다. C3을 꼭 연결해 줄 필요는 없지만 연결하면 회로의 전력 소비가 50% 줄어든다.

100옴 저항은 8옴 스피커가 타이머에 과부하를 주지 않도록 추가했다.

모든 연결이 마무리되면, 반고정 가변저항으로 오디오 출력 주파수를 아주 낮은 수준에서 아주 높은 수준까지 조정할 수 있음을 알 수 있다. 그렇다면 이렇게 작동하는 이유는 무엇일까?

충전과 방전 주기

그림 16-4는 타이머에서 관련 핀을 확대한 모습이다. 타이머의 내부 작동을 복습하려면 그림 15-16으로 돌아가 확인한다.

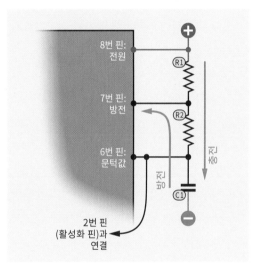

그림 16-4 555 타이머의 핀 3개를 확대한 모습.

처음 전원을 공급하면 타이머 내부의 비교기 A가 타이머 내부의 플립플롭을 왼쪽 위치로 움직여 3번 핀(출력 핀)에서 양의 펄스를 내보내기 시작한다. 이는 타이머를 단안정 모드로 실행시킬 때와 정확히 같은 방식이다. 마찬가지로 비교기 A는 7번 핀(방전 핀)을 차단한다. 따라서 7번 핀이 아직은 커패시터를 방전시킬 수 없으며, 커패시터는 R1 + R2 저항을 통과해 들어오는 전류로부터 전압을 축적하기 시작한다. 저항을 더한 값은 충전 주기(charge cycle)인 타이머의 펄스 폭을 결정한다.

칩 내부의 비교기 B는 문턱값 핀을 통해 커패시터의 전압을 모니터링한다. 이 역시 타이머가 단안정 모드일 때와 동일하다. C1이 공급 전압의 3분의 2 수준에 도달하면 비교기 B가 플립플롭을 당겨 3번 핀의 출력 펄스를 끈다. 플립플롭은 7번 핀도 접지하므로 커패시터 C1의 전하는 R2를 통해 7번 핀으로 흘러 나간다. R2의 값은 이때 흘러 나가는 펄스의 폭인 방전 주기(discharge cycle)를 결정한다.

이제 칩이 자체적으로 새로운 펄스를 내보내기 시작하려면 어떻게 해야 할까? 2번 핀(활성화 핀)은 6번 핀과 외부 전선을 통해 연결되어 있으므로 2번 핀은 C1의 전압이 공급 전압의 3분의 1로 떨어지는 시점을 알고 있다. 이 시점에 2번 핀은 항상 하는 일을 한다. 즉, 타이머 내부의 플립플롭을 왼쪽 위치로 옮겨 3번 핀(출력 핀)으로 양의 펄스를 내보내기 시작하는 것이다. 그러면 플립플롭도 7번 핀(방전 핀)을 차단한다. 이제 C1이 다시 충전을 시작할 수 있으며 전체 과정이 반복된다. 즉, 타이머가 자체적으로 활성화된다.

이때 저항이 2개 필요하다는 사실에 의아해하는 사람들이 종종 있다. 커패시터가 충전은 R1 + R2 저항을 통해 하고 방전은 R2를 통해서만 하는 이유는 무엇일까?

R2는 그곳에 있어야 한다. 그렇지 않으면 7번 핀이 접지되어 있는 상태에서 커패시터가 방전되는 즉시 커패시터의 모든 전하가 7번 핀으로 흘러 들어가고, 방전 주기는 시작과 동시에 끝나

버린다. 결과적으로 펄스 간격은 거의 0에 수렴하게 된다.

그렇다면 R1이 필요한 이유는 무엇인가? 7번 핀이 접지되어 있을 때 R1은 7번 핀이 양의 공급 전압과 직접 연결되지 않도록 한다. 그렇지 않으면 단락이 발생할 수 있다.

다른 타이머는 개발할 때 부품을 다른 식으로 구성했지만, 555 타이머는 이런 식으로 구성되어 있으며 지금으로서는 이를 변경할 수 없다. 해당 개념은 실제로 사용해 보면 더 명확해질 것이다.

주파수 알아보기

그림 16-5의 표는 555 타이머가 특정 주파수를 생성하도록 부품을 선택할 때 사용하면 도움이 된다. R1, R2 및 C1의 위치는 앞의 그림 16-1에서

	10K	22K	47K	100K	220K	470K	1M
47µF	1	0.57	0.3	0.15	0.068	0.032	0.015
22µF	2.2	1.2	0.63	0.31	0.15	0.069	0.033
10µF	4.8	2.7	1.4	0.69	0.32	0.15	0.072
4.7µF	10	5.7	3.0	1.5	0.68	0.32	0.15
2.2µF	22	12	6.3	3.1	1.5	0.69	0.33
1.0µF	48	27	14	6.9	3.2	1.5	0.72
0.47µF	100	57	30	15	6.8	3.2	1.5
0.22µF	220	120	63	31	15	6.9	3.3
0.1µF	480	270	140	69	32	15	7.2
47nF	1K	570	300	150	68	32	15
22nF	2.2K	1.2K	630	310	150	69	33
10nF	4.8K	2.7K	1.4K	690	320	150	72
4.7nF	10K	5.7K	3K	1.5K	680	320	150
2.2nF	22K	12K	6.3K	3.1K	1.5K	690	330
1nF	48K	27K	14K	6.9K	3.2K	1.5K	720
470pF	100K	57K	30K	15K	6.8K	3.2K	1.5K
220pF	220K	120K	63K	31K	15K	6.9K	3.3K
100pF	480K	270K	140K	69K	32K	15K	7.2K

그림 16-5 R1이 10K로 일정하다고 할 때 C1과 R2 값에 따른 타이머 주파수.

다시 확인할 수 있다. 이제 표의 왼쪽 열에는 C1 값을, 윗줄에는 R2 값을 표시했으며, R1은 10K로 일정하다고 가정한다.

- 표는 R1이 항상 10K로 고정되어 있다는 전제로 작성되었음을 기억하자.

표 안의 주파수는 Hz와 kHz(공간을 절약하기 위해 K로만 표시) 단위로 표시했다. 최고값은 인간의 가청 한계를 훨씬 뛰어 넘는다.

주파수 대신 각 주기의 길이를 알고 싶다면 어떻게 해야 할까? 첫째, 전체 주기는 펄스의 폭에 펄스와 다음 펄스 사이의 간격을 더한 값임을 기억한다. 이 값을 구하려면 1을 표 안의 숫자로 나누면 된다(즉, 숫자의 역수(reciprocal number)를 구한다). 예를 들어, 표의 오른쪽 상단 구석의 숫자 0.015로 계산하면 다음과 같다.

1/0.015 = 약 66.7 초

커패시터 용량으로 47μF보다 큰 값을 사용하면 펄스 폭을 훨씬 늘일 수 있지만 앞에서 이야기한 대로 대용량 커패시터를 사용하면 전압 누출로 타이밍의 정확도가 줄어든다.

표에 명시되지 않은 주파수를 알고 싶으면 어떻게 해야 할까? 이럴 때는 R1과 R2를 사용한 수식으로 주파수를 계산한다. 공식은 다양하게 표현할 수 있지만, 이 책에서는 다음을 사용한다. 이때 주파수는 헤르츠, R1와 R2는 킬로옴, C1은 마이크로패럿 단위를 사용한다.

주파수 = 1,440 / ((R1 + (2 * R2)) * C1)

괄호로 묶인 식부터 먼저 계산해 나간다.

이렇게 계산하는 게 싫다면 어떻게 할까? 전혀 문제될 것 없다! 온라인에서 다음과 같이 검색해 보자.

555 frequency calculator(555 주파수 계산기)

이렇게 검색하면 계산을 대신해 줄 인터넷 사이트를 찾을 수 있다. 원하는 주파수와 R1의 저항값으로 10,000옴을 입력하면 사이트에서 가능한 C1과 R2 값을 보여 준다.

각 주기 동안 '켜짐' 펄스의 폭은 언제나 뒤따르는 펄스와의 간격 폭보다 크다는 점을 기억한다. 이는 '켜짐' 펄스 폭은 커패시터가 R1 + R2를 통해 충전될 때 결정되는 반면, 펄스 간 간격 폭은 커패시터가 R2로만 방전될 때 결정되기 때문이다. 이를 잘 보여 주는 것이 그림 16-6이다.

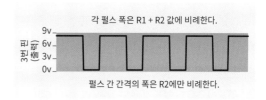

그림 16-6 평범하게 연결한 555 타이머가 비안정 모드에서 작동할 때 펄스와 펄스 사이 간격.

여기에 만족하지 않고 펄스는 짧으면서 펄스 간 간격은 길게 만들고 싶다면 어떻게 해야 할까? 이런 회로가 필요한 경우로 1분마다 릴레이를 잠시 활성화하는 경우를 생각해 볼 수 있을 것이다.

물론 이를 구현할 방법은 있다. 다이오드를 추가하기만 하면 된다.

다이오드 추가하기

다이오드는 무척이나 간단한 장치이다. 다이오드는 전류가 한 방향으로만 흐르도록 하고 다른 방향으로의 흐르지 않도록 차단한다. 신호 다이오드(signal diode)는 최대 200mA의 순방향 전류에 사용되는 반면 정류 다이오드(rectifier diode)는 이보다 훨씬 큰 전류를 처리할 수 있다. 이 책에 수록한 여러 회로에 사용하기 적합한 다이오드로는 아주 기본적인 소형 신호 다이오드인 1N4148이 있다.

- 다이오드의 양 끝은 애노드(anode)와 캐소드(cathode)라고 부른다. 순방향(관습) 전류는 애노드에서 캐소드로 흐른다. 캐소드는 은색이나 검은색 띠로 표시한다(그림 15-7 참조).

그림 16-7은 두 가지 다이오드 회로도 기호를 보여 준다. 큰 화살표는 관습 전류 방향을 가리키며, 신호 다이오드는 빛을 내지 않아서 LED 기호에서 본 작은 화살표 쌍은 생략한다. 또, LED 기호에는 원을 그리는 경우가 많지만 다이오드 기호에는 그리지 않는다. 이유는 잘 모르겠지만 다들 원을 생략하기 때문에 이 책에서도 똑같이 생략한다.

이제 비안정 555 타이머 회로에서 펄스는 짧게 줄이고 펄스 간 간격은 길게 늘리려면 다이오드를 어떤 식으로 사용해야 할까?

그림 16-7 회로도에서 다이오드를 나타낼 때 이 중 하나를 사용할 수 있다.

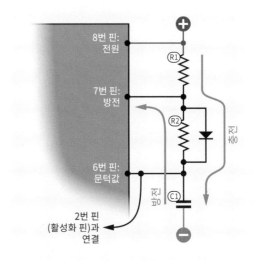

그림 16-8 R2를 우회하도록 다이오드를 추가하기.

그림 16-8은 그 원리를 보여 준다. 커패시터가 충전되면 대부분의 전류가 다이오드를 통해 R2를 우회해 지나가기 때문에 R1 + R2가 아닌 R1이 충전 속도를 제어한다. 커패시터가 방전되면 다이오드가 전류를 차단해서 전류는 방전 속도를 제어하는 R2를 통과할 수밖에 없다.

그림 16-9는 기존의 회로도(그림 16-1)에 다이오드를 추가해 다시 그린 것이다. 회로의 중간쯤에서 다이오드가 R2를 우회하도록 연결되어 있음을 알 수 있다. 이 회로를 아래의 브레드보드

버전과 비교해 보자. 브레드보드 버전은 그림 16-3과 비슷하지만 공간 확보를 위해 초록색 점퍼선의 경로를 변경하고 반고정 가변저항을 제거해야 했다.

이제 R1은 C1의 충전을 제어하고 R2는 C1의 방전을 제어한다. 즉, R1은 펄스 폭을, R2는 펄스 간 간격을 늘리거나 줄일 수 있다.

그렇다면 대체 '늘리거나 줄인다'는 말은 무엇을 뜻하는가? 내가 '대부분의 전류'가 다이오드를 통해 R2를 우회한다고 말한 데 주목하자. LED를 제일 처음 소개할 때 다이오드에 유효 저항이라는 것이 있음을 배웠다. 유효 저항의 크기는 전압에 따라 달라지기 때문에 정확한 값을 알 수는 없지만 어쨌거나 다이오드에 어느 정도의 저항이 있다는 사실은 알고 있다. 따라서 그림 16-8에서 대부분의 전류는 다이오드를 통과해 흐르겠지만, 대단히 크지는 않아도 소량의 전류는 여전히 R2를 통과해 흐른다. 이때의 정확한 전류값은 R2 값과 전원 전압에 따라 달라진다.

555 타이머에 놀라운 기능이 하나 있는데 한스 카멘진트가 의도한 대로 사용하기만 하면 5VDC 전원을 사용할 때와 16VDC 전원을 사용할 때의 작동이 거의 같다는 것이다. 그러나 우회용 다이오드를 추가하면 주파수 공식이 더 이상 통하지 않기 때문에 그림 16-5의 표를 사용해 원하는 값을 구할 수 없다. 원하는 값을 구하려면 시행착오를 거치는 방법밖에 없다.

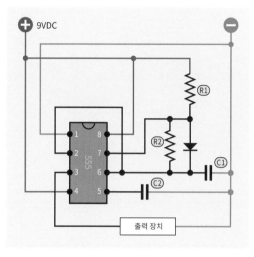

그림 16-9 그림 16-8의 완성된 버전인 이 회로에서 다이오드는 반고정 가변저항과 10K 저항을 우회한다.

제어 핀

제어 핀은 자주 사용하지 않아서 지금껏 다루지 않았다. 그렇지만 특정 상황에서는 아주 흥미로운 일을 할 수 있다. 비안정 모드에서 실행 중인 타이머의 5번 핀에 전압을 공급하면 해당 전압으로 주파수를 위아래로 조정할 수 있다. 이런 일이 가능하면 타이머를 2개 두고 2번 타이머의

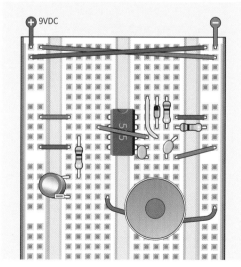

그림 16-10 브레드보드에 다이오드 끼우기.

출력을 1번 타이머의 제어 핀과 연결했을 때 2번 타이머가 1번 타이머의 주파수를 변조할 수 있게 된다.

여기까지 들으면 실험 11에서 비안정 멀티바이브레이터를 2개 연결했던 일이 생각날 것이다. 차이가 있다면 555를 사용할 때 조정 가능한 범위가 훨씬 넓고 결과도 더 정확히 제어할 수 있다는 것이다.

이를 위해 먼저 타이머 1개로 제어 핀의 작동 방식을 배워 보자. 그림 16-11에서 회로도 아래의 저항 R4와 R5의 크기는 각각 1K이고 P2는 10K이다. 반고정 가변저항의 와이퍼는 타이머의 제어 핀과 연결하고 5번 핀과 연결했던 C2는 제거했다. 그림 16-2와 비교하면 바뀐 부분을 확인할 수 있다.

그림 16-12는 이 회로의 브레드보드 버전을 보여 준다. 이 회로를 브레드보드에 만들어 두기를 권한다. 뒤에서 실험의 마무리로 이 회로를 확장해 신디사이저 기능을 몇 가지 구현할 예정이다. 기본적이지만 흥미로운 실험이 될 것이다. 그림 16-3 버전을 이미 만들었다면 타이머의 5번 핀에 연결했던 0.01μF 커패시터 C2를 제거하고 아래에 새 부품을 추가해 확장할 수 있다.

다음은 제어 핀에 관해 참고할 만한 내용을 정리한 것이다.

• 2번 핀의 제어 전압은 전원 공급 장치의 20~90% 정도여야 한다. 해당 범위를 벗어나면 타이머가 손상되지는 않겠지만 자체적으로 작동을 멈추고 항의의 의미로 침묵할 것이다.

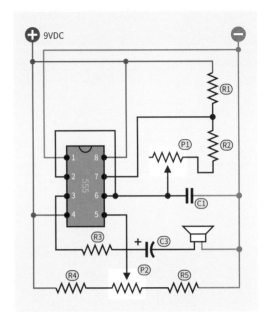

그림 16-11 회로도 아래에 저항 2개와 반고정 가변저항을 추가하면 555 타이머의 제어 핀에 가변 전압을 걸 수 있다.

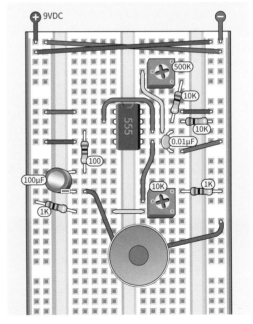

그림 16-12 그림 16-11의 브레드보드 버전.

그러나 추가한 부품이 원하는 전압 범위를 제공하는지 내가 어떻게 알 수 있었을까? 간단한 계산을 해 보았기 때문이다. 계산은 전자공학의 필수 부품인 분압기(voltage divider)에 대한 일반 지식을 바탕으로 했다. 잠시 주제에서 벗어나 이 내용을 소개한다.

분압기

타이머의 내부 작동을 보여 주는 그림 15-16을 다시 살펴보자. 도해 위쪽에 직렬로 연결한 3개의 5K 저항 위로 '분압기'라는 단어가 보인다. 흐름상 분압기에 관해 설명하지는 않았다. 그런데 이처럼 양의 전원과 음극 접지 사이에 동일한 저항 3개를 직렬로 연결한 경우 각 저항은 옴의 법칙에 따라 그림 16-13처럼 동일한 전압 강하를 보인다. 5K 저항이 아니라 어떠한 저항을 사용해도 세 저항의 값이 모두 같기만 하면 같은 결과를 얻을 수 있다.

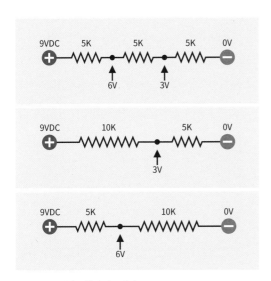

그림 16-13 전압 분할의 기본 개념.

이번에는 그림 16-13의 두 번째 그림처럼 5K 저항 2개를 함께 사용해 10K 저항을 만든다고 가정해 보자. 10K 저항의 값은 직렬로 연결한 5K 저항 2개의 저항값과 같아야 한다. 따라서 해당 지점의 전압은 그림처럼 3V여야 한다.

이번에는 그림 16-13의 세 번째 그림처럼 저항의 위치를 바꾸면 전압은 6V가 된다.

두 저항 사이의 한 지점에 걸리는 저항값은 어떤 공식을 사용하면 계산할 수 있을 듯하다. 그리고 실제로도 가능하다. 그림 16-14는 이 방법을 보여 주기 위해 양의 전원과 음극 접지 사이에 저항 2개를 연결했다. 앞의 555 타이머 타이밍 회로에서 저항을 R1과 R2로 이미 표시했으니 이번에는 R1과 R2 대신 저항을 RA와 RB로 표시했다. Vcc는 공급 전압이고 V는 저항 사이에 걸리는 전압을 뜻한다.

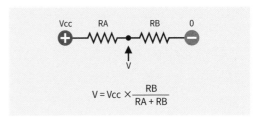

$$V = Vcc \times \frac{RB}{RA + RB}$$

그림 16-14 분압기의 전압 공식.

이 문자들을 사용해 수식을 정리하면 다음과 같다.

$$V = Vcc * (RB/(RA+RB))$$

이제 이 공식을 555 회로에 어떻게 적용할 수 있는지 설명하겠다. 그림 16-15에서는 제어 전압을 공급하도록 1K 저항 2개와 10K 반고정 가변저항을 연결했다. 그러나 그림의 윗부분에서는 가변저항을 조정해 와이퍼의 눈금을 가장 왼쪽에 맞추었다. 계산식은 와이퍼에 걸린 전압이 다음과 같음을 보여 준다.

9 * (11/12)

휴대용 계산기로 계산하면 결괏값이 8.25V로 나왔다. 그림 16-15의 아랫부분은 가변저항의 와이퍼를 조정해 눈금을 반대쪽 끝으로 옮겼을 때, 여기에 걸리는 전압이 다음과 같음을 보여 준다.

9 * (1/12)

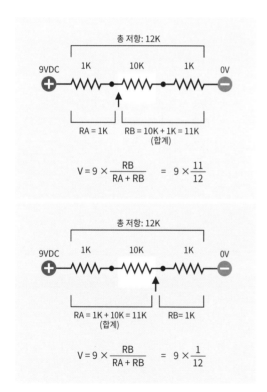

그림 16-15 555 타이머의 제어 핀에 연결한 분압기에 공식 적용하기.

계산한 값은 약 0.75V이다.

아래의 전압은 지나치게 낮다. 그러나 실제로 분압기를 제어 핀과 연결하면 제어 핀의 전압이 분압기에 영향을 미쳐서 전압을 약간 높인다. 언제나 그렇지만 전자부품을 사용하면 무엇이든 서로 영향을 미치곤 한다.

분압기에 대해서는 다음의 몇 가지를 알아두는 게 좋다.

- 공식은 올바른 결과를 제공한다. 단, 부품을 분압기의 가운데에 연결하면 공식에 영향을 미치기 때문에 공식은 더 이상 성립하지 않는다.
- 분압기 저항들 사이의 한 지점에 부품을 연결할 때 해당 부품과 접지 사이의 저항은 분압기 저항들의 값과 비교해 최대한 높아야 한다.

달리 말하면 분압기 저항들의 값이 상대적으로 작아야 한다는 뜻이다. 그러나 당연하게도 이들 저항은 양의 전원과 음극 접지 사이에 있기 때문에 저항값을 너무 줄이면 전류가 낭비된다. 따라서 이상적인 값을 선택하려면 타협이 필요하다. 내 타이머 회로의 경우 1K 저항 2개와 10K 반고정 가변저항 정도면 충분히 낮다고 생각했다.

한 칩을 다른 칩으로 제어하기

이제 다시 앞서 말한 두 번째 타이머의 출력이 첫 번째 타이머의 제어 핀과 연결된 상황으로 돌아가 보자.

그림 16-12의 비안정 회로가 제대로 작동하는지 먼저 확인한다. 이제 보드 아래에 새 회로를

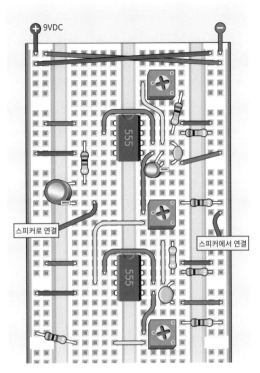

그림 16-16 이중 555 회로를 브레드보드에 완성한 모습.

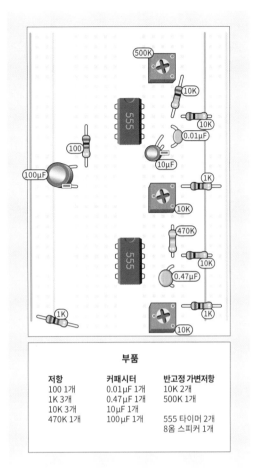

부품		
저항	커패시터	반고정 가변저항
100 1개	0.01μF 1개	10K 2개
1K 3개	0.47μF 1개	500K 1개
10K 3개	10μF 1개	
470K 1개	100μF 1개	555 타이머 2개
		8옴 스피커 1개

그림 16-17 이중 555 회로를 부품 위주로 나타낸 모습이다.

추가해서 이 회로를 제어해 보자. 그림 16-16은 브레드보드의 완성된 모습을 보여 준다. 그림 16-17은 부품 위주로 표시한 것으로 필요한 부품을 확인할 수 있다. 그림 16-18은 회로도 버전이며 그림 16-11과 비교해 보면 몇 가지가 바뀌었음을 알 수 있다. 먼저 C2가 10μF 전해 커패시터로 돌아왔다. 그 이유는 뒤에서 설명한다. 반면 R4는 제거해서 이제 P2의 왼쪽과 추가한 555 타이머의 3번 핀(출력 핀)이 직접 연결되어 있다. 3번 핀에 걸리는 전압은 8V와 같거나 그보다 낮아야 한다.

브레드보드 버전에는 스피커가 보이지 않는데 연결할 공간이 부족해서다. 그러나 스피커로

연결되는 전선과 스피커에서 연결되는 전선은 볼 수 있다.

전체 회로가 브레드보드의 상단 절반에 해당되기 때문에 버스가 분할되어 있는 보드를 사용하더라도 점퍼선으로 각 버스의 상단과 하단을 연결해 줄 필요는 없다.

회로의 전원을 켜면 먼저 커패시터 C2를 보드에서 뺐다가 다시 끼워볼 것이다. 커패시터를 보드에서 제거하면 소리가 떨리는데, 커패시터가

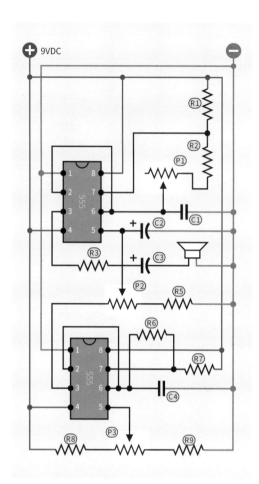

그림 16-18 이중 555 회로도.

R8 및 R9로 구성되어 있다. 두 개의 저항은 각각 1K, P3는 10K이며, 이전에 만든 전압 분배기와 같은 값이다.

이 회로가 가지고 놀기 재미있다는 걸 알게 될 것이다. P1은 여전히 1번 타이머가 생성한 음조의 높이를 제어한다. P3은 IC2가 생성하는 변조의 속도를 제어하고, P2는 변조 강도를 조정한다. P2를 낮추면 오페라 가수의 비브라토 같은 소리를 얻을 수 있다. P2를 높이면 자동차 경적 같은 소리가 들릴 것이다.

타이머 칩 2개로 만든 작은 회로 하나로 오페라 가수의 목소리와 자동차 경적 소리를 모두 낼 수 있다니 멋지지 않은가! 회로에서 만들 수 있는 소리 중에 마음에 드는 게 있다면 녹음해서 전화기의 벨소리로 사용할 수도 있다.

물론 집에서 같이 사는 사람 중 몇 명은 그 소리가 여러분만큼 흥미롭다고 느끼지 않을 수 있다. "그 소리 좀 꺼버려!" 같은 말을 들을 마음의 준비를 하자.

자, 회로에서 더 수정할 부분이 있을까? 물론이다! 수정은 하려고만 하면 언제든 가능하다.

세 번째 타이머를 추가해서 출력을 2번 타이머의 제어 핀에 연결하면 어떤 일이 일어날까? 알아보려면 R8을 제거하고 세 번째 타이머의 출력을 보드 하단의 노란색 점퍼선에 연결하여 P3으로 입력되도록 하기만 하면 된다. 시도해 볼 가치가 있다. 세 번째 타이머가 아주 느리게 작동하면 자동차 경적 소리가 경찰 사이렌 소리처럼 오르내리는 효과가 발생할 수 있다. 정말 짜증나는 소리 두 가지를 한번에 즐겨 보자!

1번 타이머의 제어 핀에 대해 평활 커패시터의 역할을 하기 때문이다. 이 외에도 다른 값의 커패시터를 끼워서 실험을 해 볼 수도 있다.

P2는 1번 타이머의 제어 핀에서 변조의 정도를 조정한다. R6 및 R7은 2번 타이머의 타이밍 저항이고 C4는 타이밍 커패시터이다. 여기서는 초당 약 3비트의 주파수를 생성하도록 값을 정했지만, 주파수는 회로 아래에 추가한 분압기로 조정이 가능하다. 분압기는 P3와 직렬로 연결한

비브라토가 아닌 트레몰로 효과를 원한다면 어떻게 할까? 트레몰로는 소리의 강도를, 비브라토는 소리의 주파수를 조절하면 된다. 이 회로의 오디오 출력은 공급 전압에 따라 달라지므로 1번 타이머로 공급 전압을 조정할 수 있다. 그냥 전원을 분리하고(오른쪽 상단 모서리의 빨간색 점퍼선을 빼낸다) 대신 2번 타이머의 펄스 출력으로 전압을 공급한다. 2번 타이머의 3번 핀과 1번 타이머의 8번 핀을 조금 긴 전선으로 연결하기만 하면 된다. 직접 해 보니 회로는 작동하지만 켜짐과 꺼짐 상태의 전환이 조금 갑작스러운 느낌이다. 용량이 큰 평활 커패시터를 사용하면 도움이 될 것이다. 아니면 1번 타이머의 8번 핀에 풀업 저항을 연결할 수도 있다. 직접 해 보고 어떤 일이 일어나는지 확인해 보자.

타이머에 잘못된 방향으로 전원을 연결하지만 않으면 타이머를 손상할 일은 없을 것이다. 또, R3와 C3를 스피커와 직렬로 연결해 놓기만 하면 어떤 이상한 펄스가 가더라도 스피커를 보호해 줄 것이다.

오디오 회로는 언제나 재미있게 가지고 놀 수 있다. 그런데 다음 실험의 목표는 한층 더 진지하다. 앞에서도 언급한 적이 있는 경보 장치를 만들 차례다. 이를 위해 필요한 지식은 모두 갖추었다.

실험 17 침입 경보 장치

집 안에서 경고음을 울리는 경보 장치는 이웃을 놀래킬 정도는 아니어도, 자다가도 듣고 깰 수 있을 만큼 커야 한다. 또, 누군가와 함께 산다면 문이나 창문이 열렸을 때 이를 알려 주는 경보 기능을 마음에 들어할 수도 있다. 어느 쪽이든, 이번 프로젝트는 지금까지 습득한 지식과 기술을 활용하기에 이상적이다.

실험 준비물

- 브레드보드, 연결용 전선, 니퍼, 와이어 스트리퍼, 계측기
- 9V AC 어댑터. 이 회로를 오래 작동시키면 지나치게 많은 전류를 소비할 수 있어 9V 전지로는 부족할 수 있다.
- 저항: 100옴 1개, 470옴 4개, 10K 5개, 47K 4개, 470K 2개
- 커패시터: 0.01µF 2개, 0.47µF 2개, 10µF 3개, 100µF 2개
- 555 타이머 칩 3개
- 택타일 스위치 1개
- 1N4148 신호 다이오드 1개
- 브레드보드에 끼울 수 있는 SPST나 SPDT 슬라이드 스위치 1개
- 빨간색 일반 LED 4개

계획하기

종종 독자들로부터 회로 설계 방법을 묻는 이메

일을 받는다. 나는 이 분야를 정식으로 배운 적이 없어서 공신력 있는 답을 주지는 못한다. 그렇지만 이번 프로젝트를 어떤 식으로 접근해 나갔는지는 알려 줄 수 있다. 또, 도중에 실수를 발견하고 어떻게 해결했는지도 설명한다.

회로 설계의 첫 번째 요건은 상상이라고 생각한다. 만들고 싶은 것을 사용하는 모습을 상상해야 한다. 미리 계획하지 않고 부품을 연결하기 시작하면 중요한 것을 고려하지 못했음을 알게 될 수 있다.

이를 염두에 두고 그림 17-1처럼 예비 계획을 정리했다. 타이머는 IC1, IC2, IC3으로 지칭하는데 이런 도해에서는 집적회로를 종종 이런 식으로 표시한다. 자세한 과정은 다음과 같다.

1. 경보 장치를 켠다. 모든 문과 창문을 닫으면 LED가 켜진다.
2. 버튼을 눌러 장치가 활성화되기 전 30초 정

도 대기 시간을 두고, 집을 나설 때 경보 장치가 활성화되지 않도록 한다. 나는 이를 '외출 대기'라고 부른다.

3. 외출 대기가 끝나면 경보 장치가 자동으로 활성화된다.
4. 이제 문이나 창문이 열려 있는 동안 또다시 기다림이 시작된다. 이 기다림은 '최종 대기'라고 부른다. 이 시간이 문을 열고 안으로 다시 들어가서 경보음을 울리지 않고도 장치를 끌 수 있는 마지막 기회이다.
5. 최종 대기 시간이 끝날 때까지 경보 장치를 *끄*지 않으면 경보음이 울리기 시작한다.

이 순서라면 실행이 가능하겠다고 생각했기에 부품을 선택하는 다음 단계로 넘어갔다. 이 책의 2판에서는 트랜지스터와 릴레이를 사용하는 경보 장치 회로를 소개했다. 그러나 몇 년간 이 선택을 되돌아보며 고민한 결과 555 타이머를 3개 사용해서 이 프로젝트를 단순화할 수 있겠다고 판단했다.

자기 센서

더 진행하기 전에 잠시 멈추고 간단한 경보 장치가 어떤 식으로 작동하는지 먼저 설명한다. 보통은 그림 17-2에 표시된 것과 같이 모듈 2개로 구성된 센서를 각 문이나 창에 단다. 모듈 하나에는 자석이 들어있고, 다른 모듈에는 리드 스위치(reed switch)가 들어 있다.

스위치는 밀폐된 유리 캡슐과 그 안의 접점 2개로 구성되어 있다. 접점을 자기화하면 자기

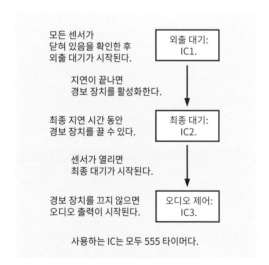

그림 17-1 경보 기능의 시각화를 위한 첫 번째 시도.

그림 17-2 알람 센서의 두 모듈.

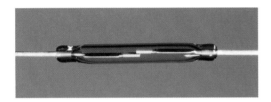

그림 17-3 일반적인 리드 스위치. 유리 캡슐의 직경은 약 2mm이다.

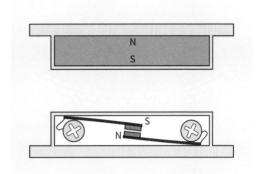

그림 17-4 자기 모듈이 리드 스위치에 접근하면 자기장이 접점을 움직인다.

그림 17-5 직렬로 연결한 경보 센서. 파란색은 자기 모듈, 빨간색은 리드 스위치이다.

장이 접점을 서로 붙이거나(평상시 열림 상태일 때) 떼어낸다(평상시 닫힘 상태일 때).

그림 17-3은 리드 스위치의 모습을 보여 준다. 그림 17-4는 알람 센서의 작동 방식을 보여 준다. (문자 N과 S는 자석의 두 극인 북극과 남극을 뜻한다.) 나만의 경보 장치를 만들기 위해 센서를 구입한다면 접점이 평상시 닫힘이 아닌 평상시 열림 상태인 유형을 골라야 한다.

마그네틱 모듈은 문이나 창에 부착하고 스위치 모듈은 마그네틱 모듈 옆의 문틀이나 창틀에 부착해 문이나 창을 닫았을 때 마그네틱 모듈에 거의 닿을 수 있도록 한다. 그림 17-5에서 파란색 사각형이 마그네틱 모듈이고 빨간색 사각형이 스위치 모듈이다. 경보 장치는 초록색 상자 안에 들어 있다. 스위치를 직렬로 연결하기 때문에 스위치가 하나라도 열리면 회로의 연속성이

끊긴다.

이런 유형은 회로가 끊어질 때 경보가 울리기 때문에 '끊길 때 작동'하는 회로라고 한다. 누군가가 전선을 자르는 등 회로에 손을 대는 경우에도 회로가 끊어진다.

나는 가장 먼저 이 시스템을 그림 17-1에 정리한 순서의 중간 과정을 제어하는 IC2와 어떤 식으로 연결할지 결정했다. 경보 센서로 타이머를 활성화하는 방법을 알아내지 못하면 이 실험을 진행할 수 없을 것이었다.

타이머를 행복한 상태로 유지하기

나는 부품을 살아 있는 생물처럼 생각하곤 한다. 부품들이 원하는 것을 줌으로써 이들을 행복한 상태를 유지하고, 그 결과 오래 살면서 제대로 행동하도록 하는 게 나의 임무다.

555 타이머의 경우 활성화 핀은 분명하게 정의된 전압이 필요하다. 실험 15에서 배웠듯이 2번 핀의 전압이 전원 공급 장치의 3분의 1 아래로 떨어지면 타이머의 출력은 높은 전압 상태가 된다. 전압이 전원 공급 장치의 3분의 1 이상으로 유지되면 출력은 낮은 전압 상태가 되며 타이머는 그냥 거기에 앉아서 대기한다. 그러나 활성화 핀에 특정 크기의 전압이 공급되지 않으면 타이머가 예상치 못한 행동을 보인다. 이렇게 되면 타이머는 행복하지 않고, 타이머가 행복하지 않다면 나 역시 행복하지 않다.

이를 염두에 두고 나는 그림 17-6처럼 직렬로 연결한 알람 센서의 한쪽 끝에 양의 전압을 가해 주기로 결정했다. 해당 전압은 결국 타이머의 활성화 핀으로 이어진다. 모든 센서가 닫혀 있는 한 활성화 핀은 상대적으로 높은 전압을 가지며 타이머는 아무 일도 하지 않는 행복한 상태를 유지한다.

스위치 중 하나가 열리면 양극 연결이 끊어

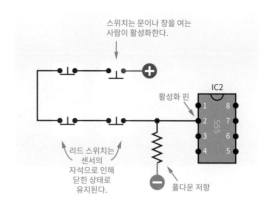

그림 17-6 경보 센서 회로의 기본 개념.

진다. 이제 풀다운 저항이 나서서 타이머를 활성화한다. 타이머가 활성화되면 출력이 높은 전압 상태가 된다. 이 출력을 어떤 식으로든 사용해야 한다고 생각했지만, 이 지점에서는 아직 어떻게 사용해야 할지 확신이 들지 않았다.

여기에 더해 그림 15-12에서 비슷한 배치를 본 적이 있다. 단, 그때는 풀다운 저항 대신 풀업 저항을 사용했고, 푸시버튼은 음의 전압과 연결되어 있다.

다음에 생각한 것은 IC1이었다. IC1은 외출 대기를 위해 동작을 30초 정지시키는 일을 담당한다. IC1의 고전압 출력은 외출 대기 동안 경보 센서가 열렸을 때 IC2가 활성화되지 않도록 어떤 식으로든 막아야 한다.

그림 17-7은 이를 수행하는 아주 간단한 방법을 보여 준다. 먼저 나갈 준비가 되었을 때 '외출 버튼'을 누르면 단안정 모드로 연결한 IC1에서 고전압 펄스가 하나 출력된다. IC1의 출력이 30초 동안 높은 전압 상태로 유지된다고 가정해 보자. 출력은 다이오드를 통과해 풀다운 저항을

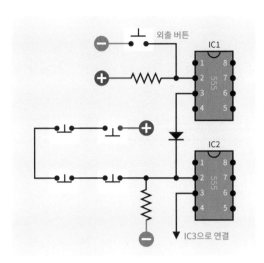

외출 버튼
IC1
555
IC2
555
IC3으로 연결

그림 17-7 30초의 대기 시간이 생기도록 IC1을 추가하기.

무시하고 IC2의 활성화 핀을 높은 전압 상태로 유지시켜 주며 이는 누군가가 센서 스위치를 열더라도 바뀌지 않는다. 즉, 활성화 핀이 높은 전압 상태인 한 IC2는 센서 스위치를 무시한다.

다이오드와 풀다운 저항은 분압기 역할을 한다고 생각할 수 있다. 다이오드에는 약간의 유효 저항이 존재하기는 하지만 10K인 풀다운 저항에 비하면 아주 작은 값이다. 따라서 이 둘 사이의 전압은 약 8V인 IC1의 출력 전압에 가깝다. 이 정도의 크기면 풀다운 저항이 IC2의 2번 핀을 활성화하지 못하도록 막는 데 필요한 정도를 훨씬 뛰어넘는다.

그런데 다이오드는 왜 사용했을까? 그 이유는 외출 펄스를 생성하지 않을 때 IC1의 출력이 낮은 전압 상태이기 때문이다. 저전압 출력이 IC2를 통과하지 않았으면 했기 때문에 나는 다이오드를 사용해 이를 차단했다.

지금까지의 진행 상황을 요약하면 다음과 같다.

- 버튼을 눌러서 IC1을 작동시키면 고전압 출력이 30초 동안 지속된다.
- 밖으로 나가려고 문을 열었지만 IC1의 출력 전압이 IC2의 활성화를 막아 IC2는 문이 열린 사실을 알아차리지 못한다.
- 외출 대기가 끝나면 IC1의 출력이 낮아진다. 따라서 해당 출력은 IC2에 더 이상 영향을 미치지 않으며 경보 장치는 모든 스위치의 열림 상태에 민감해진다.
- 집으로 돌아와 문을 열면 IC2가 작동한다. IC2는 단안정 모드로 연결되어 있어서 IC2에서 발생한 높은 출력이 30초 동안 지속된다. 아직 정확히 어떻게 해야 할지는 잘 모르겠지만, 최종 대기 시간에 경보 장치를 끌 수 있다. *끄지 않으면* IC2의 높은 전압 펄스가 30초 후에 종료되고 IC3가 활성화된다. 어떻게 구현할지는 나중에 결정한다.

이 모든 게 꽤 쉬워 보였다. 하지만 너무 쉽게 생각했는지도 모른다. 이 시나리오에는 커다란 결함이 있다. 눈치챘는가? 나는 한참 생각한 후에야 그 결함을 눈치챘다.

문제는 이렇다. 외출 대기가 끝난 후 경보 장치가 활성화되면서 외부의 침입을 감지할 준비가 끝났다. 누군가가 문이나 창을 열어둔 채 들어왔다고 하면 어떻게 될까? 센서 스위치는 IC2를 활성화하여 최종 대기가 시작된다. 그러나 555 타이머의 입력 핀이 낮게 유지되면 높은 출력은 무한정 계속된다는 점을 기억하고 있을 것이다. 결과적으로 침입자가 문이나 창을 열어 두기만 하면 IC2의 입력 핀이 낮은 전압 상태로 유지되면서 IC2를 반복해서 활성화하기 때문에 출력이 무한정 높은 전압 상태로 유지된다. 최종 대기가 끝나는 때는 오지 않고 IC2는 IC3에게 경보를 울리라고 이야기하지 않을 것이다.

이를 어쩌나.

이제 모든 걸 다시 생각해 보아야 했다. 그리고 그 과정에서 실수를 발견했다. 나는 IC2가 언제나 행복하도록 해 주지 못했다. 555 타이머는 낮은 전압 상태로 멈추어 있는 입력으로 무한히 활성화되는 위치에 두어서는 안 된다. IC2 타이머는 짧은 펄스로 활성화하도록 설계되었다.

따라서 IC2에는 풀다운 저항이 아닌 풀업 저항을 연결해야 한다. 활성화 핀을 평상시 높은 전압 상태로 유지하는 것, 555 타이머는 이것을 좋아한다. 그러면 활성화 핀이 높은 전압 상태로 돌아가기 전에 어떤 식으로든 낮은 전압 상태의 짧은 펄스로 555 타이머를 활성화할 수 있다.

이 문제를 어떻게 해결했을까? 그림 17-8은 문제를 보여 준다.

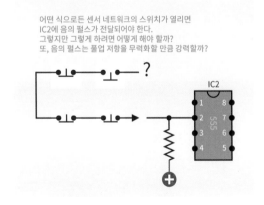

어떤 식으로든 센서 네트워크의 스위치가 열리면 IC2에 음의 펄스가 전달되어야 한다. 그렇지만 그렇게 하려면 어떻게 해야 할까? 또, 음의 펄스는 풀업 저항을 무력화할 만큼 강력할까?

그림 17-8 IC2에 음의 펄스를 보내려면 어떻게 해야 할까?

짧은 펄스가 필요할 때면 언제나 결합 커패시터가 머리에 떠오른다. 그림 9-12를 떠올려 보면 커패시터 한쪽 플레이트의 전위가 급격하게 변화하면 다른 플레이트로 변위전류 펄스를 보낸다는 사실이 기억날 것이다. 이때 첫 번째 플레이트의 전압이 갑자기 상승하면 높은 펄스가 생성되지만, 갑자기 감소하면 낮은 펄스가 생성된다.

(사실 '높은 펄스'나 '낮은 펄스'라는 표현은 그다지 정확하지 않다. 이 두 가지 사건 모두 한 방향이나 다른 방향으로 전자가 흐르는 현상을 말하기 때문이다. 그러나 높은 펄스나 낮은 펄스라고 표현하면 어떤 일이 일어나는지 쉽게 상상할 수 있다.)

나는 센서 스위치를 그림 17-9와 같이 연결할 수 있을지 궁금했다. 모든 스위치가 닫힌 상태에서 전류를 끌어가는 곳은 풀다운 저항을 통해서뿐이다. 이를 위해서는 연속으로 연결해 둔 스위치의 가장 끝부분에 양극 전압을 연결해 주기만 하면 된다. 한편, IC2의 2번 핀에 연결된 풀업 저항이 핀 전압을 양으로 유지하고, 타이머는 만족한 상태로 아무것도 하지 않는다.

스위치가 열리면 그림 17-9의 아래쪽과 같이 양극 연결이 갑자기 끊어진다. 이렇게 되면 풀다운 저항으로 인해 커패시터의 왼편에 음의 전압이 걸린다. 이런 급격한 전압 변화가 발생하면 커패시터를 통해 낮은 펄스를 보내며, 이로서 풀업 저항의 영향을 억제한다.

회로도의 색은 조금 진하게 표현되었다. 칩으로의 입력은 공급 전압 수준까지 완전히 올라

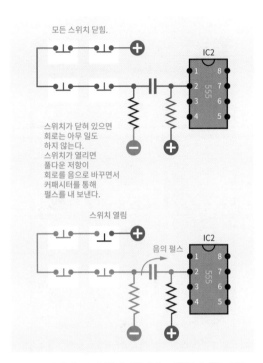

모든 스위치 닫힘.

스위치가 닫혀 있으면
회로는 아무 일도
하지 않는다.
스위치가 열리면
풀다운 저항이
회로를 음으로 바꾸면서
커패시터를 통해
펄스를 내 보낸다.

스위치 열림

음의 펄스

그림 17-9 음의 펄스를 생성하기 위해 센서 스위치를 배선하는 방법.

가지 않으며 스위치가 열릴 때(회로도의 아래쪽 절반에서) 회로 전압이 0VDC로 완전히 떨어지지 않는다. 그렇지만 비슷하기는 하다.

제대로 작동하는지 확인하려면 브레드보드에 회로를 직접 만들어 보는 수밖에 없었다. 결과적으로 회로는 제대로 작동하지 않았다.

정말 실망스러웠다! 경보 장치가 믿음직스럽지 않으면 쓸모가 없다. 거기다 단순할 거라 생각했던 프로젝트를 성공적으로 진행하지 못한다는 데 좌절감과 짜증도 느꼈다.

이런 상황에서는 휴식을 취하는 것이 좋다. 쉬고 돌아올 즈음에는 머리가 맑아지고 성공할 것이라는 확신이 들었다. 그래서 앞에서 했어야 하는 일을 했다. 즉, 체계적으로 접근해 보았다. 먼

저 풀업 저항을 다른 몇 가지 값으로 바꿔 보았다(풀업 저항은 그곳에 연결해 두어야 아무 일도 일어나지 않았을 때 IC2의 입력을 높은 전압 상태로 유지할 수 있다). 또 풀다운 저항값과 커패시터의 용량도 변경했다(커패시터 용량은 상당한 크기의 펄스를 전달할 정도로 충분히 커야 한다).

처음에는 0.1μF 커패시터와 10K 저항 2개로 시작했다. 최종적으로는 0.47μF 커패시터, 10K 풀다운 저항, 47K 풀업 저항을 사용하기로 결론 내렸다. 이렇게 했을 때 타이머의 활성화 핀에서 측정한 음의 펄스 값은 1V 아래로 완전히 떨어졌다. 이는 칩을 활성화하는 데 필요한 3V보다 훨씬 낮다.

결국 이 방법이 효과가 있을 것이다.

이제 다시 돌아가서 IC1을 다이오드와 함께 추가해야 했다. 여전히 IC1의 출력이 외출 대기 동안 높은 전압 상태가 되고, 이 양의 전류가 다이오드를 통과하는 동시에 이 값이 충분히 커서 IC2의 입력 핀을 높은 전압 상태로 유지하고, 그 결과 IC2가 센서 스위치를 무시하도록 하고 싶었다. 즉, 양의 전압은 커패시터를 통과해 오는 음의 펄스를 억제해야 했다. 그림 17-10은 내가 생각했던 바를 보여 준다.

나는 IC2의 입력 핀에서 전압을 측정해 보았고, 결국 이 방법이 효과가 있음을 확인했다. 마침내 최종 회로 만들기 단계로 넘어갈 수 있었다. 이 이야기의 교훈은 이렇다. 무언가가 제대로 되지 않으면 휴식을 취한 뒤 체계적으로 접근해 보자.

또한 IC2가 IC3을 활성화하는 방법도 알아

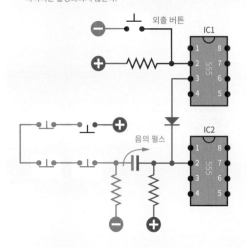

IC1이 다이오드를 통해 높은 전압 상태의 출력을 내보낼 때, 해당 출력은 커패시터에서 나온 음의 펄스를 충분히 흡수한다. 결과적으로 IC2의 입력 핀은 높은 전압 상태를 유지하고 타이머는 활성화되지 않는다.

외출 버튼

IC1

음의 펄스

IC2

그림 17-10 IC1을 나와 다이오드를 지나는 양의 전류는 커패시터를 통과한 음의 펄스를 충분히 억제할 수 있을지 모른다.

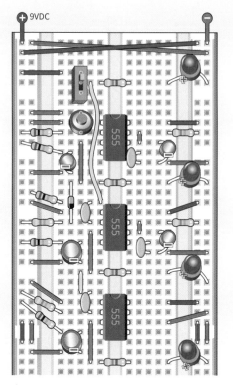

그림 17-11 경보 장치의 전체 회로.

냈다. 다른 이 두 칩 사이에 결합 커패시터를 추가해서 낮은 펄스를 하나 더 생성해야 했다. 이 내용은 잠시 후에 설명한다.

그림 17-11은 전체 브레드보드 회로를 보여준다. 부품 수가 무서울 정도로 많아 보일 수 있지만 각 타이머 주변의 저항과 커패시터의 패턴은 기본적으로 실험 15의 테스트 회로와 동일하다는 점을 기억하자. 여기서 새로운 개념이란 타이머끼리 연결하는 방식뿐이다.

실제 경보 장치에서 직렬로 연결한 스위치들을 시뮬레이션하는 용도로 보드 상단에 스위치를 하나만 사용했다. 스위치들은 모두 직렬로 연결하기 때문에, 이 스위치가 닫히면 모든 스위치가 닫혀 있다고 생각할 수 있다. 마찬가지로 이 스위치가 열리면 여러 개의 센서 스위치 중 하나가 열리는 것과 같다.

그림 17-12에서는 부품값을 확인할 수 있다. 테스트와 개선을 위해 IC1, IC2와 함께 47K 타이밍 저항을 사용했다. 47K 저항을 사용하면 대기 시간을 3초로 줄일 수 있다. 회로를 테스트하면서 30초 대기 시간을 기다리느라 허비하고 싶지 않았다. 제대로 된 완성 버전을 만들고 싶으면 47K 저항 대신 470K 타이밍 저항을 사용하자. 모두 부품 목록에 포함시켜 두었다.

그림 17-13은 경보 장치의 회로도이다. 여기에서 IC3를 다른 결합 커패시터인 C8과 함께 추가한 모습을 확인할 수 있다. IC2가 활성화한

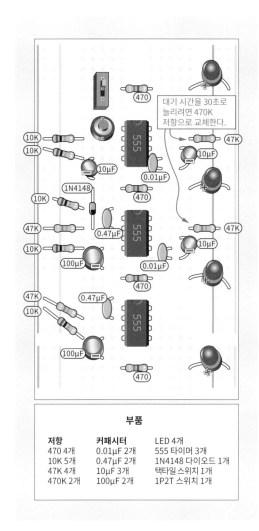

그림 17-12 경보 장치 회로의 부품만 표시한 버전.

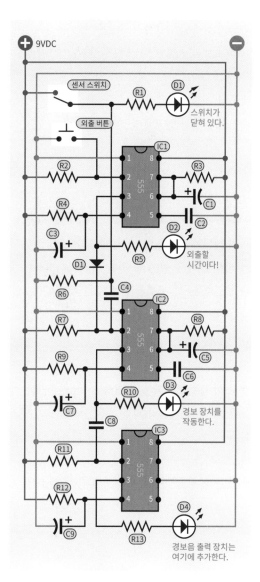

그림 17-13 경보 장치의 회로도.

최종 대기가 끝나면 출력 핀에서 전압이 갑자기 떨어지면서 C8을 통해 음의 펄스가 생성된다. 이 펄스는 쌍안정 모드로 연결한 IC3를 활성화하여 출력이 낮은 전압이나 높은 전압 상태 어느 한쪽으로 고정한다. 회로도의 C3 출력은 현재 어떤 일이 일어나는지를 보여 줄 목적으로 설치한 LED를 지나가지만, 실제 경보 장치에서는

IC3의 출력을 경고음 발생 장치에 대한 전원으로 사용한다. 장치에는 기성품 신호 발신 장치를 사용할 수도 있고 앞에서 설명한 비안정 멀티바이브레이터 회로 중 하나를 사용할 수도 있다. 어떤 장치를 사용하든 IC3의 8VDC 출력은 이러한

회로에 전력을 공급하기 충분하다.

회로를 테스트할 때는 먼저 센서 스위치를 닫고 경보 장치를 설치한 문과 창을 모두 닫는 데서부터 시뮬레이션한다. 모두 닫으면 연속성을 확인하기 위해 연결해 둔 D1이 켜진다.

이제 외출 버튼을 누를 준비가 끝났다. 버튼을 누르면 '외출할 시간이다!'라고 보여 주는 D2가 켜진다. 여기에 불이 들어오면서 남은 시간이 30초뿐이라고 알려준다. D2가 켜져 있는 동안은 외출 대기가 적용된다. 이 동안에는 센서 스위치를 열어도 아무 일도 일어나지 않는다. R3와 C1에 테스트용 값을 적용하면 대기 시간이 3초밖에 안 주어지지만 그럼에도 센서 스위치를 열고 닫기에 충분하다.

외출 대기 시간이 끝나면 D2가 꺼진다. 이제 경보 장치가 활성화되어 경보를 울릴 준비를 마쳤다. 이제 센서 스위치를 열면 음의 펄스가 C4를 통과하고 IC2를 활성화해 최종 대기가 시작된다. 그 시간 동안 D3에 불이 들어와서 알람을 끌 수 있는 마지막 기회가 남아 있음을 알려준다.

최종 대기 시간이 끝나면 IC2의 3번 핀 출력이 낮은 전압 상태로 떨어지면서 C8을 통해 음의 펄스를 보낸다. 이 펄스는 IC3를 활성화한다. 이때 IC3는 쌍안정 모드로 연결되어 있기 때문에 IC3는 자체로 켜진 상태가 유지된다. 이제 D4가 켜지면서 경보음 장치를 연결하면 IC3에서 전원을 공급받아 소음을 발생할 것임을 알려 준다.

이 과정이 아직도 머릿속에 깔끔하게 정리되지 않은 사람을 위해 타이머가 어떤 식으로 서로를 활성화하는지 보여 주는 도해를 그림 17-14에

수록했다.

회로를 테스트하는 동안 발견한 유일한 결함은 처음 전원을 켰을 때 IC2가 자체적으로 활성화되는 경우가 종종 있었다는 점이다. 아마도 이런 현상은 활성화 핀과 연결한 비교적 긴 전선과 관련이 있어 보인다. 그래도 나는 이 문제를 해결하기 위해 타이머가 활성화되는 순간 맨 처음 발생하는 펄스의 방출을 막기로 했다. 보통 사용하는 1μF 커패시터 대신 C7과 C9의 커패시터 값을 100μF로 높여 주었다.

이들 100μF 커패시터 자체도 약간의 문제를 일으킬 소지가 있다. 전원을 끈 즉시 다시 켜면

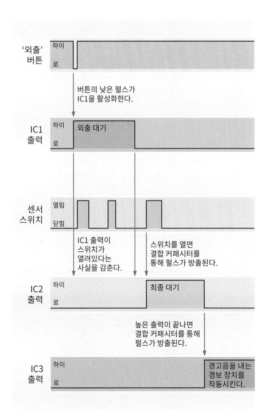

그림 17-14 타이머 간의 상호작용.

커패시터에 여전히 소량의 전하가 남아 있어서 IC2와 IC3를 억누르지 않고 오히려 활성화시킨다. 이를 막으려면 회로를 10초 동안 꺼 두었다가 다시 켜야 한다.

회로 테스트를 시작하고 나는 몇 가지 추가할 수 있는 기능을 떠올렸다. 그중에서도 긴급함을 느낄 수 있도록 외출 대기 동안 삐삐 하는 경고음을 만들어 내는 555 타이머를 추가하고 싶었다. 또, 같은 기능을 최종 대기 시간 동안 활성화시켜 경보 장치를 끄라는 신호로 사용할 수도 있다. 이 기능을 추가하는 일은 여러분에게 맡긴다.

또 경보 장치의 전원을 끄기 위해 코드를 입력해야 하는 키패드를 추가하는 것도 좋은 생각이다. 다음 실험에서는 키패드 회로를 소개한다. 그렇지만 경보 장치는 지금까지 다룬 것으로도 충분하다.

마무리하기

경보 장치 회로를 영구 장치로 만들고 싶다면 어떻게 해야 할까? 이와 관련해 거쳐야 할 단계를 소개한다. (이런 식의 개선은 선택 사항이라 스위치, 단자, 프로젝트 상자 등의 품목이 기본 키트에 포함되어 있지 않을 수 있다.)

영구 회로를 만들 때는 도체로 브레드보드와 동일한 패턴에 맞게 도금한 만능기판을 사용하면 가장 좋다. 실제로 부록 B에 정리해 둔 공급업체 중 하나인 에이다프루트에서 인터넷으로 구입한 그림 17-15의 절반 크기 만능기판을 사용하면 부품을 딱 맞게 배치할 수 있다. (타이머 칩용 소켓을 사용할 수 있다는 점을 잊지 말자. 그

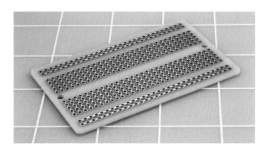

그림 17-15 브레드보드와 동일한 패턴대로 도체를 도금한 절반 크기 만능기판.

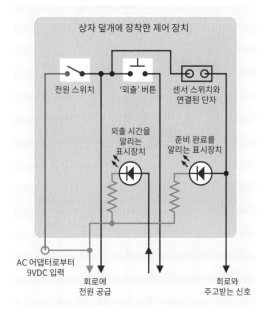

그림 17-16 부품은 나중에 프로젝트 상자의 덮개 안쪽에 장착할 수 있다.

림 15-4를 참조한다.)

그림 17-16은 부품 일부를 회로 기판에 재배치하는 방법을 소개한다. 기판은 이후 프로젝트 상자 덮개 안쪽에 설치한다.

그림 17-17은 입력과 출력을 보드에서 떼어내 옮겼을 때 회로가 어떤 식으로 최소화되는지 보여 준다.

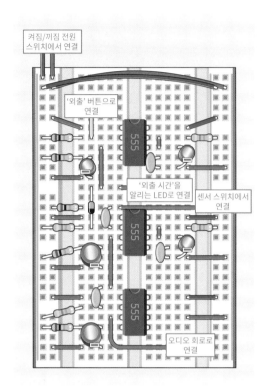

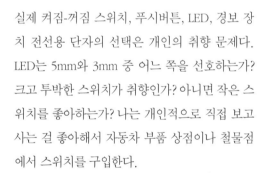

그림 17-17 LED, 스위치, 푸시버튼을 덮개에 옮기고 나면 나머지 부품은 절반 크기 보드에 여유 있게 들어간다.

이미지 라벨:
- 켜짐/끼짐 전원 스위치에서 연결
- '외출' 버튼으로 연결
- '외출 시간'을 알리는 LED로 연결
- 센서 스위치에서 연결
- 오디오 회로로 연결

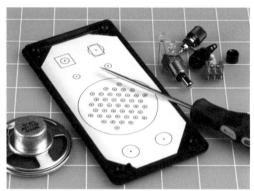

그림 17-18 상자 덮개 안쪽에 표시한 스위치와 LED 배치.

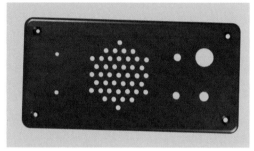

그림 17-19 구멍을 뚫은 상자 덮개.

실제 커짐-꺼짐 스위치, 푸시버튼, LED, 경보 장치 전선용 단자의 선택은 개인의 취향 문제다. LED는 5mm와 3mm 중 어느 쪽을 선호하는가? 크고 투박한 스위치가 취향인가? 아니면 작은 스위치를 좋아하는가? 나는 개인적으로 직접 보고 사는 걸 좋아해서 자동차 부품 상점이나 철물점에서 스위치를 구입한다.

플라스틱 프로젝트 상자를 사용한다면 그림 17-18처럼 배치를 인쇄해 덮개 위에 놓고 송곳으로 종이를 찔러 플라스틱에 위치를 표시할 수 있다. 그런 다음 그림 17-19와 같이 부품 크기에 맞춰 구멍을 뚫는다.

직접 회로의 케이스를 만들 열정이라면 부품을 납땜하고도 싶을 것이다. 이 경우 실험 14에서 사용한 도금 없는 기판보다 구리 도금한 만능기판 쪽이 다루기가 더 쉬울 것이다. 그림 17-20부터 17-23은 이 과정을 보여 준다. 실제 납땜 접합부는 사진으로 명확하게 나오지 않기 때문에 3D로 그렸다.

구리띠는 각 구멍을 둘러싸고 있으며 구멍끼리 연결해 준다. 따라서 녹인 땜납을 구리띠와 전선에 가해 줘서 이 둘을 연결하되, 다른 구리띠나 전선에 땜납이 묻지 않도록 해야 한다.

만능기판은 납땜 보조기나 이와 비슷한 장치

그림 17-20 만능기판의 뒷면. 납땜 양이 이상적이다.

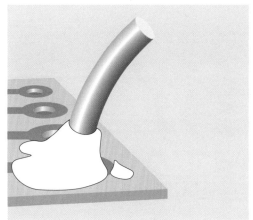

그림 17-22 땜납이 너무 많으면 원치 않은 곳에 묻을 수 있다.

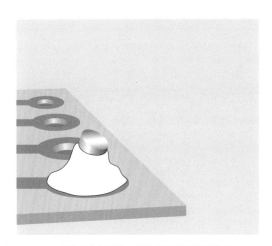

그림 17-21 땜납이 식어서 굳으면 튀어 나온 전선을 잘라낸다.

로 고정하고, 부품은 핀을 구멍에 끼운 뒤 바깥쪽으로 살짝 굽혀서 기판에서 떨어지지 않도록 한다. 이때 전선과 기판 구리띠에 먼저 열을 가한 뒤 땜납을 가져다 대야 한다는 사실을 잊지말자. 5~10초가 지나면 땜납이 녹아 흐르기 시작한다.

충분한 양의 땜납을 녹여서 그림 17-20처럼 전선과 구리를 감싸는 둥근 물방울 모양이 되도록

한다. 땜납이 완전히 굳을 때까지 기다린 후 롱노즈 플라이어로 전선을 잡아 흔들며 튼튼하게 연결되었는지 확인해 본다. 다 괜찮다면 그림 17-21처럼 튀어나온 전선을 니퍼로 잘라낸다.

만능기판을 사용할 때 흔히 하는 실수
땜납이 너무 많은 경우. 미처 눈치 채기 전에 땜납이 기판을 따라 흘러내리면서 그림 17-22처럼 주변의 구리띠에 붙어 버린다. 이런 일이 생기면 땜납 제거용 도구로 땜납을 빨아들이거나 칼로 잘라내야 한다. 개인적으로는 칼로 잘라내는 쪽을 선호하는데 고무로 된 제거용 도구나 구리 끈으로는 땜납을 완전히 제거하지 못할 수 있기 때문이다.

땜납이 아주 조금만 남아 있더라도 단락이 일어날 수 있다. 기판을 이리저리 움직이고 여러 각도에서 빛을 비춰가며 확대경으로 배선을 확인한다.

땜납이 부족한 경우. 너무 얇게 씌우면 땜납이

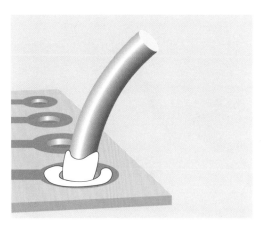

그림 17-23 땜납이 부족하면 전선과 기판의 구리띠 사이에 틈이 생겨서 중간중간 연결이 끊어질 수 있다.

식으면서 땜납에서 전선이 떨어져 나갈 수 있다. 아무리 미세한 금이라도 일단 생기면 회로의 작동이 멈출 수 있다. 가끔은 땜납을 전선에도 씌우고, 전선 주위의 구리띠에 씌웠는 데도, 여전히 둘 사이의 접점이 견고하게 연결되지 않는 경우가 있다. 땜납이 전선을 제대로 둘러싸지 않는 채 마무리된 것이다.(그림 17-23 참조). 이런 부분은 확대경으로 보지 않으면 놓치고 지나갈 수 있다.

땜납이 부족한 접점 부분에는 땜납을 추가해 줄 수 있지만 이때 접점을 완전히 가열해 주어야 한다.

부품을 잘못된 위치에 놓는 경우. 부품을 한 칸 옆으로 잘못 끼우는 실수는 아주 흔히 일어난다. 깜빡 잊고 전선을 연결하지 않는 일도 흔하다. 회로도를 확대해 인쇄해 두고 만능기판에 전선을 연결할 때마다 인쇄된 부분의 전선을 형광펜으로 표시해 두자.

전선 조각. 튀어나온 전선을 정리할 때 잘라

낸 전선 조각은 저절로 사라지지는 않는다. 작업 공간에 이수선하게 흩어져 있다가 만능기판 아래에 붙어서 원치 않는 전기 접점을 만드는 일도 흔하다.

못 쓰는 마른 칫솔로 기판의 아랫면을 깨끗이 닦은 뒤 전원을 연결한다. 공간은 가급적 깨끗하게 유지한다. 꼼꼼하게 신경 쓸수록 이후에 문제가 생길 일이 줄어든다.

다시 한번 말하지만 확대경으로 모든 접점을 반드시 확인해야 한다.

만능기판에서 오류 찾기

브레드보드에서 잘 작동하던 회로가 만능기판에 납땜하고 나서 제대로 작동하지 않는다면 오류를 찾는 과정은 앞에서 설명한 것과 조금 달라진다.

먼저 가장 확인하기 쉬운 부품의 위치부터 점검한다. 모든 부품이 제 위치에 있다면 계측기의 검은색 탐침을 전원의 음극에 대고 전원을 켠 뒤 회로의 접점 하나 하나를 빨간색 탐침으로 찍어 전압을 확인해 본다. 회로의 위에서부터 아래로 내려가면서 모든 지점을 확인하자. 대부분의 회로는 거의 모든 부품에 어느 정도 전압이 걸리기 마련이다. 전압이 잡히지 않거나 계측기가 띄엄띄엄 반응한다면 그 접합 지점은 겉으로 보기에 괜찮아 보여도 뭔가 문제가 있으니 주의해서 살펴봐야 한다. 0.001인치(0.03mm)나 그보다 작은 틈이라도 회로의 작동을 멈추기에 충분하다는 점을 잊지 말자.

그림 17-24는 납땜 중인 상태의 도금 만능기판을 보여 준다.

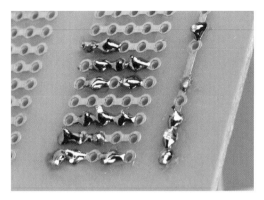

그림 17-24 최고로 깔끔한 축에 들지는 않겠지만 이 정도면 충분하다.

설치하기

그림 17-25에서처럼 LED와 스피커는 에폭시 접착제를 사용해 프로젝트 상자 덮개 안쪽 면에 붙일 수 있다. 스위치나 푸시버튼은 보통(항상은 아니다) 고정을 위한 나사산이 있는 형태로 제작되며, 그에 맞는 너트와 함께 판매된다. 이미 가지고 있는 스위치에 맞는 너트를 구입하려다 보면 다양한 크기의 제품이 있고, 미터법으로 표시된 것도 아닌 것도 있음을 알게 될 것이다. 그러니 스위치와 그에 맞는 너트가 함께 든 세트를 구입하는 편이 훨씬 편리하다.

캘리퍼스를 가지고 있으면 부품을 측정하고 정확한 크기로 구멍을 뚫을 때 아주 유용하게 사용할 수 있다. 캘리퍼스가 없으면 자를 사용해 최대한 가까운 값으로 측정한다. 그런 다음 이보다 한 사이즈 작은 드릴 비트를 골라 구멍을 뚫고, 나중에 필요해지면 구멍을 확대한다. 확공기(reamer)는 구멍을 미세하게 확대할 수 있도록 특별히 설계된 수공구이다. 디버링 도구(deburring tool)도 같은 목적으로 사용할 수 있다. 3/16

그림 17-25 상자 덮개 아래에 부품 장착하기.

인치 구멍은 5mm LED를 끼우기에 너무 작지만 구멍을 조금만 넓혀주면 딱 맞는다.

프로젝트 상자의 얇고 부드러운 플라스틱에 커다란 구멍을 뚫기란 어려울 수 있다. 드릴 비트는 플라스틱을 파고들며 주변을 온통 헤집어 놓곤 한다. 이를 해결하기 위해 다음의 세 가지 방법 중 하나를 시도해 보자.

• 포스너(Forstner) 드릴 비트를 가지고 있다면 이쪽을 사용한다. 구멍을 아주 깨끗하게 뚫을 수 있다.

• 크기를 조금씩 키워가며 구멍을 여러 번 뚫는다.

• 작은 구멍을 먼저 뚫은 다음 드릴 비트처럼

플라스틱에 파고들지 않는 카운터싱크 비트
를 사용해 구멍을 키운다.

어떤 방법을 사용하든 프로젝트 상자의 덮개 바
깥쪽에는 나뭇조각을 대고 클램프 등으로 고정
해 주어야 한다. 드릴로 구멍을 뚫을 때는 비트
가 플라스틱을 통과해 나무로 들어가도록 반드
시 안쪽에서 바깥쪽으로 뚫는다.

스위치를 뒤집었을 때 어떤 단자를 연결해야
올바른 방향으로 연결할 수 있는지는 스위치를
설치하기 전에 계측기로 확인한다. 쌍투 스위치
아래의 가운데 단자는 거의 대부분 스위치의 극
에 해당한다. 회로에 전원을 공급하려면 단극쌍
투 스위치로 충분하지만 단극쌍투 스위치로는
내 마음에 드는 스타일로 만들 수 없다. 따라서
여기서는 양극쌍투 스위치를 사용했다.

스위치의 단자에 전선이나 부품을 납땜할 때
는 단자가 열을 흡수하기 때문에 15W 납땜인두
로는 충분한 열을 전달하기가 어려울 수 있다.
반면 30W 인두를 사용하면 작업이 훨씬 쉬워지
지만 LED를 납땜할 때는 열 전달을 막아주는 방
열판을 사용해야 한다.

그림 17-26에는 프로젝트 상자의 덮개 아래에
장착한 부품에 납땜한 전선 쌍을 꼬아 놓은 모
습이 보인다. 이보다 복잡한 프로젝트에서는 다
양한 색상의 리본 케이블(ribbon cable)을 사용
해 덮개와 회로 기판을 연결하면 전선끼리의 얽
힘을 최소화할 수 있다. 또 헤더(header)라고 하
는 소형 플러그-소켓 커넥터를 사용할 수도 있
다. 이런 유형의 커넥터를 사용하면 나중에 결합

그림 17-26 기판과 연결해주는 꼬여 있는 전선 쌍.

부에 문제가 생겨서 테스트를 하고 싶을 때 회로
기판을 상자에서 떼 낼 수 있다.

기판 설치하기

회로 기판은 상자 바닥에 놓은 다음 #4 크기 기
계나사 및 와셔, 그리고 나일론 너트로 제자리에
고정할 수 있다. 접착제보다는 볼트와 너트를 사
용하는 편이 나중에 기판을 떼낼 수 있어 좋다.
나일론 너트를 사용하면 느슨해진 너트가 부품
사이에 떨어지면서 단락을 일으킬 위험이 없어
진다.

설치를 위해서는 만능기판에 드릴로 구멍을
뚫어야 할 수 있다. 또, 쇠톱으로 크기에 맞춰 기
판을 잘라야 할 수도 있다. 만능기판은 나무 톱의

날을 무디게 할 수 있는 유리 섬유를 함유하는 경우가 많다는 점을 잊지 말자. 절단을 끝냈으면 기판 밑면에 구리띠가 떨어진 부분이 없는지 확인한다.

볼트를 끼울 때는 상자 내부에 대고 너트로 바로 죄는 대신에 만능기판 아래에 나일론 와셔나 스페이서 등을 사용한다. 기판 아래에는 납땜 연결부에 땜납이 덩어리져 있어서 기판을 상자 바닥에 평평하게 놓지 못할 수 있다. 이런 상태에서 와셔 등이 없이 볼트를 너트로 죄면 휨응력이 가해지면서 기판의 납땜 접합부나 구리띠가 부러질 수 있다.

알루미늄 상자를 사용한다면 회로가 상자에 닿아 단락이 발생하지 않도록 회로 아래에 절연 재료를 사용한 시트를 놓아야 한다. 재료 선택에는 창의력을 발휘할 수 있다. 예를 들어 오래된 마우스 패드나 주방 서랍에 사용하는 용도의 플라스틱 시트를 크기에 맞게 잘라도 된다. 무엇을 사용하든 부드럽고 잘 구부러져야 한다.

앞서 다룬 비안정 멀티바이브레이터 회로 중 하나를 사용해 경보음을 생성하도록 하려면 해당 회로를 별도의 기판에 설치해야 한다. 이 기판을 핵심 기판과 함께 쌓을 때도 마찬가지로 창의력을 발휘할 수 있다. 기판 사이에 뽁뽁이 포장재를 끼우고 테이프로 감는 것도 안 될 건 없다! 사람들이 상자 안을 들여다 보지 않는다면 겉보기는 그렇게 신경 쓸 필요가 없다.

배선하기

상자를 경보 센서 네트워크와 연결하도록 상자에

그림 17-27 완성된 상자.

결박 단자(binding post) 한 쌍을 설치할 수 있다. 내가 완성한 모습은 그림 17-27과 같으며, 이때 맨 밑 한 쌍으로 있는 것이 결박 단자다.

센서 스위치로 이 프로젝트를 마무리하려면 먼저 스위치를 하나씩 테스트해야 한다. 계측기로 연속성을 확인하면서 자기 모듈을 하나의 스위치 모듈 쪽으로 가져갔다가 떨어뜨리는 식으로 한다.

• 스위치는 자석이 근처로 오면 닫히고, 멀어지면 열린다는 점을 기억한다.

스위치를 설치하기 전에 먼저 어떻게 연결할지 그림을 그려본다. 이때 스위치는 병렬이 아닌

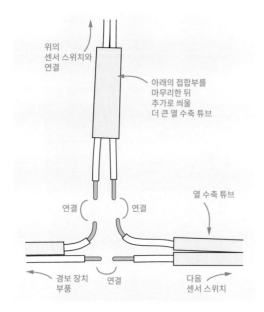

위의 센서 스위치와 연결

아래의 접합부를 마무리한 뒤 추가로 씌울 더 큰 열 수축 튜브

열 수축 튜브

연결   연결

연결

경보 장치 부품

다음 센서 스위치

그림 17-28 경보 스위치 배선에 분기 추가하기.

직렬로 연결해야 함을 반드시 기억한다! 경보 스위치의 배선에 대한 개념은 그림 17-5에서 다시 확인할 수 있다. 그림 17-28은 스위치를 직렬로 연결하기 위해 도선이 2개인 전선을 연결하는 법을 보여 준다. 열 수축 튜브를 사용해 접합부를 감쌀 생각이라면 납땜 전에 와이어 위로 튜브를 끼워야 한다. 또, 납땜인두로 튜브를 가열하는 실수를 하지 않도록 주의한다. 회로가 분기되는 위치마다 전선을 몇 인치(십여 센티미터) 정도 추가로 남겨둔 상태에서 납땜을 한 다음 남은 전선을 정확한 길이로 잘라낸다.

초인종이나 난방기 온도 조절 장치용으로 판매하는 저전압 이중 도선의 흰색 연선 제품은 경보 센서를 연결할 때 사용하기 적합하다. 두께는 20게이지 이상이어야 한다. 배선을 마쳤을 때 회로의 배선이 차지하는 총 저항이 50옴 미만이어야

한다.

스위치를 모두 설치한 다음 계측기가 연속성을 테스트하도록 설정하고, 문이나 창을 한번에 하나씩 열어서 회로가 제대로 작동하는지 확인한다. 모든 것이 정상이면 경보 스위치를 연결한 전선을 프로젝트 상자의 결박 단자에 연결한다.

이제 남은 작업은 상자의 스위치, 버튼, LED, 결박 단자에 이름표를 붙이는 것뿐이다. 만든 사람은 각각의 기능을 알고 있지만 다른 사람은 모른다. 또, 여러분이 없을 때 손님이 경보 기능을 사용하도록 하고 싶을 수도 있다. 그리고 어차피 지금부터 몇 달이나 몇 년이 지나고 나면 만든 사람도 자세한 내용을 잊어버린다.

결론

다음은 이 프로젝트의 과정을 요약한 것이다.

- 기기를 어떻게 사용할지 상상한다.
- 어떤 유형의 부품이 적합할지 결정한다.
- 기능을 블록 선도로 그려본다.
- 회로도를 단순화해 그린다.
- 부품을 몇 가지만 연결해 빠르게 테스트해 본다.
- 제대로 작동하지 않으면 개념을 수정한다.
- 브레드보드에 부품을 장착하고 테스트한다.
- 만능기판으로 옮긴 뒤 테스트하고 오류를 추적한다.
- 스위치, 버튼, 전원 잭, 플러그를 추가한다.
- 상자에 모든 것을 설치한다(그리고 이름표를 붙인다).

반응속도 대결! 반사신경 테스트

555 타이머는 말 그대로 초당 수백만 번의 주기를 반복하기 때문에 인간의 반사신경을 측정하는 데 사용할 수 있다. 반응속도가 누가 더 빠른지 친구와 경쟁할 수도 있고, 기분이나 하루의 특정한 시간, 또는 지난밤 수면 시간별로 반응속도가 어떻게 달라지는지 기록해볼 수도 있다.

이 회로는 구멍이 60줄인 브레드보드에 딱 맞게 설계했다. 실수를 하지 않는다면 두어 시간이면 전체 프로젝트를 충분히 완성할 수 있다.

실험 준비물

- 브레드보드, 연결용 전선, 니퍼, 와이어 스트리퍼, 계측기
- 9V 전원 공급 장치(가능하다면 AC 어댑터)
- 4026B 카운터 칩 3개
- 555 타이머 3개
- 저항: 470옴 2개, 1K 3개, 4.7K 1개, 10K 5개, 47K 1개, 470K 2개
- 커패시터: 0.01nF 2개, 0.047μF 1개, 0.47μF 2개, 10μF 1개, 100μF 1개
- 택타일 스위치 3개
- LED 3개(가능하다면 빨간색 2개, 노란색 1개, 크기 3mm)
- 반고정 가변저항 10K 1개
- 약 0.5×0.75인치(12.7×19mm) 크기의 한 자리 세븐 세그먼트 숫자 LED 표시장치 모듈(가능하다면 저전력 빨간색, 핀 간격 0.1인

치(2.54mm)). 예로는 Lite-On LTS-547AHR, Kingbright SC56-21EWA, Broadcom/Avago HDSP-513E, Inolux INND-TS56RCB가 있다.

주의: 정전기로부터 칩 보호하기

555 타이머는 쉽게 손상되지 않지만 이 실험에서는 정전기에 훨씬 취약한 CMOS 칩(4026B 카운터)도 사용한다.

정전기 때문에 칩이 손상될 가능성은, 있는 곳의 습도나 신고 있는 신발 유형, 작업장을 덮고 있는 바닥 유형 등에 따라 달라진다. 어떤 사람은 다른 사람보다 정전기가 더 잘 생기는 듯한데 왜인지는 나도 잘 모르겠다. 나는 정전기 때문에 칩을 망가뜨린 적이 없지만 그런 경험을 한 사람을 본 적이 있다.

정전기가 문제가 되는지 여부는 아마도 본인이 잘 알고 있을 것이다. 이런 사람은 금속제 문손잡이나 강철 수도꼭지에 손을 갖다 댈 때 순간 찌릿한 느낌을 받는다. 이런 종류의 전하 방출에서 칩을 보호하고 싶다면, 자신을 접지하는 방법이 가장 확실하다. 그렇다고 접지를 위해 팔목에 피복을 벗긴 전선을 감고 전선의 반대쪽 끝을 커다란 금속 물체에 갖다 대면 안 된다. 다른 쪽 손에 전기 충격을 받을 경우 그 충격이 몸을 통과해 접지된다.

올바른 예방법은 돈을 조금 들여 정전기 방지용 띠(anti-static wrist strap)를 구입하는 것이다. 이 끈 안에는 착용자를 보호하기에 충분하면서도 정전기는 접지해 주는 저항이 포함되어 있다. 보통 이런 띠의 전선 끝에는 악어 클립이 매달려

있다. 이 클립을 강철이나 구리 수도관에 연결하
거나 강철 파일 캐비닛에 연결한다.

• 절대로 전기 콘센트로 자신을 접지하면 안 된
  다. 아주 위험한 생각이다.

칩을 배송할 때는 보통 전도성 플라스틱 배송용
포장에 넣거나 핀을 전도성 스펀지에 끼운다. 플
라스틱이나 스펀지를 사용하면 모든 핀의 전위
가 거의 동일하게 유지되기 때문에 칩을 보호할
수 있다. 칩을 다시 포장하고 싶은데 전도성 스
펀지에 돈을 쓰고 싶지 않다면 핀을 알루미늄 포
일에 꽂아도 된다.

빠르게 만들어 보는 데모 회로

이 프로젝트에서 사용하는 디지털 표시장치에는
숫자 크기마다 표준화된 핀 배열이 존재한다. 따
라서 표시장치의 크기가 달라지면 핀 배열도 달
라진다. 더 큰 표시장치를 사용하면 브레드보드
의 다른 부품에 맞지 않다. 필요한 유형은 그림
18-1에서 확인할 수 있다.

표시장치 중에는 숫자 주변의 표면이 검은색
인 제품도 흰색인 제품도 있다. 우리에게 색상은
중요하지 않다. 숫자에 불이 들어왔을 때 세그먼
트의 색은 빨간색이나 주황색, 초록색, 파란색일
수 있다. 내 경험상 이 실험에서처럼 낮은 전류
를 사용할 때는 빨간색 세그먼트의 광 출력이 다
른 색보다 크다.

먼저 숫자 칩과 이를 구동할 4026B 칩을 빠르
게 테스트해 보자. 그림 18-2는 0부터 9까지 숫

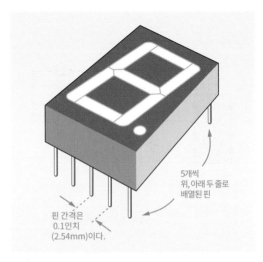

5개씩
위, 아래 두 줄로
배열된 핀

핀 간격은
0.1인치
(2.54mm)이다.

그림 18-1 이 실험에 사용하는 세븐 세그먼트 표시장치의 유형.

자를 반복해서 증가시키는 간단한 브레드보드
회로를, 그림 18-3은 그 회로도를 보여 준다. 이
번 실험에서는 뒤에서 칩과 숫자 표시장치를 추
가할 예정이니 모든 부품을 보드의 정확한 위치
에 배치한다.

작업은 위에서 아래 순으로 진행하고 구멍의
줄 수를 신중하게 세어야 한다! 또 디지털 표시
장치를 올바른 방향으로 설치했는지 확인한다.
브레드보드를 일반적인 방향에서 보았을 때 각
표시장치의 소수점은 보드의 오른쪽 상단 모서
리를 향하고 있어야 한다. 파란색 점퍼선 하나에
는 '임시'라고 표시해 두었다. 이 파란 점퍼선은
실험의 두 번째 부분에서 타이머 칩을 추가해 타
이머 칩끼리 서로 연결할 때 제거한다.

9V 전지나 AC 어댑터로 전원을 공급하면 0에
서 9까지의 숫자가 반복해서 나타난다.

이제 그림 18-3의 부품에 붙여 놓은 이름을
사용해 무슨 일이 일어나고 있는지 설명한다.

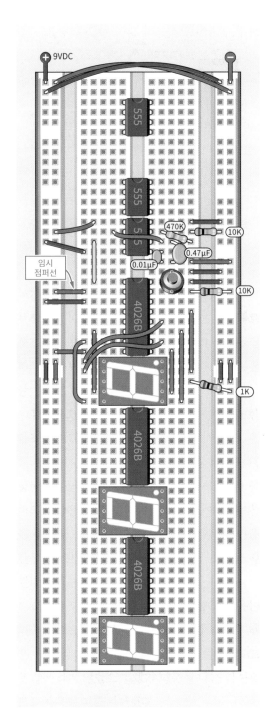

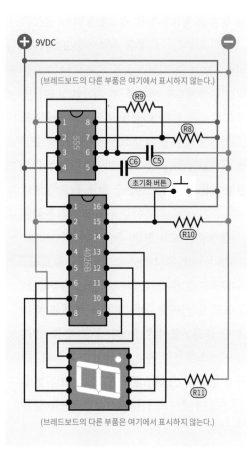

그림 18-3 그림 18-2의 회로도.

이름에 붙은 번호가 이상하게 보이겠지만, 이는 실험 후반부에 이 위로 더 많은 부품을 추가하는 탓이다.

555 타이머는 비안정 모드로 연결한다. 회로의 나머지 부분을 위해 공간을 절약해야 했기 때문에 타이밍 저항과 커패시터는 앞에서와는 조금 다르게 배치했다. 그래도 연결 자체는 이전 실험과 동일하다. R9(470K)와 C5(0.47μF)를 함께 사용하면 펄스 속도가 약 3Hz라서 숫자가 올라가는 것을 어렵지 않게 볼 수 있다. 물론 부품

그림 18-2 빠르게 만들어 보는 데모 회로.

의 값을 줄여서 속도를 크게 높일 수 있다.

타이머의 3번 핀(출력 핀)이 4026B 카운터 칩의 1번 핀과 직접 연결되어 있음을 알 수 있다. 이는 타이머가 카운터에 얼마나 빨리 숫자를 셀지 알려주는 것일까? 그렇다, 정확히 알려준다!

초기화 버튼을 누르고 있으면 카운터가 0으로 초기화된다. 버튼에서 손을 떼면 숫자가 다시 올라가기 시작한다. R10은 풀다운 저항으로 보이고 초기화 버튼은 이를 우회하기 때문에 카운터의 15번 핀에 높은 전압이 입력되면 카운터는 강제로 초기화된다. 반면, 낮은 전압이 입력되면 카운터를 방해하지 않고 그대로 둔다.

회로가 작동하지 않는다면 어떻게 해야 할까? 숫자가 아예 표시되지 않으면 브레드보드 주변의 전압을 확인한다. 숫자 세그먼트 중 일부가 켜져 있지만 깜빡인다면 카운터와 연결된 초록색 전선에 약간의 문제가 있다는 뜻이다. 이런 일은 전선 중 하나를 어느 쪽이든 한 칸 잘못 꽂았을 때 일어나기 쉽다.

표시장치에 0만 표시되고 숫자가 변하지 않는다면 555 타이머를 잘못 연결했거나 타이머를 4026B 칩과 올바르게 연결하지 못했다는 뜻이다.

이 회로는 반사신경 측정기의 기본이 된다. 여기에 두 자리 숫자 표시장치와 버튼 몇 개를 더 추가하고 계수 속도를 높이기만 하면 된다. 하지만 먼저 사용 중인 부품에 대해 더 자세히 알아보자.

LED 표시장치

'LED'라는 용어는 오해를 불러 일으킬 수 있다.

이전 실험에서 사용한 LED 부품은 밑으로 긴 리드가 2개 튀어나와 있는 둥그스름한 플라스틱 덩어리였다. 이런 유형의 정식 명칭은 표준 LED(standard LED), 스루홀 LED(through-hole LED), LED 인디케이터(LED indicator)이지만, 지나치게 널리 사용되다 보니 사람들은 이를 단순히 LED라고 부르기 시작했다.

빛을 방출하는 다이오드는 지금 브레드보드 위에서 숫자를 빛내고 있는 부품을 포함해 수천 개의 다른 부품에 사용된다. 이런 유형의 정확한 명칭은 LED 표시장치(LED display)이다. 더 정확히는 한 자리 세븐 세그먼트 LED 표시장치(7-segment single-digit LED display)라고 한다.

그림 18-4를 보자. 핀 2개에 '음극 접지'라고 표시되어 있는데, 두 핀이 내부적으로 서로 연결

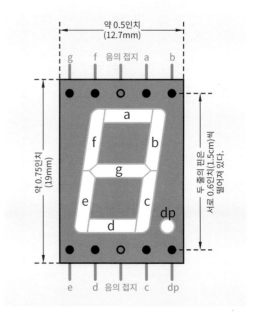

그림 18-4 이 프로젝트를 위해 선택한 세븐 세그먼트 숫자 LED 표시장치의 치수와 핀 배열.

되어 있으므로 하나만 접지하면 된다. 양 모서리에 배치된 핀은 a에서 g까지의 숫자를 구성하는 세그먼트와 연결되어 있으며, 소수점은 dp로 표시한다. (어떤 제조업체는 소수점을 h로 표시하기도 한다.)

이 책에서 나는 패키지 크기가 약 0.5×0.75인치(12.7mm×19mm)인 숫자 표시장치를 사용하기로 했다. 보통 해당 장치에는 그림처럼 양 모서리 쪽에 핀이 나열되어 있다. 이보다 크기가 작은 장치에는 옆면으로 핀이 나와 있다.

세븐 세그먼트는 양의 전력을 수신할 때 켜진다. 이 장치는 내부 다이오드의 음극 단자가 모두 함께 연결되어 있기 때문에 공통 캐소드(common cathode) LED 표시장치 유형이라고 한다. 다이오드의 양극은 애노드, 음극은 캐소드라고 부른다는 점을 기억한다.

공통 애노드(common anode) 표시장치는 이와 반대로 각 세그먼트에 음의 전원을 공급해 세그먼트를 작동시키며, 모두 내부에서 양의 연결을 공유한다. 회로에서 사용하기 편리한 쪽을 선택하면 되는데, 공통 캐소드 표시장치를 더 흔히 사용한다. 4026B 카운터 칩이 양의 전압을 출력하기 때문에 공통 캐소드 표시장치와 함께 사용하면 좋다.

지금까지는 나쁘지 않았다. 그러나 아주 중요한 정보가 남았다. 모든 LED와 마찬가지로 숫자 세그먼트는 저항을 직렬로 연결해 보호해야 한다. 이 작업은 번거로워서 제조업체가 대체 왜 패키지 내에 저항을 두지 않는지 궁금할 수 있다. 그 답은 표시장치는 다양한 전압에서 사용할

수 있어야 하며, 전압이 달라지면 필요한 저항값도 달라진다는 데 있다.

그렇다면 저항을 하나만 두고 모든 세그먼트가 공유하도록 할 수 없을까? 그렇게 할 수 있다. 사실 앞의 데모 회로에서 그렇게 사용했다. 그림 18-3의 R11이 바로 그 저항으로, 숫자 표시장치의 음극 접지 핀과 브레드보드의 음극 버스 사이에 연결한다. 그러나 이 저항은 어떤 숫자를 표시하는지에 따라 전압을 낮추고 전류를 제한하는 세그먼트의 개수가 때에 따라 2개이거나 5개, 또는 7개가 될 수 있다. 그 결과 어떤 숫자는 다른 숫자보다 더 밝다.

이런 특성이 정말로 중요할까? 데모 회로에서는 완벽함보다 단순함이 더 중요하다고 생각해 나는 저항을 하나만 사용했다. 정확히 하려면 이렇게 하면 안 되지만, 이 프로젝트에서는 세븐 세그먼트 표시장치를 총 3개 설치할 예정이다. 직렬로 저항을 21개 연결하기보다는 3개만 연결하는 편이 행복할 것이라 생각한다.

그림 18-2에서 숫자 옆의 직렬 저항값이 1K임을 알 수 있다. 이 정도 크기면 숫자가 약간 흐리게 보일 수 있어도 사용에는 크게 문제가 없으며, 카운터 출력에 과부하를 걸고 싶지도 않다. 이때 빨간색 고효율 LED 표시장치를 사용하면 더 밝아진다.

카운터

4026B 칩은 10 단위로 자릿수가 바뀌는 10진수 카운터(decade counter)이다. 카운터는 대부분 코드 형식 출력(coded output)을 가진다. 즉,

2진 코드 형식의 숫자를 출력한다(이에 관해서는 뒤의 프로젝트에서 설명한다). 그러나 4026B 카운터는 그런 식으로 동작하지 않는다. 이 칩에는 출력 핀이 7개 있으며, 마침 세븐 세그먼트 표시장치에 적합한 패턴으로 핀에 전원을 공급한다. 다른 카운터는 이진 출력을 세븐 세그먼트 패턴으로 변환하기 위해 드라이버(driver)가 별도로 필요하지만 4026B는 하나의 칩으로 모든 것을 해결할 수 있다.

제조업체 중에는 칩이 3~18V 범위의 전원 공급 장치에서 구동할 수 있다고 이야기하지만, 텍사스 인스트루먼트의 예전 데이터시트에는 5~15V 범위 전원을 '권장 작동 조건'으로 표시하고 있다. 나는 이쪽이 훨씬 현실적이라고 생각한다.

아쉽게도 4026B는 큰 출력 전류를 전달할 수 없다. 데이터시트에는 9VDC 전원을 사용하면 출력 핀마다 약 1mA의 전류만 끌어오도록 권한다. 그런데 내 경험상 카운터를 높은 주파수에서 (빠른 속도로) 실행하지 않는 한 5mA까지는 허용 가능하다. 높은 주파수에서 내부적으로 숫자가 증가하면 실제로 많은 에너지가 소비되고 열도 발생한다. 이 책에서는 약 1kHz의 주파수에서 칩을 사용하는데 디지털 칩의 세계에서 이 정도는 '높은' 수준에 해당하지 않는다. 카운터는 이보다 1,000배는 빠르게 실행할 수 있다.

이상적으로는 카운터의 출력을 증폭해야 하며, 실제로 정확히 이 목적을 위해 트랜지스터 쌍 7개를 포함하는 칩을 구입할 수도 있다. 이를 달링턴 어레이 칩(Darlington array chip)이라고 한다. (소수점과 세븐 세그먼트를 모두 표시하

려면 어떻게 해야 할까? 트랜지스터 쌍 8개를 포함하는 달링턴 어레이 칩을 구입하면 된다.)

이 프로젝트에서 LED 표시장치 3개를 구동하기 위해 달링턴 어레이 칩을 3개 사용했다면 정말 밝을 것이다. 그러나 복잡성과 비용이 증가하고 필요한 브레드보드 수도 2개로 늘었을 것이다. (또 달링턴 배열 칩의 내부 배선 방식 탓에 공통 캐소드가 아닌 공통 애노드 디지털 표시장치를 사용해야 했을 것이다.) 이를 모두 고려했을 때 달링턴 배열 칩은 사용하지 않기로 결정했다.

이제 4026B의 내부 작동을 자세히 살펴보겠다. 칩의 핀 배치를 보여주는 그림 18-5로 돌아가보자. '세그먼트 X와 연결' 등의 이름표가 붙은

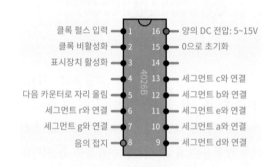

4026B는 세븐 세그먼트 숫자 표시장치를 구동하기 위한
디코드 출력을 가진 CMOS 10진 카운터이다.
전원 공급 범위는 보통 5~15V이다.
각 핀은 9VDC 전원 공급 장치에 대한
소스 전류 또는 싱크 전류가 5mA이다.
출력은 표시장치 활성화가 높은 전압 상태일 때만 활성화된다.
카운터의 숫자는 클록 입력 핀이 낮은 전압 상태에서
높은 전압 상태로 변할 때 커진다.
클록 비활성화 핀과 초기화 핀은 높은 전압 상태에서 활성화된다.
다음 카운터로 자리 올림 핀은 카운터 출력이 9에서 0으로 바뀔 때
낮은 전압 상태에서 높은 전압 상태로 변한다.
이름표가 붙지 않은 핀은 자주 사용되지 않으므로
연결하지 않아도 된다.

그림 18-5 4026B 카운터 칩의 핀 배열.

핀은 이해하기 쉽다. 해당 핀에서 LED 표시장치의 해당 핀으로 전선을 연결하기만 하면 된다. 칩의 8번 핀과 16번 핀은 각각 음극 접지와 양극 전원용이다. 칩은 이러한 연결 없이는 작동하지 않는다. 디지털 칩은 거의 대부분 서로 마주 보는 양쪽 구석에 전원을 공급해야 한다(555 타이머는 예외다. 실제로도 아날로그 칩으로 분류된다).

풀다운 저항과 풀업 저항은 앞서 사용한 555 타이머보다 CMOS 디지털 칩에서 훨씬 더 중요하다. 디지털 칩은 실제로 입력 핀이 높은 전압 상태인지 낮은 전압 상태인지를 알아야 하며 이 규칙을 어기면 아주 난처한 상황에 처하게 된다.

- 사용하지 않는 출력 핀은 연결되지 않은 채로 둘 수 있다.

때로 칩에는 전혀 필요하지 않은 입력이 존재한다. 예를 들어 4026B에서 3번은 '표시장치 활성화' 입력 핀이다. 표시장치가 언제나 활성화되기를 바라는 나는 설정하고 잊어버릴 수 있도록 회로에서 3번 핀을 양극 버스에 직접 연결했다.

- 입력 핀은 사용하지 않더라도 어떤 정해진 상태에 있어야 한다. 이 경우 핀은 전원 공급 장치의 양극이나 음극에 직접 연결할 수 있다.

이제 4026B 칩의 다른 기능을 살펴보자.

클록 입력 핀(Clock Input, 1번 핀)은 높고 낮은 펄스의 흐름을 받아들인다. 칩은 펄스의 폭에 상관하지 않는다. 칩은 입력 전압이 낮은 상태에서 높은 상태로 상승하는 것을 감지할 때마다 1을 더하는 식으로 반응한다. 즉, 각 펄스의 상승 에지(rising edge)에서 숫자를 증가시킨다.

클록 비활성화 핀(Clock Disable, 2번 핀)은 카운터에 클록 입력을 무시하라고 명령한다. 칩의 다른 모든 핀과 마찬가지로 이 핀도 높은 전압 상태에서 활성화(active-high)된다. 즉, 높은 전압 상태로 상승할 때 기능을 수행한다. 이 책의 브레드보드에서는 2번 핀을 낮은 전압 상태로 유지하기 위해 임시로 파란색 전선을 연결했다. 다시 말해 클록 비활성화 핀은 꺼 두었다. 이는 혼동을 일으킬 수 있기 때문에 다음과 같이 상황을 정리해 보았다.

- 클록 비활성화 핀이 높은 전압 상태에 있을 때 핀은 카운터에 1번 핀의 펄스 흐름을 무시하라고 명령한다.
- 클록 비활성화 핀이 음극 접지로 풀다운되면 핀은 카운터에게 들어오는 펄스를 세라고 시킬 수 있다.

4번 핀은 제조업체에 따르면 표시장치 활성화 출력 핀(Display Enable Out)인데, 이 책의 내용과는 관련이 없기에 굳이 이름표를 붙이지 않았다. 사용하지 않는 출력 핀이므로 연결하지 않은 상태로 둘 수 있다.

자리 올림 핀(Carry Out, 5번 핀)은 9보다 높은 수를 세는 경우 필수이다. 카운터가 9를 넘어

수를 세려고 다시 0으로 되돌아갈 때 이 핀 상태가 낮은 전압에서 높은 전압 상태로 변한다. 이 출력을 가져와 두 번째 4026B 타이머의 클록 입력 핀과 연결하면 두 번째 타이머는 10 단위로 숫자가 증가한다. 또, 두 번째 자리 올림 출력 핀을 세 번째 타이머로 보내면 100 단위로 수가 증가한다. 여기서는 이 기능을 사용한다.

14번 핀은 0, 1, 2를 세고 난 뒤 카운터를 다시 시작하는 데 사용할 수 있다. 이 핀은 시계의 24시간을 표시하기 위해 12진법을 사용할 때 유용하지만 이번 실험과는 전혀 관련이 없다. 사용하지 않을 출력 핀이므로 연결하지 않은 상태로 두었다.

기능이 서로 혼동될 수 있다. 사용해 본 적이 없는 카운터 칩을 골랐다면 제조업체의 데이터시트를 살펴보며 기능을 알아내도록 한다(단, 인내심을 가지고 체계적으로 접근해야 한다).

그런 다음 LED와 택타일 스위치로 테스트해 잘못 알고 있는 부분은 없는지 확인할 수 있다. 사실 나도 이런 방법으로 4026B의 기능을 직접 익혔다.

계획을 세울 시간이다

반사신경 측정기는 어떤 식으로 작동해야 할까? 내가 원하는 기능은 다음과 같다.

1. 시작 버튼이 필요하다.
2. 시작 버튼을 누른 후 아무 일도 일어나지 않는 대기 시간이 존재한다. 그러다 갑자기 시각 프롬프트가 나타나면 참가자가 이에 응답

해야 한다.
3. 한편 숫자는 000부터 시작해서 밀리초당 하나씩 증가해야 한다. (1초는 1,000밀리초이다.)
4. 증가하는 숫자를 멈추려면 참가자가 버튼을 눌러야 한다.
5. 숫자가 멈추면 프롬프트와 멈춘 시간 사이의 경과 시간을 표시한다. 이를 통해 참가자의 반사신경을 측정할 수 있다. 간단하다!
6. 초기화 버튼은 숫자를 다시 000으로 설정한다.

회로 완성하기

그림 18-6은 반사신경 측정기에 대한 요건을 충족시키는 최종 회로를 보여 준다. 경보 장치 프로젝트에서와 거의 동일한 방식으로 555 타이머를 사용하지만 여기에서는 카운터 칩과 함께 작동시켜야 해서 조금 복잡해졌다. 회로를 만들기 전에 그림 18-2에서 임시로 연결해 둔 파란색 점퍼선을 잊지 말고 제거한다.

부품의 값은 그림 18-7에서 확인할 수 있다. 그림에 표시하지는 않았지만 카운터 2개 외에 카운터 하나당 숫자 표시장치 3개를 추가하고 표시장치마다 1K 직렬 저항을 추가해야 한다. 전체 모습은 그림 18-6에서 확인할 수 있기 때문에 여기서는 굳이 표시하지 않았다.

회로를 테스트하고 나면 속도를 높이고 시간을 아주 정확하게 측정하도록 보정하는 방법을 소개한다. 이를 위해서는 그림 18-7에 '개선'이라는 제목 아래에 나열한 세 가지 부품이 추가로 필요하다. 필요한 모든 부품은 그림 18-7의 아래에 정리해 두었다.

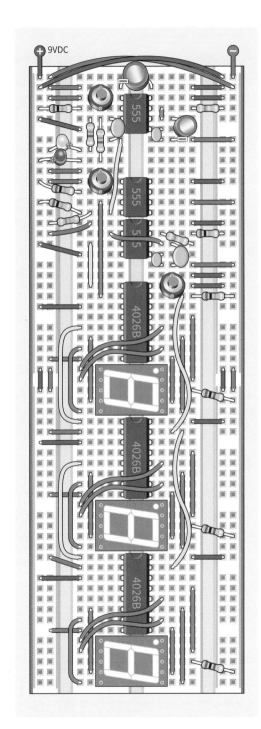

그림 18-6 반사신경 측정기의 전체 회로.

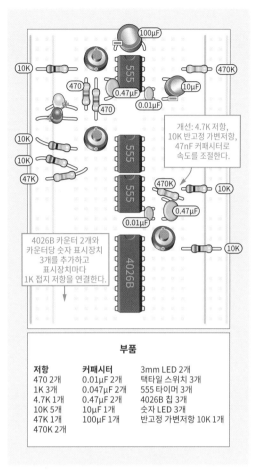

| 개선: 4.7K 저항, 10K 반고정 가변저항, 47nF 커패시터로 속도를 조절한다. |

| 4026B 카운터 2개와 카운터당 숫자 표시장치 3개를 추가하고 표시장치마다 1K 접지 저항을 연결한다. |

부품

저항	커패시터	3mm LED 2개
470 2개	0.01μF 2개	택타일 스위치 3개
1K 3개	0.047μF 2개	555 타이머 3개
4.7K 1개	0.47μF 2개	4026B 칩 3개
10K 5개	10μF 1개	숫자 LED 3개
47K 1개	100μF 1개	반고정 가변저항 10K 1개
470K 2개		

그림 18-7 반사신경 측정기의 부품만 표시한 모습.

그림 18-8에서 부품에 표시한 명칭을 사용해 회로의 작동 방식을 설명한다.

배선 오류가 없다고 가정할 때 전원을 공급하면 카운터는 별도의 요청이 없어도 즉시 숫자를 세 나가기 시작한다. 이 부분은 성가시긴 해도 쉽게 처리된다. 숫자 세기를 멈추려면 멈춤 버튼을 누른다. 숫자를 0으로 초기화하려면 초기화 버튼을 누른다. 이제 작동 준비가 끝났다.

시작 버튼을 누르면 초기 대기가 발생한다.

이 대기 시간 동안 첫 번째 LED 인디케이터가 켜진다. 대기는 약 7초 동안 지속되며 이 시점에서

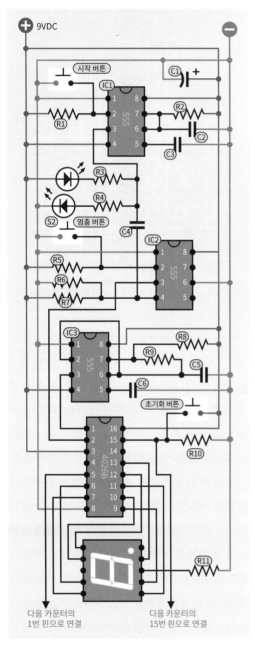

그림 18-8 반사신경 측정기의 전체 회로도.

첫 번째 LED가 꺼지고 두 번째 LED가 켜진다. 이는 최대한 빨리 멈춤 버튼을 누르라는 신호다. 버튼을 누르면 숫자가 멈추면서 응답하는 데 걸린 시간을 보여 준다. 이제 초기화 버튼을 눌러 다시 도전할 수 있다.

IC3은 느리게 실행되기 때문에 숫자가 크게 증가하기 전에 카운터를 멈추는 데 큰 어려움이 없을 것이다. 숫자 3개가 모두 제대로 표시되는지 확인할 수 있도록 회로를 잠시 실행 상태로 두는 것이 좋다. 또 첫 번째 표시장치가 9까지 증가했다가 다시 0에서 시작할 때 두 번째 표시장치가 0에서 1로 증가하는지 확인하고, 세 번째 표시장치가 같은 방식으로 동작하는지도 확인해야 한다.

그렇다면 이렇게 움직이는 원리는 무엇인가? 그림 18-9에서 카운터, 버튼, 타이머가 어떤 식으로 서로 상호작용하는지를 볼 수 있다. 가장 밑에서부터 시작해 위로 올라가며 살펴보면 이 도해를 이해하기가 쉽다.

가장 아래의 IC3은 비안정 모드로 쉬지 않고 실행된다. IC3은 결코 멈추지 않으며 출력은 첫 번째 카운터의 1번 핀에 영구적으로 연결된다.

초기화 버튼은 아주 간단하며 이미 사용해 본 적이 있다. 이 버튼은 단순히 카운터를 초기화해 0으로 표시하도록 지시한다.

그림 18-6에서 첫 번째 카운터의 15번 핀은 긴 노란색 점퍼선을 통해 두 번째 카운터의 15번 핀 15로 연결되고, 이 핀은 또 다른 노란색 점퍼선을 통해 세 번째 카운터로 연결된다. 따라서 첫 번째 카운터를 초기화하면 세 카운터가 모두

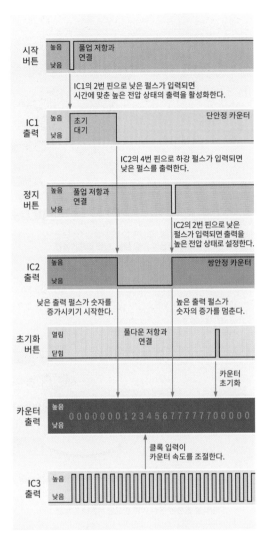

그림 18-9 반사신경 측정기 회로에서 카운터, 버튼, 타이머 간의 상호
작용.

초기화된다.

수를 세는 과정은 쌍안정 모드로 연결한 555
타이머인 IC2가 제어한다. IC2의 출력은 첫 번
째 카운터의 2번 핀으로 이동한다. 카운터의 2
번 핀은 클록 비활성화 핀이다. 핀이 높은 전압
상태면 1번 핀으로 들어오는 펄스를 무시하도록

명령한다. 낮은 전압 상태면 펄스에 따라 숫자를
증가시키도록 한다.

멈춤 버튼을 누르면 IC2의 활성화 핀에 낮은
펄스를 전달하며 출력을 높은 전압 상태로 전환
한다. 그렇게 하면 카운터가 들어오는 펄스에 반
응하지 않는다. 그런 다음 IC2가 4번 핀(초기화
핀)에 낮은 펄스를 수신하면 출력이 낮은 전압
상태로 전환하면서 펄스에 따라 숫자를 다시 증
가시키도록 카운터에 지시한다.

IC2는 4번 핀에 펄스를 어떻게 수신할까? 초
기 대기 시간을 생성하는 타이머인 IC1로부터
수신한다. 이 시간이 끝나면 출력이 하강하고 이
하강 펄스가 커플링 커패시터를 지나 IC2의 4번
핀으로 전달된다.

전체 사건 순서는 이렇다. 시작 버튼을 누르
면 시작한다. 버튼을 누르면 IC1에서 시간에 맞
춘 높은 전압 상태의 출력을 활성화한다. 해당
출력이 끝나면서 음의 펄스가 IC2로 이동해 IC2
의 출력을 낮은 전압 상태로 만든다. 카운터는
낮은 출력을 받으면 수를 세기 시작한다.

이 회로를 설계할 때 어려웠던 점은 555 타이
머를 4026B 카운터와 잘 지내도록 하는 것이었
다. 두 칩을 모두 만족시켜야 하지만, 서로 같은
언어로 대화하지 않는다는 점이 문제다. 555 타
이머의 세계에서 2번 핀의 낮은 입력은 3번 핀의
높은 출력을 활성화하며, 이는 종종 다른 부품이
작업을 시작하도록 지시하는 데 사용된다. 그러
나 4026B 카운터는 2번 핀의 높은 펄스 입력을
숫자 세기를 멈추라는 뜻이라고 생각한다. 결국
나는 IC2에게 대부분의 시간 동안 높은 출력을

유지하다가 출력을 떨어뜨려서 카운터가 숫자를 세도록 전달해 달라고 요청했다.

이를 위해 초기화 핀에 펄스를 전송해서 IC2를 활성화해야 했지만, 이 방법도 결국 문제가 있는 것으로 드러났다. 555 타이머의 활성화 핀은 예측한 대로 움직인다. 타이머 상태가 공급 전압의 3분의 1 아래로 떨어지면 타이머가 활성화된다. 활성화 핀이 타이머를 멈추려면 실제로 그보다 더 낮은 전압이 필요하다. 얼마나 낮아야 할까? 이는 제조업체에 따라 다른 듯하다. 내가 본 데이터시트에는 정확한 전압이 명시되어 있지 않았다.

그림 18-8의 회로도에는 두 개의 저항 R6과 R7이 IC2의 초기화 핀과 연결되어 있는 모습이 보인다. R6은 10K이고 R7은 47K다. 이 두 저항은 분압기 역할을 하여 4번 핀의 전압을 살짝 끌어내린다. 그 결과 펄스가 C4를 지나 4번 핀으로 가면 핀의 전압이 즉시 0으로 떨어진다. 0보다 조금이라도 크면 IC2를 만족시킬 만큼 낮은 값은 아닐 수 있다.

IC2가 카운터를 활성화하는 데 문제가 있다면 R7을 조금 더 낮은 값의 저항으로 교체한다.

공간에 여유가 많지 않기 때문에 이 회로에는 3mm LED 인디케이터를 사용한다. 공간만 있다면 5mm를 사용해도 된다. LED 하나는 '준비'를 나타내고 다른 하나는 '시작'을 나타내므로 LED 색은 서로 다르게 사용하기를 권한다.

그림 18-8에서는 LED 2개가 반대 방향을 가리키는 것을 알 수 있다. 따라서 첫 번째 LED의 출력이 낮으면 IC1에 전류를 끌어다 주며,

IC1의 출력이 높으면 두 번째 LED가 켜진다. 555 타이머의 3번 핀으로 전류를 끌어다 보낼 수 있다고 언급하지는 않았지만 실제로 출력이 낮을 때 전류를 끌어 보내는 데 문제가 없다.

아직까지 설명을 하지 않은 기능은 회로 위쪽의 100μF 커패시터 C1이다. 그림 18-6에서는 나중에 덧붙인 것처럼 보이기도 하지만 아주 중요한 부품이다. 555 타이머 3개가 출력을 켤 때 생기는 전압 스파이크를 억제해 주기 때문이다. 그렇다면 타이머 3개와 더 가까이 두어야 하지 않을까? 그렇지 않다. 그 나쁜 전압 스파이크는 전체 회로를 지나다니며 C1은 그림의 위치에서 이를 처리하는 듯하다.

이로서 설명은 모두 끝났다. 이제 중요한 부분은 실행 속도를 높이고 보정하는 것이다.

보정하기

숫자를 세는 속도는 브레드보드의 타이머 3개 중 가장 아래에 있는 IC3이 제어한다는 점을 기억하자. R8, R9, C5는 주파수를 제어한다.

R8은 10K이고, 알다시피 나는 그보다 낮은 값은 선호하지 않는다. R9의 크기는 470K이지만 그 값은 훨씬 낮아도 된다. C5는 0.47μF이고 이 값 역시 더 낮아져도 된다.

먼저 C5를 47nF 커패시터로 교체해 보자. 그러면 실행 속도가 10배 빨라진다. 그런 다음 R9에 대해 약 10K의 저항을 사용하면 우리가 원하는 주파수인 약 1kHz를 얻을 수 있다(그림 16-5의 표 참조). 1kHz는 타이머가 초당 1,000펄스를 전달한다는 뜻이다.

이 값은 정확하지 않아서 미세 조정이 필요하며, 이를 위해 반고정 가변저항이 있어야 한다.

다행히 브레드보드에는 작지만 10K 반고정 가변저항을 추가할 정도의 공간이 남아 있다. 그림 18-10에서 어떤 식으로 연결했는지 확인할 수 있다.

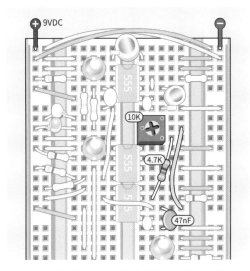

그림 18-10 반고정 가변저항을 추가해 숫자 세는 속도 조정하기.

반고정 가변저항을 설치하기 전에 기존에 사용하던 470K 저항인 R9를 제거하고 그림 18-10과 같이 4.7K 저항으로 교체한다. 저항의 리드가 멀리 떨어진 지점을 연결할 정도로 길다는 사실을 알게 될 것이다.

이제 10K 반고정 가변저항을 중간쯤으로 돌리면 5K 정도의 저항이 생기고 이를 4.7K 저항에 추가하면 총 저항은 10K에 가까워진다.

이때 C5도 47nF 커패시터로 대체해야 함을 기억한다.

이제 회로를 활성화하면 가장 위의 숫자 표시장치는 1,000분의 1초, 중간 표시장치는 100분의 1초, 아래쪽 표시장치는 대략 10분의 1초마다 숫자가 하나씩 올라간다.

'보정'이란 속도가 신뢰할 수 있는 기준과 일치하도록 회로를 조정하는 것을 의미한다. 다행히도 휴대폰의 스톱워치 등 정확한 시간을 알려주는 장치가 많이 있다. 그런데 이를 어떻게 아래 표시장치에서 깜빡이며 증가하는 숫자와 일치시킬 수 있을까?

여기 한 가지 방법이 있다.

가장 아래의 카운터에서 5번 핀은 '자리 올림' 핀이다. 카운터가 9에 도달할 때마다 높은 전압 상태가 되면서 0으로 초기화된다. 이는 카운터가 10분의 1초에 한 번씩 숫자를 세는 동안 5번 핀은 1초에 한 번만 바뀐다는 뜻이다!

그림 18-11은 가장 아래 카운터의 5번 핀과 숫자 표시장치의 가운데 핀 사이에 LED를 설치하는 방법을 보여 준다. 숫자 표시장치의 왼쪽 가운데 핀은 표시장치의 반대쪽 중앙 핀에 연결되며, 이 핀은 1K 저항을 통해 접지되어 있다. 따라서 그림 18-11과 같이 LED를 삽입하면 카운터에

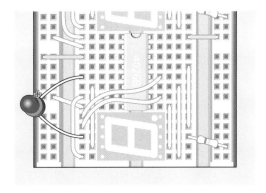

그림 18-11 보정이 더 쉽도록 LED 삽입하기.

과부하가 걸리지 않고 1초마다 깜박인다. (실제로는 숫자를 세는 주기 동안 카운터에 가해지는 부하가 변화하면서 LED가 약간 깜박거리지만 깜박임이 보일 만큼 밝기는 할 것이다.)

이제 깜박이는 LED 옆에 신뢰할 수 있는 시간 기준을 두기만 하면 된다. 반사신경 측정기를 실행시켜서 숫자가 올라가도록 둔다. 이제 반고정 가변저항을 조정해 보자. 인내심을 갖고 주의 깊게 관찰한다면 LED를 기준이 되는 시간과 동기화할 수 있을 것이다.

인간의 반사신경

반사신경을 측정할 때 반응 속도가 너무 느린가 싶을 수 있다.

그러나 실제로 인간의 반사신경은 느리다. 특히 전자부품과 비교하면 더 그렇다. 시각 자극에 대한 일반적인 반응 시간은 250밀리초이다. 이는 1초의 4분의 1에 해당한다. 사건에 반응하는 데 너무 긴 시간이 걸리는 인간이 어떻게 경주용 자동차나 비행기를 운전할 수 있을까? 나는 잘 모르겠지만 어쨌든 다들 하고 있다.

반사신경 측정기 회로를 보정한 뒤 측정한 반응 시간이 200 이하이면 반사신경이 좋은 편이다.

반사신경은 처방약이나 알코올 섭취 등 다양한 요인의 영향을 받는다. 한 가지 부탁하고 싶은데 술을 마시고 운전해도 될 만큼 멀쩡한지 알아보려고 측정기를 사용하지는 말자. 안전 운전 능력은 판단력과 반사작용에 좌우되며 알코올은 무조건 이 능력을 손상시킨다. 반사신경 측정기는 재미로만 즐기자.

실험 19 **논리를 배워 보자**

4026B와 같은 카운터는 엄밀히 말하면 논리 칩(logic chip)이다. 논리 칩은 숫자를 셀 수 있도록 하는 논리 게이트(logic gate)로 구성되어 있다. 디지털 컴퓨터는 모두 기본 처리 과정에 논리 게이트를 사용한다.

논리는 너무 중요하기 때문에 자세히 다룰 것이다. 마법의 단어인 AND, OR, NAND, NOR, XOR, XNOR를 통해 완전히 새롭고 흥미진진한 디지털 세계가 펼쳐질 것이다.

논리 게이트는 하나씩 다루면 이해하기 아주 쉽다. 그렇지만 한데 묶으면 복잡할 수 있다. 이를 고려해 한번에 하나씩 사용해 보는 것부터 시작한다. 내용이 너무 간단해 보여도 조금 참자. 얼마 지나지 않아 복잡해질 것이라 장담한다.

이번 실험에는 설명과 사실에 대한 정리가 많다. 이런 자세한 내용을 온전히 기억할 것이라 기대하지 않는다. 기억을 되살려야 할 때마다 여기로 돌아오면 된다. 논리 게이트를 완전히 이해하지 않더라도 실험 20~23의 프로젝트를 만들 수 있지만 작동 방식을 알고 싶다면 이번 실험을 참조한다.

실험 준비물

- 브레드보드, 연결용 전선, 니퍼, 와이어 스트리퍼, 계측기
- 9VDC 전원 공급 장치(전지 또는 AC 어댑터)
- 택타일 스위치 2개

- 74HC32 쿼드 2입력 OR 칩 1개
- 74HC08 쿼드 2입력 AND 칩 1개
- 빨간색 일반 LED 1개
- LM7805 전압조정기 1개
- 저항: 1K 1개, 10K 2개
- 커패시터: 0.1μF 1개, 0.47μF 1개

전압조정기

부품 번호가 74로 시작하는 디지털 칩은 지금까지 사용했던 555 타이머나 4026B 카운터보다 다루기가 더 까다롭다. 이런 칩은 대부분 전류 흐름에 변동이나 '스파이크'가 없는, 정확히 5VDC의 전원이 필요하다.

다행히도 이는 쉽고 저렴하게 해결할 수 있다. 브레드보드에 LM7805 전압조정기를 설치하기만 하면 된다. 7.5~12VDC 범위의 전압 입력을 공급하면 충분히 신뢰할 만한 5VDC 출력을 제공한다.

그림 19-1은 전압조정기의 모습이다. 칩은 최대 1.5A의 전류를 다루도록 설계되었기 때문에 지금까지 다루었던 다른 부품들과는 사뭇 모습이 다르다. 전압조정기에서 알루미늄으로 된 뒷면은 열을 발산해 주며, 상단의 구멍은 볼트를 끼워 더 큰 방열판에 고정하는 데 사용할 수 있다. 이 책에서 전압조정기를 사용할 논리 회로는 아주 적은 양의 전류만 소비할 것이기 때문에 이 구멍은 중요하지 않다. 브레드보드에 끼우기만 하면 설치는 끝난다. 납작한 핀은 조금 끼는 듯한 느낌이 들지만, 힘을 줘 밀어 넣으면 보드 구멍에 들어갈 것이다.

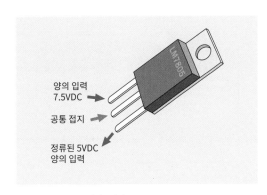

그림 19-1 LM7805 전압조정기.

브레드보드 도해에서 전압조정기에 사용하는 기호는 그림 19-2에서 확인할 수 있다. 다음은 회로도 기호이다. 이 책이 아닌 다른 곳의 회로도에서는 전압조정기를 보통 직사각형으로 표시하며 그 안에 부품 번호를 명시한다.

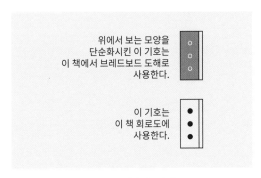

그림 19-2 이 책에서 LM7805를 나타내는 방법.

전원은 9VDC 전원을 그대로 사용하니 5VDC 전원 공급 장치를 별도로 구입할 필요가 없다. 따라서 브레드보드 상단에 전압조정기를 평활 커패시터 2개와 함께 배치해야 한다. 커패시터는 필수다. 전압조정기의 출력은 그림 19-3과 같이 브레드보드의 양극 버스로 이동한다. 이 배치를 보여주는 회로도는 그림 19-4에 소개한다.

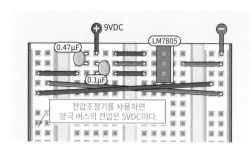

그림 19-3 브레드보드 상단에 전압조정기를 배치한 모습. 평활 커패시터를 생략해서는 안 된다.

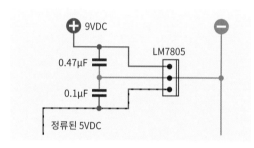

그림 19-4 그림 19-3의 브레드보드를 회로도로 나타낸 모습. 검은 점이 있는 빨간색 선은 '5V 전원'을 뜻한다.

- 9V 전원 공급 장치의 음극과 전압조정기의 음극 핀은 동일한 음극 버스를 공유한다.

사용할 74xx 시리즈 논리 칩에 9V 전원을 공급하지 않도록 주의한다. 칩이 살아남지 못할 수도 있다. 전압조정기가 필요하면 브레드보드 도해에는 반드시 포함시켜 둘 것이다. 회로도에서는 전압조정기를 따로 표시하지 않지만 버스에 전달해야 하는 전압의 크기를 명시해 두겠다. 또한 9V가 아닌 5V 전압을 제공하고 있음을 상기할 수 있도록 검은 점이 있는 빨간색 전선으로 표시한다.

- 회로도에서 검은 점이 있는 빨간색 전선은 5VDC 전압을 전달한다.

주의: 적절치 않은 입력

AC가 아닌 DC. LM7805는 DC-DC 컨버터임을 기억한다. 가정 내 콘센트의 교류를 사용하는 AC 어댑터와 혼동하지 말자. 전압조정기의 입력에 AC를 공급해서는 안 된다.

최대 전류. LM7805는 정격 범위 내로만 유지한다면 소비 전류의 양에 관계없이 출력을 거의 일정한 전압으로 유지해 주는 훌륭한 부품이다. 방열판 없이 실질적으로 소비 가능한 전류의 최댓값으로 1A를 권장한다.

최대 전압. 전압조정기는 반도체 소자이지만 전압을 낮추는 과정에서 열을 방출한다는 점이 저항과 비슷하다. 전압조정기에 가하는 전압이 커지고 전압조정기를 통과하는 전류가 커질수록 열을 더 많이 제거해야 한다. 이런 이유로 최대 입력 전압으로 12VDC를 권한다.

최소 전압. 다른 여타의 반도체 소자와 마찬가지로 전압조정기는 입력 전압보다 출력 전압이 낮다. 그러니 최소 입력 전압은 7.5VDC를 권한다.

전압조정기를 설치하고 계측기가 DC 전압을 측정하도록 설정한 뒤 브레드보드의 양극과 음극 버스 사이의 전압을 측정해 확인한다. 평활 커패시터 2개는 LM805로부터 발생하는 변동을 억제하는 데 중요하다.

첫 번째 논리 게이트

이제 5VDC 브레드보드가 준비되었으니 74HC08 논리 칩 주위에 그림 19-5와 같이 택타일 스위치 2개, 10K 저항 2개, LED 1개, 1K 저항 1개를 설치한다.

논리 칩은 전류를 전달하는 능력이 제한되어
있기 때문에 현재 공급 전압이 5VDC에 불과하
더라도 LED에 직렬로 연결하는 저항의 값은 1K
를 사용할 것을 권한다. LED가 밝지는 않겠지만
보기에 문제는 없다. 그림 19-6에서는 같은 회로
를 회로도로 나타냈다.

칩의 핀 중 다수가 전원 공급 장치의 음극에
직접 연결되어 있음을 알 수 있다. 모두 사용하
지 않는 입력 핀이어서 이렇게 연결했다. 자세한
내용은 잠시 후에 설명한다.

전원을 연결하면 아무 일도 일어나지 않는다.
택타일 스위치 중 하나를 눌러도 아무 일도 일어
나지 않는다. 다른 스위치를 눌러도 여전히 아무
일도 일어나지 않는다. 이제 스위치 2개를 동시
에 눌러보자. LED가 켜질 것이다.

74HC08의 1번 핀과 2번 핀은 논리 입력(logic
input)이다. 회로도에서 R1과 R2로 표시한 10K
풀다운 저항 때문에 논리 핀은 낮은 전압 상태를
유지하다가 푸시버튼 2개를 동시에 누르면 높은
전압 상태로 상승한다. 이는 555 타이머를 설명
할 때 본 것과 같은 방식이다. 단지 용어를 다르
게 사용할 뿐이다.

• 5V 논리 칩과 관련해 입력이나 출력이 0VDC
  에 가까우면 이를 부논리(logic low)라고 한
  다. 74xx 칩의 HC 세대에서는 '1V 미만'을 의
  미한다.
• 5V 논리 칩과 관련해 입력이나 출력이 5VDC
  에 가까우면 이를 정논리(logic high)라고 한다.

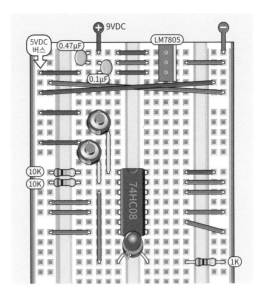

그림 19-5 첫 번째 논리 칩 데모 회로.

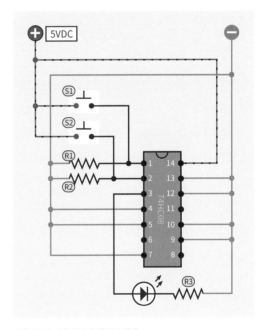

그림 19-6 그림 19-5의 회로도 버전.

74xx 칩의 HC 세대에서는 '3.5V 이상'을 의미
한다.

두 가지 논리 입력은 74HC08 내부의 논리 게이트(logic gate)로 이동한다. 게이트는 트랜지스터를 모아 놓은 것으로, 높거나 낮은 입력을 처리하고 출력을 전달한다. 이 칩의 게이트는 AND 게이트의 1번 핀 그리고(AND) 2번 핀이 높은 전압 상태(정논리)일 때 3번 핀을 통해 높은 출력을 제공한다.

핀이 구부러지지 않도록 주의하면서 보드에서 74HC08을 빼낸다. 얇은 드라이버를 브레드보드 중앙에 있는 긴 홈에 밀어 넣어 핀 아래로 놓고 지렛대처럼 사용하면 좋다. 이제 74HC08을 끼웠던 바로 그 위치에 74HC32 OR 칩을 끼우고 다른 부품과 점퍼선은 모두 그대로 둔다. 그러면 1번 핀이 높은 전압 상태 또는(OR) 2번 핀이 높은 전압 상태 또는(OR) 둘 다 높은 전압 상태일 때 높은 출력이 발생함을 알 수 있다. 이미 예상하고 있겠지만 74HC32는 OR 게이트로 구성되어 있다.

이는 너무 쉬운 것처럼 보이지만 디지털 컴퓨팅 연산은 모두 논리 게이트로 수행되며 존재하는 게이트 유형은 7가지뿐이다. 그중 두 가지의 작동 방식을 이미 관찰했다. 물론 평범한 구식 스위치를 사용해도 이 실험과 같은 결과를 얻을 수 있지만, 다음 실험들에서 논리 게이트가 훨씬 많은 일을 할 수 있음을 알게 될 것이다.

논리 기호

논리 게이트는 논리도(logic diagram)라는 일종의 회로도에서 사용되는 특수 기호로 나타낼 수 있다. AND 게이트를 사용하는 방금 만든 회로

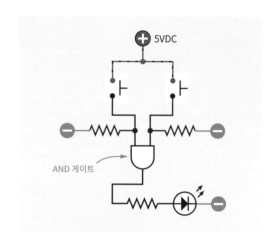

그림 19-7 AND 게이트를 사용한 논리도.

의 논리도는 그림 19-7과 같다.

논리도에는 게이트에 전원을 공급하는 장치가 표시되어 있지 않지만 실제로 AND 게이트를 포함하는 칩은 7번 핀(음극 접지)과 14번 핀(양극 전원)에서 전원을 공급받아야 한다. 이런 식으로 각 논리 출력은 받은 입력보다 더 큰 전류를 전달한다.

• 논리 게이트의 기호를 볼 때마다 작동을 위해서는 전원이 필요하다는 점을 기억한다.

74HC08 칩에는 AND 게이트가 4개 포함되어 있으며 각 AND 게이트에는 논리 입력이 2개, 출력이 1개 존재한다. 이를 '쿼드(4개) 2입력 AND 칩'이라고 한다.

AND 게이트는 그림 19-8의 왼쪽 도해에서 보는 것처럼 칩의 핀과 연결되어 있다. 방금 전에 했던 간단한 테스트에는 게이트가 하나만 필요했기 때문에 사용하지 않는 게이트의 입력 핀은

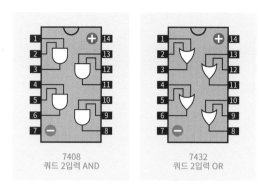

그림 19-8 AND 칩(왼쪽)과 OR 칩(오른쪽)의 핀 기능.

그림 19-9 빌 버즈비가 74xx 칩을 사용해 직접 만든 컴퓨터 마더보드. 인터넷 서버에서 핵심적인 역할을 한다.

전원 공급 장치의 음극 쪽으로 접지해 연결이 없는 상태가 되지 않도록 했다. 이러한 유형의 칩은 입력이 매우 민감해서 예상치 못한 곳에서 새어 나오는 부유 전자기장에 반응할 수 있다. 따라서 사용하지 않을 때는 반드시 접지해야 한다.

74xx 시리즈 칩 중 2입력 논리 칩에는 대부분 (전부는 아님) 방금 본 것처럼 서로 바꾸어서 사용할 수 있는 핀이 존재한다.

이렇게 간단한 것이 어디에 유용한지 궁금할 수 있다. 논리 게이트를 사용해 전자 번호 자물쇠나 전자 주사위 1쌍, 가장 먼저 버튼을 누르기 위해 경쟁하는 TV 퀴즈쇼의 컴퓨터 버전을 만들 수 있는데, 뒤에서 하나씩 살펴본다. 원대한 야망을 가진 사람이라면 74xx 칩으로 완전한 컴퓨터를 만들 수도 있다. 실제로 빌 버즈비라는 사람이 취미로 컴퓨터를 만든 적이 있다.(그림 19-9 참조)

의욕이 넘치는 독자 제프 팔레닉은 미국 남북전쟁 중 일어난 앤티텀 전투를 2인용 게임으로 만들었다. 팔레닉은 증거 사진 그림 19-10과 19-11을 보내왔다. 브레드보드 19개에 다양한

그림 19-10 제프 팔레닉이 만든 남북전쟁 시뮬레이션 게임. 상대편 플레이어용 컨트롤 패널은 반대편에 있다.

그림 19-11 시뮬레이션 게임 내부. 사진 아래쪽에 브레드보드가 몇 개 보인다.

논리 칩과 타이머, 아주 많은 연결용 전선을 사용했다. 이 회로에는 아마 9V 전지보다는 큰 전원이 필요할 것이다.

논리의 기원

논리 게이트의 개념은 1815년에 태어난 영국의 수학자 조지 부울의 이론 연구에서 탄생했다. 부울은 아주 운이 좋거나 똑똑한 극소수의 사람만이 할 수 있는 업적을 이루었다. 바로 완전히 새로운 수학 분야를 개척한 것이다.

재미있게도 이 수학은 숫자를 바탕으로 하지 않았다. 부울은 참과 거짓을 판별할 수 있고 서로 공통 부분이 존재할 수 있는 명제들을 사용해 세상을 재미있는 방식으로 단순화하고 싶었다.

존 벤이라는 사람이 1880년경에 고안해낸 벤 다이어그램은 이러한 유형의 논리 관계를 나타내는 데 사용된다. 그림 19-12는 이 세계 생물의 특질을 정의하는 간단한 벤 다이어그램이다. 그림 19-13에서는 진리표(truth table)라는 것을 사용해 이 개념을 다르게 표현했다. 진리표에서 빨

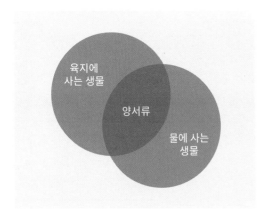

그림 19-12 겹치는 부분이 존재하는 두 생물 집단.

이 생물은 양서류인가?		
A. 육지에 사는가?	B. 물에 사는가?	A AND B
●	●	●
●	●	●
●	●	●
●	●	●

그림 19-13 그림 19-12에서 파생된 진리표.

간색은 '참'을, 파란색은 '거짓'을 뜻한다. '이 생물이 육지에 사는가?'와 '이 생물이 물에 사는가?' 이렇게 두 가지 질문이 있다. 두 질문에 대한 답이 모두 '참'이면 이 생물은 양서류이다(벤 다이어그램에서 두 원이 겹치는 부분). 이 경우를 A AND B라고 표현한다.

AND 게이트로 방금 시행했던 실험에서 두 스위치를 각각 A와 B라고 해 보자. AND 게이트의 출력은 이 진리표의 결과와 정확히 같다.

이 단순한 생각이 지닌 함의는 지대하지만, 그에 앞서 조지 부울에 대한 이야기를 마무리 짓자. 부울의 논리학 논문은 1854년에 출판되었다. 트랜지스터는 고사하고 진공관도 발명되기 훨씬 전이었다. 사실, 그의 일생 동안 논문이 실제로 응용될 일은 없는 듯했다. 그러나 1930년대에 MIT에서 공부하던 클로드 섀넌이 부울의 논문을 발견했고, 1938년 자신의 논문에서 릴레이를 사용하는 회로에 '부울 분석'을 어떤 식으로 적용할 수 있는지를 설명했다. 당시에 급속하게 성장하고 있던 전화망에서 릴레이가 사용되었기

때문에 해당 논문은 발표 즉시 활용되었다.

그 당시에 시골 지역에서는 다른 집에 사는 고객 2명에게 전화선 하나를 공유해 달라는 요청을 받기도 했다. A가 전화선을 사용하고 싶거나 B가 사용하고 싶거나, 어느 쪽도 사용하고 싶지 않다면 문제는 없다. 그러나 A와 B가 둘 다 전화선을 사용하고 싶다면 문제가 되었다. 다시 한번 동일한 논리적 패턴이 등장했다. 이런 패턴은 엔지니어들이 수많은 연결을 처리하는 네트워크를 설계해야 할 때 중요해졌다.

섀넌은 '켜짐(on)' 상태에 숫자 1을, '꺼짐(off)' 상태에 숫자 0을 사용했을 때 숫자를 셀 수 있는 시스템을 구축할 수 있는지 확인하는 작업에 착수했다. 어떤 시스템이 숫자를 셀 수 있다면 산술도 할 수 있다. 그림 19-14의 진리표는 아주 간단한 덧셈을 할 때 AND 연산을 어떤 식으로 사용하는지 보여 준다.

숫자 A의 값이 1인가?	숫자 B의 값이 1인가?	A+B의 값이 1보다 큰가?
●	●	●
●	●	●
●	●	●
●	●	●

그림 19-14 덧셈을 도와주는 진리표.

진공관이 릴레이를 대체했을 때쯤 실질적인 디지털 컴퓨터가 처음 완성되었다. 그 뒤로 진공관은 트랜지스터로, 트랜지스터는 다시 집적회로

칩으로 대체되면서 지금은 당연하게 여기는 데스크톱 컴퓨터가 탄생했다. 그러나 이 믿을 수 없을 정도로 복잡한 장치는 가장 낮은 수준에서 여전히 부울 논리를 사용한다.

논리 게이트의 기초

지금까지 보았던 AND와 OR 용어는 부울 연산자(Boolean operators)로 알려져 있다. 앞서 언급했듯이 AND, OR, NAND, NOR, XOR, XNOR, NOT의 일곱 가지 논리 연산자는 이 책에서 중요하게 쓰인다. 그림 19-15에서 논리 연산자를 나타내는 논리기호를 볼 수 있다. 기호 이름은 보통 대문자로 표기한다.

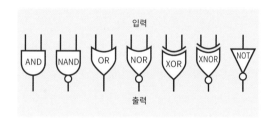

그림 19-15 컴퓨팅 장치에 사용하는 일곱 가지 논리 연산자.

기본 게이트는 입력이 하나, 출력이 하나뿐인 NOT 게이트를 제외하면 모두 입력이 2개, 출력이 1개다. NOT 게이트는 보통 인버터(interver)라고 부른다. 인버터는 높은 입력을 받으면 낮은 출력을 내보내고, 낮은 입력이 들어오면 높은 출력을 내보내는데, 이 책에서는 사용하지 않는다.

아래에 작은 동그라미가 달린 게이트도 있는데, 이 동그라미(버블(bubble)이라고 한다.)는 출력을 역전시킨다. 즉, NAND 게이트의 출력은 AND 게이트 출력의 역이다.

여기서 '역'이라는 말은 무슨 뜻일까? 그림 19-16, 19-17, 19-18의 논리 게이트의 진리표를 보면 의미를 분명히 알 수 있을 것이다. 각 표의 줄마다 왼쪽에 입력을 2개 표시하고 오른쪽에 출력을 표시했다. 이때 빨간색은 정논리, 파란색은 부논리를 뜻한다. 각 게이트 쌍의 출력을 비교했을 때 출력이 어떻게 역전되는지 알 수 있다.

TTL과 CMOS

최초의 논리 게이트가 제작된 시기는 1960년대로 거슬러 올라간다. 당시 제작된 논리 게이트는 트랜지스터-트랜지스터 논리(Transistor-Transistor Logic, TTL) 유형으로 소형 바이폴라 트랜지스터를 내장하고 있었다. 555 칩이 TTL 장치라는 것은 실험 15에서 언급했다.

TTL은 전력을 상당히 소비했기 때문에 상보적 금속 산화물 반도체(Complementary Metal Oxide Semiconductor)라는 뜻의 CMOS를 대신 사용하려는 강력한 동인이 존재했다. CMOS는 TTL보다 훨씬 적은 전력을 소모했지만, 결정적으로 더 느렸다.

고성능이지만 전력을 많이 소비하는 TTL과 성능은 낮지만 소비 전력도 낮은 CMOS을 두고 선택을 해야 했다. 이를 바탕으로 두 칩 제품군은 경쟁을 이어 나갔다. TTL은 74xx, CMOS는 4xxx로 시작하는 부품 번호로 식별했다.

이 경쟁의 승자는 결국 CMOS가 되었다. 기술의 업그레이드가 가속화됨에 따라 제조업체들은 74xx 칩을 모방하고 부품 번호를 따온 CMOS 칩을 만들기 시작했다. 오늘날 74xx 제품군의

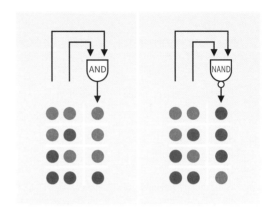

그림 19-16 AND와 NAND 논리 게이트의 진리표.

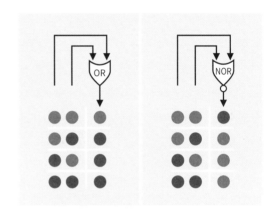

그림 19-17 OR와 NOR 논리 게이트의 진리표.

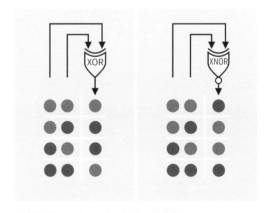

그림 19-18 XOR와 XNOR 논리 게이트의 진리표.

모든 칩에는 CMOS 회로가 내장되어 있다.

원래의 TTL 버전은 더 이상 사용되지 않지만 가끔씩 예비 부품 교체품으로 판매되는 74LSxx 칩이 발견될 때가 있다.

실험 19에서 사용한 4026B와 같은 오래된 4xxx 칩은 아직도 사용된다. 일부 응용 방식에서는 상대적으로 느린 속도가 문제가 되지 않으며, 이들 칩은 74xx보다 훨씬 넓은 범위의 전압을 사용할 수 있다는 나름의 이점이 있다. 이 책에서는 9VDC 전원 공급 장치를 555개 타이머와 공유할 수 있다는 이유로 4xxx 칩을 사용했다.

기억해 두어야 할 세부 사항은 다음과 같다.

- 74xx 제품군은 여러 세대에 걸쳐 발전해 왔지만 이 책에서는 HC 버전(예: AND 게이트가 포함된 74HC08)을 선택했다. 이 세대 제품이 가장 널리 사용되기 때문이다.
- 지금도 구식 74LSxx 칩을 사용한 회로도를 찾을 수 있다. 이 칩 대신 74HCTxx 칩을 사용할 수도 있다. 두 칩은 동일한 사양을 갖도록 특별히 설계되었다.
- 4xxx 칩은 지금도 사용하지만 현재 해당 칩의 부품 번호는 모두 B로 끝난다. 그 외의 4xxx 칩은 더 이상 유통되지 않으므로 사용하지 않는다.
- 4xxx 칩에서 '정논리'와 '부논리'의 의미는 74xx 칩과 다르다. 두 칩에 5V로 전원을 공급해도 그렇다. 보통 이 문제는 중요한 고려 사항이 아니다.

74xx 칩의 HC 세대 제품을 구입하려면 부품 번호에 HC를 포함해 검색한다. 예를 들어 7408이 아니라 74HC08을 검색해야 한다.

그러나 이 책의 참조 자료(그림 19-8 등)에서는 다른 문자 없이 74xx 숫자만 표기했다. 이는 모든 세대의 핀 배치가 동일하기 때문이다.

74xx 부품 번호의 의미와 해석에 대한 자세한 내용은 앞의 그림 15-3을 참조한다.

숨은 게이트 드러내기

나중에 참조할 수 있도록 일반적으로 사용 가능한 모든 스루홀 논리 칩의 내부 논리 게이트 도해를 준비했다. 총 14가지로 그림 19-19부터 19-25에서 확인할 수 있다. 이들 게이트의 대부분이 어떤 식으로 작동하는지 아직 모르지만 일단 모든 정보를 한곳에 모아보기로 했다.

앞에서 내가 보여준 진리표에는 입력 게이트가 2개 있었지만 그림을 보면 입력이 2개 이상인 논리 게이트가 많다는 사실을 알 수 있다. 이를 이해하기 위해 그림 19-16에서 19-18까지로 돌아가서 다음과 같이 생각해 보자.

- AND 게이트: 보통 부논리 출력. 모든 입력이 정논리일 때만 정논리 출력.
- NAND 게이트: 보통 정논리 출력. 모든 입력이 정논리일 때만 부논리 출력.
- OR 게이트: 보통 정논리 출력. 모든 입력이 부논리일 때만 부논리 출력.
- NOR 게이트: 보통 부논리 출력. 모든 입력이 부논리일 때만 정논리 출력.

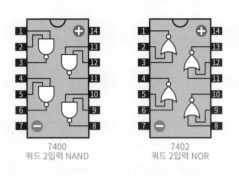

7400
쿼드 2입력 NAND

7402
쿼드 2입력 NOR

그림 19-19 74xx 제품군의 쿼드 2입력 NAND와 쿼드 2입력 NOR 칩의 표준 구성.

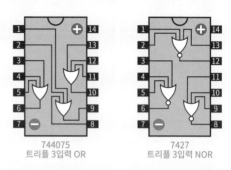

744075
트리플 3입력 OR

7427
트리플 3입력 NOR

그림 19-22 74xx 제품군의 트리플 3입력 OR와 트리플 3입력 NOR 칩의 표준 구성.

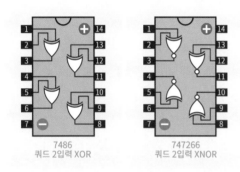

7486
쿼드 2입력 XOR

747266
쿼드 2입력 XNOR

그림 19-20 74xx 제품군의 쿼드 2입력 XOR와 쿼드 2입력 XNOR 칩의 표준 구성.

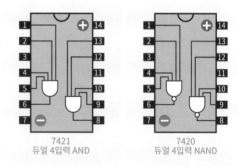

7421
듀얼 4입력 AND

7420
듀얼 4입력 NAND

그림 19-23 74xx 제품군의 듀얼 4입력 AND와 듀얼 4입력 NAND 칩의 표준 구성.

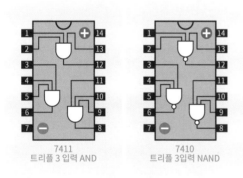

7411
트리플 3 입력 AND

7410
트리플 3입력 NAND

그림 19-21 74xx 제품군의 트리플 3입력 AND와 트리플 3입력 NAND 칩의 표준 구성.

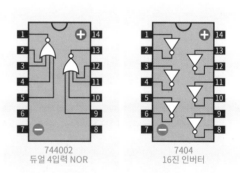

744002
듀얼 4입력 NOR

7404
16진 인버터

그림 19-24 74xx 제품군의 듀얼 4입력 NOR와 16진 인버터 칩의 표준 구성.

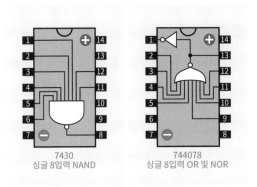

그림 19-25 74xx 제품군의 싱글 8입력 NAND와 싱글 8입력 NOR/OR 칩의 표준 구성.

이 설명에서 '모든'은 '특정한 이 게이트로 들어오는 모든 입력'을 뜻한다. 이때 가능한 최대 입력은 8개이다.

XOR와 XNOR 게이트는 특정 응용 방식을 위해 프로그래밍하지 않는 한 일반적으로 입력을 2개 이상 가질 수 없다.

논리 칩 연결 규칙

74xx 논리 칩은 다른 부품을 추가하지 않고도 여러 개를 함께 연결할 수 있기 때문에 놀랍도록 사용이 간단하다. AND 게이트의 출력은 다른 74xx 칩의 다른 게이트 입력에 직접 연결할 수 있으며, 이렇게 해도 모든 것이 제대로 작동한다!

여기서 기억해 둬야 할 규칙이 몇 가지 있다.

허용 가능 규칙

- 정류된 전원이라면 양극과 음극 관계없이 디지털 게이트의 입력에 직접 연결할 수 있다.
- 한 게이트의 출력을 다른 여러 게이트가 입력으로 공유할 수 있다(이를 팬아웃(fanout)이

라고 한다). 정확한 게이트의 개수는 칩에 따라 다르지만 74HCxx 시리즈의 칩이라면 하나의 논리 출력으로 최소 10개의 입력에 전원을 공급할 수 있다.

- 논리 칩의 출력은 555 타이머의 활성화 핀(2번 핀)을 구동할 수 있다. 단, 타이머로 공급되는 전원이 5VDC이고 논리 칩과 동일한 음극 접지를 공유해야 한다.
- 입력에 대한 허용 범위와 출력에 대해 보장된 최소 값은 그림 19-26과 같다.

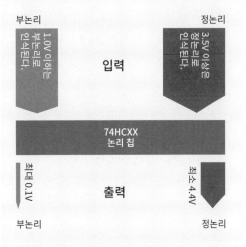

각 입력 핀의 싱크 전류나 소스 전류는 1μA를 넘지 않는다.

부논리 / 정논리

1.0V 이하는 부논리로 인식된다.

3.5V 이상은 정논리로 인식된다.

입력

74HCXX 논리 칩

최대 0.1V / 최소 4.4V

출력

부논리 / 정논리

출력값은 소스 전류 4mA와 싱크 전류 4mA 사이에 해당하는 출력 전류에만 보장된다.

그림 19-26 오류를 피하려면 논리 칩에 권장되는 입력 범위를 준수한다.

허용 불가 규칙

- 입력 핀을 연결하지 않은 상태로 두어서는 절대 안 된다! CMOS 논리 칩의 입력 핀은 모두 값을 아는 전압과 연결해야 한다. 칩에서

사용하지 않는 게이트의 입력 핀은 음극 접지와 연결해야 한다.

- 단투 스위치나 푸시버튼은 풀업이나 풀다운 저항과 함께 사용해야 하며, 따라서 접점이 열려 있다면 칩에 대한 입력은 부동 상태가 아니다.
- 정류되지 않은 전원이나 5V 이상, 또는 5V 미만의 전원을 74HCxx 칩에 공급하지 않는다.
- 74HCxx 논리 칩의 출력을 사용해서 LED에 전원을 공급할 때는 주의한다. 칩에서 4mA 이상의 전류를 끌어오면 출력 전압이 낮아질 수 있다. 따라서 해당 출력을 두 번째 칩의 입력으로도 사용할 경우 출력 전압이 두 번째 칩에서 정논리로 인식하는 데 필요한 최소 전압값보다 낮아질 수 있다. 보통 논리 출력을 다른 논리 칩에 대한 입력과 LED에 대한 전원 공급용으로 동시에 사용하지 않는다. (이 책의 회로 중 한 군데에서 나는 이 규칙을 어겼다. 아마 찾을 수 있을 것이다.)
- 논리 게이트는 정논리인 경우 소스 전류를, 부논리인 경우 싱크 전류를 출력할 수 있지만, 이는 사용자가 전류를 제어하는 경우에만 가능하다. 논리 게이트 출력은 전원 공급 장치나 음극 접지에 직접 연결하지 않는다.
- 논리 게이트의 출력은 2개 이상 함께 연결하지 않는다.

지금까지 해도 되는 일과 하지 말아야 할 일을 너무 많이 설명했다. 이제 첫 번째 논리 칩 프로젝트를 시작해 볼 차례다.

실험 20 잠금 해제 장치

다른 누군가가 내 컴퓨터를 사용하지 못하도록 하고 싶다고 가정해 보자. 소프트웨어를 사용하는 방법과 하드웨어를 사용하는 방법 두 가지를 생각할 수 있다.

이런 소프트웨어는 정상적인 부팅을 막고 암호 입력을 요구하는 일종의 시작 프로그램이며, 윈도우나 맥 운영체제에서 기본으로 제공하는 암호 입력 기능보다 조금 더 안전할 수 있다.

그래도 개인적으로는 하드웨어를 활용하는 편이 더 흥미롭고 이 책과의 연관성도 있다고 생각한다. 내가 염두에 두고 있는 장치는 컴퓨터를 켜기 전에 사용자가 비밀 조합을 입력해야 하는 숫자 키패드이다.

이 장치를 '잠금 해제 장치'라고 부르겠다. 이를 구현하는 방법으로는 컴퓨터를 켤 때 일반적으로 사용하는 '시작' 버튼을 무시하는 것을 생각하고 있다.

주의: 이 문제를 신중하게 생각해 보자!

가장 큰 의문은 정말 이 프로젝트를 진행하는 것이 좋은 생각일까 하는 거다. 컴퓨터용 잠금 해제 장치를 구현하려면 컴퓨터 본체를 열어 직접 전선을 연결해야 한다.

물론 회로 기판에는 근처에도 가지 않고 저전압을 사용하는 '시작' 버튼만 건드릴 것이다. 그래도 부품을 임의 수리 또는 개조할 경우 '보증 불가'라는 게 걸린다.

그냥 브레드보드에 회로를 구축해서 컴퓨터 잠금 해제를 시뮬레이션만 하는 편이 나을지도 모른다. 일단 해 본 다음 더 진행할지 여부를 결정하자.

실험 17의 경보 장치 등 컴퓨터가 아닌 다른 장치에 적용해 볼 수도 있다. 그쪽이 더 나은 생각일 수도 있다.

실험 준비물

- 브레드보드, 연결용 전선, 니퍼, 와이어 스트리퍼, 계측기
- 9V 전원 공급 장치(여기서는 전지)
- 빨간색 일반 LED 1개
- LM7805 전압조정기 1개
- 74HC08 쿼드 2입력 AND 논리 칩 2개
- 555 타이머 칩 1개
- DPDT 9VDC 릴레이 1개
- 저항: 470옴 1개, 10K 9개, 100K 1개
- 커패시터: 0.01nF 1개, 0.1μF 1개, 0.47μF 2개, 10μF 1개
- 택타일 스위치 9개
- 2N3904 트랜지스터 1개

암호 체계

먼저 보안 코드의 일반적인 작동 방식을 생각해 본다. 입구에서 외부인 출입을 차단하는 건물을 방문하거나 소형 물품보관소에 몇 가지 물품을 맡기려 한다고 가정해 보자. 버튼이 10개나 12개인 키패드에서 세 자리나 네 자리의 숫자를 입력해야 한다. 숫자를 맞추면 문이 열린다.

이야기만 들으면 간단해 보이지만 사실 그렇지 않다. 이런 유형의 장치에서 첫 번째 요건은 전체 숫자를 모두 입력할 때까지 누른 키를 하나하나 저장하는 것이다. 이를 위해서는 일종의 메모리가 필요하다. 기본 메모리 칩은 쉽게 구입할 수 있지만 이를 작동시키기 위한 다른 칩이 더 필요하다. 또, 누른 키 각각을 메모리에 저장하기 적합한 코드나 패턴으로 변환해야 한다.

그런 다음 확인을 위한 절차로 입력된 숫자를 메모리에 저장된 올바른 코드와 비교해야 한다. 이걸로 끝이 아니다. 사용자가 입력을 틀렸을 때도 처리해야 한다. 누군가가 네 자리가 아닌 다섯 자릿수를 입력하면 어떻게 반응해야 할까? 첫 번째 숫자를 무시해야 할까? 아니면 마지막 숫자를 무시해야 할까? 코드를 전부 거부해서 숫자를 다시 입력하도록 해야 할까? 이 경우에는 몇 번까지 시도하도록 할 것인가? 또, 오류 메시지를 표시하려면 작은 LCD 화면이 필요할까?

아마도 이와 같은 프로젝트가 어떤 식으로 확장될 수 있는지 알 수 있을 것이다. 이 책에서는 아주 간단한 장치를 원한다. 논리 게이트를 사용해서 브레드보드 하나에 구현할 수 있으며, 한 시간만에 쉽게 만들 수 있는 회로가 필요하다. 이것이 우리의 임무다.

이를 염두에 두고 나는 회로의 기능을 의도적으로 조금 낮추었다. 누군가가 일련의 숫자를 입력하는 대신 선택한 버튼을 동시에 누르도록 할 것이다. 논리 칩은 패턴으로 이를 처리할 수 있으며, 이 패턴이 정확하다면 예상했을 수도 있겠지만 555 타이머가 릴레이를 활성화할 것이다.

이 회로의 전원 공급 장치가 다른 장치의 전원 공급 장치와 전기적으로 연결되는 것을 원치 않기 때문에 릴레이가 필요하다. 릴레이는 느리고 투박하지만 코일이 접점과 기계적 연결만 있고 전기적 연결은 없도록 설계되었다. 그림 20-1에서 의미하는 바를 확인할 수 있다.

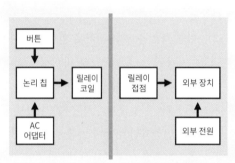

릴레이 코일과 릴레이 접점 간에 전기적 연결은 존재하지 않는다.

그림 20-1 릴레이는 코일과 접점 사이에 기계적 연결을 생성하지만 전기적 연결은 없다.

몇 자리 숫자를 사용할 것인가?

여러 개의 버튼을 동시에 누르는 것은 흔한 접근 방식은 아니지만, 버튼의 개수가 충분하다면 적절한 수준의 보안을 제공할 수 있다고 생각한다. 또 사람들이 사용법을 쉽게 예상하지 못해 안전할 수도 있다. 예를 들어 다음과 같은 시나리오를 생각해 보자.

시스템 해커가 여러분의 하드 드라이브에 있는 파일을 살펴보려고 애쓰고 있다. 해커는 자신이 가지고 다니는 유닉스 플래시 드라이브로 부팅을 시도해 시스템 암호를 피해갈 수 있다고 생각했다. 그런데 잠깐, 이게 뭐지? 숫자 키패드다!

해커는 이 키패드가 다른 키패드와 마찬가지로 일련의 숫자를 입력하도록 설계되었다고 생각한다. 좋아, 해커는 작업을 시작한다. 여러분의 인생에서 중요한 숫자를 모두 시도해 본다. 생년월일, 고등학교 졸업 날짜, 전화번호, 자동차 번호판의 네 자리 숫자 등을 입력해 본다. 그러나 아무것도 통하지 않는다!

여러 키를 함께 눌러야 한다는 사실을 어떻게든(아마도 이 책을 읽고?) 추측하더라도 자릿수가 몇 개인지 알 방법이 없다. 물론 자릿수는 두 개 이상일 것이다. 그렇지만 선택할 수 있는 버튼이 여덟 개 있다고 가정해 보자. 동시에 선택한 버튼을 누르는 방법은 몇 가지가 될까?

흥미로운 질문이다. 수학에서 이러한 유형의 문제는 'n개 중 r개를 선택하는 조합'으로 알려져 있다. 이때 n은 집합에 있는 원소 개수이고 r은 선택한 원소 개수를 말한다. (왜 'r'이라는 문자를 쓰는 걸까? 미안하지만 답은 모르겠다.)

온라인에서 검색하면 'n개 중 r개를 선택하는 조합' 공식을 찾을 수 있다. 직접 계산을 해주는 인터넷 사이트도 있다. 예를 들어 이 실험에서 8개의 버튼을 사용한다고 가정해 보자. 그림 20-2는 선택한 개수의 버튼을 누르는 방법의 수를 보여 준다. 버튼 2개만 누른다면 1과 2, 1과 3, 2와 3, 2와 4, 이런 식으로 선택해 나가면 총 28가지 조합이 있을 수 있다.

선택한 버튼의 개수에 따라 경우의 수가 증가했다가 감소하는 것을 표에서 확인할 수 있다. 왜 이런 일이 일어날까? 어떤 원소를 선택하는 것은 나머지를 선택하지 않는 것과 같은 과정이기

8개 버튼 집합에서 선택할 수 있는 경우의 수	
선택한 버튼의 개수	버튼을 누르는 방법의 수
1	8
2	28
3	56
4	70
5	56
6	28
7	8

그림 20-2 'n개 중 r개를 선택하는 조합' 문제에서 8개 버튼 중에서 선택한 개수의 버튼을 누르는 방법의 수.

때문이다. 즉, 'n개에서 r개를 선택'하는 경우의 수는 'n개에서 n-r개를 선택'하는 경우의 수와 같다. 수학 공부를 하고 싶어서 이 책을 읽고 있는 건 아닐 테니 요점으로 돌아가겠다.

n(버튼 수)의 값이 8보다 커지면 조합 가능한 경우의 수가 아주 빠르게 증가한다. 버튼 10개 중 5개를 선택하는 방법은 252가지, 12개 중 6개를 선택하는 방법은 924가지인 식이다. 그렇지만 여러분이 버튼을 8개 넘게 사서 배선을 하고 싶지는 않을 것이라고 생각했다. 이 책에서는 버튼을 8개 사용하고 그중 4개를 누르도록 할 것이다. 이렇게 하면 조합 가능한 경우의 수가 70가지로, 아주 많지는 않지만 앞에서 설명한 겁 없는 시스템 해커 시나리오에서 합리적인 보안을 제공한다고 생각한다.

잠금 해제 장치의 보안을 강화할 수 있는 방법이 더 있는데, 이는 뒤에서 다룬다.

논리도

8개 중 4개의 버튼을 옳게 눌렀는지 확인하려면

어떤 식으로든 논리 게이트가 필요하다. 이때 추가 요건이 있다. 옳은 버튼 4개가 눌렸을 때 다른 버튼 4개가 눌려서는 안 된다. 그렇지 않으면 8개의 버튼이 모두 한꺼번에 눌렸을 때 잠금 해제 장치가 이를 올바른 조합이라고 판단해 버린다.

버튼을 1에서 8까지 번호를 매기고 비밀 조합은 버튼 1, 2, 3, 4로 구성되어 있다고 가정해 보자. 물론 이 보안 장치의 최종 버전에서는 비밀 조합 버튼을 한데 모아 놓지는 않을 것이다. 직관적이지 않은 패턴으로 흩어 놓을 생각이다. 그러나 데모와 테스트 목적으로 버튼 1~4를 브레드보드 위쪽에 함께 배치하고 버튼 5~8은 더 아래쪽에 배치한다.

이제 시스템 잠금 해제를 위해 필요한 사항을 정리해 보자.

버튼 1, 2, 3, 그리고 4는 모두 함께 눌려야 한다. 버튼 5, 6, 7 또는 8은 어느 것도 눌려서는 안 된다.

이를 확인하려면 어떤 부품을 사용해야 하는가? 앞의 버튼 '1, 2, 3 그리고 4'에서 '그리고'라는 단어를 쓴 것을 눈치 챘는가? 그렇다. AND 게이트를 사용해야 한다.

그림 19-23을 보면 모든 7421 칩에 4입력 AND 게이트(실제로는 게이트 한 쌍)가 포함되어 있음을 알 수 있다. 그 게이트 중 하나가 이 목적에 안성맞춤이지만 부품을 필요한 것보다 더 많이 사기를 원하지 않는다. 앞서 2입력 AND가 포함된 칩을 어떻게든 재사용할 수 있을 것이다.

실제로 이 칩은 2입력 AND 게이트 4개를 포함하고 있으니 4개의 입력을 처리하기 위해 이들을 결합하는 방법이 있을 것이다.

그림 20-3은 4개의 입력을 결합하는 예시 16가지 중 4개를 보여준다. 나머지 조합들은 여러분이 직접 만들어 보기 바란다.

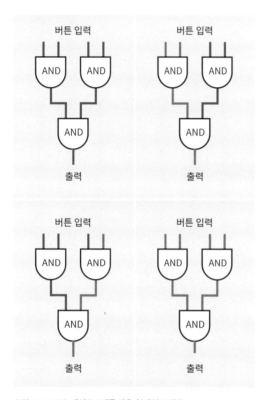

그림 20-3 AND 게이트 3개를 쌓은 형태의 논리도.

그림 19-16에서 각 AND 게이트는 평상시 부논리 출력을 생성하며, 이를 정논리로 만드는 유일한 방법은 두 입력이 모두 정논리여야 한다는 것을 배웠다. 그림 20-3을 검토하고 나면 아래쪽에서 정논리 출력을 생성하기 위해서는 상단의 모든 입력이 높아야 한다는 데 동의하게 될 것이다.

따라서 버튼 1, 2, 3, 4가 게이트의 가장 위에 있는 입력에 양의 전압을 전달하면 아래의 출력은 모든 버튼을 눌렀을 때만 양의 전압 상태가 된다. 그림 20-4는 버튼과 풀다운 저항을 어떤 식으로 추가해야 하는지 보여 준다.

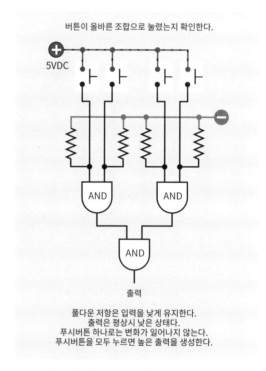

버튼이 올바른 조합으로 눌렸는지 확인한다.

풀다운 저항은 입력을 낮게 유지한다.
출력은 평상시 낮은 상태다.
푸시버튼 하나로는 변화가 일어나지 않는다.
푸시버튼을 모두 누르면 높은 출력을 생성한다.

그림 20-4 AND 게이트 3개를 쌓은 형태의 배선도.

세 번째 AND 게이트의 입력에는 풀다운 저항이 필요하지 않다. 그 위의 게이트가 반드시 정논리나 부논리를 출력하기 때문에 연결이 되지 않은 상태가 발생하지 않는다.

• 연이어 연결해 놓은 논리 게이트에는 풀업이나 풀다운 저항을 사용하지 않고도 언제든지 논리 게이트를 추가할 수 있다.

그렇다면 절대 누르면 안 되는 버튼의 경우는 어떨까? AND 게이트와 정반대의 게이트가 필요할 것 같다. OR 게이트면 될까? 아니면 NAND 게이트여야 할까?

가능한 방법은 그림 20-5와 같이 OR 게이트를 쌓아 사용하는 것이다. 두 입력이 모두 부논리인 경우 각 OR의 출력은 부논리이다. 입력 중 하나(또는 둘 다)가 높아지면(정논리가 되면) OR 출력이 높아진다. 푸시버튼을 양의 전원에 연결하면 푸시버튼 중 하나를 눌렀을 때 OR 출력이 양의 전압이 되며, 이는 회로를 잠금 해제하려는 사람이 옳지 않은 버튼을 눌렀다는 신호일

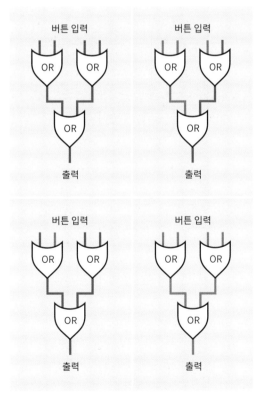

그림 20-5 OR 게이트 3개를 쌓은 형태의 논리도.

수 있다.

처음 잠금 해제 장치를 디자인할 때 OR 게이트를 사용해야 한다는 걸 직감적으로 알아챘다. 그도 그럴 것이 '버튼 5, 6, 7 또는 8은 어느 것도 누르면 안 된다'라는 조건이었고, 이 문장에는 '또는'이 포함되어 있기 때문이다.

의심할 것 없이 OR 게이트를 사용하면 된다. 그렇지만 그 출력을 어떤 식으로 사용할 것인가?

AND 게이트 층은 옳은 버튼을 누르면 높은 출력을 제공한다. OR 게이트 층은 하나 이상 옳지 않은 버튼을 누르면 높은 출력을 생성한다. 그런데 이 요소들을 어떻게 조합해야 할까? AND 게이트가 높은 출력을 제공하면 잠금을 해제한다. 이때 OR 게이트는 높은 출력을 제공하지 않아야 한다.

쉽게 처리할 방법을 찾지 못해 고민하던 중 이런 생각이 떠올랐다. 전압을 뒤집자! 전압을 역전시키면 '누르지 마시오' 버튼은 다른 AND 게이트 층으로 처리할 수 있다.

그림 20-6을 보자. 풀업 저항은 AND 게이트로 가는 모든 입력을 높게 유지하므로 가장 위의 버튼을 누르지 않는 한 가장 아래의 출력은 높은 상태가 된다. 그러나 가장 위의 버튼을 하나라도 누르면 출력이 낮아진다. 설명이 필요하다면 그림 20-3으로 돌아가 다시 확인한다.

회로를 그렇게 고쳐야겠다고 생각한 이유를 이해했는가? 이제 게이트 층이 2개 생겼다. 하나는 옳은 버튼을 눌렀을 때 높은 출력을, 다른 하나는 옳지 않은 버튼을 누르지 않는 한 높은 출력을 생성한다. 첫 번째 게이트 층이 높은 출력을

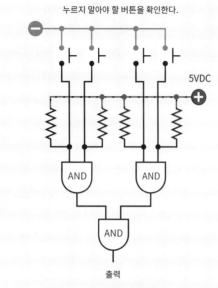

5VDC

출력

풀업 저항은 입력을 높게 유지한다.
출력은 평상시 높은 상태다.
푸시버튼 하나면 낮은 출력을 생성하기에 충분하다.

그림 20-6 누르지 말아야 할 버튼을 AND로 연결하기.

생성하고, 그리고 두 번째 게이트 층도 높은 출
력을 생성하면 시스템 잠금을 해제해도 된다.

'그리고'라는 접속사가 다시 등장한 것을 눈치
챘는가? AND 게이트를 하나 추가해서 두 게이트
층을 모두 연결할 수 있으며, 아래의 높은 출력
은 '잠금을 해제해도 된다'는 뜻이다. 그림 20-7
을 보면 내가 무슨 말을 하는지 알 것이다. AND
게이트는 555 타이머의 리셋 핀과 연결하며, 초
기화 핀이 높은 전압 상태가 되면 타이머를 활성
화한다.

이 시점에서 잠금 해제 장치를 사용하는 사람
은 버튼을 하나 더 눌러야 한다. 이 버튼을 나는
'시작 버튼'이라고 부르겠다. 시작 버튼을 누르
면 타이머가 펄스를 생성하여 릴레이에 전원을

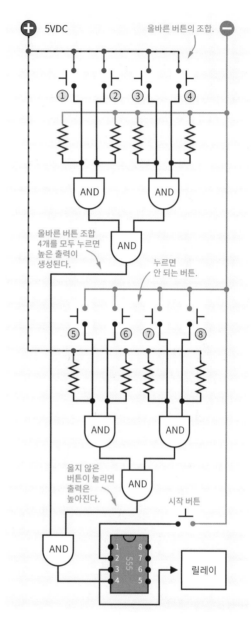

그림 20-7 모든 버튼을 AND로 연결하기.

공급한다. 물론 그림 20-7은 단순화한 회로도다.
타이머의 펄스 폭을 제어할 저항과 커패시터는
표시하지 않았다.

나는 이 회로가 다른 논리 게이트 없이 AND 게이트 7개만 사용해 구축할 수 있음을 깨닫고 정말 놀라고 말았다. 프로젝트는 때로 예상보다 간단할 수 있다.

잠금 해제 장치 브레드보드에 설치하기

이제 모든 부품을 브레드보드에 끼우기만 하면 된다. 그런데 꽂아야 하는 택타일 스위치가 많으면 설치하기가 번거로워진다. 택타일 스위치는 공간을 너무 많이 차지하고, 출력 핀은 모두 보드의 다른 줄에 꽂도록 신경 써야 하기 때문이다. 이 책에서는 그림 20-8과 같이 배치를 단순하게 하려고 애썼다.

부품만 표시한 회로와 회로도는 그림 20-9와 그림 20-10에서 확인할 수 있다.

릴레이 구동을 위해 트랜지스터를 추가했음에 주의한다. 트랜지스터를 추가한 이유는 이 회로만을 위해 5V 릴레이를 새로 구입하고 싶지 않았고 실험 7에서 사용했던 9V 릴레이가 남아 있다고 생각해서다. 트랜지스터는 555 타이머에서 5V 출력을 받아서 릴레이에 사용하도록 이를 9V로 바꾼다. (물론 5V 릴레이가 있다면 트랜지스터는 제외하고 555 출력과 접지 사이에 릴레이 코일을 바로 연결할 수 있다.)

회로를 테스트하기 위해 555 타이머의 출력과 음극 접지 사이에 '외부 장치' 대신 LED 인디케이터와 직렬 저항을 추가할 수 있다.

이제 1에서 4까지 버튼은 모두 누르고 5에서 8까지 버튼은 아무것도 누르지 않는다. 그렇게 하면 555 타이머의 초기화 핀에 높은 전압 신호

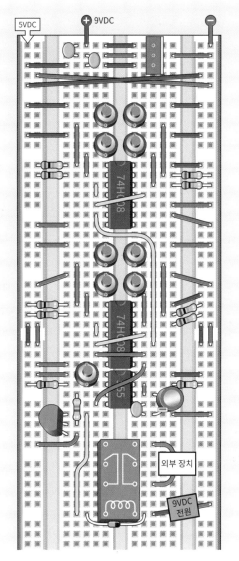

그림 20-8 잠금 해제 장치의 전체 회로.

가 전송되어서 시작 버튼을 눌렀을 때 타이머가 반응한다. 위쪽 버튼 4개를 모두 누르지 않거나 아래쪽 버튼 4개 중 하나라도 누르면 '잠금 해제' 신호는 생성되지 않는다.

555 타이머에 연결한 100K 저항과 10μF 커패

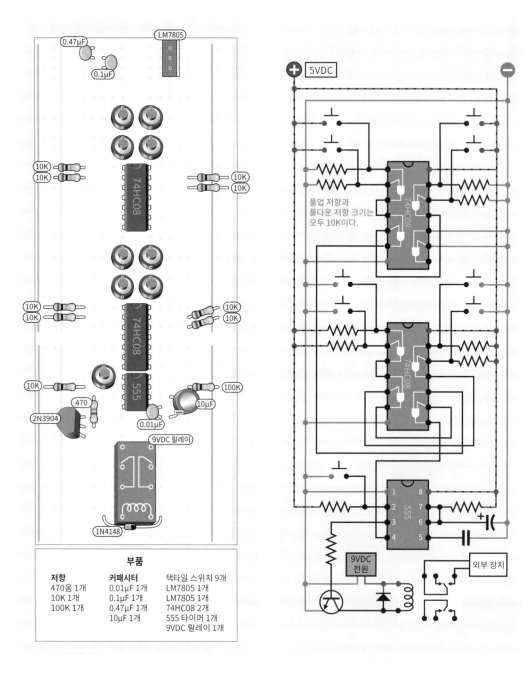

그림 20-9 잠금 해제 장치의 부품만 표시한 버전.

그림 20-10 잠금 해제 장치의 회로도.

시터는 폭이 3초인 펄스를 전달하며, 이렇게 만 연결해 두면 컴퓨터의 '전원' 버튼과 이 회로를 함께 사용할 수 있다. 이 회로를 다른 장치에도 사용할 계획이라면 타이머를 쌍안정 모드로 다시 연결해서 잠금 해제 장치에 전원이 들어와 있는 동안 타이머의 출력이 지속되도록 할 수 있다.

9V 전원 공급 장치는 전압조정기의 5V 전원과 구별해야 한다는 점에 주의한다. 9V 전원을 공급하면 5V 논리 칩이 손상될 수 있다. 그러나 동시에 9V 전원은 5V 전원과 음극 접지를 공유해야 한다. 그렇지 않으면 트랜지스터가 작동하지 않는다. 이를 해결할 수 있는 방법은 보드 상단의 9VDC 입력에서 릴레이 코일 오른쪽 끝의 이름표를 붙여 둔 곳까지 긴 전선으로 연결하는 것이다.

릴레이 코일 아래에는 관습 전류와 반대 방향으로 다이오드를 연결했다는 걸 눈치챘는가? 이를 환류 다이오드(freewheeling diode)라고 한다. 코일에 전류를 공급한 후 전류를 차단하면 코일에 저장된 에너지에서 짧은 서지 전압이 발생하면서 이 회로에서 릴레이를 전환하는 트랜지스터 같은 부품을 손상시킬 수 있다. 다이오드는 순방향 전류를 차단하지만, 역서지 전압은 통과시켜서 트랜지스터를 손상시키지 못하도록 한다.

• 민감한 전자부품이 코일을 내장한 장치와 회로를 공유하는 경우 예방 조치로 환류 다이오드를 설치해야 한다.

컴퓨터 인터페이스

데스크톱 컴퓨터에서 잠금 해제 장치를 정말로 사용하고 싶다면 위험을 감수해야 한다. 권장하지는 않지만 사용하려면 어쩔 수 없다.

먼저 잠금 회로를 제대로 배선했는지 확인한다. 배선 오류 하나로 인해 회로에서 스위치를 닫는다는 것이 왼쪽 릴레이 접점을 통해 9VDC 전압을 전달하게 될 수도 있다.

이제 컴퓨터를 켜려고 할 때 정상적인 작동 방식이 어떻게 되는지 생각해 보자.

구형 컴퓨터에는 뒷면에 커다란 스위치가 있고, 스위치가 연결된 컴퓨터 케이스 안의 무거운 금속 상자는 가정의 AC 전류를 컴퓨터에게 필요한 정류 DC 전압으로 변환했다. 그러나 최신 컴퓨터는 이러한 방식으로 설계되지 않는다. 컴퓨터를 연결한 상태로 두고 케이스 상자(윈도우를 사용하는 경우)나 키보드(맥인 경우)의 작은 버튼을 눌러 준다. 이 버튼은 내부 전선으로 마더보드와 연결되어 있다.

이런 방식은 고전압을 다룰 필요가 없기 때문에 이상적이다. 컴퓨터 내부의 팬이 장착된 금속 상자는 열 생각도 하지 말자. 여기에는 컴퓨터 전원 공급 장치가 들어 있다. '전원' 버튼과 마더보드를 연결하는 전선(보통 윈도우를 사용하는 컴퓨터에 있으며, 도선이 2개다)을 찾아보자.

우선 컴퓨터의 플러그가 뽑혀 있는지 확인한다. 그런 다음 가능하다면 여러분 자신을 접지한다. (컴퓨터에는 정전기에 민감한 CMOS 칩이 들어 있다.) 그리고 푸시버튼에 연결된 도선 2개 중 하나만 아주 조심스럽게 잘라낸다. 이제 컴퓨터 플러그를 꽂고 '전원' 버튼을 눌러본다. 아무 일도 일어나지 않으면 올바른 전선을 잘랐기 때문일 것이다. (물론 전선을 잘못 잘랐더라도 컴퓨터가 부팅되지 않는다. 어차피 원하는 결과니 어떤 식으로든 사용할 수 있을 것이다.)

자른 전선에는 전압을 가하지 않는다는 점을 기억한다. 이제 릴레이를 스위치로 사용하도록 잘라낸 도선을 다시 연결하자. 냉정하고 차분한 태도를 가지고 순서대로 작업을 진행하면 아무 문제가 없을 것이다. 모든 것이 시작되는 하나의 전선을 찾으면 된다.

전선을 찾아 전선의 도선 중 하나만 절단했다면 다음 단계에서는 컴퓨터의 플러그를 뽑은 상태로 둔다.

절단한 전선의 두 끝부분에서 피복을 제거하고 도선이 2개인 전선을 추가해 납땜한다. 이때 그림 20-11처럼 납땜 접합부를 보호할 수 있도록 열 수축 튜브를 사용한다.

추가한 전선을 릴레이와 연결한 뒤 잠금 해제 장치에서 릴레이로 전원을 공급했을 때 닫히는 접점 쌍에 전선을 연결했는지 확인한다. 컴퓨터를 잠그려고 했는데, 실제로는 컴퓨터를 잠금 해제하는 실수를 하고 싶지는 않을 것이다.

컴퓨터에 전원을 연결하고 컴퓨터의 '시작' 버튼을 누른다. 아무 일도 일어나지 않는 게 좋은 신호다! 이제 키패드의 비밀 조합을 누르고 릴레이가 닫혀 있는 3초 동안 시작 버튼을 다시 눌러보자. 릴레이는 컴퓨터 버튼과 직렬로 연결되어 있기 때문에 작동을 위해서는 릴레이와 버튼 모두 닫혀 있어야 한다.

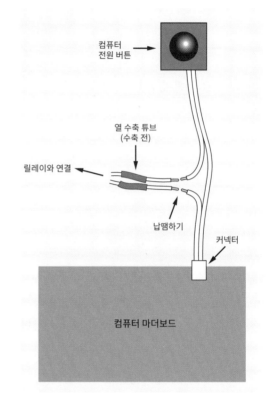

그림 20-11 컴퓨터에 스위치를 추가할 계획이라면 다음과 같이 연결할 수 있다.

설치하기

회로 테스트가 끝났다면 남은 작업은 되돌릴 수 없도록 설치하는 것뿐이다. 그림 20-12의 선을 따라 무언가를 할 작정이라면 잊지 말고 컴퓨터의 나머지 부분과 케이스를 완전히 분리한 뒤 작업하도록 한다.

개선하기

나는 이 프로젝트를 최대한 간단하게 만들었다. 기능을 추가해서 회로가 조금 복잡해져도 상관없도록 말이다! 몇 가지 개선 사항을 생각해 보자.

그림 20-12 키패드 설치의 한 가지 방법(필수 권장 사항은 아님).

버튼을 더 추가한다. 비밀 조합을 총 버튼 수의 절반으로 구성한다면 그때 조합 가능한 경우의 수는 버튼을 추가할 때마다 약 2배씩 늘어난다. 물론 추가한 버튼을 처리하기 위해 AND 칩도 추가로 구입해야 한다.

가짜 버튼을 추가한다. 어디에도 연결하지 않은 버튼을 둘 수 있다. 이렇게 하면 조합 가능한 경우의 수는 계속 증가한다. 단, 새로 추가한 버튼을 눌렀는지는 확인할 수 없다.

실패 카운터를 추가한다. 카운터 칩으로 비밀번호 입력 횟수를 제한할 수 있다. 이렇게 하려면 비트화 출력(decoded output)을 제공하는 10진 카운터를 추가해야 한다. 10진 카운터는 출력 핀이 10개가 있고, 핀은 한번에 하나씩만 정논리 상태로 바뀐다. 네 번째 핀이 정논리로 바뀔 때 30분 길이의 펄스를 생성하는 타이머를 활성화하도록 하는 식으로 회로를 수정해 본다. 음극

버스에서 시작 버튼에 전원을 공급하는 대신 새롭게 추가한 긴 시간용 타이머의 출력으로 전원을 공급하도록 회로를 다시 구성하면 된다. 타이머 출력이 높은 전압 상태로 바뀌면 버튼이 작동을 멈춘다. 여기서 어려운 부분은 카운터를 0으로 초기화하는 법을 알아내는 것뿐이다. 긴 시간용 타이머의 출력과 카운터의 초기화 핀 사이에 결합 커패시터를 추가할 수도 있지만, 이는 카운터가 부논리에서 정논리 또는 정논리에서 부논리 전환 중 어느 경우에서 초기화되는지에 따라 달라진다.

키패드를 구입한다. 이 책의 초판에서는 잠금 해제 장치 프로젝트에 숫자 키패드를 사용했다. 그러나 키패드가 너무 비싸다는 사람들도 있었고, 정확한 유형의 키패드를 구하는 데 어려움을 겪은 사람들도 있어서 프로젝트를 수정했다. 그러나 키패드를 구입할 마음이 있고, 키마다 그 키로 닫히는 고유의 접점 쌍이 존재하는 키패드를 구입할 수만 있다면 키패드를 사용한 프로젝트도 여전히 유효하다. 단, 매트릭스 코드화 키패드(matrix encoded keypad)는 마이크로컨트롤러와 함께 사용하는 용도이며, AND 게이트와 호환되지 않는다는 점에 주의한다.

컴퓨터를 보호한다. 이 프로젝트의 보안을 보다 강화하기 위해 컴퓨터 케이스에 부정 조작 방지 나사를 추가할 수 있다. 당연히 이 나사에 맞는 특수 도구도 구비해 두어야 한다. 그래야 나사를 설치할 수 있으며, 어떤 이유로 보안 시스템이 오작동할 때 나사를 제거할 수 있다.

코드 업데이트가 가능하도록 만든다. 필요시

비밀 코드를 변경하기 쉽도록 할 수 있다. 회로를 납땜해서 만든다면 변경이 어렵겠지만, 헤더를 사용하면 전선을 쉽게 교체할 수 있어 변경이 어렵지 않다. 아니면 DIP 스위치(dual-inline-pin switch)를 추가할 수도 있다(인터넷에서 이 용어로 검색해서 나온 결과들을 살펴보자).

자폭 시스템을 사용한다. 정말 극도로 편집증적인 사람이라면 잘못된 코드를 입력했을 때 두 번째 릴레이에서 막대한 전력 과부하를 공급해 CPU를 녹이고 하드 드라이브에 고정해 둔 자기 코일을 통해 엄청난 크기의 펄스를 보내 데이터를 즉시 무용지물로 만들어 버리고 싶을 수 있다.

하드웨어를 망가뜨리면 소프트웨어를 사용해 데이터를 보호할 때와 비교해 커다란 이점이 있다. 더 빠르고 도중에 중단하거나 손상을 되돌리기가 어렵다. 만약 미국 레코드산업협회 직원이 집으로 찾아와 불법 파일을 공유했는지 조사한다며 컴퓨터의 전원을 켜 달라고 요청한다면 실수인 척 잘못된 잠금 해제 코드를 입력한 뒤 피복이 녹는 매캐한 냄새가 나기를 기다리자. 만약 핵을 사용했다면 감마선 폭발이 일어나기를 기다리면 된다(그림 20-13).

현실적인 수준에서 완벽히 안전한 시스템은 존재하지 않는다. 하드웨어 잠금 장치의 가치는 누군가가 장치를 부수는 경우(예를 들어, 변조 방지 나사를 푸는 방법을 알아내거나 금속 절단기로 컴퓨터 케이스에서 키패드를 뜯어내는 경우) 적어도 무슨 일이 일어났다는 사실은 알 수 있다는 데 있다. 나사에 페인트를 살짝 칠해 두면 누군가 나사를 건드렸다는 걸 알 수 있다. 그

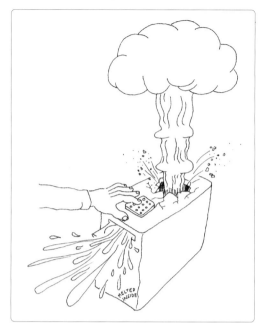

그림 20-13 녹거나 자폭하는 시스템은 완벽한 보안을 제공한다.

에 비해 암호 보호 소프트웨어는 누군가에 의해 무력화될 경우 시스템이 손상되었다는 사실 자체도 모를 수 있다.

컴퓨터 보안에 대해 너무 많이 이야기했다. 다음은 조금 더 실용적인 실험을 해 보자.

실험 21 퀴즈쇼 버저

논리 게이트를 사용하는 또 다른 프로젝트를 소
개한다. 이번에는 TV 퀴즈 쇼를 흉내내 본다. 이
회로는 OR 칩 1개와 타이머 2개만 사용하지만
피드백의 개념을 보여 준다. 이 개념이 어려울
것이라 생각한다.

실험 준비물

- 브레드보드, 연결용 전선, 니퍼, 와이어 스트
  리퍼, 계측기
- 9VDC 전원 공급 장치(전지 또는 AC 어댑터)
- 74HC32 쿼드 2입력 OR 칩 1개
- 555 타이머 2개
- SPDT 슬라이드 스위치 1개
- 택타일 스위치 2개
- 저항: 470옴 3개, 10K 3개
- 커패시터: 0.1µF 3개, 0.47µF 1개
- LM7805 전압조정기 1개
- 빨간색 일반 LED 1개

버튼 차단하기

참가자들이 문제에 먼저 답을 하기 위해 경쟁하
는 퀴즈쇼를 볼 때마다 나는 그 전자 장치가 궁
금했다. 배경 뒤 어딘가에 내가 '버튼 차단기 회
로'라고 부르는 것이 숨어 있는 게 틀림없다. 어
떤 참가자가 먼저 버튼을 누르면 다른 참가자의
버튼은 차단된다. 1분 후, 퀴즈쇼 사회자는 (방
법은 모르겠지만) 다음 문제를 위해 시스템을 초

기화한다. 이걸 어떻게 하는 걸까?

인터넷을 검색해 보면 이런 일을 하는 회로를
쉽게 찾을 수 있지만 어떤 것은 너무 단순하고
다른 것은 너무 복잡하다. 그래서 게임을 조금
더 사실적으로 만들어 줄 수 있도록 '사회자 제
어' 기능을 추가해 나만의 회로를 만들기로 결심
했다. 또한 회로를 쉽게 확장할 수 있도록 해서
참가자 수를 거의 무한대로 늘릴 수 있도록 설계
했다.

사고 실험

먼저 기본 개념을 다시 정리해 보자. 참가자 두
명에게 각각 누를 수 있는 버튼이 있다고 가정한
다. 한쪽이 버튼을 먼저 누르면 다른 버튼은 차
단된다.

이 생각을 정리해서 그림 21-1과 같이 스케치
해 보았다. 누군가 버튼을 가장 먼저 누르면 기
회(chance) 신호가 들어오고, 그와 동시에 다른
사람의 버튼 차단기를 활성화한다. 연결을 표시

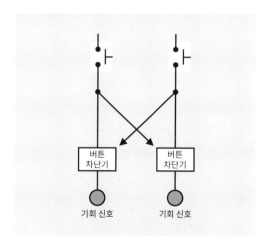

그림 21-1 첫 번째 참가자가 다른 참가자를 어떤 식으로든 차단한다.

하기 위해 화살표를 사용했지만 어떻게 할지는 아직 확실하지 않은 상태다.

지금 보니 마음에 안 드는 부분이 있다. 이 게임을 확장해 3명을 참여시키고 싶다고 해 보자. 참가자가 버튼을 누르면 다른 두 사람의 버튼 차단기가 활성화되어야 한다. 이를 반영하면 그림 21-2처럼 간단했던 도해가 점점 지저분해진다. 또, 각 버튼 차단기는 이제 입력을 2개 처리해야만 한다. 4인 게임이라면 상황은 이보다 훨씬 복잡해질 것이다. 이 정도로 문제가 복잡해지면 나는 더 나은 방법이 있을 거라고 믿는다.

이는 다음과 같이 정리할 수 있다.

- 한 참가자가 자신의 버튼을 누른다.
- 버튼을 누른 참가자의 기회 신호 상태가 래칭(고정)된다.
- 래칭된 신호는 피드백되어 모든 버튼을 차단한다.

이를 보여주는 것이 그림 21-3이다. 많았던 연결이 없어지고 이제 참가자 모두에 적용되는 하나의 데이터 버스(data bus)가 생겼다. 이렇게 하면 복잡성을 증가시키지 않으면서도 회로를 확장할 수 있다. (데이터 버스는 데이터용이라는 것만 빼면 전원 버스와 비슷하다.)

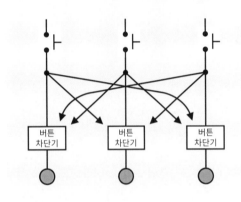

그림 21-2 참가자가 늘어날수록 연결이 복잡해진다.

걱정되는 부분이 하나 더 있다. 참가자가 버튼에서 손가락을 떼면 다른 참가자의 버튼에 대한 차단이 해제된다. 따라서 실제의 버튼 차단기는 래치(또는 플립플롭)여야 한다.

그렇다면 래치가 두 가지 일을 수행하면 어떨까? 다시 말해 래치로 버저 경쟁에서 승리한 참가자의 버튼 출력은 '켜짐' 상태로 고정하고, 모든 버튼에서 들어오는 새로운 입력은 차단하면 된다.

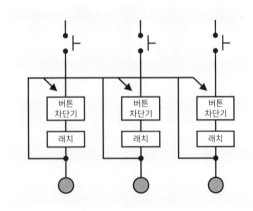

그림 21-3 래치 하나로 모든 버튼을 차단한다.

하지만 중요한 것이 빠졌다. 승자가 결정된 후 시스템을 시작 모드로 되돌리기 위한 초기화 스위치다. 초기화 스위치는 참가자의 버튼을 활성화하도록 '시작'하기 위해 위치가 두 개인 제품을 사용할 수도 있다. 이렇게 하면 퀴즈쇼 사회자가 질문을 마치기 전에는 누구도 버튼을 누르지 못한다.

이러한 요건을 처리하기 위해 그림 21-4에서 사회자 용으로 쌍투 스위치를 추가했다. 지면관계상 여기에는 참가자를 두 명만 표시했지만, 얼마든지 쉽게 확장할 수 있다.

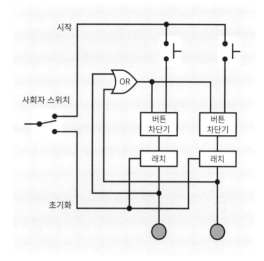

그림 21-5 OR 게이트를 추가해서 한 참가자의 래치 회로를 다른 참가자의 회로로부터 분리하기.

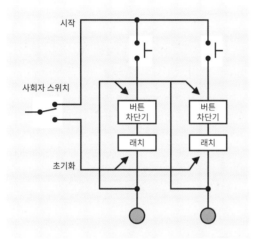

그림 21-4 문제를 낼 때마다 게임을 활성화하고, 기회를 얻은 참가자의 턴이 끝나면 각 래치를 초기화하기 위해 사회자 스위치를 추가했다.

이제 화살표를 제거해 회로도를 더 진짜처럼 만들 시간이다. 래치는 모두 한꺼번에 초기화되므로 사회자 스위치의 연결 하나를 모든 래치와 이어줄 수 있다. 버튼 차단기에 대한 피드백은 이보다 어려울 수 있다. 한 래치의 출력이 회로를 돌아 내려가다가 다른 참가자의 기회 신호에 불을 들어오게 하고 싶지는 않을 것이다. 따라서 OR 게이트를 추가해서 래치의 출력이 게이트 내부에서 서로 분리되도록 했다(그림 21-5 참조).

기본 OR 게이트에는 논리 입력이 2개뿐이다. OR 게이트를 사용하면 참가자를 추가하지 못하

는 게 아닐까? 그렇지 않다. 입력이 최대 8개인 OR 게이트를 구입하거나 '실험 20 잠금 해제 장치'의 그림 20-5와 같이 OR 게이트를 층으로 쌓아 사용하면 된다. OR 게이트는 모두 같은 방식으로 작동한다. 입력 중 하나라도 정논리가 되면 출력도 정논리가 된다.

이제 래치의 작동 방식을 결정해야 한다. 신호를 하나 수신했을 때 '켜지고' 다른 신호가 수신되면 '꺼지는' 기성품 플립플롭 칩을 사용할 수도 있다. 그러나 플립플롭을 포함하는 칩은 이와 같은 단순한 회로에 사용하기에는 기능이 너무 많다. 또, 논리 칩이 대부분 그렇듯이 저전력 출력을 제공한다. 이에 대해서는 다음 실험에서 소개한다. 여기서는 다시 한번 555 타이머를 사용하겠다. 555 타이머는 필요한 연결 수가 적고 작동이 아주 단순하며 LED를 밝힐 수 있을 정도로 충분한 양의 전류를 전달할 수 있다.

이 회로에는 상호작용하는 555 타이머를 2개 사용하기 때문에 각각이 쌍안정 모드에서 어떻게 작동하는지 다시 한번 설명하겠다. 그림 21-6 에서 초기화 핀은 낮은 전압 상태에서 활성화 핀의 상태와 관계없이 낮은 출력을 생성하는 것을 확인할 수 있다. 이것이야말로 내가 버튼 차단기 회로의 사회자 스위치에서 원하는 것이다.

쌍안정 모드로 실행되는 555 타이머		
초기화 핀	활성화 핀	출력 핀
낮음	무시	낮음
높음	높음에서 낮음	높음
높음	낮음에서 높음	변화 없음

그림 21-6 555 타이머가 쌍안정 모드에서 작동하는 방식.

초기화 핀이 높은 전압 상태면 활성화 핀을 제어할 수 있다. 활성화 핀이 낮은 전압 상태가 되면 높은 출력을 발생시킨다. 그런 뒤 활성화 핀이 낮은 전압에서 높은 전압 상태로 바뀌면 활성화 핀은 초기화 핀이 다시 낮은 전압 상태로 되돌릴 때까지 출력이 변하지 않는 상태로 유지된다.

여기서 마음에 들지 않는 단 한 가지는 초기화 핀과 활성화 핀이 모두 낮은 전압 상태에서 활성화된다는 것이다. 이 핀들이 응답하도록 하려면 낮은 입력이 필요하다. 그렇다면 이 경우 각 참가자의 푸시버튼이 낮은 신호를 보내야 한다. 눌리지 않으면 푸시버튼은 풀업 저항을 가진다. 그림 21-7은 이 회로의 시작 부분을 보여 준다. 여기에서는 사회자 스위치도 낮은 전압 상태에서 활성화된다. 여기에서는 여전히 단순한 회로를 사용하고 있어서 타이머의 핀 상태가 높은

전압이나 낮은 전압으로 고정된 경우 색이 있는 점으로 표시했다. 핀이 어디에도 연결되지 않았다면 점은 표시하지 않았다.

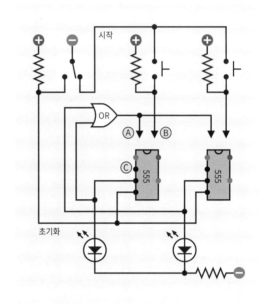

그림 21-7 555 타이머를 사용한 단순한 회로.

나는 세부 사항을 보여주기 위해 화살표를 그대로 남겨 두었다. 참가자 1의 경우 화살표 A와 B는 어떤 식으로든 타이머의 활성화 핀인 지점 C와 연결해야 한다. 논리 게이트가 이 일을 할 것이라고 확신하지만 어떤 논리 게이트를 사용해야 할까?

이 문제는 충분히 생각해 봐야 한다. 사회자 스위치가 초기화 위치(왼쪽)에 있으면 555 타이머를 초기화하고 출력을 강제로 낮춘다. 그런 다음 스위치는 오른쪽으로 움직이며 게임을 시작한다.

이 시점에서 타이머의 출력은 여전히 낮은 상

태이기 때문에 OR 입력도 부논리다. 따라서 지점 A에서 전압도 낮다.

이제 참가자 1의 상황을 고려해 보자. 참가자의 버튼이 눌리지 않았으므로 풀업 저항은 B 지점에 높은 전압을 가한다. 이러한 상황에서는 555 타이머가 아직 반응하지 않았으면 하기 때문에 타이머의 입력은 높은 전압 상태로 있어야 한다. 따라서 다음과 같이 정리할 수 있다.

A 낮음, B 높음: C는 높은 전압 상태를 유지해야 한다.

이제 참가자 1이 버튼을 누른다. 버튼의 출력이 낮아진다. 그 결과 C를 낮은 전압 상태로 끌어내려 타이머를 활성화한다. 정리하면 다음과 같다.

A 낮음, B 낮음: C는 낮은 전압 상태로 바뀌어야 한다.

타이머가 활성화되면서 타이머의 출력이 높아진다. 출력은 OR 게이트를 통과해 다시 입력으로 돌아가므로, 이제 OR 게이트에는 높은 입력이 하나 존재한다. 그러면 OR 게이트의 출력이 높은 전압 상태가 되면서 위치 A의 전압도 높아진다. 이렇게 하면 버튼을 차단해 더 이상 누르지 못하도록 해야 한다. 결론은 다음과 같다.

A 높음, B 낮음 또는 높음: C는 높은 전압 상태여야 한다.

이제 진리표를 만들 수 있다(그림 21-8). 이 진리표를 그림 19-17의 왼쪽 진리표와 비교해 보면 타이머마다 다른 OR 게이트가 필요함을 알 수

A 지점 (OR 게이트 입력)	B 지점 (푸시버튼 입력)	C 지점 (활성화 핀이나 타이머)
●	●	●
●	●	●
●	●	●
●	●	●

그림 21-8 그림 21-7의 타이머 입력에 대한 진리표.

있다.

이 회로는 이해하기가 조금 까다롭기 때문에 그림 21-9부터 네 단계로 다시 설명하겠다.

1단계, 그림의 상황에서 퀴즈쇼 사회자는 양방향 스위치를 초기화 모드로 전환하여 각 타이머의 초기화 핀을 낮은 전압 상태로 만들었다. 초기화 핀이 낮은 전압 상태이면 출력을 낮춘다. 이 출력은 왼쪽 OR 게이트로 되돌아가기 때문에 이름을 OR1으로 바꾸었다. OR1의 낮은 출력은 OR2와 OR3가 공유하지만 각 참가자의 푸시버튼에 연결된 풀업 저항은 OR2와 OR3의 다른 핀을 정논리 상태로 유지하기 때문에 출력은 각 타이머의 활성화 핀을 높은 전압 상태로 만든다. 이때는 참가자가 푸시버튼을 눌러도 사회자 스위치는 여전히 초기화 위치에 있다. 따라서 푸시버튼에 전원이 공급되지 않고 버튼을 눌러도 아무 효과가 없다.

2단계, 사회자는 질문을 하고 스위치를 오른쪽으로 바꾸어 참가자의 버튼에 (음의) 전원을 공급한다. 이 회로가 낮은 전압 상태에서 활성화된다는 점을 기억하자. 참가자의 푸시버튼에서

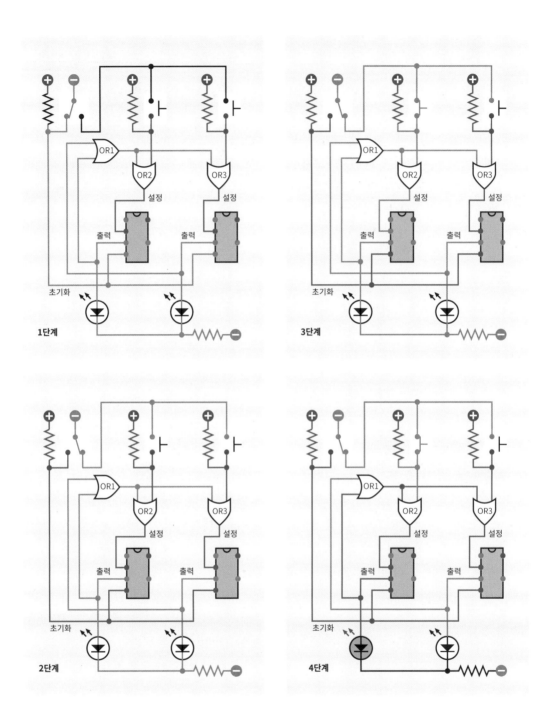

그림 21-9 ~ 21-12 순서는 위에서 아래로, 왼쪽에서 오른쪽으로 진행한다.
사건 순서는 참가자 누구도 버튼을 누를 수 없는 상태(단계 1), 버튼이 활성화된 상태(단계 2), 참가자 1이 버튼을 누른 상태(단계 3), 참가자 1의
LED가 켜지고 참가자 2가 차단된 상태(단계 4)이다.

발생한 낮은 펄스가 타이머를 활성화한다. 두 참가자 중 누구도 아직 반응하지 않았지만 사회자 스위치 옆의 풀업 저항이 이제 각 타이머의 초기화 핀에 전원을 공급하므로 푸시버튼은 더 이상 잠겨 있지 않다. 이제 한 참가자가 버튼을 누르면 그 즉시 타이머 중 하나가 활성화될 수 있다.

3단계, 참가자 1은 푸시버튼을 눌러 OR2에 낮은 펄스를 보낸다. 이제 OR2에 부논리 입력이 2개가 되므로 출력이 낮아진다. 낮은 펄스는 왼쪽 타이머의 활성화 핀으로 이동하지만 부품들은 즉시 반응하지 않는다. 타이머도 아직 신호를 처리하지 않는다.

4단계, 몇 마이크로초가 지나자 타이머가 낮은 입력 신호를 처리하고 높은 출력 펄스를 생성한다. 이 출력은 LED를 켜고 순환해 OR1으로 다시 돌아간다. OR1에 정논리 입력이 들어오며, 하나 이상의 입력이 정논리일 때 OR 출력은 항상 정논리이기 때문에 OR1의 출력도 정논리다. OR1의 정논리 출력은 OR2와 OR3의 입력으로 들어가므로 이들의 출력도 정논리가 된다. 이들 출력은 타이머의 활성화 핀으로 이동하며, 이제 푸시버튼의 낮은 신호는 무시된다. 버튼이 차단되었다!

555 타이머의 활성화 핀이 낮은 전압에서 높은 전압 상태로 바뀔 때 출력은 변하지 않은 상태로 유지된다는 점을 기억한다. 결과적으로 타이머 1의 출력 핀은 높은 전압 상태로 유지되고 타이머 2의 출력 핀은 낮은 전압 상태로 유지된다.

무언가 잘못될 수 있을까?

버튼 차단기가 잘못 작동할 수 있는 상황은 하나밖에 없다. 두 참가자가 동시에 버튼을 눌러 전자 부품이 이 차이를 구분할 만큼 빠르게 반응하지 못하는 것이다. 그러면 타이머 중 하나가 다른 타이머를 차단하기 전에 두 LED가 모두 켜진다.

TV 퀴즈 쇼에서는 이런 모습을 볼 수 없다. 이런 일은 절대로 일어나지 않는다! 실제 퀴즈 쇼에 사용하는 전자 시스템에서는 두 명의 참가자가 동시에 버튼을 누를 경우 그중 한 명을 무작위로 선택하는 기능을 두고 있지 않을까? 물론 이건 내 추측일 뿐이다. 그러나 나라면 그런 기능을 추가할 것이다.

브레드보드에 설치하기

브레드보드 도해는 그림 21-13과 같다. 사용한 부품이 거의 없기 때문에 부품만을 표시한 도해는 별도로 수록하지 않았다. 회로도는 그림 21-14와 같다.

여기서 내가 사용한 논리 게이트는 OR 게이트뿐이고 그중에서도 3개만 사용하기 때문에 2입력 OR 게이트를 4개 포함하는 74HC32 논리 칩 하나만 있으면 된다. 칩 위쪽의 OR 게이트 2개는 단순화한 회로도의 OR2 및 OR3와 기능이 같다. 칩의 왼쪽 아래에 있는 OR 게이트는 OR1의 역할을 해 555 타이머의 3번 핀으로부터 입력을 수신한다. 부품이 모두 있다면 설치에는 1시간도 안 걸릴 것이다. 회로를 테스트하려면 양방향 스위치의 손잡이를 아래로 둔 상태로 시작한다. 여기가 초기화 위치에 해당한다. 이제 손

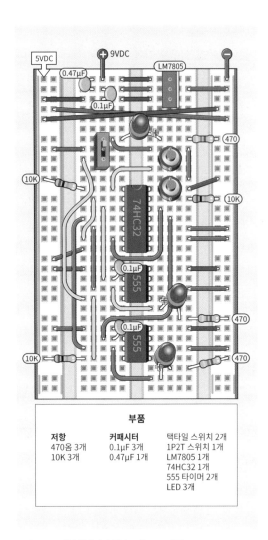

부품

저항	커패시터	
470옴 3개	0.1μF 3개	택타일 스위치 2개
10K 3개	0.47μF 1개	1P2T 스위치 1개
		LM7805 1개
		74HC32 1개
		555 타이머 2개
		LED 3개

그림 21-13 버튼 차단기의 최종 브레드보드 회로.

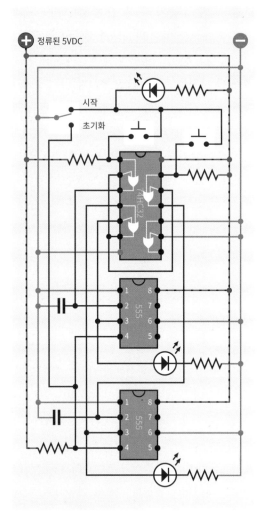

그림 21-14 버튼 차단기 회로의 회로도.

잡이를 위로 올리면 LED가 켜지면서 참가자에게 버튼을 눌러 서로 경쟁할 수 있음을 알려준다. 버튼 2개가 동시에 눌린다면 버튼 차단기는 그중 하나에만 반응하고 다른 하나는 차단할 것이다.

각 555 타이머의 2번 핀(입력 핀)과 1번 핀(음극 접지와 연결) 사이에 0.1μF 커패시터를 추가

했음을 눈치챘을지 모른다. 왜 추가했을까? 커패시터 없이 회로를 테스트했을 때 버튼을 누르지 않은 상태에서 사회자 스위치의 위치를 바꾸면, 555 타이머 하나 혹은 두 개가 활성화된다는 사실을 발견했기 때문이다.

스위치가 움직일 때 타이머가 접점 간의 작고 아주 빠른 진동에 반응하는지 궁금했다. 이는

접점 바운스(contact bounce)라고 하며, 버튼 차단기 회로에서도 분명히 발생함을 확인했다. 이 문제를 해결하기 위해 커패시터를 추가했다. 커패시터는 555 타이머의 응답을 작게나마 늦출 수 있지만 느린 인간의 반사신경에 영향을 줄 정도는 아니다.

참가자 버튼의 경우 '바운스'되는지 여부는 중요하지 않다. 각 타이머는 첫 번째 자극에 자체적으로 잠기고 그 이후의 자극은 모두 무시하기 때문이다. 스위치의 접점 바운스와 이를 제거하는 방법은 다음 실험에서 자세히 설명한다.

앞의 세 실험에서는 555 타이머를 쌍안정 모드로 사용했다. 이제 '진짜' 플립플롭과 작동 방식을 알아볼 시간이다. 또 이전 실험에서 잠깐 언급했던 접점 바운스 현상을 처리하는 방법도 소개한다.

스위치를 한 위치에서 다른 위치로 바꾸면 접점이 아주 짧게 진동하는데, 이를 '바운스'라고 한다. 디지털 부품이 아주 빠르게 반응하는 회로라면 아주 작은 진동도 별개의 입력으로 해석하므로 문제가 될 수 있다. 예를 들어 푸시버튼을 카운터 칩의 입력에 연결하면 버튼을 한 번만 눌러도 카운터가 10개 이상의 입력 펄스를 등록할 수 있다. 실제 스위치 바운스의 샘플은 그림 22-1과 같다.

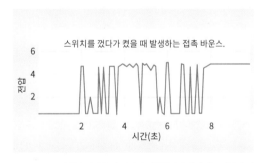

그림 22-1 스위치를 닫았을 때 접점이 진동하면서 생성되는 전압의 변동. (맥심 인터그레이티드 데이터시트에서 발췌)

스위치의 바운스를 없애는(디바운싱하는) 방법은 여러 가지인데, 그중 플립플롭을 사용하는 것이 가장 기본적이다.

- 브레드보드, 연결용 전선, 니퍼, 와이어 스트리퍼, 계측기
- 9VDC 전원 공급 장치(전지 또는 AC 어댑터)
- 74HC02 쿼드 2입력 NOR 칩 1개
- 74HC00 쿼드 2입력 NAND 칩 1개(선택 사항)
- SPDT 슬라이드 스위치 1개
- 빨간색 일반 LED 2개
- 저항: 1K 2개, 10K 2개.
- 커패시터: 0.1μF 1개, 0.47μF 1개.
- LM7805 전압조정기 1개

우선 그림 22-2와 같이 브레드보드에 부품을 연결한다. 74HC02는 쿼드 2입력 NOR 칩이며, 그림 19-19와 비교해 보면 내부의 NOR 게이트가 지금까지 사용했던 AND, OR 칩과는 반대 방향을 향하고 있다. 따라서 배선할 때 주의를 기울여야 한다. 그림 22-3은 칩을 엑스레이로 투사한 것처럼 보여 준다.

전원을 공급하면 하단의 LED 중 하나가 켜질 것이다. 쌍투 스위치의 위치를 반대로 옮기면 다른 LED가 켜진다.

이제 놀랄 만한 일을 해 보자. 보드에서 스위치를 빼냈을 때 어느 쪽이든 켜져 있던 LED의 상태가 그대로 유지된다. 스위치를 보드에 다시 끼우고 위치를 반대로 옮겨 다른 LED를 켠다. 그런 다음 스위치를 보드에서 다시 빼내면 이번에는 새로 켜진 LED가 켜진 상태를 유지한다.

여기서 기억할 내용은 다음과 같다.

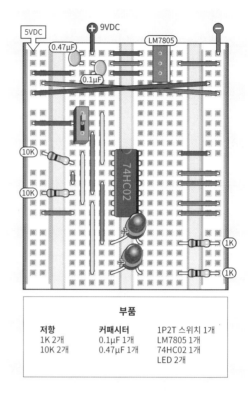

부품		
저항	커패시터	1P2T 스위치 1개
1K 2개	0.1μF 1개	LM7805 1개
10K 2개	0.47μF 1개	74HC02 1개
		LED 2개

그림 22-2 NOR 게이트를 사용해 브레드보드에 완성한 플립플롭 회로.

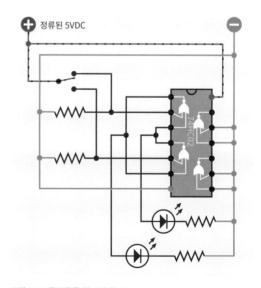

그림 22-3 플립플롭 회로의 회로도.

- 플립플롭은 스위치 등에서 초기 입력 펄스만 받으면 된다.
- 그 뒤에는 다른 입력을 받기 전까지 알아서 실행된다.

NOR를 사용해 디바운싱하기

이 회로를 브레드보드로 구성하면 너무 복잡해서 이해하기 어렵다. NOR가 서로 어떻게 영향을 미치는지는 그림 22-4처럼 4단계로 나누어 보여주는 것이 좋겠다고 생각했다. 기억을 되살리기 위해 NOR 게이트의 각 입력 조합에 대한 논리 출력을 보여주는 진리표도 그림 22-5에 추가했다.

그림 22-4의 1단계를 먼저 보자. 스위치는 회로의 왼쪽에 양의 전류를 공급하여 풀다운 저항의 음의 공급을 억제한다. 따라서 왼쪽의 NOR 게이트의 입력 하나는 정논리임을 알 수 있다. 정논리인 입력이 하나만 있어도 NOR 게이트는 부논리를 출력한다(그림 22-5의 진리표 참조). 이 음의 출력이 사선 방향으로 올라가면 오른쪽의 NOR 게이트는 부논리 입력이 2개가 되어 정논리 출력을 내보낸다. 이 양의 출력은 다시 사선 방향으로 올라가 왼쪽 NOR 게이트로 들어간다. 따라서 이 구성에서는 모든 것이 안정적이다.

이제 기발한 부분이 등장한다. 2단계에서는 접점에 닿지 않도록 스위치를 움직인다고 가정해 보자. 아니면 스위치 접점이 바운싱되면서 접점을 만드는 데 실패했다고 생각할 수도 있다. 스위치를 완전히 분리했다고 해도 된다. 어느 쪽이든 스위치에 양의 전원이 공급되지 않으면 풀다

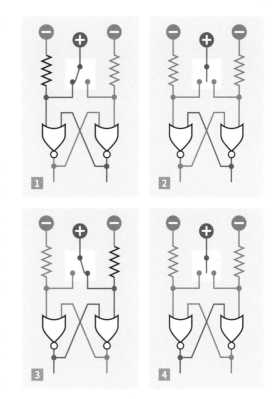

그림 22-4 NOR 2개로 플립플롭 만들기.

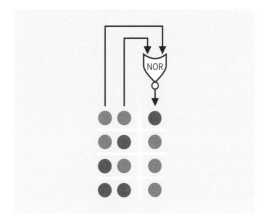

그림 22-5 NOR 게이트 진리표 복습하기.

운 저항의 영향으로 인해 왼쪽 NOR 게이트의 왼쪽 입력이 정논리에서 부논리로 바뀐다. 그러나

이 게이트의 오른쪽 입력은 여전히 정논리이고 정논리 입력 하나면 NOR가 부논리 출력을 유지하기에 충분하다. 그 결과 아무것도 변하지 않는다. 즉, 스위치의 분리 여부와 관계없이 회로가 이 상태로 '고정(flop)'되었다.

(2단계에서 양의 전류는 어디에서 오는 것일까? 해당 전류는 외부 전원 공급 장치로부터 칩에 공급된 것이다. 논리 게이트에는 반드시 전원 공급 장치가 연결되어 있어야 한다는 점을 잊지 말자.)

그림 22-4의 3단계를 보면 스위치 위치가 완전히 오른쪽으로 이동해서 오른쪽 NOR 게이트의 오른쪽 핀에 양의 전원을 공급한다. 이제 오른쪽 NOR는 정논리 입력을 인식해서 논리 출력을 부논리로 변경한다. 이 출력이 반대편 NOR 게이트로 가면 NOR 게이트에 부논리 입력이 2개가 되어서 출력이 정논리로 바뀌고, 이 정논리 출력이 다시 오른쪽 NOR 게이트로 건너간다.

이러한 방식으로 두 NOR 게이트의 출력 상태가 반대가 된다. 즉, 출력 상태는 뒤집힌(flip) 다음 그 상태로 고정(flop)된다.

두 NOR 게이트에 양의 입력을 동시에 적용하면 어떤 일이 일어날까? 두 출력 모두 부논리 상태가 되면서 플립플롭이 하나의 정논리 출력을 유지하는 목적을 수행하지 못하게 된다.

이런 이유로 나는 쌍투 스위치로 활성화되는 회로를 소개했다. 시작할 때를 기준으로 회로의 한 쪽은 정논리 상태, 다른 쪽은 부논리 상태여야 한다.

지금까지 여러 입문서에서는 쌍투 스위치의 필요성을 강조하지 않았다. 내가 처음 전자공학을 공부하기 시작했을 때 NOR 2개로 단순한 SPST 푸시버튼을 디바운싱하는 방법을 알아내려고 미친 듯이 애썼지만, 결국 이는 가능하지 않음을 깨달았다.

NAND를 사용해 디바운싱하기

그림 22-6은 NAND 게이트 2개와 음의 전원 스위치로 구성한 회로를 사용해서 앞의 것과 유사하지만 순서가 반대인 상황들을 보여 준다. NAND의 행동을 복습할 수 있도록 그림 22-7에 진리표를 추가했다.

NAND 회로의 기능을 확인하고 싶다면 74HC

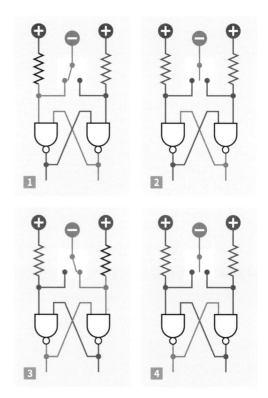

그림 22-6 NAND 게이트 2개는 플립플롭으로 사용할 수 있다.

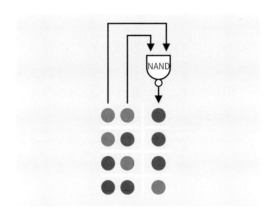

그림 22-7 NAND 게이트 진리표 복습하기.

00 칩을 사용할 수 있다. 이 칩은 이번 실험의 부품 목록에 선택 사항으로 포함시켜 두었다. 그런데 여기서 주의할 점이 있다. NAND 칩 내부의 게이트는 NOR 칩처럼 위를 향하고 있지 않다. 두 칩은 그냥 바꿔 끼울 수 없으니 브레드보드에서 전선을 조금 옮겨 주어야 한다.

잼 형식 vs. 클록 사용

NOR와 NAND 회로는 스위치가 위치 변경에 즉각적으로 반응해 해당 상태에서 움직이지 못하기(jam) 때문에 잼 형식 플립플롭(jam-type flip-flop)이라고 부른다. 이는 쌍투 유형인 스위치의 바운스를 제거해야 할 때 사용할 수 있다.

이보다 정교한 유형은 클록형 플립플롭(clocked flip-flop)으로, 각 입력 상태를 먼저 설정한 후 클록 펄스를 공급해서 플립플롭의 반응을 만들어 낸다. 이때 펄스는 깨끗하고 정확해야 하는데, 스위치로 이러한 펄스를 공급하려면 스위치를 디바운싱시켜야 한다. 이 말은 잼 형식의 플립플롭을 추가로 사용해야 할 수도 있다는 뜻이다! 이런 점 때문에 나는 클록형 플립플롭을 사용하고 싶지 않았다. 회로가 한층 복잡해지는데 이런 개론서에서라면 피하고 싶은 일이다. 플립플롭에 관해 더 알고 싶다면 《짜릿짜릿 전자 회로 DIY 플러스》를 참고한다. 미리 알려주자면 쉬운 주제는 아니다.

단투 버튼이나 스위치를 디바운싱하고 싶다면 어떻게 해야 할까? 그건 정말로 어려운 문제다! 한 가지 해결책은 디지털 지연 회로가 내장된 4490 '바운스 제거기(bounce eliminator)' 같은 특수 칩을 구매하는 것이다. 온세미컨덕터(On Semiconductor)에서는 MC14490이라는 부품 번호를 사용한다. 이 칩은 입력이 6개인 회로 6개로 구성되어 있으며, 입력에는 각각 내부 풀업 저항이 연결되어 있다. 가격은 NOR 게이트가 포함된 74HC02에 비해 10배 넘게 비싸다.

물론 언제든 555 타이머를 플립플롭 모드로 연결해 사용할 수 있다. 이렇게 하면 푸시버튼이나 스위치에서 들어오는 입력을 디바운싱할 수 있다. 타이머의 2번 핀에 풀업 저항을 연결하고 스위치로부터 음의 전압을 공급받도록 하면 된다. 그 결과 555 타이머는 첫 번째 전압 스파이크에 반응하지만 그 뒤에 발생할 수 있는 바운스는 모두 무시한다.

이제 내가 이 방법을 왜 선택했는지 이해했을 것이다. 정말 쉽다.

주사위를 1개나 2개 던지도록 시뮬레이션하는 전자 회로는 수십 년 동안 존재해 왔다. 그럼에도 굳이 여기에 소개하는 데는 숨은 동기가 있다. 이 기회를 통해 어느 디지털 컴퓨팅 장치에나 사용하는 공용어인 이진 코드를 설명하기 위해서다.

실험 준비물

- 브레드보드, 연결용 전선, 니퍼, 와이어 스트리퍼, 계측기
- 9V 전원 공급 장치(AC 어댑터를 쓰는 편이 좋다. 이 회로는 전지로 오랜 시간 공급 가능한 양보다 더 많은 전류를 끌어간다.)
- 555 타이머 1개
- 74HC08 쿼드 2입력 AND 칩 1개
- 74HC27 트리플 3입력 NOR 칩 1개
- 74HC32 쿼드 2입력 OR 칩 1개
- 74HC393 이진 카운터 1개
- 택타일 스위치 2개
- 저항: 470옴 6개, 1K 4개, 10K 2개, 100K 1개
- 커패시터: 0.01µF 2개, 0.1µF 2개, 0.47µF 1개, 10µF 1개, 100µF 1개
- LM7805 전압조정기 1개
- 빨간색 일반 LED 14개(가급적 3mm)

이진 카운터

모든 전자 주사위 회로의 핵심은 카운터 칩이다. 흔히 사용하는 칩은 십진 카운터(decade count-er)로, 한 번에 하나씩 순서대로 전원이 공급되는 '코드화된(decoded)' 출력 핀이 10개 있다. 카운터의 일곱 번째 핀을 초기화 핀과 연결하면 숫자는 6까지 증가한 뒤 1부터 다시 세기 시작한다.

나는 뭐든 다르게 해보는 것을 좋아하고 이진 코드도 설명하고 싶으니 이 회로에서는 이진 카운터를 사용할 생각이다. 그래서 선택한 칩이 74HC393이다. 핀 배열은 그림 23-1과 같으며, 칩 내부에 실제로 카운터 2개가 존재함을 알 수 있다. 첫 번째와 두 번째 카운터는 1:과 2:를 사용해 기능을 구별했다. 그렇지만 두 번째 카운터는 회로에 두 번째 주사위를 추가할 때까지 사용하지 않는다.

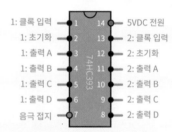

1: 클록 입력	5VDC 전원
1: 초기화	2: 클록 입력
1: 출력 A	2: 초기화
1: 출력 B	2: 출력 A
1: 출력 C	2: 출력 B
1: 출력 D	2: 출력 C
음극 접지	2: 출력 D

74HC393은 카운터 2개를 포함하고 있으며,
카운터마다 A, B, C, D라고 이름표를 붙인 핀에서
4비트 출력이 생성된다.
이때 A가 최하위 비트를 출력한다.
각 카운터에는 자체 클록 입력이 존재하며
신호의 하강 에지(즉, 정논리에서 부논리로 변화)에서 반응한다.
카운터 1과 카운터 2를 연결하려면
카운터 1의 출력 D를 카운터 2의 클록 핀과 연결한다.
초기화 핀과 출력 핀은 높은 전압 상태에서 활성화된다.

그림 23-1 74HC393 칩의 핀 배열. 1:과 2:를 사용해 칩의 첫 번째와 두 번째 카운터 기능을 각각 구별한다.

카운터 테스트

이 칩에는 아주 단순한 기능이 몇 가지 있는데, 이는 테스트를 통해 관찰할 수 있다. 그림 23-2는

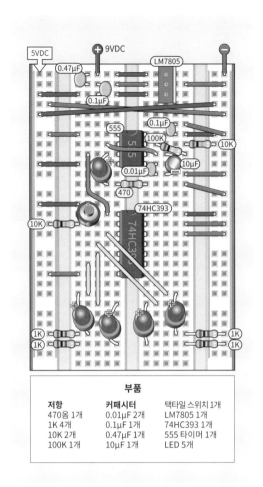

그림 23-2 74HC393 이진 카운터의 출력과 초기화 기능을 관찰하기 위한 브레드보드 배치.

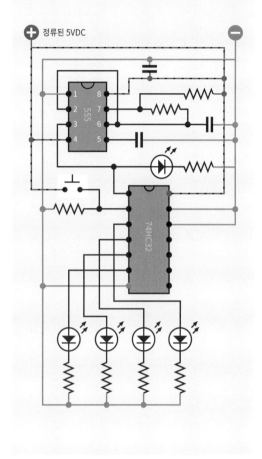

그림 23-3 카운터 테스트의 회로도.

이를 위한 브레드보드 배치를, 그림 23-3은 여기에 해당하는 회로도를 보여 준다.

• 이 칩은 5V 논리 칩임을 기억하자. 전압조정기를 잊어서는 안 된다.

여기에서 타이머와 연결한 커패시터와 저항에 내가 명시한 값을 사용하면 약 0.5Hz의 주파수

로 작동하므로 타이머에서 생성된 출력 패턴을 확인할 수 있다. 주의 깊게 관찰하면 타이머에 연결된 LED에서 양의 펄스가 끝날 때마다 오른쪽 하단에 있는 LED에서 펄스가 시작됨을 알 수 있다. 이는 카운터 칩이 하강 에지에서 활성화되기 때문이다. 즉, 정논리 입력 펄스가 부논리 상태로 떨어질 때 반응한다.

전원 공급 장치와 음극 접지 사이에 타이머의

8번 핀과 가깝도록 0.1µF 커패시터를 추가했음에 주목하자. 커패시터는 타이머에서 발생할 수 있는 소소한 전압 스파이크를 억제하기 위한 용도로 쓰인다. 스파이크를 그대로 두면 74xx 칩의 5V 전압 제한을 초과해 수명을 단축시킬 수 있다.

전압 스파이크가 발생하는 곳에 커패시터를 두어야 한다면, 그 위치는 555 타이머의 출력 쪽이 더 합리적이지 않을까? 맞다. 하지만 그렇게 하면 커패시터가 모든 펄스의 끝을 매끄럽게 다듬어 버리기 때문에 카운터의 작동이 이상해진다. 카운터를 활성화하려면 하강 에지가 필요하다. 타이머 출력에 커패시터를 추가하면 하강 에지가 완만한 경사로 변하면서 카운터가 이를 제대로 인식하지 못할 수 있다는 점에 주의한다. 따라서 커패시터는 타이머의 전원 공급 핀에 배치하고 전류 서지를 매끄럽게 다듬어서 타이머가 출력으로 스파이크를 생성하지 않도록 한다.

연결을 바르게 했다면 LED 4개는 그림 23-4의 0부터 15까지의 단계를 수행한다. 여기서 검은색 원은 LED가 켜지지 않았음을, 빨간색 원은 켜져 있음을 나타낸다. 원 안의 숫자는 전압 상태를 나타낸다. 디지털 칩이 연산을 수행할 때 높은 전압 상태는 1로, 낮은 상태는 0으로 표현했다. 이처럼 1과 0으로만 값을 표시한 수를 2진수(binary digit)라고 한다(비트(bit)라는 용어도 여기에서 왔다).

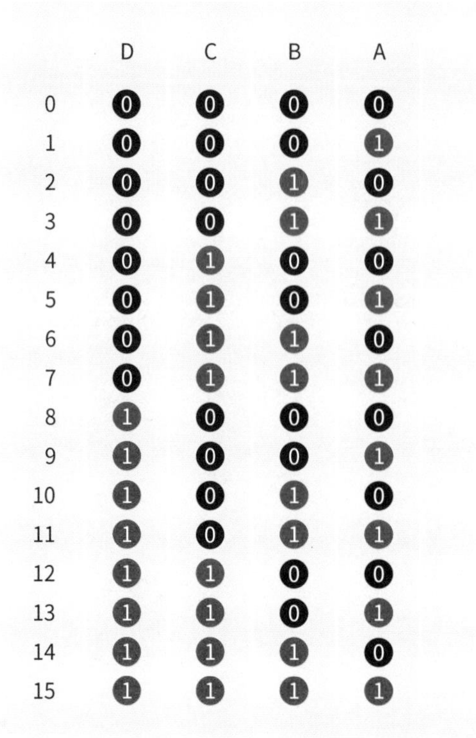

이제 이진 및 십진 산술 연산에 관해 조금 더 알아보자. 이 내용을 꼭 알아야 하는가? 그렇다. 알아두면 유용하다. 디코더, 인코더, 멀티플렉서

	D	C	B	A
0	0	0	0	0
1	0	0	0	1
2	0	0	1	0
3	0	0	1	1
4	0	1	0	0
5	0	1	0	1
6	0	1	1	0
7	0	1	1	1
8	1	0	0	0
9	1	0	0	1
10	1	0	1	0
11	1	0	1	1
12	1	1	0	0
13	1	1	0	1
14	1	1	1	0
15	1	1	1	1

그림 23-4 위에서부터 아래로 증가하는 4비트 이진 카운터의 전체 출력 순서.

및 시프트 레지스터 등의 칩은 이진 산술 연산을 사용하며, 이는 이 책을 집필할 때 사용하는 컴퓨터도 마찬가지다.

이진 코드

그림 23-4를 위에서부터 차례로 살펴보면서 논리를 이해할 수 있는지 확인해 보자. 먼저 출력 A가 0에서 1로 바뀌지만 카운터가 0에서 1까지의 주기를 한 번 더 반복하려 할 때 문제가 발생한다. 이진법에는 숫자 2가 없기 때문이다. 여기에는 0과 1로 표현되는 낮은 전압과 높은 전압 두 가지 전기적 상태만 존재한다. 따라서 1단

계에서 2단계로 갈 때면 카운터는 1을 왼쪽 열로 옮기고 1이 있던 자리는 0으로 되돌린다.

이 과정이 끝없이 반복되며 모든 열에서 같은 방식이 적용된다. 따라서 규칙은 다음과 같이 정리할 수 있다.

- 0에서 시작한다.
- 0에 1을 더하면 1이 된다.
- 1에서 1을 또 더하면, 1을 왼쪽으로 이동시키고 0으로 표시한다. 이진 산술 연산에서 01 + 01 = 10이다.

이는 십진법 연산 방식과 비교할 수 있다. 숫자 9에서 1을 더하고 싶다면 (9보다 큰 숫자가 없으므로) 왼쪽 열을 1로 바꾸고 가장 오른쪽의 숫자는 0으로 되돌린다. 즉, 10진법에서 09 + 01 = 10이다. 만약 컴퓨터에 서로 다른 상태가 10개 존재한다면, 컴퓨터도 우리처럼 10까지 셀 수 있다. 그러나 컴퓨터는 그렇게 설계되지 않았다.

그림 23-4에서 4자리의 각 행은 네 자리(4비트) 이진수(binary number)를 나타낸다. 이에 해당하는 십진수는 왼쪽의 검은색 글씨로 표시했다.

74HC393이 이진수 1111에 도달하면 어떻게 될까? 이 칩은 4비트 카운터이므로 자동으로 0000으로 되돌아가고 모든 과정은 처음부터 다시 시작된다.

각 줄의 가장 오른쪽 LED는 4비트 이진수의 최하위 비트(least significant bit), 가장 왼쪽 LED는 최상위 비트(most significant bit)이다.

상승 에지, 하강 에지

앞에서 이 카운터는 하강 에지에서 활성화된다고 이야기했다. 클록 핀의 전압이 정논리에서 부논리로 떨어질 때 카운터는 숫자를 하나 증가시킨다. (실험 19에서는 상승 에지에서 활성화되는 카운터를 사용했다. 카운터 유형은 용도가 무엇인지, 어떤 카운터가 사용 가능한지에 따라 달라진다.)

74HC393 카운터에는 초기화 핀도 있다(실험 19의 4026B 칩과 동일하다).

- 어떤 데이터시트는 초기화 핀을 '마스터 초기화(master reset)' 핀, 또는 줄여서 MR이라고 표기하기도 한다.
- 어떤 제조업체는 '초기화' 핀을 '클리어(clear)' 핀이라고 부르며, 데이터시트에는 약어인 CLR로 표기한다.

어떻게 지칭하든 초기화 핀이 가져오는 결과는 언제나 같다. 카운터의 모든 출력을 부논리로 바꾸는 것이다. 즉, 모든 출력은 이진수 0000이 된다.

초기화 핀에는 별도의 펄스가 필요하다. 그러나 클록 핀처럼 하강 에지에서 활성화될까? 한번 알아보자.

그림 23-3에서 카운터의 초기화 핀인 2번 핀이 10K 풀다운 저항을 통해 낮은 상태를 유지함을 알 수 있다. 그러나 초기화 핀을 양극 버스에 직접 연결해 주는 택타일 스위치도 있다. 스위치를 누르면 10K 저항을 압도해서 초기화 핀을 정논리로 바꿔 버린다.

택타일 스위치를 누르면 그 즉시 모든 LED가 꺼지고 이 상태는 택타일 스위치에서 손을 뗄 때까지 유지된다. 74HC393의 초기화 기능은 정논리 상태로 변하는 상승 에지에서 활성화되고 유지된다.

모듈러스

이제 전원을 끄고 74HC393으로 더 낮은 숫자까지만 세는 방법을 알아보자. 이는 주사위 시뮬레이션 프로그램에서 유용할 것이라 생각한다.

먼저 초기화 핀(카운터의 2번 핀)에서 풀업 저항과 택타일 스위치를 제거한다.

이제 초록색 점퍼선을 추가해 그림 23-5와 같이 카운터의 2번 핀과 6번 핀을 연결한다. 그림 23-6은 이를 회로도로 표시한 것이다.

이제 카운터를 다시 실행해 보자. 0000에서 0111까지는 이전처럼 숫자가 올라간다. 그 바로 다음 이진 출력은 1000이어야 하지만 네 번째 숫자가 0에서 1로 바뀌자마자 초기화 핀이 정논리 상태를 감지해 카운터를 다시 0000으로 되돌린다.

카운터를 초기화하기 전에 가장 왼쪽에 있는 LED가 켜지는 모습을 볼 수 있을까? 아닐 거라 생각한다. 카운터의 반응 속도가 100만분의 1초 미만이기 때문이다.

이진수 0000부터 0111까지 숫자를 세는 것은 십진수 0부터 7까지 숫자를 세는 것과 같다 (즉, 단계가 8개). 이제 카운터는 8진 카운터(divide-by-8 counter)가 되었다. 이전에는 16진 카운터(divide-by-16 counter)였다. 카운터는 0부터 7까지 8개 상태가 반복된다.

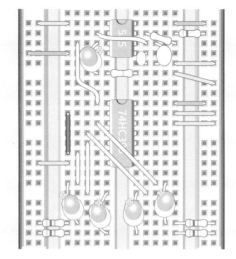

그림 23-5 초록색 점퍼선을 추가하고, 풀다운 저항과 푸시버튼은 제거했다.

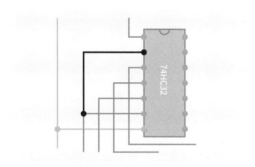

그림 23-6 그림 23-5의 회로도.

이번에는 초기화 버튼과 연결한 점퍼선의 끝을 네 번째 자리에서 세 번째 자리로 옮겼다고 해 보자. 그러면 카운터는 이제 4진 카운터(divide-by-4 counter)가 된다.

• 4비트 이진 카운터는 간단한 연결만으로 2개, 혹은 4개, 8개 펄스 후에 초기화되도록 할 수 있다.

카운터가 주기를 반복하기 전까지의 펄스 개수를 모듈러스(modulus)라고 하며 줄여서 모드(mod)라고도 한다. 모드 8 카운터는 8개 펄스마다 반복이 이루어진다.

모드 6 카운터로 변환하기

지금까지는 나쁘지 않았다. 그러나 주사위 시뮬레이션을 위해서는 카운터가 최대 6까지만 셀 수 있는 게 더 유용하다.

6까지 세도록 복잡한 수정을 거치기 전에 먼저 간단하게 수정하는 법을 소개해야겠다.

이진 코드에서 처음 6개 출력은 000, 001, 010, 011, 100, 101이다. (상태 6개에는 D열의 최상위 비트가 필요하지 않으니 무시해도 된다.) 카운터가 십진수로 5, 이진수로 101을 출력하고 나면 카운터를 초기화해야 한다.

(이 프로젝트에서 카운터가 0이 아닌 1부터 수를 세기 시작하면 더 편리하겠지만, 보통 그런 식으로 회로를 구성하지는 않는다.)

이진수 101 다음의 출력은 무엇일까? 정답은 이진수 110이다.

이전의 숫자 배열에서 보이지 않았던 눈에 띄는 특징이 110에 있을까? 그림 23-4를 확인하면 0110은 출력 C와 출력 B에 1이 등장하는 첫 숫자 배열임을 알 수 있다.

그렇다면 어떻게 해야 카운터가 "출력 C에 1이 있고 출력 B에 1이 있을 때 0000으로 초기화"할 수 있을까? 문장의 '있고(and)'라는 단어에서 단서를 찾을 수 있다. AND 게이트는 두 입력이 정논리 상태일 때만 정논리를 출력한다. 그리고

우리에게는 바로 이것이 필요하다.

AND 칩을 당장 끼워 넣을 수 있을까? 물론이다! 74HCxx 칩 제품군은 모두 서로 호환할 수 있도록 설계되었다. 이는 논리 회로를 구축할 때 너무나도 고마운 일이다. 다른 부품을 많이 사용할 필요가 없다.

그림 23-7에서 AND 게이트를 추가하는 방식을 확인할 수 있다. 브레드보드에서 이 작업을 수행하려면 74HC08을 추가해야 한다. 아마 앞에서 사용했던 기억이 날 것이다. 74HC08 칩에는 AND 게이트가 4개 포함되어 있지만 여기에서는 그중 하나만 필요하다. 하지만 사실 프로젝트에 두 번째 주사위를 추가하면서 AND 게이트를 하나 더 사용할 것이다.

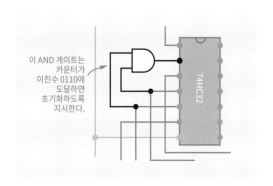

이 AND 게이트는 카운터가 이진수 0110에 도달하면 초기화하도록 지시한다.

그림 23-7 이 위치에 AND 게이트를 연결하면 카운터 주기를 일반적인 16개 출력 상태 대신 6개 출력 상태로 바꾸어 준다.

다음을 기억해 두자.

- 카운터와 논리 칩을 함께 사용해서 출력 상태에서 독특한 패턴을 찾고 초기화 핀에 신호를 피드백함으로써 카운터의 모듈러스를 변경할 수 있다.

세븐 세그먼트 표시장치는 잊자

숫자 1에서 6까지를 세븐 세그먼트 표시장치로 표시할 수도 있지만, 보기에 썩 멋지지 않다. 나는 그림 23-8처럼 LED 7개로 실제 주사위의 눈 모양을 흉내 내는 방식을 선호한다.

그림 23-8 LED로 재현할 주사위 눈 패턴 순서.

이제 중요한 질문을 해 보자. 카운터의 이진 출력을 변환하여 해당 패턴으로 LED를 밝힐 수 있는 쉬운 방법이 있을까?

글쎄다. 얼마나 쉬울지는 잘 모르겠지만 논리 칩을 사용하는 방법이어야 할 것이다. 그림 23-9는 완벽하지 않지만 어느 정도 답을 제시해준다. 왼쪽은 칩이 000에서 101로 증가할 때 출력 A, B, C의 상태 배열을, 오른쪽은 주사위의 눈 패턴을 보여 준다.

가장 먼저 알 수 있는 것은 출력 A로 중앙의 LED를 구동하면 순서가 정확하게 맞아 떨어진다는 것이다.

이제 대각선으로 배치된 LED 2개를 생각해 보자. 출력 B로 구동하면 000이 문제가 되긴 하지만 이 외에는 잘 맞는다. 000에 대해서는 잠시 후에 설명한다.

이제 출력 C로 다른 대각선 LED를 구동하면서 동시에 처음 대각선의 LED 2개도 구동하도록 할 수 있다고 해 보자. 다시 말해 출력 C로 주사위 눈 4와 5를 처리한다.

그러면 6은 어떻게 해야 할까? 카운터는 항상 000부터 시작하므로 000을 주사위 눈 6으로 처리할 것이다. 이는 특별한 논리가 필요한 특별한 경우다. 성가시지만 우회할 수 있는 방법은 없다. 이를 처리하기 위해 이 책에서는 3입력 NOR 게이트를 사용한다.

그림 23-10은 전체 논리도를 보여 준다. 위에서부터 아래로 내려가며 살펴보자.

타이머의 출력 A는 주사위 중앙의 눈과 연결하기만 하면 된다.

출력 B는 OR2를 지나 두 개의 대각선 점을 밝힌다. 해당 LED는 직렬로 연결한다. LED를 진짜 직렬로 연결할 수 있을까? 그렇다. 저항을 적절히 조정하기만 하면 된다. 이렇게 하면 값이 낮은 저항으로도 충분하기 때문에 더 효율적이다.

그런데 OR2는 왜 거기에 두어야 할까?

대각선 눈 2개는 출력 B 또는 출력 C로 켜지기 때문이다.

그렇다면 출력 C를 OR1이라는 다른 OR와 연

카운터 핀의 출력			주사위 눈 패턴
C	B	A	여기에는 특별한 논리가 필요하다.
0	0	0	□+□+□ = ⚅
0	0	1	□+□+· = ·
0	1	0	□+·+□ = ·
0	1	1	□+·+· = ⠃
1	0	0	·+□+□ = ⚃
1	0	1	·+□+· = ⚄

그림 23-9 카운터 출력을 주사위 눈으로 변환하는 방법 이해하기.

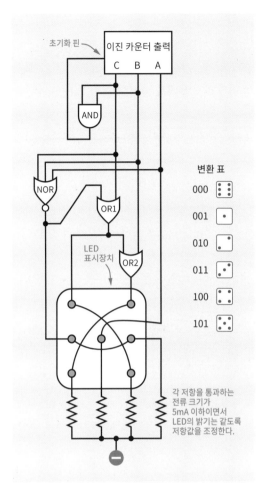

변환 표

000 ⚅

001 ⚀

010 ⚁

011 ⚂

100 ⚃

101 ⚄

각 저항을 통과하는
전류 크기가
5mA 이하이면서
LED의 밝기는 같도록
저항값을 조정한다.

그림 23-10 카운터 출력을 주사위 눈 패턴으로 변환할 수 있는 방법을 보여주는 논리도.

결한 이유는 무엇인가? 이렇게 연결해야 출력 C로 구석의 눈 4개를 모두 켤 수 있다. 또한 카운터가 시작하는 000에서 LED 6개를 모두 켤 수 있다.

3입력 NOR 게이트는 카운터의 000 출력을 받아 가운데 줄의 LED 2개를 켜고 OR1에 대각선 LED 2개를 켜라고 지시한다. 그 뒤 OR1은 OR2에 나머지 대각선 LED 2개도 켜도록 지시한다.

그러면 눈 6개 패턴이 완성된다.

이 설명으로도 이해가 되지 않는 경우를 대비해 카운터가 000에서 101까지 증가하는 동안 회로의 정논리와 부논리 상태를 보여주는 그림을 수록했다(그림 23-11, 23-12, 23-13 참조).

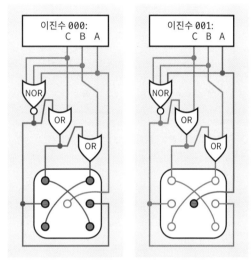

그림 23-11 카운터 출력 000(0)과 001(1)을 주사위 눈으로 변환한 모습.

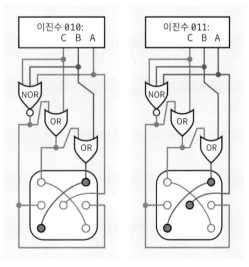

그림 23-12 카운터 출력 010(2)과 011(3)을 주사위 눈으로 변환한 모습.

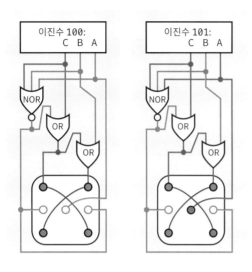

그림 23-13 카운터 출력 100(4)과 101(5)을 주사위 눈으로 변환한 모습.

사람들이 내게 문제 해결을 위해 논리 게이트의 패턴을 알아내는 가장 좋은 방법이 뭐냐고 묻는데 어떻게 대답해야 할지 잘 모르겠다. 내 경우 어느 정도의 시행착오와 직관적인 추측을 바탕으로 답을 내린다. 무언가를 시도하고 논리 상태를 모두 추적해 본 뒤 다른 것을 또 시도하다 보면 어느새인가 원하는 대로 작동하는 패턴을 발견한다.

나는 논리도를 만드는 제대로 된 체계가 존재한다는 사실을 알고 있지만, 그 체계를 따르면 게이트를 더 많이 사용하고 효율이 떨어지는 경향이 있었다. 그래서 나는 직관적인 접근 방식을 고수한다. 이 부분에 대해서는 그다지 도움이 되지 못해 유감스럽다.

두 번째 주사위

이제 주사위 2개를 보여주는 회로도를 소개한다.

앞에서 주사위 하나를 표시하는 장치를 만드는데 사용한 칩에는 AND, OR, NOR 게이트가 충분히 남아 있어서 주사위 2개를 표시하기에 충분하다. 또, 앞에서 말한 것처럼 74HC393에 포함된 카운터도 2개다. 그러니 두 번째 주사위를 위해서는 LED 7개와 많은 연결용 전선을 추가하기만 하면 된다. 브레드보드 회로는 그림 23-14, 회로도는 그림 23-15와 같다.

그림 23-2의 부품 배치를 완전히 그대로 사용할 수는 없다는 점에 주의한다. 새 회로에는 푸시버튼을 2개 추가했고 타이밍 부품의 값을 변경했으며, 74HC393의 핀 연결도 다르다. 그러니 그림 23-14의 회로를 처음부터 새로 구축하자.

이 회로는 책에서 다룬 것 중 가장 복잡한데, 그 이유 중 하나는 브레드보드에 LED를 14개나 설치하기가 까다로웠기 때문이다. 다른 프로젝트에서는 대부분 5mm LED를 사용하라고 했지만, 여기서는 3mm LED를 사용하는 것이 좋다. 그럼에도 공간이 부족하다.

LED는 제 위치에 연결되도록 극도로 주의해야 한다. 주사위마다 LED 세 쌍이 직렬로 연결되어 있어서 전류는 브레드보드를 가로질러 지그재그로 이동해야 한다. 이 회로는 만들다 보면 회로도를 참고하는 편이 더 쉽다는 것을 알 수 있다. 회로도든 브레드보드 도해든, 스캔하거나 사진을 찍은 뒤 가능하다면 더 큰 크기로 인쇄해서 참고하는 편이 좋다.

LED로 공급되는 각 논리 핀의 이상적인 출력 전류값은 5mA를 초과하지 않아야 하며, 이는 계측기로 확인해야 한다. 직렬 저항의 최적값은

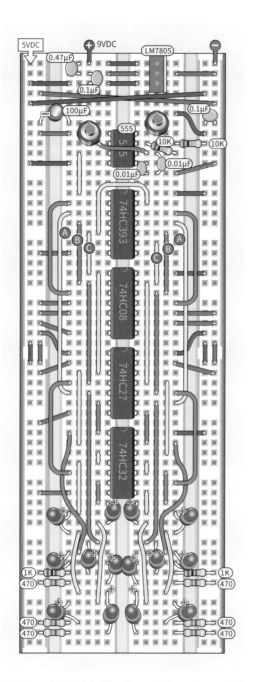

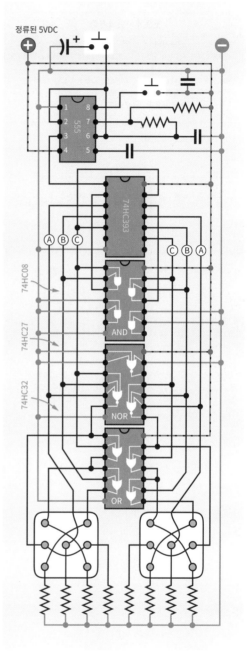

그림 23-14 멋진 주사위의 전체 브레드보드 배치. LED는 보드 아래의 한정된 공간에 맞도록 크기가 3mm인 제품을 사용했다. 저항은 직렬로 연결하되, 가운데 LED의 광도를 일치시키기 위해 값을 미세 조정할 수 있다.

그림 23-15 멋진 주사위 게임의 전체 회로도. LED는 해당 위치에 맞게 빨간색 원으로 표시했다.

멋진 주사위의 부품

저항	커패시터	칩	기타
470옴 6개	0.01μF 2개	555 타이머 1개	택타일 스위치 2개
1K 2개	0.1μF 2개	74HC393 1개	LM7805 1개
10K 2개	0.47μF 1개	74HC08 1개	LED 14개
	47μF 1개	74HC27 1개	
	100μF 1개	74HC32 1개	

그림 23-16 부품의 전체 목록.

사용하는 LED에 따라 달라질 수 있다. 내 경우 직렬로 연결한 각 LED 쌍의 저항 크기가 470옴이면 전류가 2mA보다 조금 더 줄어들었다. 내가 이상적이라고 생각하는 값인 5mA에 가까워지려면 330옴 저항을 사용해 볼 수 있을 것이다. 다른 저항과 직렬로 연결하지 않은 중앙의 LED는 저항값이 1K일 때 전류의 크기가 약 3mA로 유지되었다. 5mA보다는 낮지만, 이 값으로도 LED는 충분히 밝았다.

74HC393 측면의 이진 출력 3개에는 A, B, C로 이름표를 붙여 그림 23-10의 논리도와 비교할 때 도움이 되도록 했다.

무작위성

회로는 어떤 식으로 작동하겠는가?

주사위 시뮬레이션 회로의 가장 중요한 부분은 무작위로 결과를 만들어 내야 한다는 것이다. 이를 달성하기 위해 보통은 카운터를 아주 빠르게 실행하다가 플레이어가 임의의 순간에 카운트를 중지하도록 하는 방법을 많이 쓴다. 이 회로도 바로 이런 식으로 작동한다.

오른쪽 푸시버튼이 타이머를 활성화하면 타이머가 아주 빠르게 실행되기 시작한다. LED가 깜빡이는 속도가 눈에 잔상이 사라지는 속도보다 빠르기 때문에 LED는 희미하게 켜 있는 것처럼 보인다. 푸시버튼에서 손을 떼면 타이머가 멈추고 카운터가 주사위 값 중 하나를 무작위로 보여 준다. 단, 이때 가능한 36가지 조합이 유지되는 시간은 모두 동일하다.

시간을 동일하게 유지하도록 하기 위해 사용할 수 있는 한 가지 방법은 두 번째 타이머를 추가해서 74HC393 카운터 내의 카운터 2개를 별개로 실행시키는 것이다. 나는 이 방법을 사용하지 않기로 했는데 그 이유는 두 가지다. 첫째, 두 번째 555 타이머를 위한 공간이 없었다. 둘째, 두 카운터의 위상이 일치했다 달라졌다 하다 보면 어떤 주사위 눈 조합이 다른 경우보다 더 자주 나오지 않을까 걱정이 되었다.

그래서 한 카운터로 다른 카운터를 활성화하는 방식을 선택했다. 작동 방식은 다음과 같다.

첫 번째 카운터는 앞에서 설명한 방법대로 `000`에서 `101`까지 6개의 이진수를 순서대로 생성한다. 카운터가 `110`에 도달하면 이 상태가 아주 잠시 유지되고, 출력 B와 출력 C가 AND 게이트를 포함하는 74HC08 칩의 1번 핀과 2번 핀의 정논리 상태를 공유한다. 1번 핀과 2번 핀이 정논리 상태일 때 74HC08은 3번 핀에서 정논리 출력을 제공한다. 브레드보드 도해에서 해당 핀을 카운터의 초기화 핀인 2번 핀으로 다시 연결해주는 초록색 점퍼선을 볼 수 있다. 이렇게 하면 카운터가 `110`에서 `000`으로 되돌아간다.

이로 인해 카운터의 출력 C가 정논리에서 부논리로 바뀌는데, 이 출력은 13번 핀과 연결되어 있다. 이 연결을 만들어 주는 것이 그림 23-14에서 칩 위로 지나가는 노란색 점퍼선이다. 13번 핀은 두 번째 카운터의 클록 핀이며, 이러한 방식으로 첫 번째 카운터에서 출력 C의 정논리-부논리 전환은 두 번째 카운터에 클록을 입력해 이진수를 1만큼 증가시킨다. 즉, 첫 번째 카운터가 6개의 주사위 값 주기를 한 번 끝낼 때마다 두 번째 카운터가 활성화되면서 다음 값으로 증가한다.

두 번째 카운터가 110 출력에 도달하면 이는 74HC08 칩의 12번 핀과 13번 핀을 통해 다른 AND 게이트에서 감지된다. 해당 AND의 출력은 74HC08의 11번 핀에서 출발해 74HC393의 12번 핀으로 이동하고 두 번째 카운터를 000으로 초기화한다.

이런 식으로 한 쌍의 카운터는 36개의 주사위 조합을 모두 실행하며, 각 주사위 눈이 동일한 시간 동안 켜지도록 한다.

이 시스템을 의심하는 사람이 있을 때를 대비해 회로 상단에 푸시버튼과 커패시터를 추가했다. 이 푸시버튼을 누른 상태에서 오른쪽 버튼을 누르면 주사위 패턴이 초당 1개씩 바뀌는 과정을 분명하게 확인할 수 있다. 두 번째 버튼이 하는 일은 555 타이머의 타이밍 회로에 100μF 커패시터를 추가하는 것뿐이다. 이 버튼을 누르지 않으면 타이머는 약 5kHz의 주파수에서 실행된다.

이 회로에서 모든 숫자의 가중치가 동일한지 제대로 확인하려면 이를 계속 반복해 사용해서 각 숫자가 몇 번 나오는지 확인하는 수밖에 없다. 제대로 검증을 하려면 1,000번 정도는 실행

해야 할 수도 있다. 어쨌거나 결과가 정말 무작위라는 것은 자신할 수 있다.

개선 사항

회로를 지금보다 더 단순하게 만들 수 있을까? 처음에 말했지만 10진 카운터는 이진 카운터보다 논리가 간단하다. 모듈러스 6 카운터를 만들기 위해 AND 게이트를 사용할 필요가 없다. 10진 카운터의 일곱 번째 출력 핀을 초기화 핀으로 다시 연결하기만 하면 된다.

그러나 주사위를 2개 두려면 10진 카운터 2개와 디스플레이 2개에 대한 논리를 처리하기 위한 칩이 2개 필요하다. 이유가 궁금하다면 인터넷에서 다음을 검색해 보자.

electronic dice schematic(전자 주사위 회로도)

주사위가 2개인 경우만큼은 내 회로가 이진 카운터를 사용하지 않는 여타의 회로들보다 간단하다는 사실을 알게 될 것이다.

말할 필요도 없겠지만, 내 생각은 언제든 틀릴 수 있다. 여러분이 간단한 주사위 회로를 생각해 낸다면 꼭 나에게 알려 달라!

느려지는 기능으로 인한 문제

이 책의 초판에서 멋진 주사위 회로에 기능을 하나 추가했었다. '실행' 버튼을 눌렀다 떼면 주사위 패턴이 점차 느려지다가 멈추는 것이다. 이렇게 하면 마지막에 어떤 숫자가 나올지 긴장감을 높이는 효과가 있었다.

이 기능을 활성화하기 위해 전원을 쪼개 555 타이머로 공급했다. 타이머는 '항상 켜짐' 상태였지만 '실행' 버튼에서 손을 떼는 순간 RC 네트워크에 대한 전압이 차단되었다. 그 시점에서 대용량 커패시터가 RC 네트워크로 천천히 방전되고 타이밍 커패시터로 가는 전압이 감소함에 따라 타이머가 느려졌다.

그런데 재스민 패트리라는 독자가 이메일로 나쁜 소식을 전해 주었다. 재스민은 회로를 반복 실행하면서 결과를 자동으로 기록하는 방법을 사용했는데, 실행이 무작위가 아니라는 점을 밝혀낸 것이다. 1은 다른 숫자보다 훨씬 더 자주 나왔는데, 재스민은 이런 현상이 점차 실행이 느려지도록 한 기능과 관련이 있을 것이라 의심했다.

알고 보니 재스민은 비디오 게임 디자이너로 나보다 무작위성에 대해 훨씬 잘 알고 있었다. 재스민은 자신이 말하는 내용을 잘 알고 있는 예의 바르고 참을성 있는 사람이었으며 자신이 발견한 문제를 해결하는 데 도움을 주고 싶은 듯했다.

재스민은 시뮬레이션에서 각 숫자의 상대적 빈도를 보여주는 그래프를 보내주었다. 이를 보고 나는 문제가 있다는 데 동의할 수밖에 없었다. 여러 가지 가능한 설명을 제시해 보았지만 모두 옳지 않은 것으로 드러났다. 결국 재스민은 LED가 하나만 켰을 때의 전력 소비가 LED 6개를 켰을 때보다 낮아서 타이머가 조금 더 오래 켜져 있음을 성공적으로 증명해 냈다. 그 결과 주사위 눈이 6일 때보다 1일 때 회로가 멈출 가능성이 높아졌다.

결국 재스민은 두 번째 555 타이머를 추가하고 두 타이머의 출력을 XOR 게이트를 통과시키는 대체 회로를 제안했다. 또, 재스민은 이 방법으로 1이 더 많이 나오는 문제를 해결할 수 있음을 성공적으로 증명했다. 내가 설계한 회로를 독자가 고쳐주어 무척이나 기쁘긴 했지만, 재스민의 회로는 브레드보드를 하나만 사용한다는 이 책의 프로젝트 기준에 맞지 않았다. 사실, 두 개의 브레드보드로도 부족했을 거 같다. 그래서 두 번째 판에서는 문제의 원인이 된 속도 저하 커패시터를 아예 빼버렸다. 그렇지만 완전히 포기한 건 아니었다.

느려지는 기능 문제의 대안

무작위성에는 영향을 주지 않으면서 표시장치를 느려지도록 만드는 간단한 방법이 분명 있을 것이다. 나는 인터넷 검색을 하다가 누군가가 NPN 트랜지스터의 이미지를 타이머의 7번 핀과 연결하고 커패시터를 이미터와 베이스 사이에 두면 전원을 차단했을 때 트랜지스터 출력이 점차 감소함을 발견했다는 글을 보았다. 이 사람 외에도 주사위 회로에서 같은 방법을 사용한 사람이 몇 있었지만 이 방식에는 재스민이 발견한 것과 동일한 문제가 발생할 것이라 생각한다.

나는 마이크로컨트롤러를 사용해서 주사위 회로를 완전히 새로 만들었는데, 코드로 변수를 증가시켜서 서서히 느려지는 기능을 구현하기는 쉬웠지만 칩에 내장된 난수 생성기가 불완전한 탓에 무작위성 관련 문제가 있음을 발견했다.

다른 마이크로컨트롤러를 사용해 다른 방식으로 주사위 회로를 구성해 보았지만, 칩에 내장된 난수 생성기를 사용해야 하는 건 마찬가지였다. 지금도 이 난수 생성기가 범위 내에서 숫자를 고르게 생성하는지에 대해 회의적이다.

무작위성과 관련해 필요한 요건은 간단하지만 이를 실제로 구현하기란 전혀 간단하지 않다. 나는 재스민 패트리와 이메일을 주고받으며 이 문제에 너무 빠진 나머지 《짜릿짜릿 전자회로 DIY 플러스》에서 이에 대해 자세히 다루었다. 또, 애런 로그와 함께 〈Make〉 잡지(45호)에 이에 관한 글도 썼다. 애런은 자신이 만드는 프로젝트를 소개하는 작은 인터넷 사이트를 운영한다. 애런은 내게 역바이어스 트랜지스터를 사용해 무작위 잡음을 생성하는 개념을 알려 주었다. 해당 잡음은 위대한 컴퓨터 과학자인 존 폰 노이만의 영리한 알고리즘을 사용해 처리했다. 내 생각에 이는 만들 수 있는 것 중에 가장 완벽한 난수 생성기에 가까웠지만 칩 수가 만만치 않았다.

함께 일하는 프레드릭 얀슨은 전원 공급 장치를 2개(하나는 LED 전용) 사용해 내가 만들었던 간단한 회로를 수정해 보면 어떻겠냐고 제안했다. 그렇게 하면 커패시터를 방전해서 타이머의 속도를 늦추는 동안 서로 다른 주사위 눈으로 인한 전류의 저하가 발생해도 이로 인한 영향이 타이머에 미치지 않을 것이라고 했다. 이렇게 하면 아마 제대로 작동할 것이다. 하지만 독자들이 이 기능을 위해 전원 공급 장치를 하나 더 구입할 것 같지는 않아서 시도해 보지는 않았다.

또 다른 방법으로 트랜지스터의 달링턴 어레이로 논리 게이트의 출력을 증폭해 LED가 끌어가는 전류를 무시할 수 있을 정도로 줄여볼 수

있다. 그렇지만, 정말로 무시할 수 있을까?

이번 판에서는 완전히 다른 것을 시도해 보고 싶었다. 그래서 회전 인코더(rotational incoder)를 555 타이머 대신 펄스 발생기로 사용해 보았다. 인코더에는 샤프트를 돌려서 여닫을 수 있는 작은 스위치가 있다. 내가 생각했던 것은 이 스위치를 작은 모터로 구동해서 모터가 꺼지면 모터(특히 플라이휠이 장착된 모터)의 회전이 점차 잦아들며 스위치가 점점 더 느리게 펄스를 생성하다가 마침내 멈추도록 하는 방식이었다. 그렇지만 모터와 인코더까지 구입해야 하는 프로젝트를 책에 수록하고 싶지 않았다. 거기다 인코더 내부의 스위치를 무리하게 1kHz 이상 주파수로 작동시키면 인코더의 수명이 괜찮을지도 의문스러웠다. 광학 회전 인코더를 구입하는 것도 방법이겠지만 이쪽은 더 비싸다.

또 다른 독자인 아사드 에브라힘은 조립한 장치를 컵 안의 주사위처럼 흔들 수 있도록 마이크로컨트롤러와 함께 진동 센서를 사용해 보면 어떻겠냐고 제안했다. 나는 이와 비슷한 아이디어로 몇 년 전 홀 효과(Hall effect) 센서를 장착한 튜브 안에서 네오디뮴 볼 자석을 굴리는 장치를 떠올린 적이 있다. 내게 이메일 주소를 등록하는 독자를 위한 '보너스 프로젝트'로 이에 대한 짧은 글을 쓰기도 했다. 그렇지만 내가 원했던 건 그런 게 아니었다. 무작위로 자체 실행되면서 점차 감속해 정지하는 회로가 있으면 했을 뿐이었다.

또 다른 독자인 프레더릭 윌슨(이 책의 내용이 제대로 작동하는지 확인하는 작업을 도와주기도 했다)은 속도가 느려지는 과정이 시작되기

전에 숫자를 임의로 선택하도록 한 뒤 이를 어떤 식으로든 저장해 두는 방법을 제안했다. 느려지는 효과는 시각적 목적으로만 사용하라는 거였다. 마지막에는 저장된 번호를 불러와 표시하고, 관찰자는 그 차이를 결코 알지 못할 것이었다. 이 아이디어는 마이크로컨트롤러를 사용하면 만들기 쉽지만 하드웨어로 작동하도록 하려면 내가 이 책에 담고자 하는 것보다 더 많은 부품과 기술이 필요했다.

이 책을 인쇄소로 넘기기 직전 나는 또 다른 독자인 졸리 드 미란다로부터 아주 참신한 접근 방식이 담긴 아이디어를 받았다. 각 표시장치의 중앙 LED에 LED를 추가하면 된다는 것이었다. 추가한 LED는 테이프 뒤에 숨겨 두며, 이 LED가 유일하게 하는 일은 다른 눈 패턴과 전류 소비가 같도록 맞춰주는 것이다.

불행히도 이는 LED를 여러 개 켜 놓았을 때 전력 소진이 더 많이 일어나는 문제를 해결하지 못한다. 그러나 내가 프레드릭 얀슨에게 이 개념을 이야기하자 얀슨은 모든 LED의 복제본(직렬 저항 포함)을 추가한 뒤 이를 가리는 식으로 전력 소비를 같게 만들면 어떻겠냐고 이야기했다.

이 개념을 단순하게 표현한 회로도가 그림 23-17이다. 보이지 않도록 추가한 LED는 각각 양극 전원 공급 장치와 논리 게이트 출력 사이에 연결해 출력이 낮아질 때마다 LED가 칩으로 전류를 보내고, 출력이 높을 때마다 표시된 LED가 칩에서 전류를 끌어온다.

CMOS 칩의 출력은 상당히 대칭적이다. 이들 출력은 과부하가 걸리지 않는 한 정논리 상태일

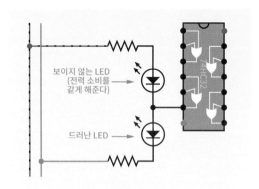

그림 23-17 전력 소비가 언제나 동일하게 유지되도록 LED를 보이지 않게 추가해 각 논리 출력에 전류를 끌어올 수 있다.

때 전류를 보내는 것만큼이나 쉽게 부논리 상태일 때 전류를 끌어온다. 프레더릭의 방법에서 각 논리 출력은 항상 일정한 양의 전류를 보내거나 끌어와서 각 칩의 전력 소비는 거의 일정하게 유지될 것이다. 물론 낭비적인 면이 있기는 하지만, 무작위성에 지불하는 대가로 몇 밀리암페어를 추가로 사용하는 것도 나쁜 거래는 아닐 것이다.

완성된 전자 주사위 프로젝트의 사진을 두 장 소개해 보겠다. 그림 23-18의 사진은 1/2인치(1.3cm) 두께 폴리카보네이트로 제작했으며,

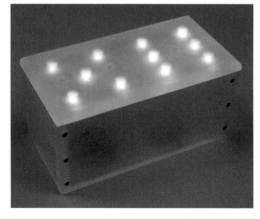

그림 23-18 전자 주사위 표시장치는 약 3 × 6인치(7.6 × 15.2cm) 크기이며 마이크로컨트롤러로 구동한다.

반투명 효과를 내기 위해 덮개 아랫면에 구멍을 내 10mm LED를 끼우고 윗면은 샌딩했다. 그림 23-19는 돈 랭카스터의 명저인 《TTL Cookbook (국내 미출간)》에서 전자 주사위 회로에 관한 내용을 읽고 74LSxx 칩으로 만든 골동품이다. 거의 50년이 흐른 지금에도 LED는 여전히 무작위로 켜진다. (적어도 내 생각에는 그렇다.)

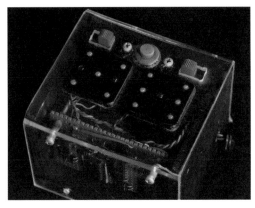

그림 23-19 1975년경 설계하고 제작된 전자 주사위, 상자는 1/8인치 (3mm) 두께의 투명 합성수지와 검은색 페인트칠을 한 합판으로 만든 상자에 들어 있다.

5장

이제 뭘 할까?

이제 여러 가지 분야로 관심을 넓혀 보자.

- **소리**: 기타 소리를 바꾸기 위해 앰프나 '스톰프 박스' 등의 프로젝트를 취미로 만들 수 있다.
- **전자기**: 아직까지 다루지 않은 주제이지만 대단히 흥미로운 방식으로 적용할 부분이 있다.
- **라디오파 장치(radio-frequency devices)**: 아주 간단한 AM 라디오 장치를 시작으로 라디오파를 수신하거나 송신하는 장치를 만들어 볼 수 있다.
- **마이크로컨트롤러**: 마이크로컨트롤러는 칩 하나로 구성된 작은 컴퓨터다. 데스크톱 컴퓨터에서 작은 프로그램을 하나 작성한 뒤 이를 칩에 로딩한다. 그러면 칩은 프로그램이 시키는 대로 센서에서 입력을 받고, 정해진 시간 동안 대기하고, 출력을 모터에 보내는 등의 명령을 따른다.

이 모든 주제를 전부 다루기에는 지면이 충분하지 않다. 여기서는 간단히 소개만 하니 관심을 끄는 분야가 있다면 여러분이 직접 찾아보기 바

란다. (이 책에서 다루는 내용 그 이상을 배우고 싶다면 주제를 좁힌 다른 참고 서적을 읽어도 좋다.)

또한 생산성을 고려해 작업 공간을 꾸미고, 관련 서적을 읽고, 취미로서 전자회로의 세계로 한 발 더 나아가는 방법도 소개한다.

공구, 부품, 물품

추가로 더 필요한 도구는 없다. 일부 프로젝트에 물품(전자기학을 탐구하기 위한 전선 등)이 추가로 필요한데, 해당 항목은 각 실험의 시작 부분에 정리해 두겠다. 부품의 전체 목록은 부록 A에서 확인할 수 있다.

보관하기

회로를 만드는 재미는 알게 되었지만 새로운 취미를 위한 제대로 된 공간을 마련하지 않은 이들을 위해 제안할 것이 몇 가지 있다. 보관 문제를 해결하면 취미를 즐기기가 더 쉽고 편리해질 수 있다.

크기가 작은 전자부품이 많기 때문에 이름표를 붙여서 보관해 두었다가 필요할 때 찾을 수

있는 체계를 갖추어야 한다. 납땜인두, 히트건, 계측기 같은 도구는 중간 크기로 보면 된다. 데이터시트를 인터넷으로 빠르게 찾아보려면 컴퓨터가 필요할 수 있고, 컴퓨터는 오실로스코프 표시장치로 활용할 수도 있다.

저항이나 커패시터같이 자주 사용하는 부품이 있는가 하면 1년에 한 번 쓸까 말까 한 부품도 있다. 마찬가지로 어떤 도구는 다른 것보다 덜 사용한다. 정리 체계를 갖출 때는 이러한 점들을 고려해야 한다.

부품의 경우 범주화 체계가 필요하다. 범주는 예를 들어 집적회로 칩, 릴레이, 음향 재생 장치(신호 발신 장치와 스피커), 브레드보드 및 만능기판, 전지 홀더, 인덕터, 프로젝트 상자, 모터, 반고정 가변저항, 소형 스위치, 대형 스위치와 다양한 유형의 전선 등으로 나눌 수 있다. 지금 당장은 이러한 품목이 많지 않을 수 있지만 사람은 취미를 가지면 관련 용품을 모으는 경향이 있으니 미리 계획해 두는 편이 합리적이다.

이를 정리해 보면 다음의 세 가지 결론에 다다른다.

- 보관함은 작업대 주변의 쉽게 손이 닿는 곳에 두어야 한다.
- 작업대 아래도 수납 공간으로는 나쁘지 않다.
- 작업대 옆이나 뒤쪽도 물건을 수납하기에 나쁘지 않은 장소다.

작업대는 대부분 아래에 수납 공간을 많이 두지 않으니 여기부터 먼저 해결하자. 내가 선호하는

것은 100년도 더 전부터 전 세계에서 사용했으며 사무용으로 안성맞춤인 수납 가구다. 바로 파일 캐비닛 말이다.

파일 캐비닛은 서랍이 공간 효율적이고 먼지가 쌓이지 않는다. 물론 문서를 많이 보관하는 용도로 사용하라는 것은 아니다(데이터시트를 인쇄해서 보관할 수도 있기는 하다). 캐비닛은 서랍 하나가 플라스틱 상자를 보관할 수 있는 모듈식 수납 공간이 된다. 이런 플라스틱 상자에는 프로젝트 상자나 무겁고 두꺼운 철사처럼 자주 사용하지 않는 중간 크기의 물건을 보관한다. 가장 적게 사용하는 품목이 든 상자는 서랍의 가장 아래에 두고, 다른 상자를 그 위에 쌓는다.

이런 식으로 사용하기에 적합한 수납 상자는 가로가 8인치(20.3cm), 세로가 약 11인치(27.9cm)인 제품으로(서랍 규격은 보통 가로가 11.5인치(29.2cm), 세로가 25인치(63.5cm)라는 점을 기억하자) 공간 낭비 없이 옆으로 세 개를 놓을 수 있다. 서랍 높이는 보통 약 10인치(25.4cm)이므로 수납 상자의 높이가 5인치(12.7cm)라면 상자를 두 개 쌓을 수 있다.

이런 목적으로 선호하는 제품은 아크로밀즈(Akro-Mils)의 아크로그리드(Akro-Grids)이다(그림 24-1 참조). 이 제품은 아주 견고하며 칸이 나누어 있다. 안전하게 쌓을 수 있으며, 상자를 쌓고 고정 가능한 투명 뚜껑(선택 사항)으로 가장 윗 상자를 덮을 수 있다. 소매업체를 검색하고 싶다면 인터넷에서 아크로밀즈 제품이 모두 수록된 카탈로그를 다운로드한다.

소형 도구와 중간 크기 부품에 사용하기 알맞

그림 24-1 파일 캐비닛 서랍에 딱 맞게 쌓을 수 있는 아크로그리드 수납 상자.

그림 24-2 플래노 상자는 전선 스풀이나 중간 크기 도구를 보관하는 데 유용하다. 긴 쪽을 바닥으로 세워 파일 캐비닛 서랍에 넣으면 정확히 3개가 들어간다.

은 다른 제품으로는 플래노(Plano)에서 만든 넓고 평평한 상자 유형이 있다(그림 24-2). 긴 변 쪽으로 세우면 파일 캐비닛 서랍에 딱 맞게 들어간다. 공예품점에서 비슷한 상자를 구입해도 되지만 구성 면에서 플래노 브랜드보다 부족할 수 있다. 플래노 제품은 상당수가 낚시 도구 상자로 분류되며, 그림 24-2의 제품도 칸을 나누어 사용할 수 있다.

파일 캐비닛에서 물건을 꺼낸다는 생각이 마음에 들지 않을 수 있다. 또, 자주 사용하는 부품과 도구는 먼지가 앉지 않도록 보관할 수만 있다면

선반에 두는 편이 가장 좋은 건 분명하다. 다시 말해 위가 뚫려 있는 부품 보관함은 이런 용도에 적합하지 않다. 그렇다면 대신 무엇을 사용할 수 있을까?

높이 12인치(30.5cm), 가로 18인치(45.7cm) 정도 되는 플라스틱 서랍장을 고려해 볼 수 있다. 가로 2인치(5.1cm), 깊이 6인치(15.2cm) 장도 되는 작은 플라스틱 서랍이 20~30개 들어 있다. 이런 제품은 벽에 매달 수 있으며 저항, 커패시터, 반도체를 넣어 두면 바로 꺼내 사용할 수 있다.

그러나 서랍은 트랜지스터나 LED를 담기에는 너무 크고 조절 손잡이 같은 품목을 담기에는 너무 작다. 또, 이런 수납 용품에는 먼지가 쌓인다.

내부 칸막이를 끼웠다 뺄 수 있는 작은 수납 상자는 어디에나 유용할 것처럼 보이지만 그다지 안전하지 않으며, 칸막이가 느슨해지면 부품이 뒤섞일 수 있다. 나는 여러 가지를 시도해 본 끝에 다리스(Darice) 소형 수납 상자에 정착했다(그림 24-3). 공예품점에서 소량으로 구입할 수 있으며, 인터넷에서 다음을 검색해서 대량으로 더 저렴하게 구입할 수도 있다.

darice mini storage box(다리스 소형 수납 상자)

다양한 크기의 부품에 사용할 수 있도록 네 가지 종류로 판매된다. 파란색 상자는 리드를 자르지 않은 저항에 딱 맞는 크기와 모양인 칸 5개로 나누어져 있다. 노란색 상자는 반도체와 LED를 보관하기 좋은 칸이 10개 있다. 보라색 상자는 칸이 없고 빨간색 상자에는 다른 크기의 칸이

그림 24-3 다리스 소형 수납 상자는 저항, 커패시터, 반도체 등의 부품을 보관하기에 적합하다.

섞여 있다. 뚜껑에는 내구성이 뛰어난 금속 고정쇠가 있고 똑딱이 식으로 열고 닫을 수 있어 원치 않게 열리는 일이 없다. 뚜껑의 테두리는 같은 종류의 상자를 쌓기 좋게 위로 살짝 돌출되어 있다. 칸이 나누어져 있는 제품은 그림 24-3에서 확인할 수 있다.

다리스 상자나 이와 비슷한 제품을 선택했다고 해 보자. 이걸 어디에 두어야 할까?

선반 위에 늘어 놓아도 되겠지만, 나는 모듈식 수납 용품을 선호한다. 이런 작은 상자는 더 큰 상자 안에 보관하면 모두 먼지 없이 보관할 수 있다. 몇 차례 검색을 거쳐 그림 24-4와 같이 뚜껑이 있고 치수가 약 8×13×5인치(20.3×33.0×12.7cm)인 저렴한 플라스틱 상자를 찾았다. 상자 하나에 다리스 수납 상자를 9개 담으면 좋을 크기다. 그런 다음 이 상자를 선반에 올려 두면 된다.

큰 상자를 부품 유형에 따라 분류한다고 할 때 '발광 소자'의 경우를 예로 들어보자. 작은 부품 상자에는 큰 상자의 하위 분류인 '고광도 LED' 등을 보관할 수 있다. 큰 상자마다 작은 상자를 9개 보관할 수 있으니 최대 90가지 유형의

그림 24-4 DIY 상점에서 구입한 플라스틱 상자. 다리스 부품 상자 9개를 담을 수 있는 크기다.

LED와 소형 전구를 쉽게 찾을 수 있는 수납 체계를 마련했다.

90가지가 좀 지나친 것처럼 보일 수 있다. 그러나 누가 알겠는가! 나는 단지 저장 공간이 부족한 일이 절대 일어나지 않기를 바랄 뿐이다.

플라스틱 상자를 보관하기 위해 상자와의 틈을 3mm 정도 두도록 높이를 조정할 수 있는 철제 선반을 찾았다. 이제 그림 24-5처럼 작업대를 기준으로 팔만 뻗으면 다양한 부품을 찾을 수 있다.

어쩌면 이 모든 이야기가 다소 강박적으로 들릴 수도 있다. 사실 나는 정리를 잘 못하고, 정리해두지 않은 부품을 찾아 여기저기를 뒤지느라 엄청난 시간을 허비한 전적이 있다. 과거의 나는 살이 쪄서 항상 다이어트를 해야 하는 사람 같았다.

그림 24-5 부지런히 쇼핑하면 낭비되는 공간을 최소화한 상태로 플라스틱 상자를 놓을 선반을 찾을 수 있다.

어떤 방식이든 일상에서 필요한 요건을 충족하지 못하면 수정이 필요하다. 내 경험상 큰 상자 안에 작은 상자를 넣어 보관하는 방식은 저항과 커패시터 같이 자주 사용하는 부품을 찾기에는 그다지 좋지 않다.

저항의 경우는 직경이 약 1~2인치(2.5~5.1cm)이고 뚜껑을 돌려 여는 작은 원통에 맞춰서 리드를 자르고 구부리기로 결정했다. 저항은 리드가 길 필요가 없다. 이 책의 프로젝트 전체에서 리드 길이는 3/4인치(1.9cm)면 충분했다고 생각한다. 세라믹 커패시터는 같은 형태에 직경만 1인치(1.3cm)로 작은 원통에 담으면 된다. 그림 24-6은 두 가지 크기의 원통을 보여 준다.

다음으로는 그림 24-7(커패시터용)과 그림 24-8(저항용)처럼 수직 형태의 보관함을 만들었다. 원형으로 들어간 부분은 마침 딱 맞는 포스너 비트가 있어서 이걸로 뚫었다. 보관함은 공간을 그다지 많이 차지하지 않으면서 작업대 위에 둘 수 있다. 경험상 커패시터와 저항용으로 이상

그림 24-6 리드를 잘라낸 저항은 직경이 약 1~2인치(2.5~5.1cm)인 용기에, 세라믹 커패시터는 직경이 1인치(2.5cm)인 용기에 담아 보관할 수 있다.

적인 보관 방식이다.

여러분은 이미 부품 등을 보관하는 자신만의 방법이 있고 내 방식과 다를 수도 있다. 그래도 괜찮다. 누구나 자신의 취향에 맞는 수납 방식이 필요하다. 그런데 한 가지만 더 이야기하자. 부품을 쏟는 경우 말이다.

우리 동네 공예품점에서는 비즈 공예용으로

그림 24-7 작업대 위에 두는 용도의 커패시터 보관함.

그림 24-8 작업대 위에 두는 용도의 저항 보관함.

칸이 15개나 20개로 나뉜 상자를 판매한다. 이런 상자는 부품을 보관하기에 안성맞춤으로 보이지만 모든 칸을 뚜껑 하나로 닫는다. 상자가 뚜껑이 열린 채로 바닥에 떨어진다면 그 뒤의 상황은 악몽과도 같을 것이다. 세라믹 커패시터가 들어 있던 상자라면 부품을 모두 바닥에서 긁어 모아 확대경으로 값을 읽는 괴로운 작업을 해야 할 것이다.

나같이 서투른 사람에게는 뚜껑을 돌려 잠그는 원통이 안성맞춤이다. 잘만 달아두면 바닥에 떨어뜨려도 큰 문제가 생기지 않는다.

작업 공간

취미용 전자부품 책을 처음 읽을 당시 작업대 제작 계획을 담은 책을 몇 권 보고 놀랐던 기억이 있다. 나는 부품을 브레드보드에 연결하거나 납땜

정도만 할 용도로는 특별한 작업대가 필요 없다고 생각한다.

2단 파일 캐비닛과 그 위에 주방용 상판을 두는 정도로도 충분하다. 주방용 상판 중에서도 뒤쪽 가장자리가 물 튀김 방지를 위해 살짝 올라온 것이 좋은데, 물건이 뒤로 떨어지지 않도록 막아주기 때문이다.

내게 더 이상적인 작업대는 구식 철제 사무용 책상이었다. 무거워서 잘 움직이지 않고, 아름답지는 않지만 중고 사무용 가구점에서 저렴하게 구입할 수 있으며, 충분히 크고 함부로 사용해도 문제가 없어서 평생 사용할 수 있다. 서랍은 깊고 좋은 파일 캐비닛 서랍이 그렇듯이 보통 매끄럽게 빼냈다 넣을 수 있다. 무엇보다도 책상이 강철 그 자체라 정전기에 민감한 부품을 다룰 때 접지하는 용도로도 사용할 수 있다.

사실 중요한 건 작업대 위에 어떤 도구와 물품을 둘 것이냐 하는 것이다. 다행스럽게도 전자부품 프로젝트를 만들 때는 넓은 공간이 필요하지 않아서 자주 사용하는 물건은 작업대 위에 둘 수 있다.

프로젝트에 사용할 전원 공급 장치는 아무리 전류를 많이 끌어가도 거의 일정한 정류 및 보정 전압 범위에서 서지 없이 전류를 공급해야 한다. 이는 벽에 꽂는 AC 어댑터로는 할 수 없는 일이다. 반면에 앞에서 보았듯이 저렴한 9V AC 어댑터는 기본 실험에 적합하며, 논리 칩을 사용할 때는 어떤 식으로든 브레드보드에 5V 전압조정기를 장착해 주어야 한다. 이러한 점들을 고려했을 때 괜찮은 전원 공급 장치는 있으면 좋지만

그림 24-9 작업대 위에 두는 용도의 전원 공급 장치.

그림 24-10 피코스코프 2204A는 컴퓨터의 USB 포트에 연결한다.

없어도 된다. 그림 24-9는 비교적 저렴한 가격의 전원 공급 장치이다.

또 갖추어 둘 만한 장치로 오실로스코프가 있다. 오실로스코프는 전선과 부품 내부의 전기적 변동을 실시간으로 보여 주고, 눈으로 보지 않으면 여전히 이해하지 못할 미스터리를 해결해 준다. 한 가지 예로, 나는 오실로스코프로 변위전류의 모습을 살펴보며 책에서보다 훨씬 더 많은 것을 배웠다.

오실로스코프는 오래전 내가 전자부품에 관심을 갖기 시작했을 즈음에 비하면 훨씬 저렴해졌다. 내가 가지고 있는 피코스코프(Picoscope) 2204A는 1999년에 구입했던 음극선관이 있는 크고 오래된 오실로스코프 가격의 10분의 1이다. 거기다 피코스코프는 성능도, 해상도도 이전 것보다 뛰어나며 모든 부품이 그림 24-10에서 보는 것처럼 약 3×5인치(7.6×12.7cm)의 케이스 안에 들어 있다. 또, USB 포트로 컴퓨터에 연결

하면 어떤 컴퓨터든 화면에 결과를 표시해 준다. 저렴한 중고 노트북 컴퓨터와 피코스코프만 있으면 과거 수백 만원짜리 제품만큼의 성능을 얻을 수 있다. 결과 화면을 쉽게 캡처해 하드 드라이브에 저장할 수도 있다.

플라이어, 와이어 스트리퍼, 니퍼, 확대경은 전자부품과의 모험을 기록할 수 있는 노트와 함께 작업대에 두어야 한다. 나는 부품을 잡고 절단하는 도구를 손이 닿지 않는 곳에 두기가 싫어서 그림 24-11과 같이 수납한다.

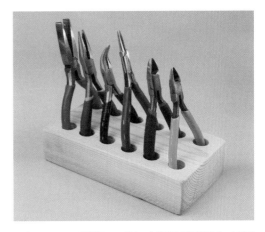

그림 24-11 2 × 4인치(5.1 × 10.2cm) 목재를 7인치(17.8cm) 자르면 플라이어와 니퍼를 손 닿는 곳에 보관할 수 있다.

내 작업대 위에는 한 변의 길이가 2피트(61.0),
두께가 1/2인치(1.3cm)인 정사각형 합판을 두었
다. 작업대를 보호해 줄 정도는 아니지만 한쪽
가장자리에 작은 바이스를 고정할 수 있을 정도
는 된다. 합판은 기울어지는 곳 없이 안정적이면
서도, 원할 때 돌릴 수 있어서 프로젝트를 다른
각도에서 보고 싶을 때 좋다. 이 외에 최근에 나
온 납땜 보조기도 사용한다.

예전에는 민감한 부품을 다룰 때 정전기 방전
의 위험을 줄이기 위해 합판을 전도성 스펀지 패
드로 덮어두고는 했다. 그런데 내가 사는 지역은
습도가 매우 낮은데도, 카펫이나 의자, 신발, 땀
의 특정 조합 덕분인지 정전기가 발생하지 않는
다는 사실을 깨달았다.

정전기는 경험을 기준으로 판단해야 하는 문
제다. 방문으로 걸어가 금속 문 손잡이를 만졌을
때 약간의 찌릿함을 느껴본 적이 있다면 CMOS
칩으로 회로를 구축할 때마다 스스로 접지하거
나 정전기 방지 패드(혹은 금속 조각)를 사용하
는 것을 고려해야 한다.

작업을 하다 보면 공간은 쉽게 더러워진다.
구부러진 작은 전선 조각, 흩어 놓은 나사와 잠
금 장치는 작업 중인 프로젝트에 떨어지면 합선
을 일으킬 수 있다. 따라서 존재감 때문에라도
사용할 맘이 들만큼 충분히 큰 쓰레기통이 필요
하다.

그림 24-12는 철제 책상을 사용해 작업대를
꾸밀 때 가능한 예를 보여 준다. 그림 24-13은 이
보다 공간 사용 면에서 더 효율적이다.

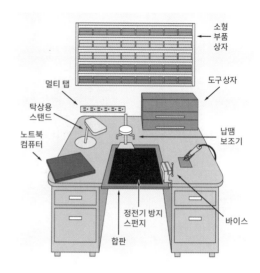

그림 24-12 구식 철제 사무용 책상은 작은 전자부품 프로젝트 용도로
충분하다.

그림 24-13 공간을 최대한 활용하되, 방해받고 싶지 않다면 주변에 담
을 쌓는 방법을 고려해 보자.

참고할 만한 인터넷 사이트

전자공학을 더 깊이 파고들어 배우려고 할 때 도
움이 되는 좋은 인터넷 사이트는 어떤 것이 있을
까? 인터넷에서 구할 수 있는 자료는 내용을 제

대로 다루지 않고, 완전히 신뢰할 수 없는 것도 많기 때문에 좋은 사이트를 찾기가 쉽지 않다.

나는 잘 만든 튜토리얼을 아카이브에 보관하고 있는 《Nuts and Volts》(너트와 볼트, 국내 미발간)라는 잡지를 좋아한다.

URL www.nutsvolts.com

인스트럭터블(Instructables)은 기본 개념을 잘 설명하는 것 같다.

URL https://www.instructables.com/Basic-Electronics

나와 일하는 출판사 메이크 커뮤니티(Make Community)는 언제나 다양하고 흥미로운 프로젝트를 소개하며, 그중에는 전자부품을 사용하는 것도 있다.

URL https://make.co

에이다프루트(Adafruit)에서는 내가 좋아하는 제품 몇 개를 구입할 수 있었다.

URL www.adafruit.com

고독한 전자부품광이 운영하는 옛날식 웹사이트나 블로그를 원한다면 '구루의 집'이라는 뜻을 지닌 돈 랭카스터의 Guru's Lair를 찾아 보자.

URL www.tinaja.com

랭카스터의 《TTL Cookbook》은 적어도 두 세대 동안 취미 메이커와 실험자들에게 전자부품에 대한 길잡이가 되어주었다. 랭카스터는 자신이 말하는 바를 분명하게 이해하고 있으며, 포스트스크립트 프린터 드라이버를 직접 프로그래밍하고 자신만의 직렬 포트 연결을 만드는 등 상당히 도전적인 영역에도 두려움 없이 뛰어든다. 랭카스터가 홈페이지를 운영하는 동안에는 이곳에서 여러 가지 아이디어를 얻을 수 있을 것이다.

다음은 재미있는 프로젝트와 이를 구현하는 법에 대한 아이디어를 제공해 주는 인터넷 사이트 목록이다.

수리과학과 기술(Mathematical Science and Technologies) 사이트에는 온갖 제품에 대한 링크가 정리되어 있다.

URL http://mathscitech.org/articles/electronics#inspiration

해커데이(Hackaday)는 뉴스와 아이디어를 제공한다.

URL https://hackaday.com

다음의 사이트에는 아두이노 프로젝트 30개를 완전히 문서화해 정리해 두었다.

URL https://howtomechatronics.com/arduino-projects

터틀봇(Turtlebot) 웹사이트다.

매우 흥미로운 아두이노 프로젝트 수십 개를 소개한다.

URL https://trybotics.com/project

DF 로봇 블로그다.

URL www.dfrobot.com/blog

카네기 멜런 대학교 학생들의 차고 프로젝트를 볼 수 있다.

URL https://www.build18.org/garage

표면 노출형 부품을 납땜하는 기술을 소개한다.

URL https://schmartboard.com

다음 웹사이트에서는 브레드보드로 만들 수 있는 8비트 컴퓨터를 소개한다(참고로 브레드보드는 2개 이상 필요하다).

URL https://eater.net/8bit

저렴한 장치를 구입할 수 있다.

URL www.icstation.com/index.php

DIY 전자 음악 프로젝트를 소개한다.

URL https://diyelectromusic.wordpress.com

당연한 이야기겠지만, 여러분이 이 책을 읽는 시점에는 제대로 운영되지 않는 사이트가 있을 수 있다.

참고 도서

이 책 외에도 참고 도서로 삼을 만한 책이 있다. 내가 집필한 다른 책도 구입을 고려해 보기를 바란다. 《짜릿짜릿 전자회로 DIY 플러스》는 이 책이 끝나는 부분에서 시작하는 실습을 바탕으로 하며, 《전자부품 백과사전》은 참고서다. 《전자부품 백과사전》은 총 세 권으로 이루어져 있으며 일부를 프레드릭 얀슨과 함께 집필했다.

폴 셔츠의 《Practical Electronics for Inventors(발명가를 위한 실용적인 전자기학, 국내 미출간)》은 내용이 충실한 기본 참고서를 찾는 이들에게 항상 추천하는 책이다. 제목과 달리 아무것도 발명하지 않을 사람에게도 유용하다.

뉴턴 C. 브라가의 《CMOS Sourcebook(CMOS 자료집, 국내 미출간)》은 내가 이 책에서 주로 사용하는 74HCxx 시리즈 칩이 아닌 4000 시리즈 CMOS 칩만 다룬다. 4000 시리즈 칩은 더 오래전에 출시되었고 정전기에 조금 더 취약하다. 하지만 여전히 널리 사용되며 일반적으로 5~15V의 넓은 전압 범위를 견딘다. 즉, 555 타이머를 구동하는 9V 회로를 만들었다면, 그 출력을 CMOS 칩으로 바로 입력하거나 그 반대로 사용할 수 있다.

루돌프 F. 그래프의 《Encyclopedia of Elec-
tronic Circuits(전자회로 백과사전, 국내 미출
간)》은 별의 별 회로도를 기능별로 모아 놓은 책
으로 간단한 설명을 함께 제공한다. 아이디어가
떠올랐을 때 해당 문제를 다른 사람은 어떤 식으
로 접근할지 알고 싶은 사람에게 추천한다. 이
시리즈로 출간된 도서가 많이 있지만, 이 책을
펼쳐보면 찾는 회로는 무엇이든 수록되어 있음
을 알게 될 것이다.

팀 윌리엄스의 《Circuit Designer's Compa-
nion(회로 설계자의 동반자, 국내 미출간)》은 실
용적인 응용 방식으로 프로젝트를 만드는 데 유
용한 정보를 상당히 전문적인 문체로 서술했다.
기초적인 내용은 모두 배웠고, 이제는 전자부품
프로젝트를 실제로 사용하는 데 관심이 생겼다
면 유용할 수 있다.

포레스트 밈스의 책은 너무 어렵지 않은 수준
에서 글을 풀어가며 전자부품 프로젝트에 대한
아이디어를 소개한다. 그가 쓴 얇은 책 《Getting
Started in Electronics(전자부품 시작하기, 국내
미출간)》은 매우 재미있다. 내 책과 주제가 상당
부분 겹치지만, 같은 주제라도 다른 출처의 설명
과 도움말을 읽었을 때 얻을 수 있는 것이 있다.
또, 일부 전기 이론에 대해서는 내 책보다 조금
더 깊이 다루는데, 귀여운 그림을 함께 실어 이
해하기도 쉽다.

실험 24 자력

이후의 선택지를 살펴보았으니 이제 우리를 기
다리고 있는 아주 중요한 주제인 전기와 자기의
관계를 살펴보자. 이번 실험에서는 오디오 재생
장치와 무선 신호에 대해 빠르게 살펴본 다음 수
동 소자의 세 번째이자 마지막 기본 속성인 자체
유도(self-inductance)의 개념을 알아본다(나머
지 두 속성은 저항과 정전용량이다). 자기유도를
마지막으로 설명하는 이유는 자기유도를 DC 회
로에 적용하기에 한계가 있기 때문이다. 그러나
변동하는 아날로그 신호를 일단 다루다 보면 금
세 익숙해질 것이다.

실험 준비물

- 큰 십자 드라이버나 강철 볼트 1개
- 22게이지나 이보다 얇은 전선 25피트(7.6m)
- 9V 전지 1개
- 종이 클립 1개

실험 절차

실험은 아주 간단하다. 십자 드라이버의 금속 부
분이나 볼트 같은 강철로 된 물체 주위에 25피트
(7.6m) 정도 길이의 22게이지 전선을 감는다. 스
테인리스강으로 만든 물건은 자성을 띠지 않는
경향이 있으니 사용하지 않는다.

전선은 깔끔하고 틈 없이 촘촘하게 감아야 한
다. 최소 100번은 감되 전선이 감겨 있는 길이
가 2인치(5.1cm) 이내여야 한다. 이 길이 안에서

100번을 감으려면 전선을 겹쳐서 감아야 한다. 마지막으로 감은 전선이 자꾸 풀린다면 테이프로 고정하자.

이제 9V 전지를 연결한다. 코일은 1A와 2A 사이의 전류를 끌어가므로 연결은 몇 초 동안만 지속한다.

이만큼 코일을 감아주면 탁자에서 종이 클립을 들어 올릴 정도의 자력이 생긴다.

축하한다. 전자석을 만드는 데 성공했다. 회로도는 그림 24-15와 같다.

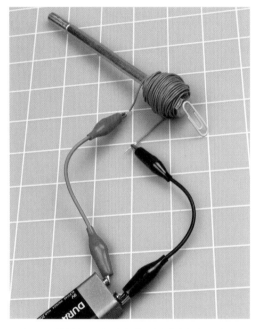

그림 24-14 강철 볼트로 만든 가장 기본적인 이 전자석은 종이 클립을 들어올릴 수 있을 정도로 강력하다.

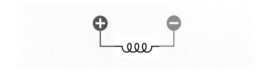

그림 24-15 회로도가 이보다 더 간단할 수 없다.

양방향 관계

전기는 자력을 생성해 낼 수 있다. 전류가 전선을 타고 흐를 때 전기는 전선 주변으로 자기장을 일으킨다. 이 세상의 전기 모터는 모두 이 원리를 사용한다.

반대로, 자기는 전기를 생성할 수 있다. 전선이 자기장을 통과해 지나가면 자기장은 전선에 기전력(electromotive force)을 발생시키며, 이로 인해 전류가 흐른다. 단, 이때 전선이 폐회로를 이루고 있다고 가정한다.

이 원리는 발전에 사용한다. 디젤 엔진, 수력 터빈, 풍력 터빈 등은 이런 에너지원을 사용해 코일 형태의 전선이 강력한 자기장을 통과하도록 움직여서 전기를 유도한다.

태양광 패널과 전지를 제외하면 전력원은 모두 자석과 코일 형태의 전선을 사용한다.

실험 25에서는 LED에 전원을 공급할 수 있을 정도의 휴대용 발전기를 만들 수 있다. 그러나 먼저 이론을 조금 알아야 한다.

인덕턴스

앞에서 소개한 효과는 전기가 자기장을 유도(induce)하기 때문에 인덕턴스(inductance)라고 하며, 이는 자기장을 유도하는 도체의 전력 크기를 뜻한다.

그림 24-16처럼 직선 형태의 전선도 그 주위에 아주 약하기는 하지만 자기장이 생긴다. 이때 관습 전류는 왼쪽에서 오른쪽으로 흐른다고 생각한다.

전선을 원의 형태로 구부리면 그림 24-17과

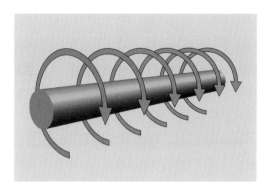

그림 24-16 전기가 도선을 따라 왼쪽에서 오른쪽으로 흐를 때 초록색 화살표 방향으로 자력을 유도한다.

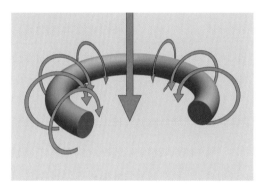

그림 24-17 도선을 구부려 원을 만들면 큰 화살표 방향으로 원의 중심을 지나는 누적된 자력이 작용한다.

같이 중심 방향으로 자력이 축적되기 시작한다. 전선을 더 감아 코일 형태로 만들면 자력이 더욱 축적된다. 코일의 중앙에 강철이나 철로 된 물체를 놓으면 이 물체를 통해 자기장이 지나갈 수 있어서 그 효과가 한층 커진다.

그림 24-18은 '바퀴의 근삿값(Wheeler's approximation)'으로 알려진 공식을 그래프로 나타낸 것이다. 근삿값이라고 하는 이유는 사용한 전선의 유형이 무엇인지에 따라 값이 달라지기 때문에 정확하게 구할 수 없기 때문이다. 그렇다 해도 코일의 내부 반지름, 외부 반지름, 너비, 감

은 횟수를 알고 있다면 코일의 인덕턴스 근사값을 구할 수 있다. (이때 치수는 미터 단위가 아닌 인치 단위여야 한다.) 인덕턴스의 기본 단위는 헨리(Henry)로 미국의 전기 분야 선구자인 조지프 헨리의 이름에서 따왔다. 헨리는 너무 큰 단위라서(패럿과 마찬가지다) 그림 24-18의 공식에서 인덕턴스를 마이크로헨리 단위로 표시했다. 짐작했겠지만 1헨리는 1,000,000마이크로헨리와 같다.

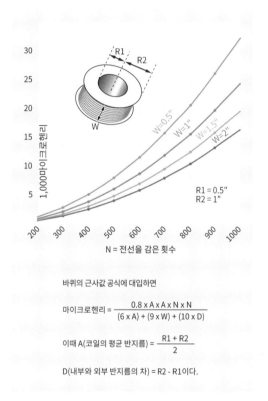

바퀴의 근사값 공식에 대입하면

$$\text{마이크로헨리} = \frac{0.8 \times A \times A \times N \times N}{(6 \times A) + (9 \times W) + (10 \times D)}$$

이때 A(코일의 평균 반지름) $= \dfrac{R1 + R2}{2}$

D(내부와 외부 반지름의 차) = R2 - R1이다.

그림 24-18 코일의 치수와 권선 수가 인덕턴스에 미치는 영향을 대략적으로 계산하여 보여주는 그래프.

그래프에서 코일의 기본 크기를 같게 유지하면서 회전 수를 두 배로 늘리면(더 얇은 전선이나 피복

이 더 얇은 전선 사용) 코일의 인덕턴스가 4배 증가함을 알 수 있다. 이는 공식의 분자에 N×N이 포함되어 있기 때문이다. 다음을 기억해 두자.

- 인덕턴스는 코일 직경이 커지면 증가한다.
- 인덕턴스는 코일을 감은 횟수의 제곱에 비례한다. (즉, 감은 횟수가 3배 늘어나면 발생하는 인덕턴스는 9배 증가한다.)
- 코일을 감은 횟수가 같을 때 코일을 길고 얇게 감으면 인덕턴스가 줄어들지만 짧고 두껍게 감으면 인덕턴스가 커진다.

코일의 회로도 기호와 기초 지식

그림 24-19는 코일의 회로도 기호를 보여 준다. 위의 두 기호는 심(core)이 없는 코일이다(두 번째 기호는 첫 번째 기호보다 더 오래전부터 사용했다). 아래의 왼쪽 기호는 철심에 감은 코일, 아래의 오른쪽 기호는 철 입자나 페라이트로 이루어진 심에 감은 코일이다.

코일의 한쪽 끝에 양의 DC 전원을, 다른 쪽 끝에는 음극 접지를 공급한다고 할 때 전원 공급 장치의 극성을 바꾸면 자기장의 방향이 바뀐다. 자기장이 한 물체 내에서 반대되는 자기 극성을 유도하는 방식으로 작동하기는 하지만, 클립을 들어올릴 때는 그 차이를 느끼지 못한다.

아마도 코일은 변압기에서 가장 폭넓게 활용될 것이다. 변압기에서는 한쪽 코일을 지나가는 교류가 교류 자기장을 유도하고, 이는 다시 다른 코일에 교류를 유도한다. 변압기의 에너지 효율이 100%라고 할 때 입력에 해당하는 1차 코일(primary coil)의 감은 횟수가 출력에 해당하는 2차 코일(secondary coil)의 절반일 경우, 전압은 2배로 늘어나고 전류는 절반으로 줄어든다.

조지프 헨리

1797년에 태어난 조지프 헨리는 강력한 전자석을 개발해 그 존재를 입증해 보인 최초의 인물이었다. 헨리는 '자기유도'라는 개념을 처음 고안해냈다. 자기유도란 코일이 전류 펄스에 저항할 때 가지는 일종의 '전기적 관성(electrical inertia)'을 뜻한다.

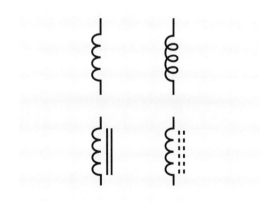

그림 24-19 코일을 나타내는 회로도 기호.

그림 24-20 조지프 헨리는 전자기학 연구를 선도한 미국의 연구자이다.

헨리는 뉴욕 주 올버니에서 일용직 노동자의 아들로 태어났다. 그는 잡화점에서 시작해 시계공의 견습생이 되었으며, 배우가 되고 싶어했다. 헨리는 친구들의 설득으로 올버니 아카데미에 입학했고, 이곳에서 그가 과학에 소질이 있음을 알게 됐다.

1826년 당시 헨리는 대학을 졸업한 상태도 아니었고 스스로를 "거의 독학으로 배웠다"라고 표현했음에도 올버니 아카데미의 수학 및 자연철학 교수로 임명되었다. 당시 마이클 패러데이는 영국에서 헨리와 비슷한 연구를 하고 있었지만 헨리는 그 사실을 알지 못했다.

헨리는 1832년 프린스턴 대학의 교수로 임명되어 연봉 1,000달러와 사택을 제공받았다. 새뮤얼 모스가 전신 관련 특허를 취득하려고 애쓰던 당시, 헨리는 이미 그 개념을 알고 있었다. 헨리의 말에 따르면 그는 비슷한 원리를 사용한 장치를 만들어서 철학 학회홀의 연구실에서 일하는 동안 집에 있는 아내에게 신호를 보낸 적이 있다고 한다.

헨리는 물리학 외에도 화학, 천문학, 건축을 가르쳤다. 또, 당시는 지금처럼 과학을 세세하게 전공 분야로 나누지 않았기 때문에 인광(phosphorescence), 소리, 모세관 작용, 탄도 등의 현상을 연구했다. 그는 1846년 설립된 스미스소니언협회의 회장직을 역임했다.

실험 25 탁상용 발전기

실험 24에서는 전기로 자기장을 발생시켰다. 이제 자력으로 전기를 생성하는 원리를 알아볼 차례다.

실험 준비물

- 니퍼, 와이어 스트리퍼, 테스트 리드, 계측기
- 축 방향으로 자기장이 형성되는 직경 3/16인치(0.5cm), 길이 1.5인치(4cm)인 원통형 네오디뮴 자석 1개
- 총 200피트(6.1m) 길이의 26게이지, 24게이지 또는 22게이지 연결용 전선
- LED 1개
- 1,000μF 커패시터 1개
- 1N4148이나 이와 비슷한 신호용 소형 다이오드 1개

추가 선택 사항

- 축 방향으로 자기장이 형성되는 직경 3/4인치(1.9cm), 길이 1인치(2.5cm)인 원통형 네오디뮴 자석 1개
- 직경 0.5인치(1.3cm), 길이 최소 6인치(15.2cm)인 목심(dowel)
- 6번 크기 접시머리 강철 나사
- 내부 직경이 3/4인치(1.9cm), 길이가 최소 6인치(15.2cm)인 PVC 수도 파이프
- 가로, 세로가 4인치(10.2cm)이고 두께가 1/4인치(0.6cm)인 합판 2장. 합판에 구멍을 뚫기

위한 1인치(2.5cm) 홀 소(hole saw)나 포스너 비트가 필요하다. 튼튼한 골판지로 대체할 수 있다. 자세한 내용은 본문을 참조한다.

- 길이가 최소 350피트(106.7m), 무게 약 110g 인 26게이지 자철선 스풀 1개

실험 절차

먼저 자석이 필요하다. 네오디뮴 자석은 시중에서 판매하는 자석 중 가장 강력하다. 부품 목록에 지정해 둔 작은 것을 선택하면 그다지 비싸지도 않다. 그림 25-1과 같이 자석을 22게이지 전선으로 10번 정도 단단히 감는다. 그리고 전선을 조금 느슨하게 풀어서 그 안으로 자석이 통과할 수 있도록 한다.

그림 25-1 전선을 10번만 감아도 자석이 와이어를 통과할 때 전위가 생성된다.

이제 계측기가 밀리볼트 AC를 측정하도록 설정한다(교류 전류 펄스를 다루기 때문에 DC가 아니다). 코일의 양쪽 끝에서 피복을 조금 벗겨낸 뒤 악어 클립이 달린 테스트 리드를 사용해 계측기와 연결한다. 엄지와 검지로 자석을 잡아 코일 안을 지나도록 앞뒤로 빠르게 움직인다. 이렇게 하면 계측기에 3~5mV 값이 표시될 것이다.

이 작은 자석에 전선을 10번 감은 것만으로도 전기를 몇 밀리볼트 발생시킬 수 있는 것이다.

전기를 생성한 탓에 자석이 자력을 잃지 않을까 궁금할 수도 있지만, 그렇지는 않다. 자석을 움직이면 약간의 에너지가 자석에 전달된다. 자석은 이 에너지가 전선을 통과해 계측기로 이동하도록 해준다.

그림 25-2처럼 전선이 겹치도록 더 크게 코일을 감는다. 그런 뒤 다시 자석을 빠르게 움직여 보자. 그러면 더 큰 전압이 생성됨을 알 수 있을 것이다.

그림 25-2 전선을 더 많이 감으면 자석이 코일 안에서 움직일 때 측정 전압값이 증가한다.

- 이전 실험에서 전선을 더 많이 감은 코일에 전기를 흘려보냈을 때 더 강한 자기장이 유도되는 원리를 공식으로 보여 주었다. 이는 양방향에서 성립한다.
- 자석이 코일 안에서 움직일 때 보통 코일을 감은 횟수가 많을수록 더 큰 전압을 유도한다.

이제 이런 궁금증이 든다. 더 크고 강력한 자석에 더 많은 전선을 감으면 어느 정도의 전력을 발생할 수 있을까? 예를 들어 LED를 켤 수 있을까?

이에 대한 내용은 '개선 사항'에서 다룬다. 물품을 추가로 구입해야 하므로 원하는 독자들만 따라 해도 좋다.

LED에 전원 공급하기

코일은 공간이 허락하는 한 전선을 많이 감을수록 강력해진다. 자철선(magnetic wire)은 이런 용도에 최적화된 제품으로, 아주 얇은 플라스틱이나 셸락 피복을 입혀서 코일을 가급적 촘촘하게 겹쳐서 감을 수 있다.

그러나 이 실험을 위해 두 번 쓸 일 없는 자철선을 500피트(152m)나 사고 싶지 않을 수 있다.

그러니 먼저 22게이지 전선으로 시작해 보자. 22게이지 전선은 이후에 브레드보드 점퍼선을 만드는 데 재사용할 수 있다. 이런 전선으로 코일을 감으면 LED를 켤 정도의 전력은 생성할 수 있지만 딱 그 정도일 뿐이다. 또, 이를 위해 지시를 정확하게 따라야 한다.

이 실험의 준비물에서 확인할 수 있겠지만 200피트(61.0m) 길이의 22게이지 연결용 전선이 필요하다. 100피트(30.5cm) 전선 스풀 2개를 구입한 뒤 그림 25-3처럼 양쪽 전선을 연결하고 스풀에 감으면 200피트짜리 스풀을 만들 수 있다. 한쪽 전선을 다른 쪽 전선과 연결할 때는 그냥 끝의 피복을 벗긴 뒤 서로 한데 꼬아주기만 해도 된다. 땜납은 필요 없다.

- 전선 코일로 자기장을 생성하려면 전선을 한 방향으로만 감아야 한다.

그림 25-3 직접 만든 스풀에 22게이지 전선을 200번 감았다. 자석은 나사로 목심에 고정했다.

LED가 깜빡이도록 하려면 더 강력한 자석이 필요하다. 내가 사용한 자석은 길이 1인치(2.5cm), 직경 3/4인치(1.9cm)인 원통형이며 축 방향으로 자기장이 형성된다. 즉, 축의 양 끝이 남극과 북극을 각각 가리킨다. (축은 원통의 중심을 지나는 가상의 선을 말한다. 원통은 축을 중심으로 회전하는 샤프트라고 생각할 수 있다.)

사용할 스풀은 가운데에 자석이 겨우 통과할 크기의 공간이 원통형으로 뚫려 있어야 한다. 3/4인치(1.9cm) PVC 수도 파이프는 근처 철물점에서 구입할 수 있다. 사실 수도 파이프의 내부 직경은 3/4인치보다 살짝 커서 자석이 안에서 자유롭게 움직일 것이다. 원칙적으로 그렇긴 하지만 파이프는 제조 시 허용오차를 크게 신경 쓰지 않는 편이다. 생각보다 내부 직경이 작을 수도 있으니 자석을 철물점에 가지고 가서 확인한 뒤 구입한다. 파이프에 자석을 끼웠을 때 너무 빡빡하면 다른 파이프에 끼워본다. 보통 회색의 전기 도관이 흰색 PVC 수도 파이프보다 약간 좁다.

나는 스풀의 위아래 원반을 만드는 데 1/4인치(0.6cm) 합판을 사용했지만 자성이 없다면 다른 재료를 사용해도 된다. 골판지를 사용한다면 두껍고 단단해야 한다.

중요한 것은 코일의 치수다. 원반은 직경이 4인치(10.2cm) 이상이어야 하며 원반 사이의 간격은 1인치(2.5cm)보다 약간 더 커야 한다. 원반 사이에 전선을 감다보면 전선이 바깥쪽으로 밀리는 경향이 있다. 원반을 파이프에 단단히 고정하도록 한다. 금속 나사나 볼트는 자석과 반응하기 때문에 이러한 목적으로 사용할 수 없다. 나는 파이프와 원반을 연결하는 데 에폭시 접착제를 사용했다.

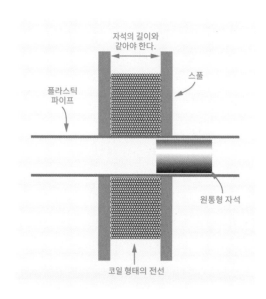

자석의 길이와
같아야 한다.

스풀

플라스틱
파이프

원통형 자석

코일 형태의 전선

그림 25-4 LED를 켤 정도의 전력을 생성할 준비하기.

코일을 감을 준비가 끝났다면 디스크 중 하나에 파이프와 가까이 구멍을 뚫은 뒤 전선을 끼워 나중에 사용할 수 있도록 한다. 코일을 감는 동안

스풀을 단단히 잡고 전선을 깔끔하게 감아 낭비되는 공간을 최소화한다.

파이프의 길이는 최소 4인치(10.2cm)여야 자석이 다음의 세 단계로 파이프를 통과할 수 있다.

1. 자석이 파이프의 한쪽 끝에 닿으면 자석은 코일을 완전히 벗어난다.
2. 자석이 같은 길이만큼 감은 코일을 통과한다.
3. 파이프의 다른 쪽 끝에 닿으면 자석은 다시 코일을 완전히 벗어난다.

자석이 쉽게 왕복하도록 하기 위해 1/2인치(1.3cm) 길이의 목심 한쪽 끝에 구멍을 뚫고 얇은 1인치(2.5cm) 납작머리 나사를 박았다. 자석은 나사와 붙어 있기 때문에 목심을 손잡이처럼 사용할 수 있다. 또는 십자드라이버의 끝에 자석을 붙여 움직일 수 있으며, 이때 십자드라이버의 강철은 실험을 크게 방해하지 않을 것이다. 반대로 자석을 안에 넣은 상태에서 파이프 앞뒤를 막고 흔들어서 자석을 앞뒤로 왕복시키는 효과를 가져올 수도 있다.

악어 클립 테스트 리드를 몇 개 사용해서 코일의 끝을 계측기의 탐침과 연결하고 이전처럼 계측기가 AC 전압을 측정하도록 설정한다. 그러나 이번에는 최대 측정 전압을 2V로 설정한다. 자석을 최대한 빠르게 움직이면 0.5~0.7V의 전압이 표시될 것이다.

그 모든 수고를 거치고 얻은 게 고작 1V도 안되는 전압일까?

계측기는 전류를 평균해서 보여 준다. 각 펄

스는 아마도 더 높은 전압까지 치솟았을 것이다.

이제 계측기를 분리하고 테스트 리드로 코일의 전선에 LED를 연결한다. 빨간색 LED는 흰색이나 파란색 LED보다 필요로 하는 순방향 전압이 크지 않아서 켜졌을 때 알아보기가 더 쉽다. 이제 자석을 열심히 움직이면 LED의 깜박임을 볼 수 있다.

LED에 불이 들어오지 않는다면 자석을 더 빠르게 움직여야 한다. 스풀 파이프의 양 끝을 엄지와 검지로 단단히 잡은 뒤 야구 공을 던질 때처럼 팔을 세차게 움직여 본다. 여전히 아무 일도 일어나지 않는가? 그렇다면 LED의 연결을 반대로 바꿔 보자. 팔은 어느 한쪽으로 움직이는 편이 더 빠를 수 있고 자석에는 극성이 있으니 차이가 있을 수 있다.

개선 사항(선택 사항)

이 실험에 조금 더 투자하면 인상적인 결과를 얻을 수 있다.

먼저 더 큰 자석을 사용해 보자. 내 경우 길이 2인치(5.1cm), 직경 5/8인치(1.6cm)인 자석에서 우수한 결과를 얻을 수 있었다. 물론 자석이 커지면 PVC 파이프의 직경도 더 커져야 한다.

둘째, 자철선을 사용해 볼 수 있다. 나는 26게이지 자철선을 약 500피트(152m) 사용했다. 자철선은 인터넷에서 쉽게 구할 수 있다.

운이 좋다면 구입한 자철선의 플라스틱 스풀에 자석 직경보다 약간 큰 구멍이 뚫려 있을 수 있다. 그림 25-5의 빨간색 원으로 표시된 부분이다. 이런 스풀은 중앙에 자철선의 끝부분이 튀어

그림 25-5 연결에 사용할 수 있도록 자철선의 끝부분을 빼 놓은(빨간색 원으로 표시) 스풀.

나와 있어서 연결할 때 사용할 수 있어 좋다.

자철선의 끝은 고운 사포로 문지르거나 커터칼의 날로 살살 긁어서 절연용 박막을 벗겨 준다. 박막이 제거되었는지는 확대경으로 확인한다. 계측기를 사용해 스풀에 감긴 전선 전체의 저항을 확인할 수 있다. 아마 100옴 미만일 것이다.

이제 그림 25-6과 같이 스풀 자철선의 양쪽 끝을 LED와 연결하고 자석을 스풀 가운데로 왕복시켜 전압을 생성할 수 있다. 대단히 애쓰지 않아도 LED가 켜진다.

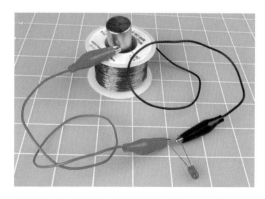

그림 25-6 작은 규모이기는 하지만 전기를 생성할 준비가 끝났다.

스풀의 크기가 맞지 않거나 전선의 끝부분이 튀어나와 있지 않다면 전선을 다른 스풀에 다시 감으면 된다. 가지고 있는 자철선이 500피트(152m)라고 해 보자. 그러면 스풀에 전선을 2,000번 정도 감아야 한다. 초당 4번 감는다고 할 때 500초가 필요하고, 분으로 환산하면 10분이 채 되지 않는다. 충분히 할 만하다.

그림 25-7은 데모용으로 만든 더 큰 규모의 장치이다. 자철선 코일은 풀리지 않도록 에폭시 접착제로 고정했으며 파이프는 흔들리지 않도록 플라스틱 블록에 고정했다. 네오디뮴 자석은 알루미늄 막대 끝에 박은 강철 조각(사진의 오른쪽)에 달라붙는다.

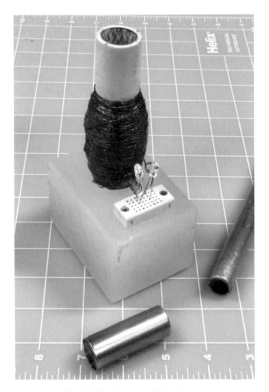

그림 25-7 놀라운 결과를 보여줄 데모용 발전 장치.

나는 고광도 LED 2개를 극성이 서로 반대가 되도록 코일과 연결했다. 자석이 위아래로 움직이면 LED가 방 전체를 밝힐 정도로 밝아진다. 또한 LED가 병렬이기는 하지만 극성은 반대가 되도록 연결했기 때문에, 전압이 코일을 지나는 방향은 자석이 위로 움직일 때와 아래로 움직일 때가 서로 다르다(그림 25-8 참조).

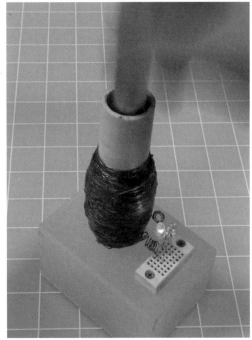

그림 25-8 작동 중인 LED 발전기.

주의: 피물집과 장치의 사망

네오디뮴 자석은 깨지기 쉽다. 자성을 지닌 금속 조각(이나 다른 자석)과 부딪히면 산산조각날 수도 있다. 이러한 이유로 여러 제조업체가 보안경 착용을 권장한다.

네오디뮴 자석 때문에 다칠 수 있다. 자석은

다른 물체와의 거리가 줄어들수록 물체를 더 큰 힘으로 당긴다. 거리가 아주 가까워지면 물체와 아주 빠르고 강하게 달라붙을 수 있다. 물체와 자석 사이에 피부가 끼면 피물집(또는 더 큰 상처)이 생길 수 있다.

자석은 절대 꺼지지 않는다. 전자부품의 세계에서는 무언가가 꺼져 있으면 그에 대해 걱정할 필요가 없다고 생각하곤 한다. 그러나 자석은 그런 식으로 작동하지 않는다. 자석은 언제나 주변 세계에 날을 세우고 있다가 자성을 띠는 물체를 발견하면 즉시 잡아당긴다. 이때 물체에 날카로운 모서리가 있고 물체와 자석 사이에 손이 있다면 결과는 끔찍할 수 있다.

자석을 사용할 때는 자성이 없는 표면 위를 깨끗이 치워 두어야 하며, 표면 아래에 자성을 띤 물체가 없는지 살펴야 한다. 나의 경우, 자석이 주방 조리대 밑면에 박혀 있던 철제 나사에 반응한 탓에 예기치 않게 자석이 조리대 상단에 달라붙었던 일이 있었다.

이런 일은 자신에게 일어나기 전에는 심각하게 받아들이기 어렵다. 그러나 네오디뮴 자석은 언제나 사람을 놀라게 할 준비가 되어 있으며, 잠시도 쉬지 않는다. 그러니 조심해서 사용한다.

또한 자석은 자석을 만든다. 자기장이 철이나 강철 물체를 통과하면 물체는 자체적으로 약간의 자성을 띨 수 있다. 시계를 차고 있다면 자기장에 노출되지 않도록 주의한다. 스마트폰도 자석에서 멀리 떨어뜨려 둔다.

마찬가지로 컴퓨터, 디스크 드라이브, 영상 출력 장치는 네오디뮴 자석의 강한 자기장에 취약하다.

강력한 자석은 또한 심박조정기의 정상적인 작동을 방해할 수 있다.

커패시터 충전하기

시도해 볼 만한 건 또 있다. 만들어 둔 전선 코일에서 LED를 분리한 뒤 그림 25-9와 같이 신호용 다이오드와 1,000μF 전해 커패시터를 직렬로 연결한다. 그런 다음 커패시터를 통과하도록 계측기를 연결하고 DC 전압(AC 아님)을 측정하도록 설정한다.

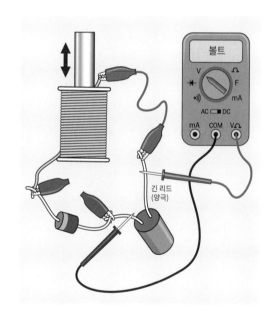

그림 25-9 다이오드를 사용하면 코일에서 생성한 전압을 커패시터에 저장할 수 있다.

측정 범위를 수동으로 설정하는 계측기라면 범위를 최소 2VDC로 설정한다. 다이오드의 양극(표시 없음)이 커패시터의 음극(표시 있음)과 연결되어 있어야 양의 전압이 커패시터의 한 극에

축적되는 동안 다이오드를 통해 전자가 다른 쪽
에 도달한다.

이제 코일 속에 자석을 두고 위아래로 빠르게
움직인다. 커패시터에 전하가 축적되고 있음을
계측기를 통해 확인할 수 있다. 자석을 움직이지
않으면 계측기의 내부 저항을 통해 커패시터가
저절로 방전되기 때문에 계측기에 표시된 전압
값이 아주 느리게 줄어들 수 있다.

이 실험은 보기보다 중요하다. 자석을 코일에
밀어 넣었을 때 유도되는 전류의 방향과 빼낼 때
의 전류 방향이 반대라는 점에 주목하자. 즉, 생
성하는 전류는 사실 교류다.

다이오드는 회로에서 전류가 한 방향으로만
흐르도록 한다. 전류가 반대로 흐르지 못하도록
막고, 그 결과 커패시터가 전하를 축적한다. 이
를 통해 다이오드를 사용해서 교류를 직류로 변
환할 수 있겠다는 결론에 도달했다면, 이는 아
주 정확하다. 이 과정을 '교류를 정류한다'고 말
한다.

다이오드는 AC 전류의 절반만 통과시키고 나
머지 절반은 차단하기 때문에 반파 정류기(half-
wave rectifier) 역할만 한다. 그림 25-10처럼 다
이오드를 4개 사용해서 전파 정류기(full-wave
rectifier)를 만들 수 있다. 실제로 사용하려면 출
력을 평활화해야 하며 보통 이런 목적으로 커패
시터를 추가한다.

다음 실험: 오디오

실험 24에서는 전압으로 자석을 생성할 수 있음
을 보였다. 또한 실험 25에서는 자석으로 전압을

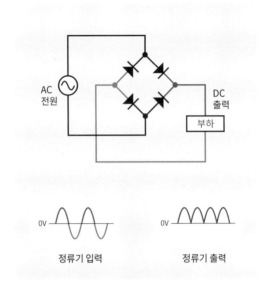

그림 25-10 실생활에서 응용하는 경우 다이오드 4개를 사용하면 AC
를 DC로 변환할 수 있다.

생성할 수 있음을 보였다. 이제 이러한 개념을
소리의 감지와 재생에 적용해 볼 차례다.

코일을 지나 흐르는 전기는 자력을 생성해서 작은 금속 물체를 코일 쪽으로 끌어당길 수 있음을 확인했다. 그렇다면 코일이 아주 가볍고 물체가 코일보다 무겁다면 어떤 일이 일어날까? 이 경우에는 코일이 물체 쪽으로 움직일 수 있다.

이 원리가 스피커(speaker)의 핵심이다.

이전 실험에서도 스피커를 사용한 적이 있지만, 이번 기회에 스피커의 작동 원리까지 알아보자. 스피커의 작동 방식을 알려면 스피커를 분해하는 것이 가장 좋은 방법이다.

교육적이지만 파괴적인 이 실험에 드는 돈이 아까울 수도 있다. 그렇다면 고물상에서 망가진 오디오 장비를 사오거나 이웃이 버리려고 내놓은 오디오 장비를 주워와도 된다. 그마저도 여의치 않다면 그냥 책에 실린 사진을 참고한다. 단계별 과정이 나타나 있다.

• 직경이 최소 2인치(5.1cm)인 가장 저렴한 스피커 1개(고장난 것도 괜찮다)
• 커터칼 1개

실험 절차

그림 26-1은 작은 스피커를 뒤에서 본 모습이다. 볼록 튀어나온 부분에 자석이 숨어 있다.

스피커를 그림 26-2처럼 앞면이 위를 향하도록 돌린다. 날카로운 커터칼이나 엑스엑토

그림 26-1 소형 스피커 뒷면.

그림 26-2 운명을 받아들일 준비를 끝낸 2인치 스피커.

그림 26-3 콘을 제거한 스피커.

(X-Acto) 날로 원뿔형 콘(cone)의 바깥쪽 가장자리를 따라 자른 다음 가운데를 둥글게 잘라 O자 모양의 검은색 원을 제거한다.

그림 26-3은 스피커에서 콘을 제거한 모습이다. 중앙의 노란색 천은 신축성이 있는 부분으로

보통 원뿔이 앞뒤로 움직이는 동시에 좌우로 벗어나지 않도록 막아 준다.

노란색 천 부분의 바깥쪽 가장자리를 따라 잘라내면 숨어 있던 종이 실린더를 꺼낼 수 있다. 실린더 주변으로는 구리 코일이 감겨 있다(그림 26-4). 사진에서는 실린더가 잘 보이도록 뒤집었다.

그림 26-4 구리 코일은 보통 자석 아래 홈에 숨겨져 있다.

구리 코일 양 끝의 전원은 보통 스피커 뒷면의 두 단자에서 나온 휘어지는 전선을 통해 공급받는다. 코일을 자석 옆으로 보이는 홈에 끼우면 코일은 자기장과 반응해 위아래로 힘을 가하는 식으로 전압 변동에 반응한다. 그 결과 스피커의 콘이 진동하면서 음파를 생성한다.

스테레오 시스템에 달린 대형 스피커가 정확히 이런 방식으로 작동한다. 대형 스피커에는 더 큰 전력(보통 최대 100와트)을 처리할 수 있도록 더 큰 자석과 많은 코일이 있을 뿐이다.

이렇게 조그만 부품을 분해할 때마다 부품을 구성하는 것들이 정밀하고 섬세하게 만들어지며, 낮은 비용으로 대량 생산이 가능하다는 점에

감동하곤 한다. 또 패러데이와 헨리 등 여러 전기 연구의 선구자들이 오늘날 우리가 당연하게 사용하는 부품을 볼 수 있다면 얼마나 놀랄지 상상해 보곤 한다. 헨리는 이 저렴한 소형 스피커보다 10배는 더 큰데도 효율은 떨어지는 전자석을 만들기 위해 손으로 며칠 동안 코일을 감아야 했다.

스피커의 기원

이 실험을 시작할 때 언급했듯이 자기장이 철이나 강철로 만들어진 무겁거나 고정된 물체에 반응하면 코일이 움직인다. 물체가 자성을 띠게 되면 코일과 물체의 상호작용은 더 강해져서 움직임이 더 커진다. 그리고 이런 식으로 스피커가 작동한다.

이 아이디어는 여러 가지 발명품을 만든 독일의 발명가 에른스트 지멘스가 1874년 처음 떠올린 것이다. (에른스트는 1880년에 세계 최초의 전동 엘리베이터를 만들기도 했다.) 오늘날 지멘스 AG는 세계에서 가장 큰 전자제품 기업 중 하나이다.

알렉산더 그레엄 벨이 1876년 전화기로 특허를 취득했을 때 그는 지멘스의 아이디어를 바탕으로 수화기에서 가청 주파수를 생성해냈다. 그 때부터 소리 재생 장치의 품질과 성능이 점차 향상되었고, 1925년 제너럴 일렉트릭의 체스터 라이스와 에드워드 켈로그가 스피커 설계의 기본 원리를 확립하는 논문을 발표했다. 이 원리는 1세기가 지난 지금도 여전히 사용되고 있다.

인터넷을 검색하면 그림 26-5와 같이 효율성을 극대화하기 위해 나팔 모양으로 만든 아주

그림 26-5 이 아름다운 앰플리온 혼 스피커는 음향 증폭기의 출력이 아주 제한되어 있던 시대에 효율성을 극대화하려는 초기 스피커 설계자들의 노력을 보여 준다.

아름다운 디자인의 초기 스피커 사진을 볼 수 있다. 나팔 모양의 아랫부분에는 금속 격실을 두고 이 안에 진동판을 설치하여 구리 코일을 지나는 전류로 진동시켰다.

소리 증폭기의 출력이 높아지면서 스피커 효율은 뛰어난 품질의 재생 성능과 낮은 제조 비용에 비해 중요성이 줄어들었다. 오늘날 스피커는 전기 에너지의 1% 정도만 음향 에너지로 변환한다.

소리, 전기, 그리고 다시 소리

이제 소리가 전기로, 또 전기가 다시 소리로 변환되는 원리를 보다 구체적으로 알아볼 시간이다.

그림 26-6에서처럼 누군가가 막대기로 징을 친다고 해 보자. 징의 평평한 금속 표면이 앞뒤로 진동하면서 인간의 귀가 소리로 인식하는 압력파(pressure wave)를 생성한다. 압력파에서 높은 압력의 봉우리 다음에는 언제나 낮은 압력의 골이 뒤따른다. 소리의 파장(wavelength)은 압력파의 한 봉우리와 다음 봉우리 사이의 거리를 말한다(보통 거리가 밀리미터에서 미터에 이른다).

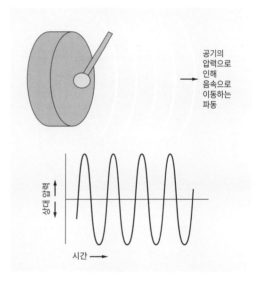

공기의 압력으로 인해 음속으로 이동하는 파동

압력 크기

시간 →

그림 26-6 징을 치면 평평한 표면이 진동한다. 진동은 공기에 압력파를 생성한다.

소리의 주파수는 초당 발생하는 파동의 수이며, 보통 헤르츠로 표시한다.

이제 압력파가 지나가는 경로에 얇은 플라스틱으로 만든 아주 민감한 작은 막을 놓았다고 가정해 보자. 바람에 나부끼는 잎새처럼 플라스틱은 파동에 반응해 펄럭인다. 이때 아주 가는 전선을 감아 만든 조그만 코일을 막 뒷면에 붙여서 막과 함께 움직이도록 한다고 해 보자. 또, 전선 코일 내부에 자석을 움직이지 않도록 고정해 보자. 이런 구성은 작고 아주 민감한 스피커와 같다.

차이점이 있다면 스피커는 전기로 소리를 생성하는 반면, 여기에서는 소리가 전기를 생성한다는 것이다. 압력파는 자석의 축을 따라 막을 진동시키고 자기장은 전선에 변동하는 전압을 생성한다. 그림 26-7은 이러한 원리를 보여 준다.

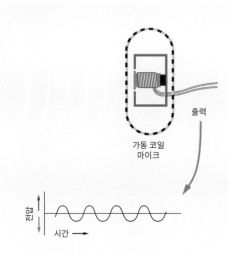

그림 26-7 가동 코일 마이크로 들어가는 음파는 막을 진동시킨다. 막은 코일에 부착하고 코일 안에는 자석을 둔다. 코일이 움직이면 소량의 전류가 유도된다.

이런 장치를 가동 코일 마이크(moving-coil microphone)라고 한다. 마이크를 만드는 방법은 이 외에도 있지만 이 방법이 이해하기 가장 쉽다. 물론 여기에서 발생하는 전압은 아주 작지만 그림 26-8에서처럼 트랜지스터 하나나 여러 개를 연속으로 연결해 전압을 증폭할 수 있다.

그런 다음 스피커의 목 부분에 감긴 코일을 통해 출력을 공급할 수 있으며 스피커는 그림 26-9와 같이 공기 중에 압력파를 재현한다.

이 과정 어딘가에서 소리를 녹음한 다음 다시 재생하고 싶을 수 있다. 원리는 동일하다. 까

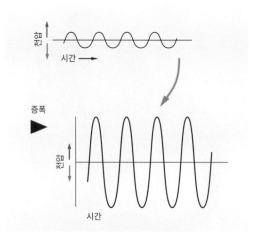

그림 26-8 마이크의 미약한 신호가 증폭기를 통과하면 증폭기는 주파수와 파형 모양은 그대로 유지하고 진폭은 확대한다.

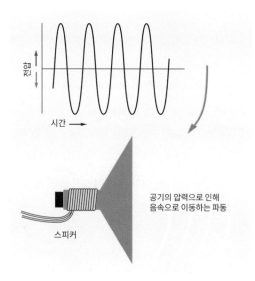

그림 26-9 증폭된 전기 신호는 스피커 콘의 목 둘레를 감은 코일을 지난다. 전류에 의해 유도된 자기장은 콘을 진동시켜 원래의 소리를 재생한다.

다로운 부분은 마이크, 증폭기, 스피커를 설계해서 단계마다 파형을 정확하게 재현하도록 하는 것이다. 이 부분이 상당히 어렵기 때문에 소리를 정확히 재생하기까지 수십 년이 걸렸다.

코일이 반응하도록 만들어 보자

앞에서 코일에 전류를 흘려보내면 전류가 자기장을 생성하는 것을 확인했다. 이때 전류의 연결을 끊으면 생겨난 자기장은 어떻게 될까?

자기장의 에너지 중 일부는 짧은 전기 펄스로 다시 변환된다. 이런 일은 자기장이 사라질 때 발생한다.

이번 실험에서 직접 확인해 보자.

- 브레드보드, 연결용 전선, 니퍼, 와이어 스트리퍼, 계측기(앞서 사용한 것)
- 빨간색 일반 LED 개
- 최소 25피트(7.6m) 길이의 22게이지 연결용 전선(24게이지나 26게이지 전선도 가능하며 길이는 100피트(30.5m)면 더 좋다)
- 47옴 저항 2개
- 1,000μF이나 그보다 용량이 큰 커패시터 1개
- 택타일 스위치 2개

실험 절차

그림 27-1의 회로도와 그림 27-2의 브레드보드 버전을 보자. 코일의 경우 드라이버나 그 외에 강철로 된 물체에 감은 연결용 전선은 몇 번이고 다시 사용할 수 있다. 실험 25에서 커다란 코일을 만들었다면 그걸로 충분할 것이다.

회로도는 조금 말이 안 되는 것처럼 보인다. 47옴 저항은 LED를 보호하기에 너무 작은 듯하다.

그런데 전기가 코일을 통과해 LED 옆으로 지나간다고 LED가 켜질 이유가 있을까? 이런 생각을 했다면 결과를 보고 상당히 놀랄 것이다. 버튼을 누를 때마다 LED가 짧게 깜박이기 때문이다. 왜 그런지 상상이 되는가?

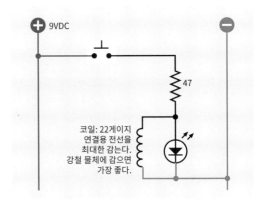

그림 27-1 코일의 자체유도를 보여주는 간단한 회로.

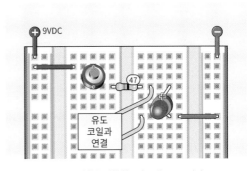

그림 27-2 자기유도 실험을 위한 회로의 브레드보드 버전.

이번에는 두 번째 LED를 추가해 보자. 그림 27-3과 27-4에서처럼 첫 번째와 방향이 반대가 되도록 주의해서 연결한다. 두 번째 47옴 저항도 추가한 뒤 버튼을 다시 누르면 앞에서와 마찬가지로 첫 번째 LED가 깜박인다. 그러나 버튼에서 손을 떼면 이번에는 두 번째 LED가 깜박인다. LED가

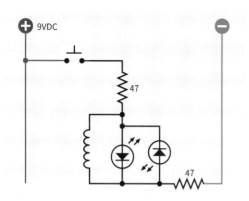

그림 27-3 자기장이 생성되면 LED가 1개 깜박인다. 자기장이 사라지면 다른 하나가 깜박인다.

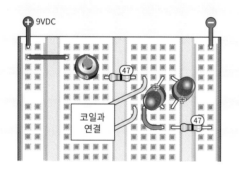

그림 27-4 LED를 2개 사용하는 데모 회로의 브레드보드 버전.

그다지 밝지는 않지만 처음에는 어느 한 방향으로, 다음에는 그와 반대 방향으로 통과하는 약간의 전류에 반응해서 분명히 깜박인다. DC 전원 공급 장치를 사용해도 결과는 같다.

단, 버튼을 오래 눌러서는 안 된다는 걸 기억해 두자. 버튼을 누른 채로 몇 초가 지나면 47옴밖에 안되는 저항은 타버릴 것이고, 9V 전지를 사용하는 경우 전지가 모두 닳아버릴 것이다.

사라지는 자기장
코일에 전압을 가하면 코일은 처음에 전류가 통

과해 지나가기를 원하지 않는다. 그 비협조적인 태도를 자기유도라고 한다. 코일이 전류를 막는 동안 전류는 잠시 코일을 우회해서 LED를 지나간다. 그러다 코일이 전류에 항복해 전류를 흘려보내기 시작하면 전류는 방향을 바꿔 LED 주위를 흘러가기 때문에 LED가 어두워진다.

사람들은 코일의 동작을 설명하기 위해 유도성 리액턴스(inductive reactance) 또는 줄여서 리액턴스(reactance)라는 용어를 사용하기도 한다.

전기가 코일을 지나가는 동안은 자기장이 생성되며, 여기에 약간의 에너지가 필요하다. 전원을 차단하면 자기장이 사라지고 여기서 발생한 에너지가 다시 전류로 변환된다. 그 결과 작은 펄스가 발생하는데, 버튼에서 손을 뗐을 때 두 번째 LED에서 본 것이 바로 이 펄스다.

실험 20에서 릴레이가 꺼질 때 코일이 생성하는 펄스를 흡수하기 위해 환류 다이오드를 릴레이 코일과 직렬로 연결하라고 했던 것을 기억할 것이다. 이와 완전히 같은 현상이 지금 발광 다이오드에서 일어나고 있다. 전원을 차단하고 코일에 의해 생긴 자기장이 사라지면 역기전력(back electromotive force, back EMF)이 발생한다. 방금 막 역기전력의 존재를 직접 확인했다.

당연한 이야기지만 크기가 다른 코일은 저장하고 방출하는 에너지의 양도 다르다.

저항, 커패시터, 코일
전자부품에서 수동 소자의 대표적인 세 가지 유형이 저항, 커패시터, 코일이다. 이제 이들의 속성을 정리하고 비교해 보자.

저항은 전류 흐름을 제한하고 전압을 떨어뜨린다.

커패시터는 처음에는 전류 펄스를 흘려보내지만 직류 DC 공급이 계속되면 이를 차단한다.

코일(인덕터라고도 한다)은 처음에는 DC 전류를 차단하지만 DC 공급이 계속되면 이를 흘려보낸다.

방금 보여준 회로에서는 코일이 아주 짧은 펄스만 흘려보낸다는 점을 알고 있어서 더 큰 저항을 사용하지 않았다. 좀 더 흔하게 사용하는 330옴이나 470옴 저항을 선택했다면 LED의 깜빡임을 제대로 볼 수 없었을 것이다.

그림 27-4의 회로는 전선 코일이 없는 상태에서 실행하지 않는다. 그랬다가는 순식간에 LED가 타버릴 것이다. 코일은 아무것도 하지 않는 것처럼 보일 수 있지만 실제로는 그렇지 않다.

이 실험의 변형은 다음으로 끝이다. 이를 통해 기억력과 전기에 대한 기본적인 내용을 테스트해 보자. 이번에는 코일 대신 1,000μF 커패시터를 사용하여 그림 27-5와 27-6처럼 회로를 새로 구성한다(극성에 맞게 올바른 방향으로 연결해야 한다는 점에 주의한다. 양극 리드가 위쪽으로 가야 한다). 또한 전류를 우회시키는 코일을 더 이상 사용하지 않으니 저항은 470옴을 사용한다.

먼저 그림 27-5에서 버튼 B를 잠시 눌러 커패시터를 완전히 방전시킨다. 이제 버튼 A를 누르면 어떤 일이 일어날까? 이미 짐작하고 있을지도 모르겠다. 커패시터는 변위전류로 알려진 초기 전기 펄스를 전달한다는 점을 기억하자. 따라서

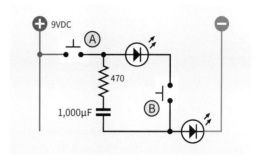

그림 27-5 여러 측면에서 커패시터와 코일은 작동 방식이 반대다.

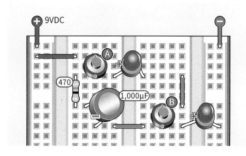

그림 27-6 정전용량 데모 회로의 브레드보드 버전.

아래의 LED가 켜지지만, 커패시터가 위쪽 플레이트에 양전하를 축적하고 아래쪽 플레이트에 음전하를 축적하면서 LED의 불빛이 점차 흐려진다. 이러한 현상이 일어나는 동안 아래쪽 LED의 전위는 점차 0으로 줄어든다.

이제 커패시터는 충전된 상태다. 이 상태에서 버튼 B를 누르면 커패시터가 위쪽 LED를 통해 방전된다. 이는 그림 27-1의 실험과 반대로, 코일 대신 커패시터를 사용한 것으로 볼 수 있다.

커패시터와 인덕터는 모두 전력을 저장한다. 이런 현상은 커패시터를 사용할 때 좀 더 분명히 확인할 수 있다. 고가의 커패시터가 고가의 코일보다 훨씬 작기 때문이다.

교류의 개념

이제 간단한 사고 실험을 해 보자. 555 타이머를 설정해 일련의 펄스가 코일을 지나도록 한다고 가정해 보자. 그 결과로 교류의 한 형태가 발생할 것이다.

코일의 자기유도가 펄스의 흐름을 방해할까? 이는 각 펄스의 길이, 펄스의 변동 속도, 코일의 인덕턴스 크기에 따라 달라진다. 펄스의 주파수가 적당하면 코일의 자기유도로 인한 자속 밀도가 각 펄스에 동조해 최고 수준에 도달하며, 그 결과 해당 펄스를 차단하는 경향이 있다. 그 다음은 시간이 지나면서 코일이 복구되어 다음 펄스를 차단한다. 이런 식으로 일부 주파수는 억제하고 나머지 주파수는 통과하도록 코일을 '조정'할 수 있다.

좋은 스피커를 갖춘 스테레오 시스템의 경우 스피커 케이스마다 내부에 동력원이 2개씩 있다. 하나는 고주파수 음향용이고 다른 하나는 저주파용이다. 또한 케이스에는 거의 대부분 더 높은 주파수가 더 큰 스피커에 도달하지 못하도록 막아주는 코일과 커패시터가 있다. 이를 크로스오버 네트워크(crossover network)라고 한다.

이 책에서는 지면 부족으로 교류를 깊이 다루지 않는다. 교류는 전기가 이상하면서도 놀라운 방식으로 작동하는 광대하고 복잡한 분야이며, 전기를 설명하는 데 사용하는 수학은 상당히 어려울 수 있다. 그렇기는 하지만 무선 신호의 송수신을 가능하게 하는 개념이기에 알아보는 게 좋다.

실험 28 납땜과 전원이 없는 라디오

여기서는 전원 공급 없이 AM 전파 신호를 수신하는 회로를 소개한다. 이런 유형의 장치는 과거에 방연석 같은 광물 결정(crystal)을 사용했기 때문에 광석 라디오(crystal radio)라고 부른다. 이런 광물 결정에 가는 전선의 끝을 대고 누르면 다이오드 역할을 한다. 이 개념은 통신이 처음 등장했던 시기에 고안되었다. 광석 라디오를 한 번쯤 만들어본 적이 없다면 마법과도 같은 경험을 놓친 것이다(우리나라에서는 지역에 따라 실험이 잘 이루어지지 않을 수도 있다).

실험 준비물

- 직경이 약 3인치(7.6cm)이고 표면이 매끄러운 유리나 플라스틱으로 만든 비타민 통, 물통 등 원통형 물체 1개
- 최소 60피트(18.3m) 길이의 22게이지 연결용 전선
- 50~100피트(15.2~30.5m) 길이의 더 무거운 16게이지 전선
- 10피트(3.0m) 길이의 폴리프로필렌 로프(줄여서 '폴리로프')나 나일론 로프
- 게르마늄 다이오드 1개
- 고임피던스 이어폰 1개
- 악어 클립 테스트 리드 1개
- 추가 악어 클립 3개 또는 여분의 테스트 리드 사용

- 9V 전원 공급 장치(전지 또는 AC 어댑터)
- LM386 단일 칩 증폭기
- 10μF 전해 커패시터 1개
- 소형 스피커(2인치(5.1cm) 크기 정도면 충분하다)

다이오드는 앞에서 사용했던 실리콘 다이오드 유형이 아니라 게르마늄 다이오드여야 한다. 이어폰은 휴대전화나 MP3 플레이어에 사용하는 최신 이어폰이 아닌 2,000옴 이상의 고임피던스 이어폰이어야 한다. 자세한 내용은 부록 A를 참조한다.

1단계: 코일

먼저 AM 주파수 대역에서 송신되는 무선 신호와 동조할 코일을 만들어야 한다. 코일은 65번을 감는다. 22게이지 연결용 전선을 사용할 수 있으며, 코일이 적어도 60피트(18.3m)는 있어야 한다.

전선을 감을 물체로는 표면이 매끈하고 직경이 3인치(7.6cm) 정도인 원통형의 빈 유리병이나 플라스틱 용기라면 무엇이든 사용할 수 있다. 플라스틱 물통은 압력을 받아도 쉽게 찌그러지지 않을 만큼 두께가 충분히 두껍다면 사용할 수 있다.

내게는 마침 딱 알맞은 크기의 비타민 통이 있었다. 사진을 보면 라벨이 없음을 알 수 있다. 히트건으로 통이 녹지 않을 정도로만 열을 가해 접착제를 녹인 다음 라벨을 벗겼다. 그런 뒤 자일렌으로 남아 있는 접착제를 제거했다.

이제 송곳이나 못 등으로 그림 28-1과 같이 구멍을 두 쌍 뚫는다. 구멍은 코일 끝을 고정하는 데 사용한다.

연결용 전선의 끝에서 피복을 벗긴 뒤 그림 28-2처럼 한 쌍의 구멍에 끼워 고정한다. 그다음 통에 전선을 다섯 바퀴 감고 저절로 풀리지 않도록 테이프를 잘라 임시로 붙여 둔다. 덕트 테이프가 가장 좋지만 일반 스카치테이프도 괜찮다. 불투명한 '매직테이프'는 접착력이 부족하고 나중에 제거하기도 어려울 것이다.

그림 28-1 코일을 감기에 적합한 통. 구멍은 전선을 고정하는 데 사용한다.

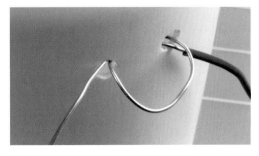

그림 28-2 한 쌍의 구멍에 전선의 한쪽 끝을 고정한다.

이제 통 주위를 다섯 바퀴 감고 해당 위치에서 전선의 피복을 잘라 틈을 만들어 준다. 그림 28-3처럼 와이어 스트리퍼로 절연체를 잘라낸 다음 잘라낸 곳에서 피복을 양옆으로 밀면 된다.

그림 28-3 와이어 스트리퍼와 엄지 손톱을 사용해 피복을 0.5인치 (1.3cm) 정도 당겨 벗긴다.

다음으로 노출된 전선을 꼬아서 고리를 만든다. 나중에 잡기도 수월하고 잘린 피복이 서로 다시 만나 노출된 부분을 덮는 일도 막을 수 있다(그림 28-4 참조).

그림 28-4 노출된 전선 부분에 고리 만들기.

이제 코일에 잡을 부분이 생겼다. 지금 만든다. 코일의 탭(tap)이라고 한다. 이제 처음 다섯 번 감아 둔 전선을 임시로 고정하는 데 사용한 테이프를 떼어내고 전선을 다섯 번 더 감아준다.

그런 뒤 탭을 하나 더 만든다. 이런 식으로 탭을 총 12개 만든다. 탭의 위치는 정확히 일치하지 않아도 괜찮다. 마지막 탭을 만들었으면 다섯 번 더 감은 뒤 전선을 자른다. 자른 전선의 끝부분은 직경이 1/2인치(1.3cm) 정도 되도록 U자 모양으로 구부린다. 그러면 전선을 통의 가장 끝에 뚫은 한 쌍의 구멍을 통과시켜 빼낼 수 있다. 이렇게 빼낸 전선을 잡아당긴 뒤 전선이 절대 빠지지 않도록 고리를 만들어준다.

비타민 통에 감은 코일의 모습은 그림 28-5와 같다.

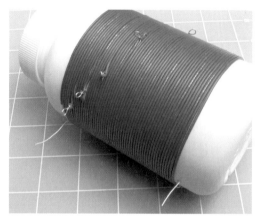

그림 28-5 통에 감아 완성한 코일.

다음 단계로 안테나를 세운다. 안테나는 두껍고 길수록 좋다. 마당이 있는 집에 살고 있다면 이 문제는 쉽게 해결할 수 있다. 창을 열고 릴에 감긴 16게이지 전선의 한쪽 끝을 잡은 다음 릴을 창밖으로 던진다. 그런 다음 밖으로 나가 철물점에서 구입이 가능한 폴리프로필렌 로프(폴리로프)나 나일론 로프로 나무나 홈통, 기둥 등에 전선을 걸어주면 된다. 전선의 길이가 총 50~100

피트(15.2~30.5m) 정도면 된다. 전선이 창문으로 들어오는 곳에도 폴리로프로 전선을 매달아 준다. 핵심은 안테나 전선을 지면이나 접지된 물체에서 최대한 멀리 떨어뜨리기 위해 절연체인 로프를 사용하라는 것이다.

집에 마당이 없다면 안테나는 실내에 걸 수도 있다. 폴리로프나 나일론 로프를 사용해 창의 설치물이나 문 손잡이, 바닥 등 바닥에서 떨어진 곳에 전선을 걸어도 된다. 안테나가 반드시 직선일 필요는 없다. 사실 방을 빙 둘러서 걸어 두어도 된다.

고전압에 주의하자!

우리 주변의 세상은 온통 전기로 가득하다. 평소에는 이런 사실을 인식하지 못하지만, 천둥이 치는 날이면 발 아래 땅과 머리 위 구름 사이에 엄청난 전위가 존재함을 깨닫게 된다.

안테나를 실외에 설치했다면 낙뢰의 위험이 있는 날에는 사용하지 않는다. 무척 위험할 수 있다. 천둥 번개가 칠 것 같으면 실내에 있는 안테나의 끝부분 연결을 끊은 뒤 밖으로 던져 둔다.

안테나와 접지

악어 클립 테스트 리드로, 안테나 전선의 끝을 만들어 둔 코일의 윗 부분과 연결한다.

이제 접지선(ground wire)을 설치해야 한다. 접지선은 말 그대로 땅(ground)과 연결해야 한다. 수도 파이프는 결국 땅속 어딘가로 이어지기 때문에 이러한 목적으로 사용하기에 좋지만, 효과가 있으려면 금속 재질이어야 한다. 요즘 사용하는 배관은 플라스틱이 많다. 접지를 위해 수도꼭지에 전선을 연결할 때는 먼저 싱크대 아래를 열어 수도 파이프가 구리인지부터 확인한다.

아니면 전선을 전기 콘센트 덮개판의 나사에 연결할 수도 있다. 집의 전기 설비도 결국은 접지되기 있기 때문이다. 이런 경우 전선을 단단히 고정하여 전선이 콘센트의 소켓에 절대로 닿지 않도록 해야 한다.

접지를 확실히 하려면 밖으로 나가 축축한 땅에 구리로 도금한 접지 막대를 망치로 박아도 된다. 전기용품 도매점이라면 어디든 이런 접지 막대를 판매한다. 이런 막대는 보통 용접 장비를 접지할 때 사용한다. 그러나 이보다 쉬운 방법을 먼저 시도하길 바란다.

마지막으로 게르마늄 다이오드와 고임피던스 이어폰은 구하기가 조금 어려울 수도 있다. 게르마늄 다이오드는 실리콘 다이오드와 기능은 같지만 이 실험에서 다루게 될 소량의 전압과 전류에 더 적합하다. 이어폰의 경우 미디어 플레이어에 사용하는 종류는 여기에 적합하지 않다. 그림 28-6처럼 구식 이어폰이어야 한다. 끝에 플러그가 있다면 플러그를 잘라내고 각각의 전선에서

그림 28-6 무전원 라디오에 필요한 이어폰 유형이다. 계측기로 확인하면 저항이 2K 정도임을 알 수 있다.

조심스럽게 피복을 벗겨야 한다.

부품은 그림 28-7에서 보는 것처럼 테스트 리드와 악어 클립으로 조립한다. 내가 만든 실제 버전(그림 28-8)은 도해만큼 깔끔하지는 않지만 연결은 동일하다. 가장 오른쪽의 악어 클립은

코일의 탭과 연결할 수 있다. 이런 식으로 라디오 주파수를 조정한다.

설명대로 라디오를 만들었고 AM 라디오 방송국에서 30~50킬로미터 이내에 거주하고 있으며 청력이 상당히 좋은 편이라면, 회로에 전력을 공급하지 않더라도 이어폰을 통해 희미하게나마 라디오 소리를 들을 수 있다. 이 프로젝트가 처음 만들어진 것은 100년도 더 전이지만 여전히 놀라움과 경이로움을 선사한다(그림 28-9).

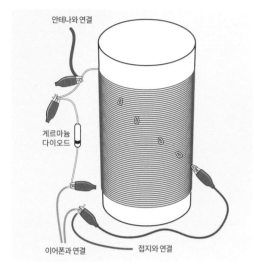

그림 28-7 부품을 조립한 모습.

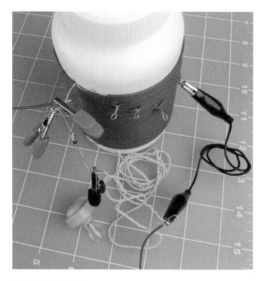

그림 28-8 실제 버전.

그림 28-9 별다른 전원 없이 아주 단순한 부품들로 무선 신호를 수신할 수 있다.

라디오 방송국에서 너무 멀리 떨어져 있거나 안테나를 충분히 길게 설치할 수 없거나 접지 연결이 좋지 않으면 아무 소리도 들리지 않을 수 있다. 포기하지 말고 해가 질 때까지 기다리자. AM 주파수의 수신 결과는 태양이 복사로 대기를 자극하지 않으면 급격히 좋아진다.

라디오 방송국을 선택하려면 테스트 리드에 달린 악어 클립을 코일의 한 탭에서 다른 탭으로 옮겨본다. 여러 곳의 방송이 따로 또는 동시에 들리기도 한다. 거주 지역에 따라 선택할 수 있는 방송국이 한 곳뿐일 수도 있다.

송신기는 방송탑에 전력을 공급해 고정 주파수를 변조한다. 코일과 안테나의 조합이 해당 주파수와 공명하면 전압과 전류를 빨아들여서 고임피던스 이어폰에 전력을 공급한다.

접지 연결을 제대로 해야 무선 신호를 수신할 때 접지가 안테나와 함께 작동하여 정전용량을 제공한다. 송신기에도 물론 접지 연결이 있다(그림 28-10 참조).

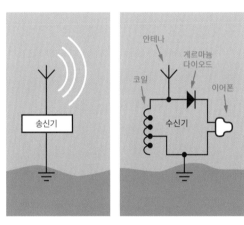

그림 28-10 무전원 라디오는 이어폰에 필요한 에너지를 멀리 떨어진 송신기로부터 가져온다. 행성 지구가 이 회로를 완성시켜 준다.

개선 사항

이어폰으로 소리가 문제없이 들린다면 그림 28-11과 같은 유형의 압전소자(piezoelectric transducer)를 사용해 본다. 압전소자라도 아무 거나 사용할 수 있는 건 아니고 수동 피에조 스피커나

음향 경보 장치여야 한다. 제품 설명에 '버저(buzzer)'나 '호출장치(beeper)'라는 단어가 쓰였다면 전원을 켤 때 신호음을 내는 회로가 포함되어 있을 수 있다. '수동'이라는 단어는 해당 부품이 공급되는 전압의 변동을 재현한다는 뜻이다. 압전소자를 귀에 대고 꾹 눌러보면 이어폰과 비슷하거나 더 잘 작동함을 알 수 있다.

그림 28-11 수동 피에조 스피커나 음향 경보 장치는 이전 실험에서 사용한 2인치 스피커 정도의 가격이지만 내부 저항이 광석 라디오에 더 적합하고 효과적이다.

신호도 증폭할 수 있다. 가장 좋은 방법은 첫 번째 단계에서 임피던스가 아주 높은 연산 증폭기를 사용하는 것이다. 그러나 연산 증폭기에 관한 내용은 《짜릿짜릿 전자회로DIY 플러스》에 수록했다. 그 편이 해당 주제를 더 충분히 다룰 수 있을 것이라 생각한다. 대신 이 책에서는 신호를 LM386 단일 칩 증폭기에 직접 공급할 수 있다. 저렴한 이 칩의 출력은 일반 스피커로 재생할 수 있다.

그림 28-12는 이미 만든 라디오에 증폭기를

추가한 모습을 보여 준다. 볼륨 조절이 필요 없을 거라 생각하기 때문에 게르마늄 다이오드는 LM386 입력으로 직접 연결해도 된다. 1번 핀과 8번 핀 사이에 10μF 커패시터를 연결해 주어야 커패시터가 증폭기와 함께 작동해 출력을 증가시킨다. 내가 사는 곳은 애리조나 주 피닉스에서 약 190킬로미터 떨어져 있지만 피닉스 지역 방송국의 방송을 들을 수 있었다.

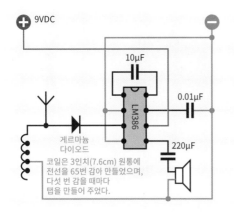

그림 28-12 LM386 단일 칩 증폭기를 사용하면 스피커로 광석 라디오의 소리를 들을 수 있다.

또는 회로의 공진을 보다 정밀하게 조정할 수 있도록 가변 커패시터를 추가하여 선택할 수 있는 라디오 채널 수를 늘려볼 수도 있다. 가변 커패시터는 현재 널리 사용되지 않지만 이베이에서 쉽게 구입할 수 있다. 100pF이나 200pF 정도의 제품이 있는지 검색해 본다. 닳는 물건이 아니니 중고로 살 수도 있다. 그림 28-13에서 중앙에 보이는 것이 가변 커패시터다.

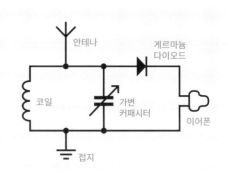

그림 28-13 이전 회로에 가변 커패시터를 추가하면 서로 다른 신호를 더 잘 구별할 수 있다.

라디오의 작동 원리

고주파 전자기 복사(electromagnetic radiation)는 수 킬로미터를 이동할 수 있다. 라디오 송신기를 만들려면 555 타이머 칩을 850kHz(초당 850,000 주기 반복)에서 실행시켜서 출력된 펄스 스트림을 아주 강력한 증폭기를 통해 전송탑이나 아주 긴 전선으로 보낼 수 있다. 공기 중의 다른 모든 전자기 활동을 차단할 수 있는 방법이 있다면 내가 보낸 신호를 감지하고 증폭할 수 있다.

이 방식은 굴리엘모 마르코니(그림 28-14)가 1901년 실시한 획기적인 실험과 거의 같다. 차이

그림 28-14 라디오의 위대한 선구자 굴리엘모 마르코니(사진 출처: 위키미디어 공용).

가 있다면 굴리엘모는 555 타이머 대신 원시적인 전기 스파크 간극으로 진동을 생성해야 했다는 것뿐이다. 굴리엘모의 전송 방식은 상태가 켜짐과 꺼짐 두 가지밖에 없어서 그다지 유용하지 않았다. 그 방식으로는 모스 부호 메시지를 보낼 수 있었지만 그뿐이었다.

5년이 지나고 제대로 된 음향 신호가 최초로 전송되었다. 가청 주파수의 신호는 송신기에서 멀리 떨어진 곳까지 이동하기엔 에너지가 충분하지 않다. 따라서 음향파는 높은 주파수의 반송파(carrier wave)에 더해 전송해야 한다.

반송파의 전력은 그림 28-15처럼 소리의 마루(peak)와 골(valley)에 따라 달라진다. 더 정확한 용어로 표현하면 음향 신호가 반송파의 크기인 진폭(amplitude)을 변조(modulate)한다고 표현한다. AM 라디오에서 문자 AM은 진폭 변조(amplitude modulation)의 약어이다.

신호를 수신하는 쪽에서는 커패시터와 코일을 아주 단순히 조합해서 전자기파 스펙트럼의 잡음 중에서 반송파 주파수를 감지할 수 있다. 커패시터와 코일의 값은 회로가 반송파와 동일한 주파수에서 공진하도록 선택해야 한다.

이어폰은 반송파의 주파수를 따라가지 못한다. 이어폰은 주파수의 높은 전압 상태와 낮은 전압 상태의 중간쯤에서 주저하며 아무런 소리도 재생하지 못할 수 있다. 다이오드는 신호의 아랫 부분 절반을 제거해 양의 전압이 변동하는 부분만 남겨둠으로써 이 문제를 해결한다. 이 경우 신호는 여전히 아주 미약하고 빠르지만, 모두 같은 방향으로 나아가고 있으므로 이어폰이 이

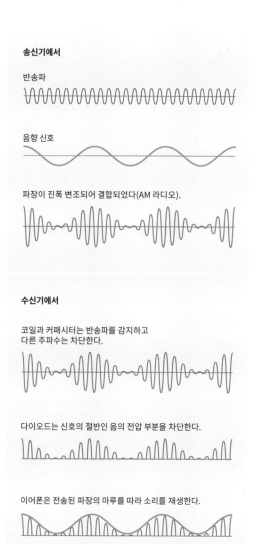

송신기에서

반송파

음향 신호

파장이 진폭 변조되어 결합되었다(AM 라디오).

수신기에서

코일과 커패시터는 반송파를 감지하고 다른 주파수는 차단한다.

다이오드는 신호의 절반인 음의 전압 부분을 차단한다.

이어폰은 전송된 파장의 마루를 따라 소리를 재생한다.

그림 28-15 고정 주파수의 반송파를 사용해 음향 신호 전송하기. 실제로는 반송파의 주파수는 음향 신호와 비교했을 때 그림에 표시한 것보다 훨씬 더 높은 값이다. 그러나 원리는 같다.

들을 평균 내어 원래의 음파와 비슷하게 재구성해 낸다.

무선 송신기로부터 전송되는 반송파 펄스는 각각 코일의 자체유도에 의해 처음부터 차단되기 때문에 펄스 에너지로 커패시터가 충전된다.

만약 음의 전압 부분만 남긴 같은 펄스가 코일 및 커패시터의 값과 적절히 동기화된 간격을 두고 수신되면 이와 동시에 커패시터가 방전되면서 코일에 전류가 흐른다. 이런 식으로 반송파의 주파수가 적절하면 회로가 동조한다. 이와 동시에 신호 강도에서 가청 주파수가 변하면 회로의 전압이 변한다.

안테나가 끌어온 다른 주파수는 어떻게 되는지 궁금한가? 반송파보다 높은 주파수는 코일이 차단하고, 낮은 주파수는 코일을 지나 접지로 이동한다. 이들 주파수는 그냥 '버려진다.'

미국에서 상업용 AM 무선 방송에 할당된 파장대는 525~1,710kHz의 범위이며, 각 방송국 사이에는 최소 10kHz의 주파수를 둔다. 이 주파수 범위를 중간 파장대역(medium waveband)이라고 한다.

이 파장대역 밖의 수많은 무선 주파수는 아마추어 무선(ham radio) 같은 특별한 용도로 할당된다. 적절한 장비와 제대로 설치한 안테나만 있으면 전 세계 사람들과 실시간으로 통신을 주고받을 수 있다. 아마추어 무선 시험에 합격하기란 그리 어렵지 않으니 도전해 보자.

실험 29 하드웨어가 소프트웨어를 만날 때

이 책의 나머지 부분에서는 마이크로컨트롤러를 다룰 예정이다. 마이크로컨트롤러는 기계나 전기 장치를 제어하는 데 특히 유용한 칩 크기의 컴퓨팅 장치라고 생각할 수 있다. 전자레인지에서 음식의 조리가 끝났음을 알리는 신호음을 울리도록 하는 것도 마이크로컨트롤러다. ABS 브레이크를 장착한 자동차의 경우 마이크로컨트롤러가 해당 장치를 감시하면 다른 마이크로컨트롤러 하나가 연료 분사를 조정한다. 카메라, 전자 혈압계, 세탁기 등에도 모두 마이크로컨트롤러가 사용된다.

데스크톱 컴퓨터나 노트북 컴퓨터는 키보드에서 입력을 받아 화면에 출력을 표시한다. 마이크로컨트롤러는 훨씬 낮은 수준에서 작동하며 그림 29-1과 같이 이 책에서 배운 부품과 서로 신호를 주고받는 경우가 많다.

마이크로컨트롤러의 성공은 라즈베리 파이(Raspberry Pi)와 비글본(BeagleBone) 등 소형 보드의 개발로 이어졌다. 이런 장치를 단일 보드 컴퓨터(single-board computer)를 뜻하는 SBC라고 부른다. 그러나 이렇게 정교한 시스템은 이 책이 다루는 범위를 벗어난다.

마이크로컨트롤러는 기본적으로 단일 칩 장치이다. 이 칩에 업로드된 프로그램은 명령이 논리 칩의 출력과 아주 비슷해서 출력 핀을 높은 전압이나 낮은 전압 상태로 만들 수 있다. 그때 출력은 트랜지스터나 솔리드 스테이트 릴레이를

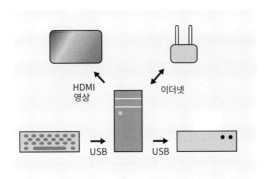

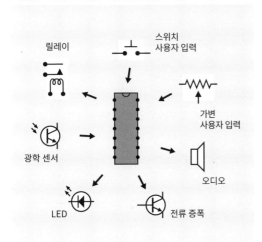

그림 29-1 컴퓨터(위)와 마이크로컨트롤러(아래)의 입력과 출력 비교하기.

활성화하여 선택한 장치를 활성화할 수 있다.

마이크로컨트롤러의 다른 핀도 설정을 통해 버튼이 눌러졌는지 등을 감지하는 입력을 수신할 수 있다. 마이크로컨트롤러에는 아날로그-디지털 변환기(analog-digital converter)도 내장되어 있다. 이 변환기는 연속적으로 변화하는 입력을 프로그램이 평가할 수 있는 디지털 값으로 변환한다.

물론 이러한 작업을 수행하려면 마이크로컨트롤러에 무엇을 수행할지 알려주는 프로그램이

필요하다. 마이크로컨트롤러가 처음 만들어졌을 때는 프로그램을 어셈블리 언어로 작성했다. 그러나 2000년대 초반부터 상황이 바뀌기 시작했다.

아두이노 입문하기

첫 번째 아두이노(Arduino)는 2005년에 출시되었으며 마이크로컨트롤러를 장착한 작은 회로 기판으로 구성되어 있다. 당시 칩 제조는 아두이노가 아닌 아트멜이라는 회사가 담당했다. 아두이노의 가치는 주로 소프트웨어에 있다. C++에서 몇 가지의 기능만 담은 언어를 도입해 마이크로컨트롤러를 더 쉽게 프로그래밍할 수 있게 했는데, 이 언어를 아두이노 C라고 한다. 이런 하드웨어와 소프트웨어의 조합은 자기만의 애플리케이션을 개발하는 데 사용할 수 있다. 현재는 개발 시스템(development system)이라고 부른다.

2005년에는 C++로 프로그램을 작성하는 사람들이 많았고, 이런 사람들이 아두이노에 빠르게 빠져 들었으며 이들의 커뮤니티가 발전했다. 사람들은 인터넷에서 자신이 작성한 프로그램을 라이브러리(library)로 공유했다. 그 결과 오늘날에는 다른 사람이 작성해 둔 코드를 라이브러리에서 쉽게 다운로드할 수 있다. 다운로드한 코드가 원하는 작업을 정확히 수행하지 않는다면 해당 부분만 수정하면 된다.

개인적으로 나는 언제나 나만의 길을 가는 쪽을 선호하고, 이 책은 직접 해보는 것이 중요하기 때문에 아무것도 없는 상태에서 프로그램을 작성한다. 이를 염두에 두고 시작 단계로 안내하며,

어떤 식으로 프로그래밍을 마무리해야 하는지에 대한 아이디어도 소개한다. 프로그래밍에 흥미가 생긴다면 프로그래밍 전문 서적을 보며 공부해 나가야 한다.

그전에 먼저 다른 여러 개발 시스템을 두고 아두이노 시스템을 선택한 이유를 설명해 보겠다.

어떤 마이크로컨트롤러를 선택할까?

아두이노가 처음 출시된 이후 몇 년 동안은 경쟁자가 속출했다. 실험 31에서는 개발 시스템 중 몇 가지를 비교해 본다. 이번 실험에서는 다음 네 가지 이유로 아두이노를 선택했다.

- 아두이노 보드는 여전히 인기가 많다.
- 사용자층이 넓어 방대한 라이브러리 코드가 존재한다. 이러한 라이브러리를 그대로 사용하고 싶지 않다면 루틴 중 일부를 자신의 목적에 맞게 수정해 사용할 수 있다.
- 입문용 아두이노 보드는 세련된 기능이 부족하지만 배우기 쉽다.
- 입문용 아두이노 시스템은 개발이 안정된 상태다. 처음 출시된 지 50년이 지난 지금도 교육과 개발 목적으로 판매되고 있는 스루홀 74xx 논리 칩처럼 당연히 사용하는 장치가 되었다. 나는 앞으로도 몇 년간은 아두이노가 계속 사용될 것이라 믿는다.

핵심 개념

이번에는 용어를 몇 가지 알고 시작해야 한다.

마이크로컨트롤러에 사용할 목적으로 작성하는 명령어 목록을 프로그램(program)이라고 한다. 아두이노 시스템을 설계한 사람들은 프로그램을 스케치(sketch)라고 부르는데, '프로그램'이라는 단어가 너무 기술적인 것처럼 들린다고 생각해서인 듯하다. 그렇다고는 해도 사실상 프로그램이고, 인터넷에서 검색해 보면 스케치라고 부르는 사람들만큼 프로그램이라고 부르는 사람도 많다.

프로그램은 보통 데스크톱이나 노트북 컴퓨터에서 통합 개발 환경(integrated development environment)의 약어인 IDE라는 소프트웨어를 사용하여 작성한다. IDE는 프로그래밍 언어를 다루는 데 특화된 워드 프로세서라고 생각할 수 있다.

IDE를 사용하는 방법은 다음과 같다. 다른 소프트웨어와 마찬가지로 인터넷에서 다운로드해 설치한다. 프로그램을 작성하고, IDE에 실수가 있는지 알려달라고 요청한다. 그런 다음 IDE가 프로그램을 컴파일(compile)하도록 지시한다. 컴파일이란 작성한 명령어를 마이크로컨트롤러가 이해할 수 있는 기계어로 빠르게 변환해 주는 과정을 말한다.

마지막으로 USB 케이블을 통해 프로그램을 마이크로컨트롤러로 전송하도록 IDE에 요청한다. 이 지점에서 프로그램이 원하는 대로 작업을 수행하는지 여부를 확인할 수 있다.

개발 시스템이 모두 이런 방식으로 작동하지는 않는다. 언어 중에는 컴파일이 필요하지 않은 유형도 있다. 그런 마이크로컨트롤러에는 명령어를 기계어로 즉시 변환할 수 있는 인터프리터

(interpreter)라는 코드 층이 포함되어 있다. 그러나 아두이노 C 언어는 컴파일이 필요하다.

칩 선택하기

그림 29-2는 아두이노 우노 보드를 보여 준다. 일부 기능에는 설명을 덧붙였다. 보드의 각 모서리에 일렬로 늘어선 입력과 출력 소켓은 헤더(header)라고 하며 보드를 통해 마이크로컨트롤러의 핀과 연결된다. 전선을 헤더에 끼워 마이크로컨트롤러와 외부 세계를 연결할 수 있다.

그림 29-2의 보드에는 큰 스루홀 DIP 칩인 ATmega 마이크로컨트롤러가 소켓에 끼운 상태로 장착되어 있다. 뺐다 끼웠다 할 수 없는 표면 노출형 칩을 장착한 다른 버전의 우노를 구입할 수도 있다. 후자가 조금 더 저렴하기는 하지

만 웬만하면 피하도록 하자. 소켓형 마이크로컨트롤러를 사용하면 프로그래밍이 끝난 후 보드에서 떼어내서 다른 곳에서 사용할 수 있어서 좋다. 과정이 말처럼 간단하지는 않지만 어쨌든 가능하다.

아두이노 우노 대신 기능이 거의 동일한 아두이노 나노를 사용할 수도 있다. 나노의 경우 모든 부품이 DIP 형식의 30핀 미니어처 보드에 압축되어 있다(그림 29-3 참조). 나노의 장점은 브레드보드에 바로 연결해 집적회로 칩처럼 사용할 수 있다는 점이다. 나는 이 점을 좋아한다. 나노의 단점으로는 실드(shield)와 함께 사용하는 게 불가능하다는 점이 있는데, 이에 대해서 많은 이들이 불만을 가지고 있다. 이 문제는 구입 결정에 영향을 줄 수 있는 정보라서 설명이 필요하다.

실드는 아두이노 우노나 이와 유사한 보드의 상단에 위치하며 헤더와 연결하는 추가 보드를 말한다. 실드는 미니어처 브레드보드처럼 생겨서 여기에 부품을 꽂을 수 있지만, 오늘날 실드는 대부분의 부품이 회로 기판에 미리 설치된 형태로 판매된다.

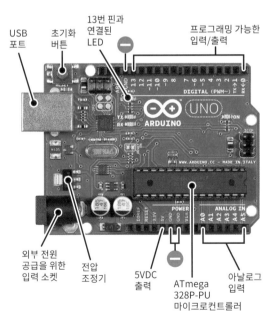

USB 포트
초기화 버튼
13번 핀과 연결된 LED
프로그래밍 가능한 입력/출력

외부 전원 공급을 위한 입력 소켓
전압 조정기
5VDC 출력
ATmega 328P-PU 마이크로컨트롤러
아날로그 입력

그림 29-2 아트멜의 ATmega 마이크로컨트롤러를 사용하는 아두이노 우노 보드.

그림 29-3 아두이노 나노는 브레드보드에 끼워 사용할 수 있다.

실제로 이러한 유형의 실드는 데스크톱 컴퓨터의 그래픽 카드 같은 보조 기판(daughter board) 역할을 한다. 실드는 아두이노가 제어할 수 있는 하드웨어에 몇 가지 추가 기능을 제공한다. 간단한 로봇을 제어할 용도로 특별히 설계된 실드도 있다. 그림 29-4처럼 쌓을 수 있다.

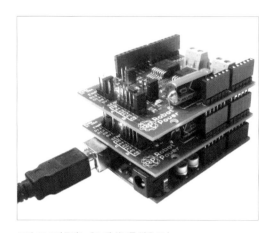

그림 29-4 아두이노 우노에 실드를 쌓은 모습.

실드는 여러 제조업체의 수많은 제품이 존재한다. 이제 아두이노가 어떤 식으로 발전해 왔는지 알 수 있을 것이다. 처음 아두이노는 소프트웨어로 몇 줄의 코드를 짜는 메이커가 주로 구매했다. 이런 코드는 예를 들어 해가 질 때 광트랜지스터에 반응해 보안 조명을 켜거나 서미스터를 모니터링하여 온실 온도를 제어하도록 아두이노에 명령할 수 있다.

시간이 지나면서 인터넷에 코드 라이브러리가 공개되고, 사용자 스스로 코드를 많이 작성할 필요가 없어졌다. 그다음에는 실드가 개발되어 직접 하드웨어를 추가할 필요도 없어졌다.

이러한 경향은 메이커 운동의 정신에 어긋나는 것처럼 보일 수 있지만, 적어도 나는 신경 쓰지 않는다. 어떤 사람들은 빠른 결과를 제공해 주는 완제품이라는 쉬운 길을 택하고 싶어 한다. 그렇지만 모든 것을 스스로 만들고 싶어 하는 사람들도 있다. 모두에게 적당한 선택지가 있는 것은 좋다고 생각한다. 단지 내가 신경 쓰는 부분은 아두이노 보드를 구입하기 전에 무엇을 선택할 수 있는지 이해해야 한다는 것이다. 차이점은 다음과 같다.

- 우노는 소켓에 마이크로컨트롤러를 끼우는 유형으로 구입하면 나중에 마이크로컨트롤러를 재사용할 수 있다.
- 우노는 실드와 함께 사용하면 일부 기능을 추가할 수 있다.
- 나노는 이 책에서 설명한 회로에서처럼 브레드보드를 사용해 회로를 만들기에 적합하다.
- 우노용으로 작성한 프로그램은 나노에서도 동일하게 작동한다(단, 실드가 필요하지 않은 경우 한정).

이 책에서는 나노보다 더 널리 사용하는 우노를 사용하며, 나중에 여기에 실드를 추가할 수 있다. 그러나 이 책에서 소개하는 아주 짧은 프로그램 코드는 우노와 나노 어느 쪽에서도 사용할 수 있다.

이제 다 설명한 걸까? 시작할 준비가 되었을까?

거의 끝났다. 서두를 질질 끄는 것을 좋아하지는 않지만 아직 해결해야 할 문제가 하나 더 남았다. 복제판 아두이노에 관해서다.

복제품에 주의해야 한다고?

아두이노는 오픈 소스(open source) 제품이다. 오픈 소스란 기업이 자신의 지식재산을 규제하고 보호하지 않기로 결정했다는 뜻이다. 이는 컴퓨터 세계의 많은 사람들이 정보의 자유로운 공유가 혁신을 촉진한다고 믿기 때문에 가능하다.

이는 다시 말하면 누구나 '아두이노 보드'를 만들 수 있다는 뜻이며, 그렇게 만들어진 보드가 하나하나 정확히 올바른 방식으로 작동하지 않더라도 구매자가 구제를 받을 길이 없다는 뜻이다.

마우저(Mouser), 디지키(Digikey), 메이커셰드(Maker Shed), 스파크펀(Sparkfun), 에이다프루트 등의 판매업체는 모두 정품 아두이노 제품을 판매한다. 반면 이 외의 인터넷 사이트에서는 라이선스를 받지 않은 아두이노의 복제품을 더 저렴하게 구입할 수 있다. 클론(clone)이라고도 부르는 이런 모조품은 아두이노의 기업 로고를 사용해서는 안 된다. 실제 보드와 모조 보드를 구별할 때 그림 29-5의 로고를 확인하면 도움이 된다.

그림 29-5 아두이노에서 제조하거나 라이선스를 받은 보드만 이 로고를 사용한다.

라이선스를 받지 않은 보드라도 법적으로는 아무런 문제가 없으며, 잘 작동하리라 생각한다. 그런데 나는 아두이노가 계속해서 새로운 제품을 만들어 낼 것이라는 희망을 가지고 있다. 그래서 아두이노를 지지한다는 의미로 정품 아두이노 보드를 구입했다.

이제 마지막으로 실습을 시작해 보자.

실험 준비물

- 아두이노 우노 1개. 가급적이면 표면 노출형이 아닌 소켓이 있는 DIP 칩을 사용하는 제품을 구입한다.
- 선택 사항: 아두이노 우노 대신 아두이노 나노 1개
- 양쪽에 각각 A형과 B형 커넥터가 달린 USB 케이블 1개
- 선택 사항: 나노를 사용하는 경우 한쪽 끝은 A형 커넥터, 다른 쪽 끝은 미니 커넥터가 달린 USB 케이블. 케이블에는 데이터 처리가 가능하도록 모든 기능을 갖춘 제품이어야 한다. 휴대전화 충전용 케이블에는 이 기능이 없을 수 있다.
- USB 포트와 하드디스크에 100MB의 여유 공간이 있는 데스크톱 또는 노트북 컴퓨터 1대
- 일반 LED 1개
- 470옴 직렬 저항 1개

설치하기

아두이노 보드는 필요한 USB 케이블을 함께 제공하지 않으니 가지고 있지 않다면 구입해야 한다. 우노의 케이블 유형은 그림 29-6과 같다. 이런 케이블은 프린터에 사용되곤 하며 쉽게 구입할 수 있다.

그림 29-6 아두이노 우노 보드를 컴퓨터의 USB 포트와 연결하려면 이 유형의 USB 케이블이 필요하다.

나노는 미니 커넥터가 달린 USB 케이블이 필요하며 데이터를 전송한다는 점에 주의해야 한다. 휴대전화 충전용 케이블은 데이터를 전송하지 않을 수 있다.

케이블을 준비한 다음 프로그램을 작성하려면 IDE 소프트웨어가 필요하다. IDE를 다운로드해 자신의 컴퓨터에 직접 설치할 수도 있고, 아두이노가 온라인으로 유지, 보수하는 '클라우드 버전'을 사용할 수 있다. 클라우드 기반 소프트웨어를 사용하려면 생년월일과 이메일 주소를 입력해야 하는데, 이를 피하기 위해 나는 IDE 소프트웨어를 다운로드했다.

어느 쪽을 선택하든 다음 주소로 들어가야 한다.

URL *www.arduino.cc*

여러분이 이 책을 읽을 즈음에는 아두이노가 웹 페이지를 수정했을 수도 있지만 그렇다고 해도 다운로드용 IDE 파일을 찾는 데 큰 문제는 없을 것이다.

아두이노는 현재 윈도우 7 이상을 지원한다고 말하지만 확실치는 않다. 예전에 윈도우 7이 깔린 구형 델 노트북 컴퓨터로 IDE 설치 프로그램을 테스트한 적이 있는데, 오류 메시지가 몇 가지 뜨면서 설치에 실패했다. 보드도 먹통이 되어 버렸다. 안 좋았던 한 번의 경험을 일반화하는 게 좋지는 않지만 가능하면 최신 운영체제에서 IDE를 사용하기를 바란다. (버전은 윈도우, 맥, 리눅스 용이 존재한다.)

적절한 버전의 IDE 설치 프로그램을 내려 받은 뒤 해당 아이콘을 두 번 클릭하고 화면의 설치 안내를 따른다. 설치 과정을 잘 모르겠다면 검색 엔진에서 최신 설치 과정을 검색하자. 다음과 같이 검색하면 효과적일 것이다.

install arduino ide windows(아두이노 ide 윈도우 설치)

install arduino ide mac(아두이노 ide 맥 설치)

install arduino ide linux(아두이노 ide 리눅스 설치)

동영상으로 된 자료를 발견할 수 있을 것이다.

IDE를 다운로드하고 설치하는 동안 아두이노 보드에 전원을 연결하면 안 된다.

설치가 끝나면 이제 USB 케이블로 보드를 컴퓨터에 연결할 수 있다. 보드는 USB 연결을 통해 전력을 공급받으므로 별도의 전원이 필요하지는 않다. 보드에 초록색의 표면 노출형 LED가 켜지고, 데이터 전송을 표시하는 노란색 LED가 깜박여야 한다.

컴퓨터에서 설치 프로그램이 IDE 소프트웨어 실행을 위한 아이콘을 표시했는지 확인해야

```
void setup() {
  // put your setup code here, to run once:

}

void loop() {
  // put your main code here, to run repeatedly

}
```

그림 29-7 IDE를 처음 실행했을 때 나타나는 아두이노 제공 프로그래밍 템플릿.

한다. 아이콘을 더블 클릭하면 IDE가 실행되면서 그림 29-7과 같은 기본 프로그램 템플릿을 보여 준다.

이 글을 쓰고 있는 시점에도 새 버전의 IDE가 개발 중이다. 따라서 화면이 약간 다를 수 있으나 기본 원리는 같다.

IDE는 아두이노 보드를 인식해야 한다. 그렇지 않으면 프로그램을 복사할 수 없다. IDE 창 상단에 몇 가지 메뉴 옵션이 보인다. '툴(Tools)' 메뉴를 클릭해 '보드(Board)' 옵션을 확인했을 때 사용 중인 보드로 아두이노 우노(나노를 사용하는 경우는 나노)를 표시해야 한다. 필요한 경우 하위 메뉴를 열어 알맞은 보드를 클릭한다.

윈도우 컴퓨터를 사용하는 경우 툴 메뉴에서 COM 포트 옆에 arduino가 표시되는지 확인한다. 통신 포트의 개념은 MS-DOS 운영체제 초기로 거슬러 올라가지만 이 유산은 윈도우 코드 계층 아래에 여전히 존재한다. 포트에 arduino가 할당되어 있지 않으면 하위 메뉴를 열고 arduino가 할당된 다른 포트가 있는지 확인한다. 그런 포트가 존재한다면 그 포트를 클릭한다.

IDE가 마이크로컨트롤러를 감지하지 못했을

때의 해결책은 아쉽지만 이 책에서 다루지 않는다. 인터넷에서 다음과 같이 검색하면 다양한 해결책을 확인할 수 있다.

arduino cannot find board(아두이노에서 보드 검색 실패)

아두이노의 고전, LED 깜빡임 테스트

이제 아두이노에 명령을 몇 가지 내려볼 준비가 끝났다. 그림 29-7의 기본 템플릿 맨 윗줄에는 다음과 같은 코드가 있다.

void setup() {

컴파일러와 마이크로컨트롤러는 이 프로그램 코드를 이해할 수 있으며, 아두이노 프로그램은 모두 이렇게 시작한다.

void라는 단어는 컴파일러에게 이 함수가 어떤 수치적 결과나 출력을 생성하지 않음을 알려 준다.

setup()은 처음에 한 번만 실행되어야 하는 함수이다. setup() 뒤에 { 기호가 따라오고, 한참 아래에 } 기호가 보인다.

- 아두이노 C에서는 모든 함수가 열림 기호 {와 닫힘 기호 } 안에 포함되어야 한다.
- { 기호와 } 기호는 중괄호(brace)라고 한다.

왼쪽 중괄호는 칸을 띄워서 쓰지만 컴파일러는 공백과 줄 바꿈을 모두 무시한다.

다음과 같은 형태의 코드 줄을 주석(comment)이라고 한다. 이 코드가 어떤 일을 하는지 알려준다.

```
// setup 코드를 여기에 입력한다. 한 번만 실행된다.
```

컴파일러는 //로 시작하는 줄은 전부 무시한다.

템플릿을 수정해 새 코드를 작성하기 전에 IDE에서 '파일(File)' - '환경설정(Preference)' 메뉴를 열고 '줄 번호 표시(Display line numbers)' 옵션을 찾은 뒤 해당 박스를 클릭해 체크 표시를 하자. 다음에 나오는 프로그래밍 예제에서 줄 번호를 확인할 것이다.

이제 편집기 창에서 주석 줄을 삭제하고(다른 문장이나 중괄호는 삭제하지 않는다) 그 자리에 그림 29-8의 작은 프로그램을 작성한다.

```
1 void setup() {
2   pinMode(13, OUTPUT);
3 }
4
5 void loop() {
6   digitalWrite(13, HIGH);
7   delay(1000);
8   digitalWrite(13, LOW);
9   delay(100);
10 }
```

그림 29-8 깜빡이는 LED: 아두이노 프로그래밍을 시작하는 첫 단계.

아두이노를 조금 아는 사람이라면 "아, 또 깜빡이는 LED 프로젝트야!"라고 말하며 괴로워할 것이다. 맞다. 그래서 이 프로젝트의 제목에 '고전'이라는 단어를 사용했다. 지연(delay)값을 변경하긴 했지만 거의 대부분의 사람들이 연습용 예제로 사용하는 프로그램이다. 더 흥미로운 프로젝트도 곧 소개하겠다.

이 프로그램에 사용한 Consola 글꼴의 숫자 영에는 대문자 O와 구별할 수 있도록 대각선이 그어져 있다.

입력을 시작하면 편집기가 오류를 확인하여 도움을 주고 있음을 알 수 있다. pinMode 등은 아두이노의 예약어(reserved word)로 특별한 의미를 가진다. 예약어는 모두 대소문자를 구분한다. 즉, pinmode나 Pinmode는 pinMode와 같지 않으므로 이렇게 입력하면 제대로 작동하지 않는다. 명령어가 올바르게 입력되면 글자가 주황색으로 변한다. 올바르게 입력하지 않으면 글자는 그대로 검은색을 유지한다.

OUTPUT이라는 단어도 중요하다. output이나 Output은 OUTPUT과 같지 않다. 올바르게 입력했다면 단어가 검은색에서 청록색으로 바뀐다.

세미콜론은 명령문이 끝났음을 표시한다.

- 각 명령문의 끝에는 세미콜론을 찍어 주어야 한다. 반드시 필요하다! 잊지 말자!

각 줄 끝에서 엔터 키를 누르면 새 줄을 시작할 수 있다.

'툴(Tools)' - '자동포맷(Auto Format)'을 선택하면 편집 영역에 있는 코드들이 정리되고 자동으로 들여쓰기가 된다. 앞서 말했듯이 컴파일러는 여분의 공백을 무시하지만 들여쓰기를 하면 프로그램의 구조가 눈에 잘 들어오기 때문에 사람이 읽을 때 도움이 된다.

이제 프로그램의 의미를 자세히 살펴보겠다.

5번째 줄의 loop()는 setup 다음에 오는 섹션의 이름이다. 프로그램을 아두이노에 로딩하는 즉시 자동으로 실행되며 칩이 setup 부분을 처리한 다음 전원이 차단될 때까지 loop() 섹션을 끊임없이 반복한다.

6번째 줄에서 digitalWrite는 핀의 출력을 조정하는 명령어다. 그렇다면 어떤 핀을 말하는 것일까? 나는 13번 핀을 지정했다. 그림 29-2를 다시 보면 사진 상단의 검은색 헤더를 따라 작은 숫자가 흰색으로 인쇄되어 있는 것을 알 수 있다. 프로그래밍 가능한 입력과 출력 핀은 0에서 13까지 번호가 매겨져 있다. 그중에서 음극 접지 핀인 GND 바로 옆의 13번 핀을 출력으로 사용했다.

GND 핀은 디지털 핀과 연결해 사용할 수 있다. 프로그램은 마이크로컨트롤러에 핀을 HIGH 상태로 설정하도록 명령할 수 있으며, 이 명령을 받으면 핀은 양의 전압을 공급한다. 전류는 핀에서 LED와 같은 작은 부품을 지나 GND 핀으로 흘러 간다.

내 프로그램은 아두이노에 13번 핀이 디지털 출력이 될 것임을 알리고 6번째 줄에서 핀이 HIGH 상태여야 한다고 명령한다.

delay는 아두이노에게 아무것도 하지 않고 대기하라고 지시한다. 얼마나 오래 대기해야 할까? 괄호 안의 숫자 1000은 1,000밀리초를 뜻한다. 1,000밀리초는 1초와 같으므로, 아두이노는 1초를 기다린다. 그 시간 동안 13번 핀은 높은 전압 상태를 유지한다.

8번째와 9번째 줄이 의미하는 바는 알 것이라 생각한다. 이제 다음 단계로 갈 준비가 끝났다.

확인하고 컴파일하기

IDE에서 '스케치(Sketch)' - '확인/컴파일(Verify/Compile)'을 선택한다. IDE는 코드를 검사한 뒤 문제를 발견하면 IDE 창 하단의 검은색 영역에 표시한다. 두 영역 사이의 경계선을 마우스로 드래그하면 검은색 영역의 크기를 조절할 수 있다.

코드를 작성하는 도중에 실수를 했다고 가정해 보자. digitalWrite를 입력하는 대신 Digital Write를 입력했다. 프로그램을 컴파일하려고 하면 6:3:error라는 메시지가 표시된다. 이는 6번째 줄의 3번째 문자에서 오류가 시작한다는 뜻이다(자동 서식을 사용한다고 가정할 때 처음 두 문자는 공백이다).

오류가 없을 때까지 프로그램을 수정해야 '확인/컴파일'이 가능하다.

업로드하고 실행하기

이제 파일 메뉴를 클릭해 업로드(Upload)를 선택한다. 개인적으로는 큰 컴퓨터에서 작은 아두이노로 '다운로드'한다고 생각하는 쪽이 더 말이 된다고 생각한다.

업로드에 성공하면 검은색 오류 창 바로 위에 업로드 완료(Done Uploading)라는 메시지가 작게 표시된다.

이제 아두이노 보드를 보면 프로그램이 이미 실행 중이라서 프로그램의 명령에 따라 보드 위의 노란색 LED가 1초 동안 켜졌다가 10분의 1초 동안 꺼진다. 노란색 LED는 13번 핀과 병렬로 연결되어 있다.

이후에는 우노 보드를 브레드보드에 연결해야

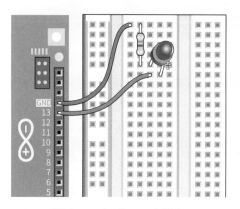

그림 29-9 아두이노 보드와 브레드보드 연결하기.

할 일이 있을 텐데, 지금 바로 해 보자. 그림 29-9는 브레드보드에 우노 보드를 연결한 모습을 보여 준다. 이 경우에는 쉽게 휘어지고 양쪽 끝에 플러그가 달린 작은 점퍼선이 유용하겠지만 연결용 전선을 사용해도 결과는 같다. 연결이 아두이노 헤더의 13번 핀에서 시작해 LED와 직렬 저항을 지나 헤더의 GND로 다시 돌아옴을 알 수 있다. 이제 LED가 아두이노 보드의 노란색 LED와 동기화되어 동시에 깜빡인다.

많은 단계를 거치고서 얻은 것이 이렇게 소소한 것인가 싶을 수 있지만, 어차피 어디에서든 시작은 해야 한다. 그리고 보통 마이크로컨트롤러 프로그래밍은 깜빡이는 LED 프로젝트부터 시작한다.

매개변수를 바꿔볼 수도 있다. IDE 창의 7번째 줄에서 첫 번째 지연 명령을 다음과 같이 바꿔 보자.

```
delay(100);
```

LED의 깜빡이는 속도는 아직 변하지 않는다. 코드를 다시 컴파일하고 아두이노에 업로드해야 하기 때문이다. (실제로는 업로드 옵션을 선택하기만 하면 컴파일은 자동으로 이루어진다.)

이제 LED는 0.1초 동안만 켜져 있다. 프로그램을 작성하는 번거로운 과정을 모두 끝내고 나면 수정은 아주 쉽다는 것을 알 수 있다. 같은 결과를 얻기 위해 555 타이머를 사용한다고 하면 저항이나 커패시터를 교체하고 표에서 펄스 지속 시간을 확인해야 한다.

다음은 지금까지 배운 내용과 아두이노 프로그래밍을 위해 해야 할 작업을 정리한 것이다.

- 프로그램(또는 '스케치')을 새로 시작한다. 필요하다면 '파일' - '새 파일(New)'을 선택한다.
- 모든 프로그램은 setup 함수로 시작하며, 이 함수는 한 번만 실행된다.
- pinMode 명령어를 사용해 디지털 핀의 번호와 모드를 선언한다.
- 핀의 모드는 INPUT이나 OUTPUT이 될 수 있다.
- 핀 번호 중에는 유효하지 않은 것이 있다. 핀 번호 체계는 우노 보드에서 확인할 수 있다.
- 프로그램의 모든 완결된 함수는 한 쌍의 중괄호 안에 작성해야 한다. 컴파일러는 줄 바꿈을 무시하므로 중괄호는 서로 다른 줄에 작성할 수 있다.
- 함수에서 모든 명령문은 세미콜론(;)으로 끝나야 한다.
- 모든 아두이노 프로그램은 반복적으로 실행되는 루프 함수를 포함해야 한다.

- digitalWrite는 출력으로 설정된 핀을 지정한 HIGH 또는 LOW 상태로 바꿔 주는 명령어다.
- delay 명령어를 사용하면 아두이노는 정해진 밀리초(0.001초) 동안 아무 일도 하지 않는다.
- 명령어 뒤 괄호 안의 숫자는 아두이노에게 명령어를 어떤 식으로 따라야 하는지 알려주는 매개변수(parameter)라고 생각하면 된다.
- 스케치 메뉴의 확인/컴파일 옵션을 사용해서 프로그램을 확인한 뒤 아두이노에 업로드한다.
- 확인/컴파일 작업에서 발견한 오류는 모두 수정해야 한다.
- 예약어는 아두이노가 알아들을 수 있는 명령어를 말한다. 철자는 정확하게 입력해야 한다. 대문자와 소문자는 서로 다르다고 간주한다.
- 프로그램은 업로드하는 즉시 자동으로 실행되며 보드의 전원을 차단하거나 새 프로그램을 업로드할 때까지 계속 실행된다.
- 우노 보드의 USB 커넥터 옆에는 초기화 버튼(택타일 스위치)이 있다. 버튼을 누르면 아두이노는 프로그램을 처음부터 다시 시작한다.

주의: 사라진 코드

프로그램을 수정해 마이크로컨트롤러에 업로드하면 새 버전이 이전 버전을 덮어쓴다. 즉, 마이크로컨트롤러 내부에 저장되어 있던 이전 버전이 삭제된다. 프로그램을 컴퓨터에 다른 이름으로 저장해 두지 않으면 프로그램은 영원히 사라질 수 있다. 그러니 수정된 프로그램을 업로드할 때는 특별히 주의해야 한다.

각각의 버전을 다른 이름으로 컴퓨터에 저장하면 원치 않게 프로그램이 삭제되는 일을 예방할 수 있다. 또한 다음을 기억해 두자.

- 컴퓨터에서 아두이노로 프로그램을 업로드할 수는 있지만, 아두이노에 프로그래밍된 내용을 컴퓨터로 다시 읽는 메뉴는 없다.

IDE는 프로그램을 컴퓨터에 자동으로 저장하며, 이때 파일명은 작성한 날짜에서 파생된 이름을 사용한다. 물론 '파일' - '다른 이름으로 저장⋯(Save As⋯)'을 선택하면 원하는 이름으로 저장할 수 있다.

아두이노는 파일명에 공백을 허용하지 않는다.

전원과 메모리

컴퓨터에서 아두이노 보드를 분리할 때 마이크로컨트롤러 내부의 프로그램에 어떤 일이 일어나는지 궁금할 것이다.

- 마이크로컨트롤러는 프로그램을 실행하기 위해 전원이 필요하다.
- 그러나 마이크로컨트롤러가 저장한 프로그램을 보관하는 데에는 전원이 필요하지 않다. 프로그램은 플래시 드라이브의 데이터처럼 자동으로 저장된다.
- 보드가 컴퓨터와 연결되어 있지 않은 상태에서 프로그램을 실행하려면 보드의 USB 소켓 옆에 위치한 검은색 둥근 소켓을 통해 전원을 공급해야 한다.
- 전원 공급 장치의 전원 범위는 7~12VDC이다.

아두이노 보드에는 앞에서 논리 칩과 함께 사용했던 LM7805 같은 전압조정기가 내장되어 있기 때문에 전압을 따로 정류해 줄 필요는 없다. 전압조정기는 마이크로컨트롤러의 전원 입력을 5VDC로 바꿔 준다. (3.3VDC를 사용하는 아두이노도 있기는 하지만 우노는 5VDC를 사용한다.)

- 전원 공급 잭의 직경은 2.1mm이며 가운데 핀은 양극이다. 출력 부분에 해당 플러그가 달린 9V AC 어댑터를 구입할 수 있다.
- 아두이노와 USB 케이블이 연결된 상태에서 외부 전원을 연결하면 아두이노는 자동으로 외부 전원을 사용한다.
- 일부 윈도우 버전에서 지원하는 '하드웨어 안전하게 제거' 옵션을 사용하지 않고도 언제든지 USB 포트에서 아두이노를 분리할 수 있다.

아두이노 보드의 메모리는 ATmega 칩을 사용한다. ATmega는 솔리드 스테이트 하드 드라이브에서 볼 수 있는 것과 같은 유형으로 다시 쓰기가 가능한 비휘발성 메모리다. 이런 유형의 메모리는 신뢰도가 아주 높지만 내구성에 대한 불확실성이 존재한다. 아트멜은 10,000번의 쓰기 작업을 보장하며 불량 메모리 위치에 접근하는 것을 자동으로 막아 준다.

이 정도 성능이라면 휴대전화나 카메라용 메모리 카드로 충분하다. 하지만 마이크로컨트롤러의 프로그램은 메모리의 일부 영역을 보다 적극적으로 활용할 수 있다. 해당 성능이 중요한 요소인지는 응용 방식과 칩이 사용되는 빈도에

따라 달라진다. 그러나 마이크로컨트롤러는 신뢰도가 전통적인 스타일의 논리 칩만큼 높지 않다. 이 점이 중요할까? 나는 그렇게 생각하지 않지만, 결정은 여러분의 몫으로 남겨둔다.

우노와 나노 문제

나노는 우노와 마찬가지로 USB 케이블에서 전원을 끌어올 수 있지만 AC 어댑터에서 전원을 공급받을 수 있는 잭이 없다. 나노를 컴퓨터와 연결되지 않은 상태에서 사용하려면 6~20VDC의 정류하지 않은 전압을 30번 핀(VIN으로 표시)에 공급하거나 27번 핀(5V로 표시)에 정류한 5VDC 전원을 공급할 수 있다.

전원 공급 시 실수를 하면 어떻게 될까? 실수로 27번 핀에 5VDC보다 더 높은 전압을 공급하면 칩이 손상될 수 있다. 반면 실수로 30번 핀에 5V를 공급하면 아무 일도 일어나지 않는다. 따라서 논리 칩에 전원을 공급할 때와 같은 방식으로 5V로 정류한 전원을 사용하는 것이 안전하다.

나노나 우노에 전원을 잘못된 방향으로 연결하면 되돌릴 수 없는 손상이 발생한다.

소켓형 마이크로컨트롤러를 장착한 우노 버전을 구입했다면 마이크로컨트롤러를 프로그래밍한 뒤 소켓에서 빼내 원하는 곳 어디든 이식할 수 있다. 여기에는 소소한 문제가 몇 가지 발생할 수 있는데, 엘리엇 윌리엄스의 저서 《Make: AVR Programming(메이크: AVR 프로그래밍, 국내 미출간)》에 이를 해결할 방법이 나온다. 이러한 문제를 해결할 의지만 있다면 좋은 점이 있다. 우노 보드는 하나만 구입하고 아트멜 칩을

아주 싼 가격에 많이 구입해서 사용할 수 있다. 실제로 칩 하나의 가격은 우노 보드 가격의 10분의 1에 불과하다.

칩 하나를 보드에 끼우고 프로그래밍한 뒤 다시 꺼내 독립형 프로젝트에 사용한다. 그런 다음 다른 칩을 같은 보드에 끼우고 다른 프로그램을 업로드한 뒤 다시 꺼내 다른 프로젝트에서 사용한다. 이런 식으로 하면 된다.

그러나 나노 보드를 사용한다면 모든 것은 떨어질 수 없이 하나로 붙어 있다. 나노는 그대로 브레드보드에 끼울 수 있지만 마이크로컨트롤러 프로그램의 복사본을 여러 개 만들고 싶다면 나노 보드를 추가로 구입하기보다 ATmega 마이크로컨트롤러 칩을 여러 개 구입하는 편이 훨씬 저렴하다.

아두이노를 아무 데나 사용하지 않는 이유는 무엇일까?

프로그램을 시험삼아 작성해 보았고 아두이노가 여러 유형의 부품을 제어할 수 있음을 배웠으니 경보 장치나 잠금 해제 장치 등의 프로젝트에서 마이크로컨트롤러를 사용하면 시간을 절약할 수 있었을 거라고 생각할 수 있다.

마이크로컨트롤러를 사용한다고 시간을 절약할 수 있는지는 모르겠다. 하지만 해당 회로에 더 많은 기능을 추가할 수 있는 건 분명하다. 예를 들어 일련의 숫자로 구성된 암호를 처리하기는 상대적으로 쉬웠을 것이고, 여기에 더해 LCD 화면에 짧은 메시지를 표시할 수도 있었을 것이다.

이를 생각하면 마이크로컨트롤러가 무척이나

매력적인 것 같지만, 당연하게도 공짜로 얻을 수 있는 건 아무것도 없다. 마이크로컨트롤러를 사용하려면 프로그래밍 언어를 배우고 이해해야 하며, 그 후에 코드를 작성하고 디버깅하는 단계를 추가해야 한다. 언어마다 단점과 제한 사항이 존재하며, 사용하면 할수록 이러한 문제에 부딪히게 되어 좌절할 수도 있다. 언어 관련 문서의 내용은 썩 좋지 않을 수 있으며, 온라인에서 조언을 구해 보아도 원하는 대답이 아니거나 답변이 정확하지 않을 수 있다.

어쩌면 결국 선택한 마이크로컨트롤러에 정말로 필요로 하는 기능이 모두 있는 건 아니라는 사실을 깨닫고는 제조업체에서 출시한 더 강력한 칩이나 아예 다른 제조업체의 칩으로 업그레이드하고 싶은 마음이 들 수도 있다. 그러면 이제 새 버전의 프로그래밍 언어나 완전히 다른 언어를 배워야 한다.

마이크로컨트롤러가 많은 가능성을 열어주기 때문에 많은 사람들은 기꺼이 이러한 문제들을 해결해 나간다. 사실, 구식 개별 부품으로는 실용적이지 않거나 거의 불가능하기까지 했던 작업 중에서도 일단 프로그래밍 언어에 능숙해진 뒤에 마이크로컨트롤러를 사용하면 비교적 쉽게 처리할 수 있는 것들도 있다. 다음에서는 개별 부품과 마이크로컨트롤러를 비교해 보겠다.

프로그래밍을 작성할까 말까 그것이 문제

개별 부품의 장점:

- 단순하다.
- 즉각적인 결과를 얻을 수 있다.

- 프로그래밍 언어가 필요 없다.
- 작은 회로의 경우 저렴하다.
- 오늘의 지식이 내일도 유효하다.
- 오디오처럼 아날로그 응용 분야에 더 적합하다.
- 어떤 부품은 마이크로컨트롤러를 사용할 때도 여전히 필요하다.

개별 부품의 단점:
- 하나의 기능만 수행할 수 있다.
- 디지털 논리와 관련된 응용 분야에서는 회로 설계가 어렵다.
- 확장이 쉽지 않다. 큰 회로는 구현하기 어렵다.
- 회로 수정이 어렵거나 불가능할 수 있다.
- 회로에 사용하는 부품이 많아질수록 보통 더 많은 전력이 필요하다.

마이크로컨트롤러의 장점:
- 다양한 용도로 사용할 수 있으며 여러 기능을 수행할 수 있다.
- 회로에 기능을 추가하거나 회로를 수정하기가 쉬울 수 있다(프로그램을 다시 작성하기만 하면 된다).
- 응용 분야에 대해 방대한 라이브러리를 무료로 사용할 수 있다.
- 복잡한 논리를 사용하는 응용 분야에 적합하다.

마이크로컨트롤러의 단점:
- 상당한 프로그래밍 기술이 필요하다.
- 개발 과정에 시간이 많이 걸린다.

- 기술이 빠르게 발전하며, 그 결과 꾸준히 배워야 한다.
- 마이크로컨트롤러마다 고유한 기능이 있어서 이를 배우고 기억해야 한다.
- 복잡성이 증가할수록 잘못될 가능성도 늘어난다.
- 데스크톱이나 노트북 컴퓨터와 프로그램을 저장할 데이터 저장 공간이 필요하다.
- 실수로 데이터를 날릴 수 있다.
- 555 타이머 등의 TTL 장치에 비해 출력 전류가 제한되어 있다.

이제 실험 23에서 소개했던 '멋진 주사위' 프로젝트를 조금 더 멋지게 업그레이드해 볼 생각이다. 마이크로컨트롤러 프로그램에서는 논리 칩 대신 논리 연산자와 'if' 문을 사용할 수 있다. 수십 줄의 컴퓨터 코드로 하드웨어 여러 개를 대체할 수 있으며 이 회로에서 마이크로컨트롤러를 사용하면 다른 칩을 사용할 필요가 없다. 이번 실험은 마이크로컨트롤러를 제대로 응용하는 바람직한 예이다. (그럼에도 LED와 직렬 저항은 조금 필요하다.)

실험 준비물

- 브레드보드, 연결용 전선, 니퍼, 와이어 스트리퍼, 테스트 리드, 계측기
- 일반 LED 7개
- 470옴 저항 7개
- 아두이노 우노 보드 1개
- 선택 사항: 아두이노 우노 보드 대신 아두이노 나노 보드 1개
- 양 끝에 각각 A형과 B형 커넥터가 달린 USB 케이블 1개
- 선택 사항: 나노 보드용 미니 커넥터가 달린 USB 케이블 1개
- USB 포트가 있는 노트북 또는 데스크톱 컴퓨터 1개
- 택타일 스위치 1개

발견을 통한 배움의 한계

발견을 통해 배우는 방식이 전자부품을 배울 때는 효과가 있다. 부품을 브레드보드에 끼우고 전원을 공급해서 어떤 일이 일어나는지 확인할 수 있다. 회로를 설계할 때도 시행착오를 겪으면서 수정해 나가면 된다.

그러나 프로그램 작성은 이와 다르다. 미리 계획하지 않고 시작하면 시간이 많이 낭비될 수 있다. 마지막 프로젝트에서는 계획을 세우는 과정에 대해 설명한다.

무작위성

가장 먼저 답해야 할 질문은 분명하다. "전자 주사위 프로그램을 사용해서 정말로 무엇을 하고 싶은가?"

나는 1에서 6까지의 숫자를 임의로 선택한 다음 적절한 LED 패턴을 표시하고 싶다. 칩을 사용했을 때는 참가자가 임의의 순간에 버튼을 눌러 빠르게 올라가는 숫자를 멈추는 방식으로 난수를 얻었다. 그렇다면 아두이노는 스스로 임의의 숫자를 선택할 수 있을까?

이에 답하기 위해 가장 먼저 해야 할 일은 아두이노 웹사이트에서 언어 참고자료 섹션을 확인하는 것이다. 만족할 만큼 모든 내용을 담고 있지는 않지만 출발점으로 삼을 만하다. 현재의 아두이노 홈페이지에서는 'Documentation' 탭을 클릭한 뒤 'Reference'를 선택하면 언어 참고자료 섹션으로 이동할 수 있다. 여기에서 'Random Numbers' 부제목을 찾으면 그 아래에 random() 함수가 보인다.

거의 대부분의 컴퓨터 언어는 (실제로는 수학 공식을 사용해서 구현하지만) 무작위인 듯 보이는 숫자 생성 방식을 지원한다. 아두이노 C 언어에서는 사용자가 버튼을 누르면 1에서 6 사이의 숫자를 선택해 준다. 내 프로그램은 이를 LED 디스플레이로 전달한다. 이게 다다. 작업이 끝났다!

그런 다음 참가자가 두 번째로 '주사위를 던져야' 한다면 버튼을 한 번 더 누르면 된다.

작동은 매우 간단하지만 보여지는 모습이 조금 아쉽다. 숫자가 즉시 나타나면 사람들은 그 숫자가 사실 무작위로 선택된 것이 아닐 거라고 의심할 수도 있다. 이 프로젝트의 하드웨어 버전에서는 라스베거스 슬롯머신처럼 동작했고, 그 모습이 꽤 괜찮았다. 주사위 눈이 알아볼 수 없을 정도로 빠르게 변하다가 멈췄기 때문이다.

그런데 실제 슬롯머신은 그림이 변하는 모습을 분명하게 보여 준다. 감질날 정도의 속도로 그림이 지나가며, 사용자는 원하는 그림이 나타날 때 그림을 멈추려는 시도를 해볼 수 있다.

나는 이 아이디어가 마음에 들었다. 아두이노 C에 내장된 random() 함수를 사용해 일련의 숫자를 무작위로 선택한 뒤 사용자가 버튼을 눌러 숫자가 바뀌는 것을 멈출 수 있도록 할 것이다.

그 다음에는 무엇을 해야 할까?

재시작 버튼을 추가하면 어떨까? 아니, 이건 필요 없다. 한 번 누르면 멈추고, 한 번 더 누르면 다시 시작되게 하면 된다.

이 작업은 마이크로컨트롤러가 담당하면 좋겠다. 이제 어떻게 해야 할지 알아보자.

의사코드

나는 의사코드(pseudocode)를 좋아한다. 의사코드란 실제 프로그램을 작성하기 전에 컴퓨터 언어로 변환하기 쉽도록 인간의 언어로 작성한 일련의 문장을 말한다. 다음은 내가 '더 멋진 주사위' 프로그램을 작성하기 위해 작성한 의사코드이다. 마이크로컨트롤러는 이러한 명령을 아주 빠르게 실행한다는 점을 염두에 두자.

1단계. 난수를 선택한다.
2단계. 난수를 주사위 눈으로 바꾸고 적절한 LED를 켠다.
3단계. 버튼이 눌러져 있는지 확인한다.
4단계. 버튼을 누르지 않았다면 1단계로 돌아가서 다른 번호를 선택하고 반복한다.

버튼을 누른 경우:
5단계. 화면의 업데이트를 중지한다.
6단계. 플레이어가 버튼을 다시 누를 때까지 대기한다. 그런 다음 1단계로 돌아가 반복한다.

이 순서에 문제가 있을까? 마이크로컨트롤러의 관점에서 시각화해 보자. 작업을 완료하는 데 필요한 모든 요소가 포함되어 있는가?

아니, 실제로는 그렇지 않다. 일부 명령어가 빠져 있다. 2단계에서는 "적절한 LED를 켠다"고 되어 있지만, LED를 끄는 명령어는 어디에도 없다!

• 컴퓨터는 시키는 대로만 한다.

주사위를 다시 돌리기 전에 이미 켜져 있는 LED를 끄려면 그 일을 하는 명령문을 넣어 주어야 한다.

그렇다면 어디에 넣어야 할까? 새 주사위 눈이 표시되기 직전이어야 할 것이다. 이를 0단계로 두자.

0단계. 켜져 있는 모든 LED를 끈다.

마이크로컨트롤러는 어떤 LED가 켜져 있는지 어떻게 알 수 있을까? 이를 알려면 지금 표시된 주사위 눈을 메모리에 저장해 두어야 하는데, 그럴 경우 프로그램이 복잡해질 것이다. 이보다는 현재 상태에 관계없이 모든 출력 핀을 낮은 전압 상태로 만들어 LED를 끄도록 마이크로컨트롤러에 명령하는 편이 낫다.

마이크로컨트롤러는 이미 꺼져 있는 LED를 끄라는 명령을 따르는 데 약간의 시간을 낭비할 것이다. 이것이 문제가 될까?

컴퓨터가 처음 등장했던 아주 초창기에는 프로세서가 느렸기 때문에 약간이라도 지연이 생기지 않도록 프로그램을 최적화해야 했다. 그러나 그런 시절은 지나갔다. 작은 마이크로컨트롤러조차도 이런저런 곳에서 프로세서 사이클을 몇 번 정도 낭비해도 되는 시대가 되었다. 그러니 현재 상태에 관계없이 모든 LED를 끄도록 하자. 0단계는 다음과 같이 수정한다.

0단계. LED를 모두 끈다.

버튼 입력

의사코드 명령 목록 중 빠진 부분이 있을까? 있다. 바로 버튼 문제다. 이번 내용은 좀 더 어려울 것이다.

다시 한번, 프로그램에게 시키고 싶은 일을 시각화해야 한다. 약간의 상상력이 필요하다. 다음과 같이 생각해 보자.

- 표시된 주사위 눈이 아주 빠르게 바뀐다.
- 참가자가 표시장치를 멈추는 버튼을 누른다. 표시장치가 멈춘다.
- 참가자는 버튼에서 손을 떼고 표시장치를 확인한다.
- 그런 다음 참가자가 다시 버튼을 누르면 표시장치가 빠르게 바뀌기 시작한다.

여기서 문제가 보인다. 버튼을 두 번째 누르면 그 즉시 표시장치가 다시 작동하기 시작하지만, 그 순간 참가자의 손가락은 여전히 버튼 위에 있을 것이기 때문에 표시장치가 다시 중지된다.

이를 방지하기 위해 버튼을 두 번째로 눌렀을 때 표시장치를 다시 작동시키려면 참가자가 버튼에서 손을 뗀 다음에 실제 작동을 다시 시작하도록 하면 된다. 그러나 이는 직관에 반하기 때문에 썩 좋은 생각은 아니다. 사람들은 버튼에서 손을 뗄 때가 아니라 버튼을 눌렀을 때 어떤 일이 일어나기를 기대하기 마련이다.

프로그램이 자연스럽지 않은 일을 하도록 강요해서는 절대 안 된다. 프로그램이 사람들에게 봉사하도록 해야지 그 반대가 되면 안 되기 때문이다.

세부사항이 너무 많아서 손이 많이 간다고 생

각할 수도 있다. '프로그래밍은 세부사항 지향적'이라서 어쩔 수 없다. 프로그래밍은 그렇게 생겨먹었다.

물론 하던 일을 포기하고 인터넷에서 주사위를 흉내 내는 프로그램을 찾을 수도 있다. 검색하면 수십 개는 나올 거라고 확신한다. 하지만 그렇게 하면 본인이 만족할 수 없을 것이고 "이 프로그램을 직접 작성했어요?"라고 누가 묻기라도 하면 다른 사람이 작성했다고 인정해야 한다.

버튼 문제는 그렇게 어렵지 않으니 포기하지 말자. 이렇게 해 보자. 참가자가 버튼을 누른 후 1~2초 동안은 버튼이 눌러져 있는지를 신경 쓰지 않는다. 버튼을 완전히 무시하는 것이다. 이를 위해 마이크로컨트롤러가 2초를 세도록 해야 한다. 수정하면 아래와 같다.

0단계 이전. 내부 타이머를 0으로 설정하고 실행을 시작한다.
　　　⋮
4단계. 버튼을 누르고 클록이 2초를 넘겼다면 버튼을 확인한다.

그러나 아직 한 가지 문제가 더 남았다. 접점 바운스 문제다. 마이크로컨트롤러는 충분히 빠르고 민감하기 때문에 접점 바운스를 버튼이 여러 번 눌러진 것으로 잘못 해석하기 쉽다.

버튼 누르기와 관련된 전체 작업이 생각보다 더 복잡한 것으로 드러났으니 이 부분을 하나의 루틴(routine)으로 묶어 보자. 의사코드는 다음과 같다(루틴은 BR을 사용해 프로그램의 주된

부분과 구분한다).

BR 1. 버튼을 누르고 접점이 안정되도록 잠시 동안 버튼을 무시한다.
BR 2. 이제 버튼을 확인하면서 버튼이 떨어질 때까지 기다린다.
BR 3. 이제 버튼이 떨어지고 접점이 안정되도록 버튼을 잠시 무시한다.
BR 4. 버튼을 확인하면서 다시 누를 때까지 기다린다.
BR 5. 메인 루틴으로 돌아가 무작위로 주사위 눈을 다시 표시한다.

나는 이것으로 문제를 해결할 수 있다고 생각한다. 이제 한 가지 질문만 남아 있다. 마이크로컨트롤러가 스톱워치처럼 초를 셀 수 있을까?

시스템 클록

언어 참조문서를 확인하면 밀리초를 측정하는 `millis()` 함수가 있음을 알 수 있다. 프로그램이 시작될 때 0에서 시작해서 아주 높은 숫자까지 셀 수 있어서, 50일 정도가 지나야 한계에 도달한다.

이 기능이 좋기는 하지만 단점이 있다. 아두이노에서는 프로그램이 시스템 클록을 0으로 재설정하도록 허용하지 않는다. 프로그램이 시작되면 클록은 자동으로 시작되며 프로그램이 끝날 때까지 멈추지 않는다.

그렇다면 이 문제를 어떻게 해결할 수 있을까? 현실 세계에서 계란을 삶고 싶을 때 부엌 벽에 걸린 시계를 보는 것과 같은 방법을 사용하면 된다.

먼저 시계를 보고 물이 끓기 시작하는 시간을 기억한다. 그 숫자에 내가 원하는 분 수를 더해서 총계를 기억한다. 이 시간이 정지 시간이 된다. 시계가 정지 시간에 도달하면 물에서 계란을 꺼낸다.

예를 들어 지금 시간이 오후 5시 2분이고 계란을 7분 동안 삶고 싶다고 가정해 보자. 5시 2분에 7분을 더하면 5시 9분이므로 5시 9분을 기억했다가 이 시간에 계란을 꺼내면 된다.

주사위 프로그램에서 이를 수행하려면 변수(variable)라는 메모리의 작은 부분을 사용해 중지 시간을 기억하도록 하면 된다. 변수는 밖에 이름표가 붙어 있고 안에 숫자가 든 상자로 생각할 수 있다. 이름표에 표시할 이름을 정할 수 있다. 여기에서는 프로그램에서 버튼을 무시해야 하는 시간을 명시하기 때문에 변수 이름은 '무시하다'라는 뜻의 ignore로 정한다.

루프가 시작할 때 프로그램에 시스템 클록의 현재 값을 확인하도록 명령한다. 여기에 2,000(즉, 2,000밀리초)을 더하고 ignore라는 이름표가 붙은 상자 안에 결과를 넣는다. 이 값이 나의 목표 시간 제한이 될 것이다. 이제 프로그램은 실행되는 동안 시스템 클록이 제한 시간을 초과했는지 계속해서 확인한다.

이제 4단계가 다음과 같이 수정되었다.

4단계. 시스템 클록이 ignore 제한 시간을 초과했다면, 그리고 버튼이 눌렸다면 버튼 루틴으로 간다.

의사코드의 최종 버전

이러한 모든 문제를 염두에 두고 수정한 최종 순서는 다음과 같다.

설정: 타이머 값에 2,000을 더해 ignore 값으로 설정한다.

0단계. LED를 모두 끈다.

1단계. 난수를 선택한다.

2단계. 난수를 주사위 눈으로 바꾸고 적절한 LED를 켠다.

3단계. 버튼이 눌러져 있는지 확인한다.

4단계. 시스템 클록이 ignore 제한 시간을 초과했다면, 그리고 버튼이 눌려 있다면 버튼 루틴으로 간다.

버튼 루틴:

BR 1. 버튼을 누르고 접점이 안정되도록 잠시 기다린다.

BR 2. 버튼이 떨어질 때까지 기다린다.

BR 3. 버튼이 떨어지고 접점이 안정되도록 잠시 기다린다.

BR 4. 버튼이 다시 눌릴 때까지 기다린다.

BR 5. ignore 변수를 현재 시간에 2,000을 더한 값으로 재설정한다.

BR 6. 메인 루틴으로 돌아가 무작위로 주사위 눈을 다시 표시한다.

제대로 작동할 것 같은가? 직접 알아보자.

하드웨어 설정하기

그림 30-1은 주사위 눈을 표시하기 위해 브레드보드에 연결한 LED 7개를 보여 준다. 개념은 원래의 '멋진 주사위' 프로젝트와 동일하다. 차이점이 있다면 아두이노가 74HCxx 논리 칩보다 더 많은 전류를 공급할 수 있기 때문에 LED를 모두 병렬로 연결한 것뿐이다. 여기서는 LED 밝기를 같게 만들기 위해 고민할 필요가 없다.

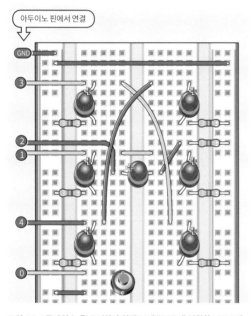

그림 30-1 주사위 눈을 표시하기 위해 브레드보드에 연결한 LED 7개.

- 아두이노 우노(또는 나노)의 디지털 출력 핀은 20mA를 쉽게 공급할 수 있다. 최대 전류 값은 40mA이지만 절대 그 한계에 도달하지 않도록 한다.

470옴 직렬 저항으로 5V에서 빨간색 일반 LED를 테스트했을 때 LED가 끌어간 전류는 6mA에 불과했지만 밝기는 충분했다. 출력 핀이 이 LED 중 2개를 병렬로 구동할 때 전류는 12mA이며, 이 정도는 아두이노가 문제없이 공급할 수 있다.

그림 30-1에서 가운데에 있는 왼쪽과 오른쪽 LED 쌍은 마이크로컨트롤러의 1번 핀에서 전원을 공급하고, 2번 핀은 중앙의 LED에, 3번 핀은 구석에 있는 LED 쌍에, 4번 핀은 구석에 있는 다른 LED 쌍에 전원을 공급함을 알 수 있다. 핀은 내가 임의로 선택했다. 한편, 0번 핀은 입력 핀으로 푸시버튼과 연결하며, 음극 접지는 타이머의 GND 핀과 연결한다.

LED를 브레드보드에 설치해도 우노 보드에 음극 접지를 바로 연결하지 않는다. 우노에는 이미 다른 프로그램이 업로드되어 있을 수 있고 이때 입력과 출력 핀을 어떻게 구성했는지 알 수 없기 때문에 먼저 프로그램을 업로드하는 편이 더 안전하다.

- 회로가 출력으로 설정된 디지털 핀에 전압을 공급하지 않도록 주의해야 한다.

이 회로에서는 0~4번 핀만 사용한다. 아두이노에서 사용하지 않는 핀은 논리 칩을 사용할 때와 같은 방식으로 접지해 주어야 할까?

그럴 필요는 없다!

- 아두이노에서 사용하지 않는 핀은 연결하지 않은 상태로 남겨 두어야 한다.
- 출력으로 설정한 핀은 접지에 직접 연결하지 않는다. 영구적인 손상이 생길 수 있다.

드디어 프로그램이다

그림 30-2는 의사코드에 맞춰 작성한 프로그램을 보여 준다. 먼저 프로그램을 타이핑하는 과정을 거치고 나면 아두이노 C언어에서 각 문장의 뜻을 설명한다. 물론 언어를 제대로 배우려면 제대로 된 매뉴얼이 필요하다. 내 설명은 가능성을 보여주기 위한 데모일 뿐이다.

6번째 줄에서 단어 **INPUT**과 **PULLUP** 사이의 밑줄 문자(_)에 주목하자. 시프트 키와 하이픈(-) 키를 함께 누르면 밑줄을 만들 수 있다.

23번째 줄에는 수직선 쌍이 2개(||) 있다. 각 선은 파이프(pipe) 기호라고도 한다. 윈도우 키보드에서는 엔터 키 바로 위에 있을 것이다. 시프트 키와 백슬래시(\) 키를 함께 누르면 입력할 수 있다.

타이핑이 모두 끝나면 IDE에서 [스케치] - [확인/컴파일] 옵션을 선택해 오류가 있는지 확인한다.

불행히도 아두이노 C 언어는 직관적이지 않은 문장 부호를 많이 사용하며 중괄호가 하나 더 많거나 적으면 코드가 아예 실행되지 않는다. 한 줄씩 내 프로그램과 아주 신중하게 비교하자. 내 프로그램은 성공적으로 실행한 직후 아두이노 IDE에서 직접 복사해서 붙여 넣었기 때문에 오류가 없다고 확신한다.

```
1  int spots = 0;
2  int outpin = 0;
3  long ignore = 0;
4
5  void setup() {
6    pinMode(0, INPUT_PULLUP);
7    pinMode(1, OUTPUT);
8    pinMode(2, OUTPUT);
9    pinMode(3, OUTPUT);
10   pinMode(4, OUTPUT);
11   ignore = 2000 + millis();
12 }
13
14 void loop() {
15   for (outpin = 1; outpin < 5; outpin++)
16   { digitalWrite (outpin, LOW); }
17
18   spots = random (1, 7);
19
20   if (spots == 6)
21   { digitalWrite (1, HIGH); }
22
23   if (spots == 1 || spots == 3 || spots == 5)
24   { digitalWrite (2, HIGH); }
25
26   if (spots > 3)
27   { digitalWrite (3, HIGH); }
28
29   if (spots > 1)
30   { digitalWrite (4, HIGH); }
31
32   delay (20);
33
34   if (millis() > ignore && digitalRead(0) == LOW)
35   { checkbutton(); }
36 }
37
38 void checkbutton() {
39   delay (50);
40   while (digitalRead(0) == LOW)
41   { }
42   delay (50);
43   while (digitalRead(0) == HIGH)
44   { }
45   ignore = 2000 + millis();
46 }
```

그림 30-2 더 좋은 주사위 프로그램.

[확인/컴파일] 작업에서 더 이상 오류 메시지가 뜨지 않는다면 프로그램을 '업로드'한다. 이제 접지선으로 브레드보드와 우노 보드를 연결할 수 있다. 아두이노는 언제나 프로그램을 자동으로 실행하기 때문에 접지선을 연결하는 즉시

LED가 깜박이기 시작한다. 몇 초 기다렸다가 버튼을 누르면 표시장치가 멈추고 임의의 주사위 눈이 나타난다. 버튼을 다시 누르면 표시장치가 다시 작동하기 시작한다. 버튼을 계속 누른 상태로 2초의 '무시' 시간이 지나면 표시장치가 다시 멈춘다. 의사코드를 성공적으로 구현했다!

한 줄씩 살펴보기

처음 세 줄은 내가 만든 변수를 선언한 부분이다. int라는 용어는 소수점 뒤에 붙는 수가 없는 정수(integer)를 의미한다. 아두이노 C에서 정수는 −32,768에서 +32,767 사이의 값을 가져야 한다.

여기서 32,767과 32,768은 무슨 의미일까? 숫자는 마이크로컨트롤러 내부에서 16비트 이진수로 표현한다. 따라서 수의 범위도 16비트로 표현할 수 있는 범위 내에서 정해진다. 2^{16}은 65,636이므로 절반은 0보다 큰 수, 나머지 절반은 0보다 작은 수의 범위가 된다.

1번째 줄에서, spots은 1에서 6까지의 숫자를 저장할 변수의 이름으로, 주사위의 눈(spot) 수를 뜻한다.

2번째 줄에서 outpin 변수는 LED 1개 또는 2개와 연결되는 각 출력 핀의 값을 저장한다. outpin의 값이 1이면 마이크로컨트롤러는 1번 핀과 연결된 LED를 켤 수 있다.

long은 '긴 정수(long integer)'라는 뜻으로 32비트로 저장되며, −2,147,483,648에서 2,147,483,647 사이의 값을 가질 수 있다. 마이크로컨트롤러 내부 클록은 긴 정수를 사용하고 그 값이 32,767밀리초보다 클 수 있기 때문에 클록의 현재 값을 저장하려면 긴 정수가 필요하다.

그렇다면 모든 수를 긴 정수로 나타내면 되지 않을까? 모두 긴 정수를 사용하면 보통의 정수가 한계를 초과할까 걱정할 필요가 없을 것이다. 그 말은 맞다. 그렇지만 긴 정수는 처리하는 데 걸리는 시간이 보통의 정수보다 두 배(또는 그 이상) 길고 메모리도 두 배 더 필요하다. 아트멜 마이크로컨트롤러는 메모리가 크지 않다.

이 모든 정보를 어떻게 아는지 궁금할 수 있다. 답을 알려 주자면 아두이노 웹 사이트의 언어 참조문서에서 읽었다. 직접 프로그램을 작성하려면 해당 문서를 반드시 읽어야 한다. 이에 대해서는 다음 장에서 이야기한다.

5번째 줄의 setup() 섹션은 마이크로컨트롤러에 각각의 핀을 어떤 식으로 사용할지 알려준다.

PULLUP이라는 단어는 마이크로컨트롤러에 내부 풀업 저항을 사용하도록 명령하며, 따라서 브레드보드의 버튼에 따로 풀업 저항을 설치할 필요가 없다. 아두이노에는 풀업 저항이 내장되어 있지만(이는 좋은 기능이다) 풀다운 저항은 없다. 다시 말해 외부 버튼이 접지할 때까지 입력 핀이 높은 전압 상태로 유지된다. 입력 핀이 낮은 전압 상태가 되면 버튼이 눌린 상태라는 뜻이다.

loop() 섹션으로 들어가면 15번째 줄에서 for를 만나게 된다. 이는 마이크로컨트롤러가 일련의 숫자를 세면서 각각의 새로운 숫자를 outpin 변수에 저장하도록 해주는 아주 기본적이고 편리한 방법이다. 구문은 다음과 같은 식으로 작동한다.

- 예약어 for는 마이크로컨트롤러가 한 값에서 다른 값으로 정해진 수만큼 세어 나가도록 명령한다.
- for 다음에 오는 첫 번째 매개변수는 outpin 변수에 저장될 초깃값이다.
- 두 번째 매개변수는 제한값에 도달하기 전까지 계속 수를 세라고 마이크로컨트롤러에 명령한다. 〈 기호는 '보다 작다'는 뜻이므로 이 루프는 outpin 변수의 값이 5보다 작은 동안 계속 수를 세어 나간다. 즉, 1부터 4까지 수를 센다. 기억하자. 우리의 프로그램에서는 1~4번 핀을 사용해 LED를 켠다.
- 세 번째 매개변수는 증가분(increment)이다. 즉, 루프가 한 번 순환할 때마다 outpin 변수에 더해주는 값이다. 아두이노 C에서는 이를 표시하는 데 플러스 기호 2개(++)를 사용할 수 있다. 즉, outpin++는 '주기마다 outpin 변수에 1을 더한다'는 뜻이다.

for 루프를 사용하면 어떤 조건이라도 지정할 수 있다. 극단적일 정도로 유연하다. 이번 프로그램에서는 루프가 1에서 4까지만 세지만 100에서 400까지도 쉽게 셀 수 있다. 정수 유형(int 또는 long) 범위 내에서라면 어떤 범위에서도 수를 셀 수 있다.

15번째 줄에서 루프를 실행하는 방식을 지정하고, 16번째 줄에서 루프의 각 주기 동안 마이크로컨트롤러가 수행한 함수가 따라온다. 이 함수가 하는 일은 변수 outpin이 지정하는 핀에 LOW 상태를 기록하는 것뿐이다. 여기서 outpin의 숫자가 1에서 4까지 증가하기 때문에 for 루프는 1~4번 디지털 핀에 낮은 출력을 생성한다.

그러면 출력 핀은 차례차례 낮은 전압 상태로 바뀌고 LED가 전부 꺼진다.

루프는 다음과 같이 개별 명령문 4개로 바꿔 쓸 수 있다.

```
digitalWrite (1, LOW);
digitalWrite (2, LOW);
digitalWrite (3, LOW);
digitalWrite (4, LOW);
```

명령문 4개가 더 간단해 보일 수 있다. 하지만 for 루프는 기본적이고 중요한 개념이라 소개하고 싶었다. 꺼야 할 LED가 9개거나 마이크로컨트롤러로 LED를 100번 깜박이게 하려면 결국 루프를 써야 한다. for 루프는 어떤 작업을 반복해야 할 때 함수를 효율적으로 만들 수 있는 가장 좋은 방법이다.

for 루프가 주사위 표시장치를 모두 끄고 나면 18번째 줄에 있는 random() 함수에 도달한다. 이 함수는 두 숫자 사이의 값을 임의로 선택한다. 우리에게 필요한 것은 1에서 6까지의 주사위 값이다. 아두이노에서 random() 함수는 괄호 안의 작은 수 '이상'부터 큰 수 '미만'까지를 임의로 선택하기 때문에, 여기에서는 random(1, 7)이라고 작성했다.

임의의 값을 spot 변수에 복사하면 적절한 수만큼 LED를 켜야 한다. 이 과정은 if문으로 처리한다.

20번째 줄의 첫 번째 if는 아주 간단하다. 주사위 값이 6인 경우는 1번 핀을 통해 높은 전압

값을 보내야 한다. 1번 핀은 가운데 줄 왼쪽과 가운데 줄 오른쪽 LED와 연결되어 있다.

이중 등호(==)는 두 값이 같은지 확인할 때 사용한다. 등호가 하나(=)면 18번째 줄에서처럼 값을 변수에 할당한다.

주사위 눈이 6일 때 구석의 눈과 중앙의 눈을 켜는 코드를 작성하지 않은 이유를 궁금해할 수 있다. 구석의 눈은 다른 주사위 값에서도 켜줘야 하기 때문이다. if 테스트의 수는 최소화하는 편이 효율적이다. 정확히 어떤 식으로 구현하는지는 바로 뒤에서 설명한다.

23번째 줄에의 if는 파이프 기호를 사용한다. 한 쌍의 파이프(||) 기호는 아두이노 C에서 '또는(OR)'을 뜻한다. 따라서 함수는 주사위 값이 1 OR 3 OR 5일 때 2번 핀에 높은 전압 상태를 출력하여 가운데 LED를 켠다.

세 번째 if는 주사위 눈이 3보다 클 때 대각선에 위치한 LED 쌍을 밝힌다.

29번째의 if는 주사위 눈이 1보다 크면 대각선으로 배치된 나머지 LED 쌍이 켜져야 한다는 뜻이다.

그림 23-10에서 주사위의 눈 패턴을 다시 살펴보면서 if 테스트의 논리를 확인해 보자. 그림 23-10의 논리 게이트는 카운터 칩의 이진 출력에 맞춰 선택한 것이라 이 프로그램에 사용된 if의 논리 연산과는 조금 다르다. 그래도 LED를 짝짓는 방식은 같다.

if 함수 다음에는 20밀리초를 대기하도록 했다. 그렇게 하지 않으면 LED가 너무 빠르게 깜빡여서 계속 켜져 있는 것처럼 보인다. 20밀리초를 지연하도록 하면 주사위 눈이 깜박이는 모습을 볼 수는 있지만 그럼에도 아주 빨라서 원하는 번호에서 멈추기 어렵다. 그렇더라도 시도해 보자!

대기 시간을 조정해 봐도 좋다.

아두이노 C에서 앤드 기호 2개(&&)는 AND 논리 연산으로 이해할 수 있다. 34번째 줄을 인간의 언어로 옮기면 다음과 같다.

만약 시스템 클록이 ignore 변수의 목표 값을 초과하고 0번 핀의 버튼 입력이 낮은 전압 상태이면 checkbutton으로 간다.

여기서 checkbutton은 무엇인가? 내가 버튼 루틴에 지정한 이름이다. checkbutton() 루틴은 38번째 줄에 있다. 루틴은 또 다른 void로 시작한다.

버튼 루틴은 프로그램의 메인 부분에 포함시켜 작성할 수도 있다. 그렇지만 함수마다 섹션을 따로 만들어 주면 프로그램을 이해하기가 쉽다. 다른 사람들이 이 프로그램을 이해하는 데도 도움이 되며, 시간이 지나 프로그램의 작동 방식이 기억나지 않는 자신에게도 도움이 될 것이다.

C 언어는 프로그램의 각 부분이 별개의 블록이고, 프로그램은 원할 때 이를 호출(calling)해 실행한다는 개념을 바탕으로 한다. 명령문으로 구성된 각 블록을 설거지라던가 쓰레기 버리기 같이 한 가지 일만 하는 순종적인 하인으로 생각하자. 각 작업을 실행해야 할 때 이름으로 하인을 호출하면 된다.

이런 블록을 함수(function)라고 하며, 직접 작성이 가능하다. 나는 프로그램을 제대로 구현하기 위해 버튼 루틴을 함수로 분리해야겠다고 마음 먹었다. 여기서는 이 함수의 이름을 check button()으로 지었지만, 사실 프로그램에서 특별한 목적으로 이미 사용되고 있는 단어가 아닌 한, 다른 이름으로 지어도 상관없다.

void checkbutton()은 함수의 헤더(header)이며, 그 뒤에는 보통 중괄호가 따라나오는데, 이 괄호 안에 함수 내용을 작성해 준다.

LOW는 버튼을 눌렀을 때의 0번 핀 상태임을 기억하자. HIGH 상태는 버튼에서 손을 떼고 풀업 저항이 영향력을 행사할 때 발생한다. 또한 켜져 있는 LED는 마이크로컨트롤러가 checkbutton() 함수를 처리하는 동안 켜진 상태가 계속 유지된다는 점을 기억한다. LED는 마이크로컨트롤러가 16번째 줄의 for 루프로 돌아가 LED를 끌 때까지 켜져 있다.

checkbutton() 함수는 다음과 같이 설명할 수 있다.

- 플레이어가 버튼을 누른 뒤 푸시버튼의 접점 바운스가 멈출 때까지 50ms를 기다린다.
- 버튼이 눌린 상태에서 플레이어가 버튼에서 손을 떼기를 기다린다.
- 버튼에서 손을 떼면 이때 생성된 접점 바운스가 사라질 때까지 50ms를 다시 기다린다.

(이 시점에서 플레이어는 주사위 눈을 보고 있으며, 프로그램은 플레이어가 버튼을 다시 누르는 즉시 임의의 패턴을 다시 표시하려고 대기하고 있다.)

- 버튼이 눌리지 않은 상태로 플레이어가 버튼

을 다시 누를 때까지 기다린다.
- ignore 변수를 초기화한다.

마이크로컨트롤러가 함수의 끝에 도달하면 어디로 가는가? 함수를 호출했던 곳 바로 다음 줄로 돌아간다. 그게 어디인가? 36번째 줄이다. 해당 행의 오른쪽 중괄호 기호는 loop() 함수가 끝났다는 의미이다. 그러나 루프는 작업을 반복하므로 왼쪽 중괄호가 있는 14번째 줄에서 다시 시작된다. 이제 LED가 꺼지고 새로운 난수가 선택되며 루프 기능이 반복된다.

아두이노 사이트에 있는 아두이노 C 문서에는 프로그램 구조에 대해 아무것도 나오지 않는다. 아마도 가능한 한 간단하게 작업을 시작하기를 원하기 때문일 것이다. 필수인 setup() 함수와 그 뒤의 loop() 함수를 기본으로 두고 나머지는 사용자가 함수에 대해 스스로 배우도록 한다. 그러나 구조는 중요하다. 프로그램이 커지면 세분화해야 한다. 안 그러면 프로그램이 복잡해져 엉망이 되기 쉽다. 표준 C 언어 튜토리얼에서는 구조에 대해 자세히 설명한다.

프로그램을 여러 개의 함수로 나누면 이 외에도 이점이 있다. 해당 함수를 따로 저장해 두고 나중에 다른 프로그램에서 불러와 사용할 수 있다. checkbutton() 함수는 버튼을 눌러 작업을 중지했다가 버튼을 한 번 더 눌러 작업을 다시 시작하는 모든 게임에서 재사용할 수 있다.

마찬가지로, 작성자가 저작권을 보유하여 사용을 막지 않는 한 다른 사람의 함수를 자신의 프로그램에서 사용할 수 있다. 내가 앞서 참조했던 라이브러리에서 이런 함수들을 찾을 수 있다.

자기만의 프로그램을 작성하겠다고 생각하는 것은 좋다. 그렇지만 LCD 화면에 텍스트를 복사하는 것과 같이 지겹고 단순한 작업에 다른 사람의 함수를 사용하는 것은 부끄러워할 일이 아니다. 여기에 기본 원칙이 있다.

- 독창적인 것은 좋다.
- 그렇지만 이미 있는 바퀴를 새로 발명하지 말라.

주의사항

프로그램을 작성하고 아두이노에 업로드한 후 USB 포트로 계속 전원을 공급하거나 자체 전원 공급 장치를 사용하도록 보드를 설정할 수 있다. 두 번째 방법을 선택할 때는 USB 연결을 먼저 끊은 다음 다른 장치로 전원을 공급하는 것이 좋다. 잘못된 핀에 전압을 공급했는데 USB 케이블이 계속 연결되어 있는 상태라면 컴퓨터 내부의 USB 인터페이스 칩이 손상될 수 있다.

그 외에도 고려할 만한 주의 사항이 몇 가지 있다. 인터넷에서 다음과 같이 검색해 보자.

ten ways to destroy an Arduino(아두이노를 파괴하는 10가지 방법)

검색 결과를 보고 나면 일을 망치기가 생각보다 쉽다는 것을 알게 될 것이다.

브레드보드에 LED(혹은 기타 부품)와 우노를 함께 사용할 때는 모든 부품을 우노에 연결해야 한다. 그림 30-3은 양 끝에 플러그가 달린 점퍼

그림 30-3 잘 휘어지는 점퍼선을 사용하면 브레드보드에 아두이노를 연결하기는 편리하지만 오류가 발생할 위험이 있다.

선을 사용해 연결한 일반적인 방식을 보여 준다. 그러나 앞에서 말했듯이 나는 점퍼선을 썩 좋아하지 않는다. 아두이노 보드의 소켓에 점퍼선을 잘못 연결하기 쉽고, 출력 핀이 다른 출력 핀으로 되돌아 들어갈 위험이 있다. 이는 마이크로컨트롤러에 전혀 바람직하지 않은 상황이다.

프로그램을 직접 작성하기로 결정했다면 가장 좋은 방법은 나노를 구입하여 브레드보드에 설치한 뒤 논리 칩에 전원을 공급하는 것처럼 LM7805 전압조정기로 5VDC 전원을 공급하는 것이다. 이 책의 4장에서 칩을 기반으로 회로를 몇 가지 만들어 보았다면 배선 오류의 위험을 최소화하는 방법을 이미 알고 있을 것이다. 양극에는 빨간색 점퍼선을, 음극에는 파란색이나 검은색 점퍼선을 사용하고, 그 외에는 다른 색상 점퍼선을 사용한다. 이렇게 습관을 들이면 칩 손상을 방지할 수 있다.

아두이노 보드에 대해서는 설명할 만큼 했다. 더 강력한 마이크로컨트롤러와 쉬운 언어에 대해 알고 싶다면 실험 31을 따라 가자.

C가 배우기 쉬운 언어는 아니다. 다행히 많은 대안이 존재하며 이 장에서는 그중 두 가지를 소개한다. 하나는 누가 봐도 뻔한 선택지이지만, 다른 하나는 전혀 뻔하지 않으며, 오히려 약간 이상한 선택지로 보일 수 있다. 그러나 나는 무언가 효과가 있다고 판단하면 주저 없이 통념을 저버린다.

또한 아두이노가 아닌 마이크로컨트롤러 하드웨어도 두 가지 소개한다. 그중 하나는 또 다른 이상한 선택지가 될 것이다. 그러니 이상한 선택지부터 살펴보자. 그래야 모든 이들이 만족하는 일반적인 경우로 마무리할 수 있을 것이다.

베이직을 써야 할까?

컴퓨터 언어인 베이직(BASIC)은 1964년에 등장했다. 처음에는 몇 안 되는 명령어밖에 없었다. 모든 행은 행 번호로 시작해야 했는데, 이 행 번호조차 수동으로 입력해야 했다. 화면 전체를 채우는 텍스트 편집 방식은 존재하지 않았고 프로그램 작성 과정도 오늘날 표준에 비교해 상당히 구식이었다.

그래도 베이직은 학습이 쉬운 언어였고 다양한 용도로 사용할 수 있었기 때문에 오래 살아남았다. 빌 게이츠는 베이직을 마음에 들어했기 때문에 마이크로소프트에서 베이직의 한 가지 버전을 개발했다. 그 뒤로 IBM PC용 확장 버전이 출시되었고 1985년에는 마이크로소프트가

일부 비즈니스에 응용할 수 있을 만큼 강력한 퀵베이직(QuickBASIC)을 출시했다. 파워베이직과 같은 독자적인 경쟁업체는 데이터베이스 프로그래밍에 유용한 기능을 포함하여 성능을 더욱 발전시켰다.

1990년대에는 윈도우가 광범위하게 채택되면서 MS-DOS에서 실행되는 베이직 변형 언어 시장을 잠식하기 시작했다. 이 시점에서 베이직은 세상에서 잊혀질 위기에 놓였다. 하지만 마이크로소프트 개발자들은 윈도우 그래픽 사용자 인터페이스를 최대한 활용하는 비주얼 베이직(Visual BASIC)을 도입하고 21세기까지 상당한 수정을 계속하며 사용자 기반을 유지했다.

오늘날에도 베이직이 여전히 존재한다는 사실을 모르는 사람이 많은 듯하다. 베이직은 한 번도 유행한 적이 없었다. 어느 정도는 이름 자체가 가진 낙인 효과 탓이었다. 베이직은 너무 기초적인 것 같지 않은가! 거기다 베이직은 '초보자를 위한 다목적 기호 명령 부호(Beginner's All-purpose Symbolic Instruction Code)'의 약자다. 베이직이 초보자용으로 설계되었는데 우리가 그걸 신경 써야 할 이유가 있겠는가?

그럼에도 이 언어를 지지하는 사람들은 꽤나 완고해서 1999년 레볼루션 에듀케이션이라는 영국 기업이 다양한 종류의 마이크로컨트롤러에 사용할 수 있는 변형된 베이직 언어를 자체 개발하기도 했다. 이들이 만든 베이직 버전에는 DC 모터 제어를 위한 펄스 폭 변조, 다른 장치와의 통신을 위한 I2C 프로토콜, 아날로그와 디지털 간 변환, 서보 모터 제어용 명령어와 당연하지만

HIGH/LOW 핀 상태 관리 등의 기능이 내장되어 있었다.

레볼루션 에듀케이션은 PIC 시리즈 마이크로 컨트롤러를 플랫폼으로 선택했기 때문에 개발 시스템을 피캑스(PICaxe)라고 명명했다(곡괭이를 뜻하는 pickaxe와 발음이 같다). 이곳 사람들은 교육용으로 개조한 칩을 판매했기 때문에 그런 장난스러운 이름을 쓴 것 같다. 하지만, '피캑스'와 '베이직'의 조합은 오랜 낙인 효과를 없애는 데 도움이 되지 않았다. 하지만 나는 이름이 어떻든 신경쓰지 않았다. 쓰기 좋은 게 필요했을 뿐이다.

2005년 나는 캘리포니아의 연구실에서 상당히 복잡한 급속 냉각 장치를 개발하고 있었다. 개발에는 마이크로컨트롤러가 필요했지만 당시만해도 어셈블리 언어로 칩을 프로그래밍하고 싶지는 않았던 내게 선택지는 많지 않았다. 아두이노 제품은 내게 쓸모 없었다. 아두이노 보드에는 내게 필요한 펌프 6개, 스위치와 버튼 여러 개, 온도와 압력 센서 12개를 감당할 만큼의 I/O 핀이 없었다. 또 고객은 내가 현장에서 코드를 수정하기를 바랄 거였고, 아두이노를 사용해서 그 일을 하려면 마이크로컨트롤러 칩을 개발 보드에 연결했다 제거했다 해야 했다.

그런 내 요건에 딱 맞는 것이 피캑스 시스템이었다. PIC 제품 중에는 핀이 40개이고 모든 칩에 부트로더가 미리 설치되어 있어서 보조 하드웨어가 전혀 필요하지 않았다. 회로기판에 PIC 칩을 설치하고 맞춤형 USB 케이블로 프로그램을 전송하기만 하면 됐다.

레볼루션 에듀케이션은 지금도 피캑스 제품을 판매하고 있다(그림 31-1). 나는 단지 최종 사용자일 뿐이다. 나는 이 회사나 직원들과 사업적으로도, 그 외적으로도 어떠한 관련이 없다.

그림 31-1 피캑스 부트로더가 설치되어 있는 PIC 마이크로컨트롤러는 특수 USB 케이블 외의 하드웨어 없이 프로그래밍이 가능하다.

내 프로젝트는 성공했지만 고객이 너무 많은 추가 기능을 요구했기 때문에 처음보다 훨씬 큰 버전을 만들어야 했다. 내가 피캑스 제품을 계속 사용할 수 있었을까? 그렇다. 단, 40핀 칩 1개와 그 외에 많은 부품을 추가해야 했다. PIC 마이크로컨트롤러에 베이직을 사용해서 제대로 된 응용 장치에 사용할 수 있다는 데 여전히 회의적인 사람이 있을 듯해서 그림 31-2에 내가 만든 회로의 배치도를 수록했다. 보드 오른쪽 가장자리를 보면 알겠지만 I/O 연결이 50개가 넘는다.

이 작업을 수행할 수 있었던 데는 뛰어난 피캑스 자료가 중요한 역할을 했다. 내가 왜 이런 이야기를 하는지는 머지 않아 분명해질 것이다. 피캑스의 홈페이지를 방문하면 다음의 것들을 얻을 수 있다.

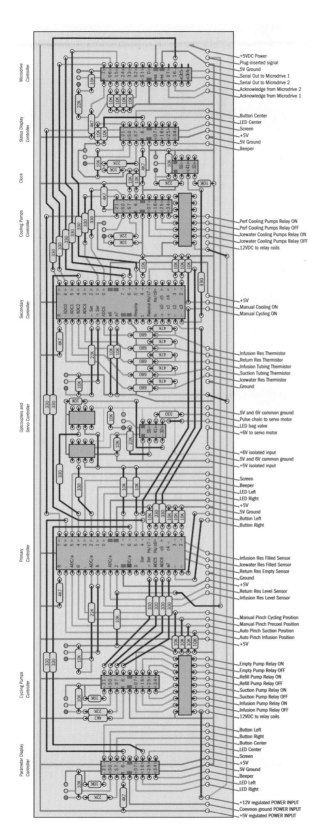

Microdrive Controller

+5VDC Power
Plug-inserted signal
5V Ground
Serial Out to Microdrive 1
Serial Out to Microdrive 2
Acknowledge from Microdrive 2
Acknowledge from Microdrive 1

Status Display Controller

Button Center
LED Center
Screen
+5V
5V Ground
Beeper

Clock

Cooling Pumps Controller

Perf Cooling Pumps Relay ON
Perf Cooling Pumps Relay OFF
Icewater Cooling Pumps Relay ON
Icewater Cooling Pumps Relay OFF
12VDC to relay coils

Secondary Controller

+5V
Manual Cooling ON
Manual Cycling ON

Infusion Res Thermistor
Return Res Thermistor
Infusion Tubing Thermistor
Suction Tubing Thermistor
Icewater Res Thermistor
Ground

Optocouplers and Servo Controller

5V and 6V common ground
Pulse chain to servo motor
LED bag valve
+6V to servo motor

+6V isolated input
5V and 6V common ground
+5V isolated input

Screen
Beeper
LED Left
LED Right
+5V
5V Ground
Button Left
Button Right

Primary Controller

Infusion Res Filled Sensor
Icewater Res Filled Sensor
Return Res Empty Sensor
Ground
+5V
Return Res Level Sensor
Infusion Res Level Sensor

Manual Pinch Cycling Position
Manual Pinch Precool Position
Auto Pinch Suction Position
Auto Pinch Infusion Position
+5V

Cycling Pumps Controller

Empty Pump Relay ON
Empty Pump Relay OFF
Refill Pump Relay ON
Refill Pump Relay OFF
Suction Pump Relay ON
Suction Pump Relay OFF
Infusion Pump Relay ON
Infusion Pump Relay OFF
12VDC to relay coils

Parameter Display Controller

Button Left
Button Right
Button Center
LED Center
Screen
+5V
5V Ground
Beeper
LED Left
LED Right

+12V regulated POWER INPUT
Common ground POWER INPUT
+5V regulated POWER INPUT

그림 31-2 냉각 시스템 제어를 위해 피캑스 칩을 사용하는 기판의 배치도.

- 잘 갖추어진 언어 참조 문서
- 충분한 길이의 잘 만든 튜토리얼
- 한곳에서 모든 것을 찾을 수 있는 편리함. 추가 인터넷 검색이 필요 없다.
- 24시간 언제라도 도움을 구할 수 있는 기술 지원

또 피캑스의 IDE는 내가 작성한 코드를 마이크로컨트롤러에 업로드하기 전에 시뮬레이션을 실행해 볼 수 있도록 해준다. 이러한 모든 기능은 이 책을 집필하는 시점을 기준으로 레볼루션 에듀케이션에서 사용 가능하다.

한계

비판하는 사람들은 피캑스 용으로 제공하는 구식 베이직 버전은 더 이상 발전이 없을 것이며 잘 구조화한 코드에 적합하지 않다고 주장한다. 나는 어떤 언어로든 노력만 한다면 잘 구조화해 코드를 작성할 수 있다고 생각하지만, 그렇지 않더라도 그게 큰 문제가 된다고 생각하지 않는다. 보통 하나의 코드 블록은 커다란 루프에서 실행된다. 여기서 센서와 버튼 입력을 읽고 모터나 LED를 제어하며, 이를 반복한다. 별다른 구조랄 게 없을 때의 구조는 대단한 문제가 아닐 수 있다.

내가 마이크로컨트롤러를 처음 사용할 때 중요하게 여겼던 점은 언어가 빨리 작성할 수 있고 이해하기 쉬워야 한다는 것이었다. 코드는 작성하고 1~2년이 지나서 다시 보게 될 수도 있다.

다음은 냉각 장치 제어 프로그램에서 가져온 코드 일부다.

```
checkinputs:

temp = icepin
if temp < icestatus then : outbits =_
   outbits or 1 : endif
if temp > icestatus then : outbits =_
   outbits or 2 : endif
icestatus = temp

if noperfcool = 1 then
   if perfstatus = 1 then
      perfstatus = 0
      outbits = outbits or 4
   endif
else
   temp = perfpin
   if temp < perfstatus then :_
      outbits = outbits or 4 : endif
   if temp > perfstatus then :_
      outbits = outbits or 8 : endif
   perfstatus = temp
endif
```

변수 이름의 의미나 루틴이 하는 일은 알 수 없더라도 구두점을 최소한으로 사용하는 간단한 명령어들로 이루어져 있음은 알 수 있다.

레볼루션 에듀케이션의 제품은 오픈 소스가 아니다. 그로 인해 새롭고 혁신적인 제품을 공급하는 개발자 커뮤니티를 끌어들이지 못한다는 비판을 받기도 한다. 물론 맞는 말이지만, 나는 이 부분을 장점으로 보았다. 레볼루션 에듀케이션이 프로그래밍 언어뿐 아니라 하드웨어도 통제권을 유지하는 점도 좋았다. 문서가 업데이트되지 않은 상태로 방치되지 않고, 여러 유형의 칩에 사용할 수 있도록 빠르게 진화하는 다른 버전의 언어와 제품을 걱정할 필요가 없다.

기존의 PIC 칩은 이미 여러 표준이 정립되어 있어 제한이 많다. 메모리가 크지 않고 부동소수점

연산과 같은 중요한 기능이 빠져 있다(그래도 보조 프로세서는 사용 가능하다). 그렇지만 지나치게 큰 돈을 들이지 않고도 비교적 간단한 무언가를 이루어 내고 싶다면 PIC 칩은 여전히 괜찮은 선택지라고 생각한다. 이런 상황에서 마이크로컨트롤러의 정교함은 그다지 중요하지 않은 듯하다.

내 경우를 기준으로 말하기는 했지만 프로그래밍 언어는 언제나 논쟁의 여지가 있는 주제이고 이 의견에 동의하지 않는 사람도 많을 것이다. 이제 가장 뻔한 대안으로 넘어가자.

파이썬

파이썬(Python)은 히도 판 로섬이라는 네덜란드 프로그래머가 만들었다. 파이썬이라는 이름은 영국 코미디그룹 '몬티 파이썬'에서 따왔다. 1991년 파이썬이 출시되었을 때 이 언어는 아주 중요한 요건을 몇 가지 갖추고 있었다. 파이썬 재단에 따르면 판 로섬은 파이썬이 다음과 같은 언어가 되기를 원했다.

• 쉽고 직관적이면서도 대표적인 경쟁 언어들만큼 강력하다.
• 오픈 소스로 누구나 개발에 기여할 수 있다.
• 코드는 평범한 영어처럼 이해할 수 있다.
• 짧은 시간 동안 개발이 가능해 일상적인 작업에 적합하다.

어떤 면에서 이런 요건은 C++ 언어의 양상에 대한 반감이었을 수 있다. 어느 쪽이든, 이런 목표는 사람들의 공감을 얻었다. 특히 인터넷에서 함수를 실행시킬 수 있는 기능이 파이썬에 도입되면서 주목을 받기 시작했고, 점차 큰 인기를 얻어 현재는 학교 교과에 널리 도입되었다.

파이썬은 데스크톱 컴퓨터용으로 개발되었으며 가장 단순한 수준에서 베이직만큼 이해하기 쉽다. 다음은 사용자가 입력한 단어의 수를 세는 코드의 일부다.

```
# Number of words
wds = input("Type some words, press Enter: ")
total = 1
for n in range(len(wds)):
  if(wds[n] == ' '):
    total = total + 1
print("Number of words = ", total)
```

'print'라는 단어는 '화면에 표시'한다는 뜻이지만, 코드를 약간 수정하면 인쇄 장치에서 출력할 수 있다. 기본 작업을 수행해 보면 파이썬이 격식에 얽매이지 않는 구어적인 언어임을 알 수 있다.

그런데 이 루틴에는 명백한 결함이 존재한다. 사람이 단어 쌍 사이에 두 칸 이상의 공백을 입력하면 문제를 처리하지 못한다. 파이썬에서 쉽고 정확하게 단어의 개수를 세는 프로그램을 작성하는 방법은 따로 있다. 그럼에도 이러한 코드를 보여준 이유는 베이직과 비교를 하기 위해서이다.

다음은 마이크로소프트 베이직의 루틴이다. 파이썬과 닮았다.

```
' Number of words
print"Type some words, press Enter:";
line input wds$
total = 1
for n=1 to len (wds$)
  if mid$(wds$,n,1)=" " then_
    total = total + 1
next
print"Number of words="; total
```

더 긴 파이썬 예제는 그림 31-3에서 볼 수 있다. 이 코드는 내가 그림 30-2에서 아두이노 C로 작성한 더 멋진 주사위 프로그램과 정확히 같은 일을 한다.

사실 아주 길거나 복잡한 프로그램을 작성하지 않는다면 언어의 차이는 상대적으로 크지 않아 보일 수 있다.

그러나 컴퓨터 프로그래밍을 진지하게 고민하고 있다면 어떤 언어를 사용할지 결정하기 어려울 것이다. 이 경우 파이썬을 배워 두면 직업적인 면에서 현명한 선택이 될 것이다.

파이썬에 약간 관심이 있는 정도라면 가장 중요하면서도 어려운 질문은 이것이다. 프로그램 작성 경험이 전무한 상태에서 시작해서 가장 논리적이면서 시간 효율적인 방법으로 마이크로컨트롤러용 언어를 배울 수 있는 방법은 무엇일까?

이 질문에 대답하기란 쉽지 않다.

2014년 마이크로컨트롤러용 파이썬인 마이크로파이썬이 특별 공개되었으며, 대부분의 사람들이 이 언어를 C의 어떤 버전보다 배우기 쉽다는 데 동의할 것이다. 따라서 여기서부터 시작해 보자.

마이크로비트

마이크로비트(micro:bit)는 순전히 교육 목적으로 개발된 시스템이다. 영국 국영 방송 BBC에서 개발한 이 제품은 일명 '작은 컴퓨터'라고 불리며, 푸시버튼과 센서의 입력 등 마이크로컨트롤러의 일반적인 기능을 지니고 있다.

마이크로비트는 파이썬, 스크래치(Scratch), 메이크코드(MakeCode)의 세 가지 언어로 프로그래밍할 수 있다. 여기서 말하는 파이썬은 마이크로비트 하드웨어에 특화된 일부 기능을 갖춘 버전의 마이크로파이썬이다. 스크래치(MIT에서 개발)와 메이크코드(마이크로소프트에서 개발)는 시각 언어이다. 프로그래밍을 처음 시작하는 사람들을 위해 가장 단순한 형태로 고안된 스크래치부터 설명한다.

스크래치는 코드 단어를 데스크톱 컴퓨터 화면에 직소 퍼즐 조각으로 보여준다. 이 조각을 드래그해서 마이크로컨트롤러에 복사할 프로그램을 작성한다. 조각을 맞출 수 있는 방법은 제한되어 있어 오류를 방지해 준다. 퍼즐을 조립하면 조립한 즉시 화면에서 움직이는 애니메이션을 볼 수 있다. 그림 31-4는 창에서 물고기의 움직임을 제어하는 프로그램의 예제 스크래치 화면이다.

스크래치는 학생은 오래 집중하지 못하고 타이핑을 하고 싶어하지 않는다는 것을 전제로 하는 듯하다. 나는 이 전제가 잘못되었다고 생각한다. 모든 연령대의 사람들이 오랫동안 화면을 들여다 보며 서로에게 문자 메시지를 보내느라 바쁘지 않은가.

```
# Nicer Dice - Raspberry Pico MicroPython version

from machine import Pin
from utime import sleep, ticks_ms, ticks_add, ticks_diff
from urandom import randint

l1 = Pin(14, Pin.OUT) # middle, two leds board pin 19
l2 = Pin(15, Pin.OUT) # center, one led  board pin 20
l3 = Pin(13, Pin.OUT) # corner, two leds board pin 17
l4 = Pin(16, Pin.OUT) # corner, two leds board pin 21

button = Pin(21, Pin.IN, Pin.PULL_UP)

leds = [l1, l2, l3, l4]

ignore = ticks_add(ticks_ms(), 2000)

def checkbutton():
    global ignore
    sleep(0.050)
    while button.value() == 0:
        pass
    sleep(0.050)
    while button.value() == 1:
        pass
    ignore = ticks_add(ticks_ms(), 2000)

while True:
    spots = randint(1, 6)

    for l in leds:
        l.low()

    if spots == 6:
        l1.high()
    if spots == 1 or spots == 3 or spots == 5:
        l2.high()
    if spots > 3:
        l3.high()
    if spots > 1:
        l4.high()

    sleep(.020)
    if ticks_diff(ticks_ms(), ignore) > 0 and button.value() == 0:
        checkbutton()
```

그림 31-3 아두이노 C로 작성한 그림 30-2의 더 좋은 주사위 프로그램을 파이썬으로 다시 작성했다.

순전히 시각에 의존하는 언어는 학생들의 능력을 과소평가할 뿐 아니라 프로그래밍이 즉각적인 피드백을 받을 수 있는 드래그앤드롭 작업이 라는 잘못된 인상을 줄 수 있다. 더욱이 시각 언어는 보다 높은 수준의 응용 방식으로 쉽게 전환하지 못한다. 아주 어린 아이들의 관심을 끌기에

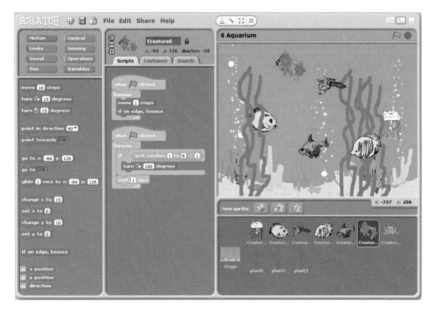

그림 31-4 스크래치 언어로 작성 중인 프로그램의 스크린샷.

는 좋은 방법일지 모르겠지만, 진지한 작업에는 맞지 않는다.

이러한 점을 염두에 두고 마이크로비트 버전의 파이썬을 사용할 것이다. 구현에 관한 내용은 microbit.org에 문서로 정리되어 있으며 튜토리얼도 다수 제공한다. 이런 문서는 대부분 바이트 크기의 코드 예제로 구성되어 있다. 코드를 복사하여 붙여 넣거나 그대로 입력하면 결과를 얻을 수 있다. 이런 접근 방식은 이 책에서 내가 사용한 전략인, 먼저 시도해본 다음 왜 작동하는지 그 이유를 배우는 '발견을 통한 배움'과 비슷해 보일 수 있다. 그렇지만 마이크로비트에 올라온 자료는 '이유' 부분을 생략하는 경향이 있으며, 나는 이 부분이 문제라고 생각한다. 왜 그런지 예를 들어 설명해 보겠다.

해당 웹사이트에 올라온 마이크로비트 예제는 다수가 while True 루프를 사용한다. 그렇지만

튜토리얼 중에 루프의 첫 줄 아래부터는 코드를 입력할 때 들여쓰기를 해야 한다고 언급한 것은 하나밖에 보지 못했다. 이마저도 들여써야 하는 이유를 알려주지 않으며 while 명령어의 다른 측면에 대해서도 설명하지 않는다. 예를 들어 True에는 가장 앞의 문자를 대문자로 표기하지만 while은 그렇지 않다. 앞에 대문자를 꼭 써야 할까? True는 변수 이름이 아닌 일종의 특별한 용어인가? 그 차이를 어떻게 설명할 수 있는가? 변수 이름을 선택하는 규칙은 무엇인가? 어떤 문자가 허용되고 어떤 문자가 허용되지 않는가? 또, while 루프를 벗어나고 싶다면 어떻게 해야 하는가?

이러한 질문이 꼭 필요한 것은 아니다. 적어도 프로그램이 어떤 일을 하는지 빠르게 이해하는 데에는 중요하지 않다. 그러나 나만의 코드를 만들려고 하면 이야기가 달라진다. 프로그램을

작성하려면 구문(syntax)을 이해해야 한다. 구문이란 명령을 구성하는 방법을 알려주는 일련의 규칙으로, 인간의 언어에서 문법과 철자에 해당한다.

처음으로 영어를 배운다고 가정해 보자. ceiling, hierarchy, pier, piece, receipt, deceive 같이 i가 e가 포함된 단어를 보게 될 것이다. 어떨 때는 i가 e보다 먼저 오지만 그 반대의 경우도 있다. 그러면 그 이유가 궁금할 것이다.

이를 설명해 주는 간단한 규칙이 있다. "c 뒤에 오는 경우가 아니면 ie의 순서로 쓴다." 이 규칙이 항상 옳지는 않지만 없는 것보다는 있는 것이 낫다.

영어 문법에는 아포스트로피(')의 사용이나 동사 'lie'와 'lay'의 차이 등을 설명해 주는 규칙이 있다.

아무도 이 규칙을 알려 주지 않는다면 글을 검토하면서 스스로 모든 것을 알아내는 데 많은 시간을 낭비할 수 있다. 구조적이고 체계적인 방식으로 배운다면 더 잘 할 수 있을 거라 확신한다.

컴퓨터 언어에서는 이런 규칙이 훨씬 더 중요하다. 프로그램을 작성할 때 모든 것을 정확히 이해하지 못하면 코드가 실행되지 않고 구문 오류 메시지가 뜬다.

누구도 구문이 필수라는 점을 부정할 수는 없을 것이다. 그러나 내가 아는 한 마이크로비트의 입문자용 튜토리얼에서는 구문에 대해 이야기하지 않는다. 코드 예제만 보여주고 직접 작성할 때 따라야 하는 규칙은 설명해 주지 않는다는 점

에서 수많은 온라인 자료들과 차이가 없다.

오픈 소스 옹호론자는 "코드 예제를 복사하는 것 이상을 알고 싶다면 구문을 검색해 보면 된다. 온라인에서 쉽게 찾을 수 있으며, 모든 것이 무료다"라고 말할지도 모른다.

이는 사실이다. 그렇지만 이로 인해 또 다른 문제가 생긴다. 평범하고 단순한 코드 예제와 공식 문서 사이에는 어마어마한 간극이 존재한다. 해답을 찾기 위해 python.org와 같은 인터넷 사이트를 뒤지다 보면 '당연한 내용을 설명하지 않는' 자료들을 만나게 된다.

나 역시도 학습용 서적을 쓰는 저자로서 이 문제에 맞닥뜨린다. 작가는 그 주제를 잘 알고 있어야 하지만, 그 주제를 잘 알수록 아무것도 모르는 상태가 어떤 것인지 기억하기 어려워진다. 그 결과 너무 익숙해서 일견 당연해 보이는 개념이라도 설명해야 한다는 사실을 잊는다.

다른 프로그래밍 언어를 이미 배웠거나 유닉스 사용에 익숙하다면 python.org의 튜토리얼이 유용할 수 있다. 그렇지만 사전 지식이 많지 않은 사람이라면 다른 곳으로 눈을 돌려야 할 수도 있다. 인터넷에 참고할 사이트가 너무 많기 때문에 이는 문제가 되지 않을 수 있다. 그러나 어떤 면에서 그 자체가 문제이기도 하다. 선택할 수 있는 인터넷 사이트가 넘쳐나는데 어떤 사이트를 선택해야 하는지 어떻게 알 수 있을까?

예를 들어 while 루프에 대한 구문 규칙을 찾고 싶다고 해 보자. 다음과 같이 검색해 볼 수 있다.

micropython while syntax(마이크로파이썬 while 구문)

그런 뒤 내가 한 것처럼 다음의 사이트를 찾을지도 모른다.

URL *https://realpython.com/python-while-loop*

이 인터넷 사이트는 실제로 구문을 아주 철저하게 잘 정리해 제공하고 있다. 그러나 주제를 하나만 다루고 있으며 파이썬에 대한 사이트이기 때문에(마이크로파이썬으로 검색한 결과이기는 했다) 마이크로컨트롤러와 관련된 주제 중 일부는 다루지 않는다. 예를 들어, 여기에서는 출력 핀을 낮은 전압 상태에서 높은 전압 상태로 변경하는 법을 알려주지 않는다.

내가(그리고 아마도 독자 여러분이) 원하는 것은 다음 세 가지로 정리할 수 있다.

- 언어 하나, 특정 하드웨어 하나, 그리고 여기에 특화된 잘 구성된 사이트.

사이트에서는 코드 예제를 제공되며, 예제에는 언어를 구조적이고 점진적으로 이해할 수 있도록 구성된 설명이 따라야 한다. 또한 제공하는 자료를 다 읽을 즈음에는 해당 언어로 프로그램을 작성할 수 있어야 한다. 그러나 이 조건을 만족하며, 최신 마이크로컨트롤러를 주제로 하는 사이트를 찾기란 정말 어렵다.

이 책에서 나는 마이크로컨트롤러 프로그래밍을 배우려는 이들의 길잡이 역할을 하고 싶었다. 하지만 진심으로 추천할 만한 사이트를 찾지 못했다. 물론 예제를 보고 비교하며 구문을 파악

해 나가는 사람들이 없는 건 아니지만 이 방법은 효율적이지 않다.

그뿐 아니라 심각한 단점도 있다. 지식 공백이 생긴다는 것이다.

나는 컴퓨터 입문 수업을 가르쳤을 당시 이 현상을 목격하곤 했다. 여기저기서 얻은 정보를 아는 상태로 내 수업에 들어오는 학생들이 있었다. 이들은 체계가 없는 방법으로 정보 조각을 모았고, 그러다보니 피치 못하게 놓친 부분이 있었다. 이런 지식 공백은 콘크리트의 거품이나 스위스 치즈의 구멍과 같았고, 무엇보다 골치 아픈 점은 인간이란 자신이 무엇을 모르는지 모르기 마련이라 자신의 지식 공백을 눈치채지 못한다는 것이었다.

나는 3주 동안 파이썬과 마이크로파이썬 관련 자료를 조사했고 마이크로파이썬 개발 플랫폼인 파이보드(pyboard) 같은 하드웨어도 구입했다. 그러나 제품을 받았을 때 동봉된 문서는 전혀 없었고, 판매 업체의 인터넷 사이트에도 관련 자료가 거의 없었다. 이 사이트에는 마이크로파이썬 관련 사이트로 연결되는 링크가 있었지만, 그곳에서 나는 파이보드를 작동하는 데 필요한 내용을 정확히 찾는 데 어려움을 겪었다.

나는 방문했던 모든 사이트와 테스트한 제품 목록을 수록하지는 않을 것이다. 그래봐야 아무 소용이 없기 때문이다. 그저 그 과정이 만족스럽지 않았다고만 언급하는 정도로 넘어가겠다.

다만, 그 과정에서 RP2040 마이크로컨트롤러면 괜찮은 선택인 듯하다고 결론 내렸다.

파이에서 피코까지

2021년 1월 영국 기업 라즈베리 파이가 RP2040을 공개했다. 라즈베리 파이는 수백만 개를 판매한 단일 보드 컴퓨터로 유명하다. 이 회사의 개발자들은 인상적인 사양의 최첨단 마이크로컨트롤러로 칩을 자체 개발했으며, 피코(Pico)라는 미니보드에 264K SRAM과 2MB 플래시 메모리를 함께 탑재해 판매했다.

피코는 아두이노 나노와 거의 비슷하지만 그보다 훨씬 강력하다. RP2040 칩은 다른 기업에 라이선스를 제공해 자체 제품을 생산할 수 있도록 하고 있지만, 이 책에서는 피코만 다룬다.

이 칩의 출시 발표는 충족되지 않은 어떤 수요가 있음을 인정하는 것으로 보였다. 라즈베리 파이는 "RP2040에 대한 우리의 목표는 단순히 최고의 칩을 생산하는 것이 아니라 최고의 문서로 해당 칩을 지원하는 것이었다"라고 발표했다.

라즈베리 파이는 자체 입문서인 《Get Started with MicroPython on Raspberry Pi Pico(라즈베리 파이 피코에서 마이크로파이썬 시작하기, 국내 미출간)》를 출간했다. 이 책에는 어린 아이들이 만화 캐릭터로 등장하는데, 마이크로파이썬을 시작하기에 충분한 내용을 다룬다.

그러나 이 입문서와 라즈베리 파이의 인터넷 사이트가 제공하는 정보 사이에는 여전히 간극이 존재한다. 또, 사이트의 설명은 '너무 뻔해서 설명을 하지 않는' 문제도 있다. 그렇지만 라즈베리 파이 측에서 이 문제를 바로잡을 수 있을 것이며, 또 그 간극은 이 회사와 관련 없는 곳에서 독립적으로 출간한 책들이 매우고 있다. 킨들

버전에서 예제를 확인한 바로는 해리 페어헤드와 마이크 제임스가 저술한 《Programming the Raspberry Pi Pico in MicroPython(마이크로파이썬으로 라즈베리 파이 피코 프로그래밍하기, 국내 미출간)》이라는 책이 내 요건의 일부를 만족시켜 준다. (작가들과 어떠한 친분도 없음을 밝힌다.)

이 책의 예제는 전부 마이크로파이썬으로 되어 있으며, 최신 버전의 언어를 다운로드할 것을 권장한다. 이 책을 집필하는 시점에서는 'rp2-pico-20210205-unstable-v1.14-8-g1f800cac3.uf2'가 최신 버전이었지만, 변경될 가능성이 있다. 나는 안정적이지 않다는 뜻의 'unstable'이 이름에 포함된 파일을 다운받고 싶지 않다는 심리적 저항감을 이겨내야 했다. 전자부품 하드웨어를 완성된 상태로 판매하면서 소프트웨어는 계속 개발 중인 것은 이상하다.

해당 저서는 마이크로컨트롤러에서 가장 흔한 작업들을 수행하기 위해 일상적으로 사용하는 기술인 입력 수신, 푸시버튼 디바운싱, 강제 종료 기능 사용, 펄스 폭 변조, I2C 버스를 통한 다른 장치와의 통신(특정 유형의 센서와 텍스트 표시에 필요), 아날로그와 디지털 간 변환 등에 관해 아주 구체적으로 설명한다.

이 책을 읽고도 부족해서 파이썬 언어를 더 배우고 싶을 수 있다. 그러나 적어도 해당 저서의 코드는 다른 예제들보다 더 길고 실용적이며 설명에 빈틈이 없고 이해하기 쉽다.

다음은 사용자가 버튼을 눌렀다는 신호를 수신하고 충분한 시간 동안 버튼을 누르고 있는지

확인하는 예제이다. 이런 형태의 입력은 마우스 버튼과 브라우저로 해왔을 것이다.

```
s=0
while True:
  i=pinIn.value()
  t=time.ticks_add(time.ticks_us(),1000*100)
  if s==0: #버튼이 눌리지 않음
    if i:
      s=1
      tpush=t
    elif s==1: #버튼이 눌림
      if not i:
        s=0
        if time.ticks_diff(t, tpush) >
        2000000:
          print("Button held \n\r")
        else:
          print("Button pushed \n\r")
        else:
          s=0
  while time.ticks_us()<t:
    pass
```

이 글을 읽을 즈음에는 피코와 관련해 출간된 마이크로파이썬 서적이 더 많아졌을 것이다. 상황이 바뀔 수 있으나 나는 C보다 더 친숙한 언어와 더 강력한 마이크로컨트롤러를 원할 경우 피코에서 마이크로파이썬을 사용하는 것이 가장 좋은 선택지라고 잠정적으로 결론을 내리겠다. 아니면 아두이노로 돌아가는 것도 가능하다. 물론 나는 아직 믿을 만한 피캑스에 대한 애정을 저버리지 않았다.

더 배우고 싶다면

마이크로컨트롤러에서 벗어나 개별 부품으로 돌아가 보자. 이 책을 읽으며 시간을 들여 실험을 해 봤다고 할 때 하드웨어에 대해 더 배울 수 있는 내용은 무엇이 있을까?

다음은 이 책에서 다루지 않은 내용이다.

수학. '발견을 통한 배움'의 과정에는 이론적인 내용이 부족해질 수 있다. 이 책에서는 엄격한 전자공학 입문 과정을 거친다면 배웠어야 할 수학에 대한 내용을 대부분 생략했다. 수학에 소질이 있다면 회로가 작동하는 방식을 더 깊이 이해할 수 있다.

교류. 이 영역에서는 수학을 많이 사용한다. AC의 작동 방식이 매혹적이기는 하지만, 그렇다고 가볍게 다룰 수 있는 주제는 아니다.

표면 노출 부품. 어떤 사람들은 아주 작은 부품을 사용해 아주 작은 회로를 만드는 도전을 즐긴다. 나는 이런 쪽을 좋아하지는 않지만 인내심을 가지고 도전하면 놀라운 결과를 얻을 수 있다. 인터넷에서 다음과 같이 검색해 보자.

DIY surface-mount(DIY 표면노출)

검색 결과에 아주 쉬워 보이는 교육용 비디오를 찾을 수 있을 것이다. 인내심이 있고 손이 떨리지 않는다면 도전해 볼 만하다(나는 둘 다 아니다).

진공관. 지금의 시점에서 진공관은 역사를 이야기할 때나 나오는 소재다. 그러나 오렌지 빛을 발산하는 발열체가 든 유리관에는 아주 특별하고 아름다운 무언가가 존재한다. 특히 멋진 가구와 만났을 때 더욱 특별하고 아름다워진다. 숙련된 장인의 손에서 진공관 앰프와 라디오가 만나 예술 작품이 탄생한다. 진공관을 사용할 때는 상대적으로 높은 전압을 다루어야 한다. 충분히 조심하기만 하면 이 정도는 감수할 수 있는 위험이라고 생각한다.

에칭 인쇄 회로 기판. 회로를 설계하고 나면 PCB라고 하는 인쇄 회로 기판(printed circuit board)에 구리띠 배치를 직접 제작할 수 있다. 컴퓨터 소프트웨어를 사용해서 PCB 제조업체가 인식할 수 있는 형식으로 도면을 만들면 된다. 에칭 과정 자체는 특별히 어렵지 않아서 직접 하고 싶을 수도 있지만, 이를 위해서는 특정 재료와 물품이 필요하다.

고전압 실험. 이 책에서 전혀 다루지 않은 주제다. 니콜라 테슬라(전자기학의 혁명적인 발전을 가능케 한 인물)가 즐겨 가지고 놀던 거대한 스파크 실험 같은 건 실용적으로 응용할 곳이 전혀 없고 안전 문제가 뒤따른다. 그렇지만 놀랄 만큼 인상적인 결과를 보여주며, 장비를 만드는 데 필요한 정보도 쉽게 얻을 수 있다.

연산 증폭기와 MOSFET 트랜지스터는 탐구해 봐야 할 중요한 주제다. 이 주제를 다룰 지면이 부족해 유감이다.

오디오는 특히나 아날로그 신호를 디지털로 부호화하려면 나름의 어려움이 존재하는 방대한 분야다.

맺음말

입문서의 목적은 광범위한 가능성을 열어주어 독자가 어디로 가고 싶은지 결정하도록 돕는 것이라 생각한다.

전자부품은 그러한 선택을 할 수 있도록 해준다. 집에서 혼자서도 제한된 자원을 가지고 로봇 공학에서 무선 조종 항공기, 통신, 컴퓨팅 하드웨어에 이르기까지 거의 모든 응용 분야를 탐색해 볼 수 있기 때문이다.

이 책의 초판을 집필할 당시 내가 독자들로부터 연락을 받을 수 있도록 이메일 주소를 적어두려 했을 때, 출판사 사람들은 당혹스러워 했다. 그러나 그렇게 하기를 참 잘했다고 생각한다. 덕분에 놀라운 프로젝트를 구현한 사람들로부터 책을 읽은 소감을 들을 수 있었다. 최근에는 영국에 사는 아싸드 에브라힘이라는 독자로부터 연락을 받았다. 아싸드는 하드웨어에 대한 지식이 거의 없는 상태로 이 책을 읽기 시작했는데, 아두이노를 대화식으로 제어하기 위한 프로그램을 포스(Forth) 언어로 작성하는 수준이 되었다. 그는 1KB도 안되는 프로그램 메모리로 작은 OLED 화면에서 여러 장의 고해상도 사진을 바꿔가며 보여주는 작은 사진 액자 프로그램을 고안해 낼 수 있었다. 아싸드는 나와 줌으로 통화하던 중에 그 액자를 보여주었다.

개인적으로 나는 전자 하드웨어에 관해서는 대단한 재능이 없다. 이를 배우는 것은 쉽지 않았다. 내가 잘 하는 것은 그에 관해 글을 쓰고 도해를 만들어 설명하는 것이다. 정말로 전자공학에 소질이 있는 사람이라면, 내가 아는 내용을 넘어 더 깊이 배워 나갈 수 있을 것이다. 아싸드처럼 말이다. 그리고 언젠가 자신이 만든 프로젝트를 내게 소개해줄 수 있을지도 모른다.

이 책으로 새로운 가능성이 열렸다면 그 용도를 다한 것이다.

부록 A

세부 사양

부록에서는 도구, 소모품, 전자부품을 직접 구매하기로 결정한 이들에게 유용한 세부 사양과 제조업체 부품 번호를 수록했다. 여기에 실은 표는 책의 5개 장에 소개한 실험 1~30을 직접 해보기 위해 필요한 부품과 기타 소모품의 수량을 보여 준다.

제품을 보유하고 있을 만한 소매 판매점에 관한 권장 사항은 부록 B를 참조한다.

사진과 소개 정보는 이 책의 각 장 시작 부분을 참조한다. 수록 순서는 여기에서도 같다.

우리나라 업체를 기준으로 안내한 부품 구매 리스트는 인사이트 블로그(*https://blog.insightbook.co.kr*)에서 제공한다.

필수 항목

계측기, 노트, 9V 전원(전지 또는 AC 어댑터), 악어 클립 테스트 리드, 기본 공구는 책 전체에서 꼭 필요하다.

3장에 설명한 것처럼 납땜을 하려면 납땜인두, 땜납, 만능기판, 납땜 보조기(또는 작업물을 고정할 기타 장치)가 필요하다. 확대경, 열 수축 튜브, 히트건도 구비할 것을 권장한다.

브레드보드는 점퍼선을 만들기 위한 네 가지 색상의 연결용 전선(색상별로 최소 10피트(3.3m) 필요)과 함께 책의 2장부터 반드시 필요한 항목이다.

1장 세부 사양

계측기

수동 범위 조절 가능한 제품을 권장. 전압, 전류, 저항, 주파수 측정과 연속성, 트랜지스터, 다이오드 테스트 가능한 제품. 정전용량을 측정하는 기능도 있으면 좋다. 계측기에 관한 자세한 내용은 1페이지를 참조한다.

보안경

제조사 관계없이 최저가 제품이면 전자부품을 다루는 동안 발생할 수 있는 위험을 최소화할 수 있다. 수량: 1개.

테스트 리드

리드의 양 끝에는 악어 클립이 달려 있어야 한다. 리드가 짧은 쪽이 좋다.

예 Adafruit Short Wire Alligator Test Lead(짧은 전선 악어 클립 테스트 리드, 12개 세트),

Adafruit 제품 식별자 1592. 수량: 최소 5개. 빨간색 1개, 파란색이나 검은색 1개, 기타 색상 3개가 가장 이상적.

전지

9V 알칼리 전지. 브랜드는 관계없다. 수량: 최소 2개. 세기와 사용 기간에 따라 교체용 전지가 추가로 필요할 수 있다.

전지 커넥터(선택 사항)

9V 전지용. 전지 스냅(battery snap)이라고도 한다. 한쪽 끝에는 9V 전지 단자용 커넥터가 달려 있고 다른 쪽 끝의 전선은 피복이 벗겨진 상태다. 〔예〕 Eagle Plastic Devices 121-0426/O-GR 또는 Keystone Electronics 232. 수량: 1개.

퓨즈

빠르게 끊어지는 유리관 유형. 2AG 크기(직경이 약 5mm). 정격 전류는 1A와 3A, 정격 전압은 어떤 값이든 무관하다. 자동차 부품점에서 판매하는 자동차용 퓨즈로 대신할 수 있다. 〔유리관 퓨즈의 예〕 Littelfuse 0225001.MXP 또는 0225003.MXP. 수량: 전류값마다 최소 1개.

발광 다이오드: 빨간색 일반

제조업체는 무관하다. 1장과 2장에 실린 실험에는 직경 5mm인 편이 다루기에 좋다(T1-3/4 크기로도 판매). 3, 4, 5장의 실험에는 브레드보드 배치에 맞춰 3mm LED를 권장한다. 빨간색 파장에서 요구하는 순방향 전압 및 전류가 다른 색상

보다 낮기 때문에 빨간색을 선호한다. 이런 속성은 LED를 논리 칩으로 직접 구동되는 회로에서 유용하다.

밀리칸델라(mcd) 단위로 측정하는 광 출력이 높은 LED를 찾는다. 400mcd면 좋다. 산란형 LED 쪽이 투명한 플라스틱 제품보다 보기에 쾌적할 수 있다. 〔예〕 Kingbright WP710A10SRD/D 또는 /E 또는 /F(3mm), Kingbright WP7113SRD/D 또는 /E 또는 /F(5mm), 또는 Lite-On LTL-4263(5mm).

저항

0.25와트(250mW), 허용오차 5%인 제품이 좋다. 리드 길이는 무관하다. 다양한 값의 저항을 구비한다. 그림 A-1, A-2, A-4, A-5, A-6에 정리해 둔 부품 표를 참조한다. 제조업체 무관.

플레이트 브라켓이나 브라켓

크기는 최소 1/2×1인치(1.3×2.5cm)이며 아연 도금(galvanized, zinc plated)한 제품(황동이나 스테인리스는 불가). 〔예〕 National Hardware 4팩 모델 N226-761. 수량: 4개.

구리 도금 동전

현재 살고 있는 곳에서 구리 도금된 동전을 구할 수 없다면 동전과 비슷하게 표면적이 작은 구리 재질의 물체를 구하면 된다. 공예품 상점에서 장식용으로 판매하는 물건을 구입하거나 철물점에서 짧은 구리 파이프 조각을 사서 쇠톱을 사용해

1장에서 사용하는 부품	실험					재사용하는 경우	재사용하지 않는 경우
	1	2	3	4	5		
9V 전지	1	1	1	1		1	4
5mm 빨간색 일반 LED		2	1		1	2	4
원통형 퓨즈, 정격 전류 1A				1		1	1
원통형 퓨즈, 정격 전류 3A				1		1	1
레몬(또는 원액)					2	2	2
아연 도금 브라켓					4	4	4
구리로 된 물건					4	4	4
15옴 저항		1		1		1	2
150옴 저항		1				1	1
470옴 저항		1	1			1	2
1K 저항						1	1
1.5K 저항		1	1			1	2
2.2K 저항			1			1	1
3.3K 저항			1			1	1

그림 A-1 1장의 실험 1~5에서 사용하는 부품. '재사용하는 경우'는 1장 내의 실험에서 부품들을 재사용할 경우 필요한 수량을 나타낸다. '재사용하지 않는 경우'는 이전 프로젝트의 부품을 재사용하지 않을 때 필요한 부품의 수량이다.

여러 조각으로 자를 수 있다. 또는 자동차 부품 상점에서 구리 도금된 악어 클립을 구입할 수도 있다. 이 실험에서 구리는 화학반응에 의해 변색된다는 것을 기억하자.

노트

페이지는 50장 이상이고 괘선이 없는 무지 노트. 도해를 그리고 메모를 남길 수 있을 정도의 크기가 좋다.

2장 세부사양

소형 드라이버

제품 번호 66-052인 Stanley의 세트 제품 등 십자와 일자 날이 포함된 세트 제품. 수량: 1개.

소형 롱노즈 플라이어

5인치(12.7cm)를 넘지 않는다. 제조업체 관계없이 가장 저렴한 제품을 선택한다. 수량: 1개.

니퍼

5인치(12.7cm)를 넘지 않는다. 제조업체 관계없이 가장 저렴한 제품을 선택한다. 롱노즈 플라이어가 포함된 세트 제품 구매를 고려해 보자. 수량: 1개.

플러시 커터(선택 사항)

제조업체 관계없이 가장 저렴한 제품을 선택한다. 수량: 1개.

주둥이가 뾰족한 플라이어(선택 사항)

길이는 4인치(10.2cm)가 보통이다. 플라이어, 니퍼, 플러시 커터가 든 세트에 함께 들어있을 수 있다. 장신구 제작용으로 판매하는 경우가 많다. (예) Amazon B07QVPGX7H. 수량: 1개.

와이어 스트리퍼(전선 스트리퍼)

22게이지(22 AWG) 전선의 피복을 벗길 수 있는 제품이어야 한다. (예) Irwin 전선 피복 제거 도구(wire stripping tool), 제조업체 제품 ID 2078309. 수량: 1개.

브레드보드

이것은 무납땜 브레드보드나 프로토타이핑 보드, PCB 보드라고도 부른다. 구멍(접속점)이 적어도 800개 있는 이중 버스 제품이어야 한다.

명확한 구분을 위해 버스마다 빨간색과 파란색 줄무늬를 인쇄한 제품이어야 한다.

(예) Amazon의 Elegoo MB-102, Sparkfun의 PRT-00112, Jameco의 2157706. 수량: 1개. 다음 회로를 만들기 위해 이미 만든 회로를 분해하지 않고 보관할 생각이라면 추가로 몇 개 더 구입해 두는 편이 좋다.

연결용 전선

벌크 전선이라고도 부른다. 제조업체에 관계없

이 22게이지(22AWG)의 단선으로, 구리나 주석 도금한 구리 전선이면 된다. 정격 전압의 제한은 없으며 빨간색, 파란색, 노란색, 초록색 색깔별로 각각 최소 10피트(3.0m)씩 필요하다. 다른 색상의 전선을 구입할 수도 있지만 이 경우 책의 도해와 일치하지는 않는다.

(예) Adafruit 연결용 전선 세트(Hook-up Wire Set), 품명 1311.

연선(선택 사항)

제조업체 관계없이 22게이지(22 AWG)의 구리나 주석 도금한 구리 전선. 정격 전압의 제한은 없으며 색깔에 관계없이 최소 25피트(7.6m)가 필요하다.

점퍼선(선택 사항)

연결용 전선으로 점퍼선을 직접 만들지 않고 미리 만들어진 점퍼선을 구입할 수 있다. 단, 이 경우 색상이 이 책의 도해와 일치하지 않을 수 있다. 상자에 든 세트로 구매한다고 할 때 한 상자면 충분하다. 제조업체는 무관하다. 인터넷에서 따옴표("")를 포함해 다음과 같이 검색한다.

"jumper wire" assorted box("점퍼선" 박스 세트)

슬라이드 스위치

실험 6에서 악어 클립 점퍼선과 함께 사용하는 경우: 단극쌍투(SPDT) 온-온 스위치. 정격 전압, 정격 전류, 접점 유형, 핀 유형에 제한은 없다. 이상적인 핀 간격은 0.2인치(5mm).

2장에서 사용하는 부품	실험						재사용하는 경우	재사용하지 않는 경우
---	6	7	8	9	10	11	---	---
악어 클립 테스트 리드	5	3					5	5
SPDT 슬라이드 스위치, 핀 간격 0.2인치	2						2	3
SPDT 슬라이드 스위치, 핀 간격 0.1인치					1		1	1
5mm 빨간색 일반 LED	1		2	1	1	2	2	7
DPDT 9VDC 릴레이		2	1				2	4
택트 스위치		1	2	2	2	2	2	9
2N3904 트랜지스터					1	6	6	7
10K 반고정 가변저항					1		1	1
8옴 스피커						1	1	1
100옴 저항			1	2	1	1	2	5
470옴 저항	1		1	1	2	1	2	6
1K 저항			2	2	1	1	2	6
4.7K 저항						4	4	4
10K 저항			1	2		1	2	3
33K 저항				1			1	1
47K 저항						2	2	2
100K 저항				1			1	1
330K 저항				1			1	1
470K 저항						2	2	2
10nF 커패시터						3	3	3
1µF 커패시터			1			2	2	3
47µF 커패시터						1	1	1
100µF 커패시터				1	1		1	2
1,000µF 커패시터				1	1	1	1	3

그림 A-2 2장의 실험 6~11에서 사용하는 부품. '재사용하는 경우'는 2장 내의 실험에서 부품들을 재사용할 경우 필요한 수량을 나타낸다. '재사용하지 않는 경우'는 이전 프로젝트의 부품을 재사용하지 않을 때 필요한 부품의 수량이다.

예 E-Switch EG1201 또는 EG1201A. 수량: 2개.

그 외의 모든 실험의 경우: 단극쌍투(SPDT) 온-온 스위치. 정격 전압, 정격 전류, 접점 유형 제한은 없다. 납땜용 핀이 달린 유형이나 브레드보드에 끼울 수 있도록 핀 간격이 0.1인치(2.5mm)인 스루홀 유형. 수량: 3개.

택타일 스위치

간격이 0.2인치(5mm)인 납땜용 핀이 달린 작은 원형 푸시버튼. 전압, 전류 제한은 없다.

예 Alps SKRGAED-010, TE Connectivity FSM-2JART, Panasonic EVQ-PV205K, Eagle/Mountain Switch TS7311T1601-EV.

원형 푸시버튼 대신 핀 간격이 6mm나 6.5mm이고 정사각형이 아닌 직사각형 택타일 스위치를 사용할 수도 있다. 단, 이 경우 스위치를 브레드보드에 끼우려면 핀을 플라이어로 펴야 한다.

예 Panasonic EVQ-PE605T 또는 C&K PTS635 SH50LFS. 부품 번호가 조금 다른 제품은 스위치의 색상이나 그다지 중요하지 않은 기타 속성이 달라질 수 있다. 그림 6-22를 참조한다. 수량: 10개.

릴레이

DPDT, '2 Form C' 유형. 코일 정격 전압 9VDC. 접점 정격, 스위칭 전류에 제한은 없다. 납땜용 핀이 달린 비래칭 유형.

예 Omron G5V-2-H1-DC9, Omron G5V-2-DC9, Fujitsu RY-9W-K, 또는 Axicom V23105-A5006-A201.

이 외의 릴레이로 교체하면 핀 배치가 달라져 호

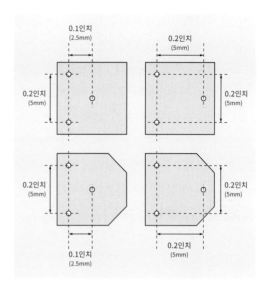

그림 A-3 가변저항의 핀 간격 요건.

환되지 않을 위험이 있다. 릴레이에 대한 데이터 시트를 읽고 76페이지의 핀 배치와 기능을 비교한다.

반고정 가변저항

트림포트(trimpot)라고도 부르지만 트림포트는 번스(Bourns)의 상표명이다. 가변저항이나 단순히 트리머라고도 한다. 이 책의 실험을 위해 내가 브레드보드에 할당한 공간에 맞는 반고정 가변저항의 기본 요건은 다음과 같다.

직경(원형인 경우)이나 모서리 길이(정사각형인 경우)가 6~8mm여야 한다. 1/4인치(6mm)로 분류되어 있을 수도 있다.

싱글 턴, 상단 조정 유형(측면 조정 아님).

그림 A-3은 몇 가지 가변저항 바닥면 내부에 표시한 허용 가능한 핀 배치를 보여 준다. 가변저항의 핀은 둥글고 직선이거나, 평평하면서 중간이 휘어 있는 형태를 하고 있다(그림 6-23 참조). 직선 핀은 브레드보드에 쉽게 꽂을 수 있고 고정 상태도 더 안정적이다. 중간이 휘어 있는 핀은 휜 부분을 플라이어로 펴면 사용 가능하다.

예 TT Electronics 36F 또는 36PR 시리즈, Amphenol N-6L50 시리즈, Vishay T7 시리즈, Bourns 3306F, K, P, W 시리즈 또는 Bourns 3362F, H, P, R 시리즈. (저항값이나 기타 요인에 따라 부품 번호에 숫자나 문자가 추가된다.)

트랜지스터

2N3904 NPN 바이폴라 트랜지스터는 이 책 전체에서 사용된다. 부품 번호에 추가된 문자는 패키지를 알려주는 것으로 표면 노출형이 아닌 스루홀 유형을 산다면 무시해도 된다.

예 On Semiconductor 2N3904BU. 수량: 10개.

커패시터

세라믹 커패시터는 1μF 이하의 용량, 전해 커패시터는 1μF보다 큰 용량에 권장된다. 전해 커패시터 대신 세라믹 커패시터를 사용할 수도 있지만, 반대로 세라믹 커패시터 대신 전해 커패시터를 쓸 때는 전류의 방향이 역전되지 않는다는 확신이 있어야 한다. 세라믹 커패시터의 정확한 유형은 중요하지 않지만, 작동 전압이 25VDC인 제품을 선택해야 한다. 전해 커패시터의 경우는 작동 전압이 12VDC인 제품을 찾아야 한다(정격 전압이 더 커져도 되지만, 그 경우 부품의 크기도 커지고 비용도 많이 들 수 있다). 값과 수량은 그림 A-1, A-2, A-4, A-5, A-6을 참조한다.

스피커

굳이 유형을 정하라고 한다면 전자기 스피커를 선택한다. 크기는 직경이 40~50mm(약 2인치), 정격 전력이 250mW(0.25W) 이상, 임피던스가 8옴인 제품, 전선 리드가 달리면 가장 좋다.

예 CUI Devices GF0501. 수량: 1개.

3장 세부 사양

AC 어댑터

AC-DC 어댑터라고도 한다. 따로 표시가 없다면 AC가 아닌 DC 출력이 있는지 확인한다. 여러 개의 출력을 선택할 수 있는 범용 어댑터는 피한다. 단일 출력 어댑터만큼 정류가 잘 되지 않을 수 있다. 출력이 9VDC, 최소 300mA(0.3A)인 제품. 출력 쪽 전선의 플러그 유형은 상관없다. 어차피 제거한다. 수량 1개.

저전력 납땜인두

전자부품으로 작업하는 경우 정격 전력은 15W여야 한다. 찾을 수 있는 가장 작은 제품을 구입한다. 스탠드가 딸린 제품을 살 수도 있지만, 이 경우 스탠드는 스탬프가 찍힌 금속 조각만 달린 제품이 아닌 무거운 진짜 스탠드여야 한다. 인두 끝은 구멍 간격이 0.1인치인 만능기판에 부품을 납땜할 수 있을 정도로 충분히 작아야 한다.

예 Weller SP15NUS. 수량: 1개.

납땜인두용 스탠드

납땜인두를 안전하게 고정하는 용도로 쓴다. 납땜 보조기가 함께 달려 있을 수도 있다(아래 참조).

예 Weller PH70. 다른 브랜드 제품이 더 저렴할 수 있다. 수량: 1개.

땜납

수지 성분을 사용하는 전자부품용 땜납이어야 한다. 두께는 0.02~0.04인치(0.5~1mm)면 된다. 수량: 프로젝트 몇 개만 납땜할 용도라면 3피트 (91cm)면 충분하다.

중간 전력 납땜인두(선택 사항)

열을 많이 흡수하는 큰 부품에 사용한다.

예 Weller Therma-Boost TB100. 수량: 1개.

확대경

직경이 약 1인치(2.5cm)인 휴대용 확대경으로 눈에 가까이 댈 수 있어야 한다. 보석류에 사용하는 루페(loupe)를 쓸 수도 있다.

납땜 보조기(선택 사항)

다양한 제품이 판매 중이다. 검색했을 때 연관 없는 검색 결과를 피하려면 따옴표를 사용해 다음과 같이 검색한다.

"helping hands" electronics("납땜 보조기" 전자부품)

취향에 맞는 걸로 선택하면 된다. 납땜인두 스탠드가 포함되어 있는 제품도 있는데, 이런 제품이 사용하기 좋다. 확대경도 포함되어 있을 수 있지만, 이런 확대경은 그다지 유용하지 않다. 손에 들 수 없을뿐더러 배율도 보통 x2 미만이다.

합판(선택 사항)

납땜할 때 작업대 표면을 보호해 준다. 두께가 1/4인치(6mm) 이상인 합판이나 이와 비슷한 조립용 판자면 된다.

구리 악어 클립(선택 사항)

따옴표를 사용해 "Copper Alligator Clips(구리 악어 클립)"으로 검색한다. 구리는 강철보다 더 효과적으로 열을 흡수하지만 테스트 리드에서 악어 클립을 하나 잘라서 사용해도 상당히 효과적이다.

만능기판(도금 없는 유형)

실험 14에서만 필요하다. 이 실험에서는 도금이 있는 유형은 사용하지 않는다. 검색으로 마땅한 결과가 나오지 않았다면 다음의 검색어를 써 보자.

unplated prototyping board(도금되지 않은 프로토타이핑 보드)

페놀 보드(phenolic board)라고도 한다. 도금되지 않은 보드는 영어로 unclad board 또는 un-traced board라고도 한다. Vector Electronics의 벡터 보드가 이런 유형인데, 상대적으로 비싸다. 수량: 약 4×8인치(10.1×20.3cm) 하나면 소규모 프로젝트 3개에 사용하기 충분하다.

만능기판(도금 있는 유형)

이 유형의 보드는 실험 18의 완성된 버전에 사용하지만, 이 외에도 브레드보드 회로를 영구 보관하고 싶다면 다른 프로젝트에도 사용할 수 있다. 구리띠가 브레드보드 내부 연결부와 동일한 패턴으로 부착된 유형을 사용하면 편하다.

BusBoard SB830, GC Electronics 22-508를 구입하거나 Adafruit로 이동해 Perma-Proto를 검색한다. 수량: 영구 보관하려는 프로젝트당 1개.

열 수축 튜브

가격은 아주 다양하다. 다양한 종류로 구색을 맞춰 구입하고 싶다면 이베이를 방문해 보자. 소규모 프로젝트라면 대부분 1/4인치(6mm)와 3/8인치(10mm) 튜브를 사용한다(열을 가하면 수축 전 직경에서 약 50% 축소된다). 수량: 크기별로 약 24인치(61cm)(조각으로 잘라 판매되기도 한다). 색상 제한 없음.

히트건(선택 사항)

열 수축 튜브를 수축할 때는 헤어드라이어를 쓸 수도 있다. 송풍구 부분에 원뿔 모양으로 종이를 붙여 뜨거운 공기를 직접 가해주면 효과가 더 좋다. 그렇지만 히트건의 효과를 따라갈 수는 없다. 전자부품 작업에 사용할 목적이라면 가장 저렴하고 작은 제품을 구입하면 된다. 무선 히트건은 더 무겁고 비싸기 때문에 권하지 않는다.

예 NTE HG-300D 또는 Wagner Furno 300. 수량: 1개.

연결용 계측기 전선(선택 사항)

계측기 리드는 한쪽 끝에 스프링이 장착된 작은 후크가 달려 있고 다른 쪽 끝에 미터용 플러그가 달려 있다. 미니 그래버(mini grabber)를 검색해 구입하되 양쪽 다 후크가 달린 테스트 리드를 구입하지 않도록 주의한다. 수량: 검은색 1개, 빨간색 1개를 보통 쌍으로 판매한다.

기계나사(볼트)(선택 사항)

프로젝트 상자 내부에 만능기판을 고정할 때는 3/8인치(1.0cm)와 1/2인치(1.3cm) 길이의 #3 또는 #4 크기 납작머리 볼트를 사용한다. 이런 종류의 하드웨어를 구입할 때 내가 가장 선호하는 판매업체는 McMaster-Carr이다. 나일론 너트도 같은 수만큼 구입한다.

프로젝트 상자(선택 사항)

플라스틱 케이스(plastic enclosure)라고도 한다. 검색 범위를 좁힐 수 있도록 따옴표를 사용해 다음과 같이 검색해 보자.

"project box" electronics("프로젝트 상자" 전자부품)

ABS 플라스틱으로 만든 제품이 가장 저렴하고

3장에서 사용하는 부품	실험			재사용하는 경우	재사용하지 않는 경우
	12	13	14		
3mm 빨간색 일반 LED		1	2	2	3
2N3904 트랜지스터			2	2	2
470옴 저항		1		1	1
4.7K 저항			2	2	2
470K 저항			2	2	2
1μF 커패시터			2	2	2

그림 A-4 3장의 실험 12~14에서 사용하는 부품. '재사용하는 경우'는 3장 내의 실험에서 부품들을 재사용할 경우 필요한 수량을 나타낸다. '재사용하지 않는 경우'는 이전 프로젝트의 부품을 재사용하지 않을 때 필요한 부품의 수량이다.

사용하기 쉽다. 수량: 영구 보관하려는 프로젝트당 1개.

헤더(선택 사항)

작은 플러그와 소켓으로 이루어진 띠. 필요한 만큼 잘라 사용한다.

예 대형 전자부품 판매업체에서 판매하는 Mill-Max 800-10-064-10001000과 801-93-050-10-001000, 또는 3M 929974-01-36RK과 929834-01-36-RK. 수량: 플러그가 64개인 띠 1줄, 소켓이 64개인 띠 1줄.

4장 세부 사양

집적회로 칩

칩에 대한 논의는 4장의 첫 페이지를 참조한다. 필요한 칩은 그림 A-5에 모두 정리해 두었지만, 잘못된 전압이나 역극성, 과부하 출력, 정전기로 인해 손상될 수 있으므로 유형별로 칩을 추가로 구입해 두면 좋다.

제조업체는 상관없다. 칩의 패키지(package)는 물리적 크기를 뜻하며 폼 팩터(form factor)라고도 한다. 실수로 표면 노출형 칩을 구입하지 않도록 주문할 때 이 부분을 신중히 확인해야 한다. 논리 칩은 모두 스루홀 DIP 패키지(0.1인치 간격의 핀이 두 줄로 나열되어 있는 이중 인라인 패키지)여야 한다. PDIP라고도 한다. DIP와 PDIP 뒤에 핀 수를 추가해 DIP-14, PDIP-16처럼 표기하기도 한다.

표면 노출형 칩은 보통 SOT나 SSOP처럼 패키지 이름이 S로 시작한다. S로 시작하는 패키지 유형의 칩은 구입하지 않는다.

이 책에서는 4xxx 제품군과 74HCxx 제품군의 두 가지 칩 제품군을 사용한다. 제조업체는 SN74HC00DBR(Texas Instruments)이나 MC74HC00ADG(On Semiconductor)처럼 부품 번호의 앞이나 뒤에 문자나 숫자를 추가한다. 그렇다고 해도 기능은 동일하다. 주의 깊게 살펴보면 제조업체가 자체적으로 사용하는 부품 번호에서 기본 부품 번호인 74HC00을 찾을 수 있다. 카탈로그를 검색할 때는 이런 추가 번호 없이 기본 부품 번호를 사용한다. 예를 들어, SN74HC08N 제품이라면 74HC08로 검색하는 식이다.

74LSxx 시리즈 같은 구형 TTL 논리 칩에는 호환성 문제가 있다. 따라서 이 책의 어떠한 프로젝트에도 사용하지 않으며 사용을 권하지도 않는다.

555 타이머

이 책의 프로젝트에서는 CMOS 유형이 아닌 TTL 유형(바이폴라 유형이라고도 한다)을 사용한다는 점에 주의한다. 다음을 참고한다.

TTL 유형은 데이터시트에 'TTL'이나 '바이폴라'라고 명시한 경우가 많다. 최소 공급 전원은 4.5V나 5V 이상, 대기 상태일 때 전류 소비는 최소 3mA로 명시되어 있다. 200mA의 전류를 공급하거나 끌어온다. 부품 번호는 주로 LM555, NA555, NE555, SA555, SE555로 시작한다. 가격으로 검색했을 때 555 타이머의 TTL 유형은 가격이 CMOS 유형보다 절반 정도 낮은 것이 보통이다.

4장에서 사용하는 부품	실험									재사용하는 경우	재사용하지 않는 경우
	15	16	17	18	19	20	21	22	23		
555 타이머	1	2	3	3		1	2		1	3	13
SPDT 슬라이드 스위치	1		1				1	1		1	4
500K 반고정 가변저항	1	1								1	2
택트 스위치	2		1	3	2	9	2		2	9	21
3mm 빨간색 일반 LED	1		4	3	1	1	3	2	14	14	29
8옴 스피커		1								1	1
10K 반고정 가변저항		2		1						2	3
1N4148 다이오드		1	1							1	2
4026B 카운터				3						3	3
세븐 세그먼트 LED				3						3	3
LM7805 전압조정기					1	1	1	1	1	1	5
74HC08 AND 칩					1	2			1	2	4
74HC32 OR 칩					1		1		1	1	3
9V 전지					1					1	1
DPDT 9V 릴레이					1					1	1
2N3904 트랜지스터					1					1	1
74HC02 NOR 칩							1			1	1
74HC393 카운터									1	1	1
74HC27 NOR 칩									1	1	1
100옴 저항		1								1	1
470옴 저항	1		4	2		1	3		6	6	17
1K 저항		3		3	1			2	4	4	13
4.7K 저항				1						1	1
10K 저항	3	3	5	5	2	9	3	2	2	9	34
47K 저항			4	1						4	5
100K 저항						1			1	1	1
470K 저항		1	2	2						2	5
0.01µF 커패시터	1	2	2	2	1				2	2	10
0.047µF 커패시터				1						1	1
0.1µF 커패시터					1	1	3	1	2	3	8
0.47µF 커패시터		1	2	2	1	2	1	1	1	2	11
10µF 커패시터	1	1	3	1	1				1	3	8
100µF 커패시터		1	2	1					1	2	5

그림 A-5 4장의 실험 15~23에서 사용하는 부품. '재사용하는 경우'는 4장 내의 실험에서 부품들을 재사용할 경우 필요한 수량을 나타낸다. '재사용하지 않는 경우'는 이전 프로젝트의 부품을 재사용하지 않을 때 필요한 부품의 수량이다.

의심스럽다면 데이터시트를 확인한다. CMOS 유형은 데이터시트의 첫 페이지에 반드시 'CMOS'라고 명시해 두며 대부분 최소 2V의 낮은 공급 전원을 허용한다. 이런 제품은 대기시 소비 전류가 마이크로암페어(밀리암페어가 아니다) 단위이며, 100mA 이상을 공급하거나 끌어오지 않는다.

부품 번호에는 TLC555, ICM7555, ALD7555가 포함된다.

세븐 세그먼트 표시장치

실험 19에 사용한 표시장치는 높이가 0.56인치(1.4cm)인 공통 캐소드 LED 장치다. 빨간색 저

5장에서 사용하는 부품	실험							재사용하는 경우	재사용하지 않는 경우
	24	25	26	27	28	29	30		
25피트(8m) 길이 22게이지 연결용 전선	1			1				1	1
종이 클립	1							1	1
3/16인치(0.5cm)×1.5인치(4cm) 원통형 네오디뮴 자석		1						1	1
100피트(30.5m) 길이의 22, 24, 26게이지 전선 스풀		2	1	1				2	4
3mm 빨간색 일반 LED		1	2		1		7	7	11
1,000μF 전해 커패시터		1	1					1	2
1N4148 다이오드		1						1	1
3/4인치×1인치 원통형 자석(선택 사항)		1						1	1
무게 110g의 26게이지 자철선(선택 사항)		1						1	1
가장 저렴한 2인치(5cm) 스피커			1		1			1	2
47옴 저항				2				2	2
470옴 저항				1		1	7	7	9
택트 스위치				2				2	2
고임피던스 이어폰					1			1	1
50~100피트(15.2~30.5m) 길이의 16게이지 전선					1			1	1
10피트(3.0m) 패키지 폴리로프					1			1	1
게르마늄 다이오드					1			1	1
악어 클립 테스트 리드					4			4	4
LM386 증폭기 칩(선택 사항)					1			1	1
수동 피에조 스피커나 경보 장치(선택 사항)					1			1	1
아두이노 우노나 나노						1	1	1	2
우노나 나노에 맞는 USB 케이블						1	1	1	2

그림 A-6 5장의 실험 24~30에서 사용하는 부품. '재사용하는 경우'는 5장 내의 실험에서 부품들을 재사용할 경우 필요한 수량을 나타낸다. '재사용하지 않는 경우'는 이전 프로젝트의 부품을 재사용하지 않을 때 필요한 부품의 수량이다.

전류 제품이면 더 좋다. 2.2V의 순방향 전압과 5mA의 순방향 전류에서 작동 가능하다.

예 Broadcom/Avago HDSP-513E, Lite-On LTS-547AHR, Inolux INND-TS56RCB, Kingbright SC56-21EWA. (치수와 핀 간격은 그림 18-1을 참조한다.)

5장 세부 사양

네오디뮴 자석

K&J Magnetics를 추천한다. 인터넷 사이트에는 다양한 유형의 제품이 갖추어져 있으며 자석에 대한 아주 유익한 기본 지침도 확인할 수 있다.

URL www.kjmagnetics.com/neomaginfo.asp

16게이지 전선

실험 31의 안테나용으로만 필요하다. 비용이 너무 많이 든다고 생각하면 22게이지 전선을 50~100피트(15.2~30.5m) 길이만큼 사용할 수도 있다. AM 라디오 방송국과 비교적 가까운 곳에 거주한다면 그 정도로 충분하다.

고임피던스 이어폰

실험 28에서만 사용한다. 임피던스가 높은 유형 이어야 한다.

URL www.scitoyscatalog.com

URL www.mikeselectronicparts.com

게르마늄 다이오드

고임피던스 이어폰을 구입한 곳에서 마찬가지로 구입 가능하다. 대형 판매업체인 Digikey, Mouser, Newark에서도 구입할 수 있다. 제품 설명에 "광석 라디오 수신기에 적합(suitable for crystal radio receiver)"이라고 써 있는 제품을 사면 좋다.

아두이노 우노 보드나 아두이노 나노 보드

마우저, 아마존 등 여러 판매업체에서 판매하고 있다.

부록 B

공급업체

키트

지금 이 시점에서 이 책에 수록된 실험용 키트를 판매하는 미국 내 업체는 두 곳이다.

protechtrader

URL *www.protechtrader.com/Make-Electronics-Kits -3rd-Edition*

Chaney Electronics

URL *www.goldmine-elec-products.com/make3*

이들 공급업체로부터 계속 키트 내용물을 확인하겠지만, 나는 이들 업체와 금전적으로도, 그 외적으로도 아무런 관계가 없으며 키트에 대해 궁금한 점이 있다면 해당 공급업체에 직접 문의해야 한다.

우리나라에서는 아마존과 protechtrader에서 해외 배송으로 구매할 수 있다(1~3장의 부품과 4~5장의 부품을 따로 판매하므로 이 책의 모든 내용을 실습하려면 두 가지 다 구매해야 한다).

경고 1판용으로 판매한 키트는 이번 3판용 키트와 완전히 호환되지는 않는다. 필요한 부품이 포함되어 있지 않을 수도, 필요 없는 부품이 포함되어 있을 수도 있다. 키트를 구입할 때 3판을 뜻하는 'Third Edition' 문구를 확인하자.

추가 부품

Protechtrader에서는 현재 이 책의 특정 프로젝트에 사용하는 부품을 별도로 구입할 수 있다.

URL *https://www.protechtrader.com/electronic-compo nents-kits*

Protechtrader에서는 그림 1-1의 기본 계측기도 판매한다. 이 계측기는 내 생각에 가격도 괜찮고 이 책의 프로젝트에 사용하기에 충분한 기능을 갖추고 있다고 생각한다. 단, 내가 마지막으로 테스트한 때가 상당히 오래전이라는 점은 감안하자.

해당 기업은 9V의 고정 출력을 공급하는 AC 어댑터를 비롯해 사체 브랜드의 AC 어댑터를 출시했다.

Chaney Electronics는 재고 및 할인 품목과 자체 프로젝트 키트 등 다양한 부품을 판매한다.

URL www.goldmine-elec-products.com/chaney-electronics

다음의 사이트를 방문하면 다양한 종류의 키트와 부품을 확인할 수 있다.

URL www.makershed.com/collections/electronics

주변에서 구입하기

이 책의 실험에 사용하는 모든 부품과 물품은 인터넷으로 구입하는 것이 가장 좋다. 장비는 모두 인터넷에서 구입해도 되지만, 도구를 구입하는 경우 상품을 만져보고 확인해 볼 수 있도록 오프라인 상점을 방문하는 것이 더 나을 수 있다.

상점은 철물점, 자동차 부품 상점, 공예품 상점의 세 가지 유형을 추천한다. 공예품 상점은 가본 적이 없을지도 모른다. 자동차를 유지 관리할 일이 없다면 자동차 부품 상점에도 가본 적이 없을 것이다. 택배를 기다리고 싶지 않다면 방문해 보자.

그림 B-1의 표에는 목록의 품목을 구매하기 적절한 오프라인 상점을 정리해 두었다. 여기 없는 품목은 인터넷에서 더 쉽게 구입할 수 있을 것이다. 예를 들어, 22게이지 연선은 철물점에서 찾을 수 있는 품목으로 수록했지만, 22게이지 단선은 소매점에서는 잘 판매하지 않는 품목이라 표에 포함시키지 않았다.

장비와 물품을 구매하기 적절한 곳	철물점	자동차 부품 상점	공예품 상점
계측기	●	●	
보안경	●		
1A 또는 3A 퓨즈	●		
플레이트 브라켓이나 브라켓	●		
소형 드라이버		●	●
소형 롱노즈 플라이어	●	●	●
주둥이가 뾰족한 플라이어			●
니퍼	●	●	●
와이어 스트리퍼	●	●	
22AWG 연선	●	●	
30W 납땜인두	●		
납땜인두용 스탠드	●		
수지 성분 땜납	●		
머리에 쓰는 확대경			●
히트건	●	●	
전선 연결 나사	●		
디버깅 툴	●		
확공기	●		
열 수축 튜브	●		
합판	●		
기계나사	●		
프로젝트 상자			

미국 내 인기 체인점		
하드웨어	자동차 부품	공예 물품
Home Depot	Autozone	Michael's
Lowe's	O'Reilly	Hobby Lobby
Ace Hardware	NAPA	Jo-Ann
True Value	Advanced	Spencer Gifts
Harbor Freight Tools	Carquest	A. C. Moore

그림 B-1 목록에 있는 품목을 구입할 수 있는 소매점.

도구와 물품을 구입할 수 있는 인터넷 판매업체

도구와 물품을 인터넷에서 살 때 각 제품에 대한 기본 검색과 주문할 사이트의 결정은 여러분에게 맡긴다. 선택할 수 있는 인터넷 사이트는 수없이 많지만, 내 경우 McMaster-Carr를 제외하고는 특별히 선호하는 곳이 없다. McMaster-Carr는 구하기 어려운 품목과 원자재, 들어본 적도 없을지 모르는 도구 등 가능한 모든 유형의 하드웨어를 다양하게 갖추고 있다.

URL *www.mcmaster.com*

McMaster-Carr의 인터넷 사이트에는 또한 대부분의 제품에 대한 치수 CAD 도면과 훌륭한 튜토리얼을 제공한다. 이곳은 언제라도 이용 가능하고 충분한 정보를 제공하는 전화 대응 서비스를 갖추고 있으며 배송도 빠르다. 가격은 다른 경쟁업체보다 조금 높을 수 있지만 대량으로 구매하면 지나치게 높은 금액도 아니다.

전자부품을 구입할 수 있는 인터넷 사이트
주요 공급업체
다음의 주요 공급업체 세 곳은 다양한 부품을 제공하며 보통 구매해야 하는 최소 수량에 제한을 두지 않는다. 원한다면 트랜지스터를 1개만 구입할 수도 있으며, 이름이 붙은 비닐 봉지에 담아 배송된다.

- **마우저**
  URL *www.mouser.com*
- **디지키**
  URL *www.digikey.com*
- **뉴워크**
  URL *www.newark.com*
- **엘레파츠**
  URL *https://www.eleparts.co.kr*

- **디바이스 마트**
  URL *https://www.devicemart.co.kr*
- **아이씨뱅큐**
  URL *https://www.icbanq.com*
- IC 114
  URL *https://www.ic114.com*

배송비가 드니 가능하면 한번에 여러 부품을 구입한다. 부품은 대부분 너무 작고 가벼워서 아무리 많이 사도 가장 작은 크기의 상자 하나에 담길 것이다.

또 다른 유용한 공급업체는 이베이다. 이곳은 아시아 지역 공급업체와 직접 연결해 주기 때문에 비용을 절약할 수 있다. 특히 부품의 구색을 맞추고 싶을 때 유용하다. 예를 들어, 나는 저항과 커패시터는 이베이에서 다양하게 구입한다. 이 사이트는 전선이나 땜납 같은 물품이나 상대적으로 구식이거나 쓸모가 없어진 부품을 구하는 데도 유용하다.

- **이베이**
  URL *www.ebay.com*

이 글을 쓰는 시점에서 이베이의 시장 점유율을 잠식할 수 있는 경쟁자들이 존재한다. 이런 곳들은 1, 2년 새에 사라질 수도 있으니 다음과 같이 검색해 직접 확인해 보자.

alternatives to ebay(이베이 대체 사이트)

소규모 공급업체

소규모 판매업체도 나름의 이점이 있다. 상품 수가 적어서 재고 검색이 더 빠르고 쉽다. 이런 곳들은 취미공학자와 메이커의 수요에 더 중점을 두고 있어서 맞지 않은 품목들 중에서 원하는 것을 찾으려 고생할 필요가 없다. 소규모 공급업체 중에는 오래된 재고 품목을 대형 공급업체보다 훨씬 더 저렴하게 판매하는 곳도 있다. 내가 주로 이용하는 사이트로는 다음과 같은 곳들이 있다.

- 에이다프루트

  URL http://www.adafruit.com

- 패럴랙스

  URL www.parallax.com

- 스파크펀

  URL www.sparkfun.com

- 로봇 숍

  URL www.robotshop.com

- 폴롤루

  URL www.pololu.com

- 자메코

  URL www.jameco.com

재고와 대용량 할인 제품은 다음 사이트를 확인한다.

- 올 일렉트로닉스

  URL www.allelectronics.com

- 일렉트로닉 골드마인

  URL www.goldmine-elec-products.com

아시아 지역 공급업체

중국이나 베트남의 공급업체로부터 부품을 직접 주문하는 데서 얻을 수 있는 장점은 분명하다. 가격이 저렴하다. 택배가 도착하려면 10~14일을 기다려야 하지만 내 경험상 물건이 오지 않는 경우는 없었다.

알리익스프레스나 어트소스를 방문하면 다양한 판매업체를 찾아갈 수 있는 문이 열릴 것이다.

- 알리익스프레스

  URL www.aliexpress.com/category/515/electronics-stocks.html

- 어트소스

  URL www.utsource.net/category/elec-component-1.html

인터넷 검색 전략

부품 검색은 평상시 하던 검색보다 조금 더 까다로울 수 있다. 먼저 검색의 예를 살펴본 다음 일반적인 원칙을 몇 가지 정리한다.

여기에 2021년 기준 달러 금액을 적을 생각이다. 이 책을 읽을 때에는 가격이 달라져 있을 수 있으나 물가 등을 감안해 참고할 수는 있을 것이다.

검색의 예 첫 번째

쉬운 것부터 시작하자. 2N3904 트랜지스터가 필요하다고 가정해 보겠다.

선택할 수 있는 방법은 두 가지다. (1) 구글 같은 범용 검색 엔진에서 검색을 시작하거나 (2) 특정 공급업체의 사이트로 이동해 해당 사이트

내에서 검색할 수 있다.

그렇다면 구글에서 다음의 검색어로 검색해 보자.

buy 2N3904(2N3904 구입)

'buy(구입)'이라는 검색어를 사용해야 트랜지스터에 대한 정보를 제공하려는 온갖 인터넷 사이트를 걸러낼 수 있다.

검색했을 때 가장 먼저 뜨는 것은 트랜지스터 10개를 개당 3센트에 판다는 어트소스의 웹사이트의 광고다. 진짜일까? 그렇다. 그렇지만 작은 글씨로 '페덱스를 이용하면 배송이 무료이지만 해당 혜택을 받으려면 상품을 150달러치 구매해야 한다'고 적혀 있다. 이제 어트소스로 가보자. 이 사이트의 검색 창에서 검색하면 2N3904 트랜지스터를 판매하는 곳이 더 많이 뜬다. 문제는 이런 업체가 수백 군데는 뜬다는 점이다. 말 그대로 수백 군데다. 이곳에서 가격을 비교하며 쇼핑을 하면 시간을 꽤 잡아먹을 것이다. 또 페덱스가 아닌 우편 서비스를 선택해도 배송비만 10달러 이상이 든다. 당연히 시간도 좀 걸린다.

이번에는 마우저로 이동해 보자. 홈페이지 상단의 검색창에 2N3904을 입력한다.

이 사이트에서는 검색 결과로 2N3904BU, 2N3904TA, 2N3904TF 같은 부품 번호도 함께 나온다. 이런 유형의 부품을 검색할 때 자주 일어나는 일이다. 다음은 간단한 검색 규칙이다.

끝에 문자가 추가되지 않은 검색 결과가 있다면 이 중 하나를 선택할 수 있다.

따라서 첫 번째 검색 결과로 나온 2N3904를 클릭한 뒤 제품 화면에서 '유사 보기(Show Similar)'를 선택한다. 해당하는 검색 결과가 4,127건으로 나온다. 이제 원하는 속성을 선택해 검색 범위를 좁혀야 한다. 이를 '필터'라고 한다. 왼쪽에서 오른쪽으로 이동하며 살펴보자.

제조업체? 어디든 상관없다. 장착 스타일? 이 항목은 중요하다. 요즘 판매하는 전자부품은 대부분 표면 실장 기술을 사용하는 자동 조립용이다. 다행히도 표면 노출형 부품의 약어는 대부분 문자 S로 시작한다. 다음 규칙을 알아 두자.

- S로 시작하는 표면 노출형 유형이나 패키지를 선택하지 않는다.

트랜지스터의 경우 장착 스타일에서 '스루홀(Through Hole)'을 선택한다. 이 책의 프로젝트는 거의 대부분 부품의 리드를 보드의 작은 구멍에 끼워 넣는 식으로 진행된다.

- 가능하다면 언제나 스루홀 유형의 부품을 선택한다.

스루홀 부품은 제품 설명에 납땜용 핀이 있다는 문구를 사용하기도 한다. 납땜용 핀이 있으면 브레드보드에 사용하기 적합하므로 이런 제품도 허용 가능하다.

스루홀 속성을 선택한 뒤 '필터 적용(Apply

Filters)'을 클릭하면 해당하는 제품이 1,092개로 줄어든다. 나머지 필터를 신경 써야 할까? 이것도 필요 없고, 이것도, 이것도… 마침내 '시리즈'에 다다랐다. 우리는 2N39가 아닌 2N3904가 필요하다. 2N3904를 클릭한 다음 다시 한번 필터 적용을 클릭한다.

이제 남은 검색 결과는 6개뿐이다. 이 트랜지스터는 부분적으로 기능이 다를 뿐이다. 리드가 직선인지 중간이 휘어져 있는지는 중요하지 않다. 이제 가격이라고 쓰인 곳 옆의 아이콘을 클릭해 낮은 가격에서 높은 가격순으로 정렬한다. 최저 가격은 20센트로 어트소스보다 훨씬 비싸지만 부품을 더 빨리 받을 수 있다. 원하는 수량을 입력하고 구매 버튼을 클릭해서 트랜지스터를 장바구니에 추가한다.

다른 방법도 있다. 예를 들어 이베이에서 2N3904를 검색한다. 처음으로 뜬 검색 결과는 미국 내에서 트랜지스터 20개를 1.88달러에 무료로 배송해 주는 곳이다. 마우저보다 훨씬 저렴하다.

그러나 부품이 많이 필요할 때 이베이를 이용하면 여러 판매자로부터 구매하게 되고, 그중 배송이 오래 걸리는 곳도 있다. 복잡하기도 하고, 배송료를 결국 지불하게 될 수 있다.

아마존에서 2N3904를 검색해 보면 어떨까? 여기서 검색했을 때 200개를 5.80달러에 무료 배송해주는 상품을 보았다. 하나에 3센트밖에 안 된다! 그러나 평생 써도 10개 쓸까 말까한 트랜지스터를 200개나 사야 한다.

나는 대부분의 부품을 마우저(혹은 디지키나 뉴워크)에서 구입한다. 궁극적으로 시간을 절약

할 수 있고 이 사이트의 UI에 익숙하기 때문이다. 주문을 하면 3일 이내에 하나의 상자로 도착한다. 결국 개인의 선호도 문제다.

이런 의문이 들 수도 있다. 어트소스, 이베이, 아마존에서 판매하는 트랜지스터가 정확히 내가 원하는 제품인지 어떻게 알 수 있을까? 마우저에서는 표면 노출형 유형을 제외해야 했다. 할인 사이트에서 구입한 부품이 사용할 수 없는 유형이라면 어떻게 할까?

이런 가능성은 극히 낮다.

- 할인 부품 판매 사이트에서는 보통 표면 노출형 부품을 취급하지 않는다. 취급한다면 아마 취급한다고 명시해 둘 것이다.

할인 제품 판매처에서는 보통 취미 전자공학자들이 가장 많이 사용하는 부품들을 구입할 수 있으며, 우리에게 필요한 건 그런 제품들이다.

검색의 예 두 번째: 더 복잡한 검색

첫 번째 예에서는 부품 번호를 알고 있었기 때문에 검색이 쉬웠다. 그러나 인생은 항상 그렇게 단순하게 흘러가지 않는다. 다음은 내가 실험 23 '멋진 주사위'에 사용할 3비트 카운터를 사려고 실제로 했던 검색의 예이다. (카운터가 뭔지 몰라도 괜찮다. 나는 단지 검색 과정을 알려주고 싶을 뿐이다.) 먼저 마우저로 가서 검색어를 입력했다.

counter(카운터)

검색어를 입력하면 'Counter ICs(카운터 IC)'라는 검색어를 자동 완성으로 제시한다.

IC는 집적회로로, 일종의 칩이다. 자동 완성으로 제시된 검색어를 클릭했더니 821개 검색 결과를 보여주는 페이지로 이동했다.

장착 스타일 필터에는 트랜지스터 검색 때와 마찬가지로 'SMD/SMT(표면 노출형 칩)'와 '스루홀(Through Hole)'을 선택할 수 있었다. '스루홀'을 클릭한 다음 '필터 적용' 버튼을 누르자 검색 결과가 177개로 줄었다.

이 책에서 사용하는 논리 칩은 모두 7400 제품군의 HC 유형이다. 그래서 '로직 제품군(Logic Family)' 필터로 이동해 74HC를 클릭했다. 여기서 알아 두면 좋을 소소한 내용이 또 있다.

• 부품 공급업체는 같은 부품을 다른 이름으로 등록해 두는 경우가 많다.

이런 일은 제조업체의 데이터시트를 데이터베이스에 등록하기 위해 공급업체가 고용한 직원이 전자부품을 잘 알지 못해서 일어나는 것 같다.

필터에서 로직 제품군을 하나하나 살펴보면 74HC와 별개로 HC도 있다. 직원이 제멋대로 부품번호를 입력하다 보니 이런 상황이 생긴다. 그러면 이제 어떻게 해야 할까?

컨트롤(ctrl) 키를 누른 상태에서 목록을 클릭해 항목을 2개 이상 선택하면 된다. 맥 컴퓨터를 사용한다면 커맨드(Command) 키를 누른 상태에서 클릭하면 된다.

아직도 선택할 수 있는 HC 칩이 52개 남았

으니 필터링이 더 필요했다. 필요한 게 바이너리 출력이어서 이번에는 '계수기 유형(Counter Type)' 필터에서 '바이너리(Binary)'를 선택했다. 이로써 결과가 33개 남았다.

3비트 칩은 없었지만 내 경우 4비트 칩을 사용하면 되고 가장 높은 비트는 중요하지 않았다. '비트 수(Number of Bits)'에서는 4비트도 4Bit와 4bit 두 가지로 선택할 수 있었다. 같은 유형을 다르게 표현해 둔 또 다른 예가 될 수 있겠다. 나는 컨트롤 키를 누른 상태에서 각각 클릭해 둘 다 선택했다.

'계수 순서(Counting Sequence)'의 경우 수를 위로만 세고 싶었기 때문에 '위(Up)'와 '위/아래(Up/Down)'를 선택했다. 이제 9개가 남았다! 필터 적용을 클릭하고 결과를 확인할 시간이다.

이 책에서는 가능하면 가장 널리 사용되는 부품을 사용하려고 했다. 이를 위해 마우저에서 재고가 가장 많은 칩을 선택했다. 예를 들어 텍사스 인스트루먼트의 SN74HC393N은 재고가 7,000개 이상이었으므로 이쪽을 선택했다. 칩 번호 앞의 문자는 제조업체 식별을 위해 추가한 것으로 중요하지 않다. 이제 끝났을까? 좀 더 남았다!

• 부품 번호를 모른다면 반드시 데이터시트를 확인한다.

애초에 부품 번호를 몰랐고 사용해 본 적도 없었기 때문에 데이터시트 링크를 클릭해서 내가 원하는 대로 작동하는 칩인지 확인했다. 5V 공칭 공급 전압과 ±4mA 최대 연속 출력 전류를 제공하는 14핀 칩 어쩌고 저쩌고, 잠깐! 이 칩에는 4비트 카운터가 2개 내장되어 있었는데 내가 필요한 건 하나뿐이었다. 그렇지만 문제될 건 없다. 프로젝트의 범위를 확장하면 칩의 두 번째 카운터를 사용할 수도 있다.

SN74HC393N의 가격은 50센트 정도였다. 장바구니에 6개를 담을 수도 있다. 그래봐야 3달러밖에 안 되니 배송비를 아끼려면 작고 가벼운 다른 부품을 함께 구입해야 한다. 그러나 그전에 나는 칩의 데이터시트를 인쇄하고 파일 폴더에 넣어 두었다.

다른 방법으로 칩을 검색할 수도 있다. 부품 번호는 몰랐지만 74xx 제품군의 칩이 필요하다는 사실은 알고 있었기 때문에 다음 URL로 직접 접근할 수 있다.

URL *www.wikipedia.org/wiki/List_of_7400_series_integrated_circuits*

여기에는 지금까지 제조된 74xx 논리 칩이 모두 정리되어 있다. Ctrl+F를 눌러 검색창을 띄우고 다음을 찾으면 된다.

4-bit binary counter(4비트 이진 카운터)

하이픈을 생략해서는 안 된다. 일치하는 검색 결과는 13개인데, 이제 이들의 기능을 비교한다. 하나를 선택한 뒤 부품 번호를 복사한 뒤 마우저 등의 사이트에서 찾아보자. 그렇게 하면 훨씬 빠르게 해당 부품으로 이동할 수 있다.

구글에서 카운터 칩에 대해 서로 의견을 나누고 도움도 주는 사람들을 검색하는 방법을 사용할 수도 있었다. 그러나 이곳에서는 전반적인 정보를 얻게 된다. 부품 번호를 모르더라도 원하는 정보를 얻을 수 있다.

검색의 예 세 번째: 짜증

이제 실험 6에 사용할 슬라이드 스위치를 구입한다고 가정해 보자. 슬라이드 스위치는 낮은 전류와 전압과 함께 데모 용으로만 사용할 거라 전압이나 전류 용량은 걱정하지 않아도 된다고 했다. 그러나 반드시 SPDT 스위치여야 하고(의미를 아직 모를 수는 있지만 그럼에도 검색에 포함해야 한다) 온-온 유형이어야 한다. 또, 악어 클립 테스트 리드로 쉽게 집을 수 있도록 핀 간격은 0.3인치(7mm)여야 한다. 어렵지 않게 찾을 수 있을 것 같다.

그러나 문제는 스위치 같은 부품은 대형 공급 업체 세 곳에서만 검색해도 수만 가지 제품이 존재하고, 결국 검색 필터를 많이 거쳐야 한다는 것이다. 구글에서 다음과 같이 검색을 시작해 보자.

buy "slide switch" spdt("슬라이드 스위치" spdt 구매)

첫 번째 검색 결과는 폴룰루 페이지로 이어진다. 여기에는 2장 시작 부분에서 내가 참고용으로 수록한 그림과 비슷한 그림이 보인다. 바로 찾았지만, 원하는 그림이 아닐지도 모른다. 다음을 잊지 말자.

- 부품 번호를 모른다면 반드시 데이터시트를 확인한다.

다행히 폴롤루는 같은 페이지에 작은 도해를 두어 2.5로 보이는 스위치의 핀 간격을 확인할 수 있다. 그러나 사이트에서 이 값이 무엇인지 명확히 알려주지는 않는다. 단위는 밀리미터도 인치도 가능하겠지만, 이 경우 2.5인치(6cm)일리는 없으니 2.5mm(0.1인치)임에 분명하다.

부품 치수는 밀리미터나 인치 또는 둘 다로 제공한다. 두 가지 단위 값을 모두 제공하는 경우 한 단위를 괄호 안에 넣어 두기도 하지만, 어느 쪽이 인치이고 어느 쪽이 밀리미터인지 알 수 없다. 162쪽, 163쪽의 변환 표를 확인하거나 두 단위가 모두 인쇄된 눈금자를 참조한다. 0.1인치=2.54mm임을 기억하자.

치수를 확인한 결과 이 스위치는 내가 원하는 크기보다 작았다. 다른 핀을 건드리지 않고 악어 클립으로 가운데 핀을 잡기가 쉽지 않을 것이었다.

검색에 성공하지 못하면 아주 짜증이 난다. 그래도 나는 이미 폴롤루 사이트를 둘러보고 있었으니 이 사이트의 검색 창에서 다른 SPDT 슬라이드 스위치를 검색했다. 그런데 다른 스위치가 없었다.

그래서 구글의 다음 검색 결과인 스파크펀으로 갔다. 그렇지만 여기에도 폴롤루와 마찬가지로 핀 간격이 0.1인치(2.5mm)인 제품만 있었다. 봐서 알겠지만 구멍 간격이 0.1인치인 브레드보드에 꽂을 수 있는 작은 스위치는 인기가 많다.

어쩌면 검색어에 다음과 같이 핀 간격을 추가

할 수도 있을 것이다.

buy "slide switch" SPDT 0.3in("슬라이드 스위치" SPDT 0.3인치 구매)

이렇게 검색했더니 검색 엔진 지옥이 펼쳐졌다. 숫자 '3'을 추가하는 바람에 높이 0.3인치의 액추에이터(작은 버튼)가 달린 스위치나 수량이 3개거나 너비가 0.3인치인 스위치 등이 튀어나왔다. 그럼에도 내가 원하는 결과는 하나도 없었다.

나는 결국 대형 부품 공급업체로 돌아가야 한다는 것을 깨달았다. 여기에는 분명 재고가 있을 거였다. 찾아낼 수만 있다면 말이다.

마우저로 간 나는 웹사이트 위의 검색창에 '슬라이드 스위치'를 입력했고 3,868개의 결과가 검색되었다. 이런. 이제 뭘 해야 할까?

나는 필터를 확인했다. 제조업체 상관없음. 'Illuminated(조명)'? 나는 'Non-Illuminated(비조명)'을 클릭했다. 'Contact Form(접촉 형식)'? 'SPDT'를 클릭하고 다음으로 'ON - ON'을 클릭했다. 나머지는 건너뛰고 필터 적용을 클릭했더니 결과가 363개 남았다.

이제 내가 해야 할 일은 핀 간격 선택 필터를 찾는 것뿐이었다. 그러나 이런 필터는 없었다! 핀 간격은 기본인데도 지정할 수 없게 되어 있었다. 이건 디지키와 뉴워크도 마찬가지였다.

데이터시트에는 반드시 핀 간격을 명시해 두지만 363개 데이터시트를 다 확인하고 싶지는 않았다. 창의성을 발휘해야 할 순간이었다.

마우저의 'Termination Style(종단 스타일)' 필

터에는 'Quick Connect(빠른 연결)'이 있었다. 나는 우연찮게도 빠른 연결용 핀은 크기 때문에 핀 사이의 간격을 충분히 두어야 한다는 사실을 알고 있었다. 이거다! 나는 '빠른 연결'을 선택하고 '필터 적용'을 클릭했다. 이제 1개의 스위치만 남았다. 그런데 재고가 없었다!

그렇지만 포기하지 않았다. 제조업체는 언제나 다양한 스위치 유형을 제공하고, 같은 시리즈의 스위치는 유형별로 크기가 같은 경향이 있다. 따라서 해당 부품에 대한 데이터시트 링크를 클릭했다. 한 가지 유형이 빠른 연결용 핀에 걸맞게 크기가 크다면 다른 유형도 그럴 것이었다. 아나나 다를까 나는 C&K의 1000 시리즈 스위치에 대한 데이터시트를 찾았고, 이 시리즈 제품은 모두 핀 간격이 0.185인치(4.7mm)였다. 생각보다 간격이 좁긴 했지만 핀을 바깥쪽으로 구부리면 잘 맞을 거라 생각했다.

데이터시트에서 SPDT 스위치를 선택해 부품 번호를 복사했다. 그런 다음 마우저로 돌아가 부품 번호를 붙여넣었다. 가격은 3.70달러로 내가 생각했던 것보다 비쌌지만 어쨌든 구입하기로 결정했다.

이 시점에서 그런 검색 따위 하고 싶지 않다고 생각할 수 있다. 글쎄, 나도 하고 싶지 않았다! 그러나 이번은 최악의 경우였다. 대부분의 경우 검색을 하다가 그 정도로 좌절하게 되지는 않는다.

부품 번호를 안다면 검색이 특히 쉬워지며, 이 책에서는 알칼리 전지처럼 아주 일반적인 부품이 아닌 이상 언제나 부품 번호를 명시해 두었다. 그렇지만 부품이 구식이 되어서 더 이상 유통되지 않으면 어떻게 해야 할까? 이 경우에는 부품 번호를 알고 있어도 쓸모가 없다!

그래도 두려워하지 말자. 첫째, 구식 부품 중 다수는 여전히 이베이를 통해 구입할 수 있다. 둘째, 이 책에서는 한 가지 제품이 단종될 경우에 대비해 보통 제품 번호를 두 가지 명시해 두었다.

그럼에도 모든 시도가 실패로 돌아갈 수 있다.

만약 어떻게 해도 부품 번호를 찾을 수 없다면 이메일을 보내주기 바란다. 내가 문제를 해결해보겠다. 그에 관한 정보를 내게 이메일을 등록해준 모든 독자에게 알리고, 또, 이 책의 다음 판을 출간할 때 대신할 부품 번호를 수록하겠다.

언제든 전화를 걸 수 있다

대형 부품 공급업체를 이용할 때는 선택지가 하나 더 있다. 바로 전화다! 큰 세 곳의 판매업체에는 도움을 줄 영업 담당자가 존재한다. 부품을 몇 개나 구매하는지는 중요하지 않다. 담당자는 그 사실을 알지 못할뿐더러 신경도 쓰지 않으며, 고객을 도왔다면 누구인지에 관계없이 도운 건수에 대해 대가를 지급받을 것이다. 기술적인 질문을 한다면(예: "핀 간격이 최소 0.2인치(5.1mm)인 슬라이드 스위치가 필요합니다.") 검색을 하는 대신 답을 알고 있는 사람에게 전화를 연결해 줄 수 있다.

또 다른 방법은 채팅창을 여는 것이다. 채팅창을 사용하면 부품 번호를 창에 복사하여 붙여넣을 수 있으며, 해당 부품이 판매되지 않는 경우 유사한 제품을 추천해 주는 답변을 상당히 빠르게 받을 수 있다.

범용 검색 엔진

일반 목적의 검색 엔진은 제대로만 사용하면 특수 목적의 부품 구매 페이지로 안내해 준다. 예를 들어 토글 스위치를 찾고 있다고 가정해 보자.

짧고 모호한 검색어로는 성공할 수 없다. 정격 전류 1A의 DPDT 토글 스위치가 필요하다면 다음과 같이 검색한다.

"toggle switch" dpdt 1a("토글 스위치" dpdt 1a)

따옴표로 특정 문구를 정확하게 명시해서 검색 엔진이 요청한 것과 거의 일치하지 않는 결과는 표시하지 않도록 한다. 또한 검색어는 대소문자를 구분하지 않는다. dpdt와 같은 용어를 대문자로 쓴다고 이점이 있는 건 아니다.

다음과 같이 판매업체 이름을 함께 입력해 검색 범위를 더욱 좁힐 수 있다.

"toggle switch" dpdt 1a amazon("토글 스위치" dpdt 1a 아마존)

어째서 amazon.com에서 검색하지 않고 검색어에 '아마존'을 포함한 걸까? amazon.com의 검색 기능이 구글이나 빙 같은 전문 검색 엔진만큼 좋지 않다고 생각하기 때문이다.

제외하기

일반 검색 엔진을 사용할 때는 빼기(-) 명령어를

사용해 원치 않는 항목을 제외할 수 있다. 예를 들어 전체 크기 토글 스위치에만 관심이 있다면 다음과 같이 검색할 수 있다.

"toggle switch" dpdt 1a amazon-miniature("토글 스위치" dpdt 1a 아마존-소형)

대안 검색하기

OR 논리 연산자를 잊지 말자. 단극쌍투 스위치가 쌍극쌍투 스위치만큼 잘 작동한다면 검색 엔진에서 다음과 같이 검색해볼 수 있다.

"toggle switch" dpdt OR spdt 1a-miniature("토글 스위치" dpdt OR spdt 1a-소형)

이미지 검색

복잡한 검색어를 입력하는 게 번거롭다면 다른 방법이 있다. 한 가지는 검색 엔진에서 검색 결과 바로 위에 뜨는 '이미지'라는 단어를 클릭하는 것이다. 이렇게 하면 상상할 수 있는 모든 종류의 스위치 이미지가 뜨며, 우리의 두뇌는 이미지를 빠르게 인식할 수 있도록 잘 훈련되어 있기 때문에 많은 텍스트보다는 많은 이미지를 스크롤해 보는 쪽이 더 효율적일 수 있다.

스마트하게 데이터시트 열람하기

일반 검색에서도 부품의 데이터시트를 열람할 수 있지만 검색을 제대로 해야 한다. 다음과 같이 검색하면 안 된다.

datasheet 74HC08(데이터시트 74HC08)

이렇게 하면 데이터시트를 저장해 두고 한번에 한 페이지씩 보여 주면서 사방팔방에 광고를 띄우는 성가신 서드 파티 기업의 웹사이트로 가게 된다. 이럴 때는 부품 제조업체를 포함해 검색어를 입력하면 더 좋은 결과를 얻을 수 있다. 예를 들어, 74HC08 칩은 제조업체 중에 텍사스 인스트루먼트가 제조하므로 다음과 같이 검색어를 입력할 수 있다.

texas datasheet 74HC08(텍사스 데이터시트 74HC08)

첫 번째로 뜬 링크를 클릭하면 검색 광고 없이 잘 정리된 방식으로 데이터시트를 관리하는 텍사스 인스트루먼트의 웹사이트로 이동한다. 이 회사는 제조하는 칩만 수천 개에 달하기 때문에 이 검색 방법은 거의 대부분의 부품 번호에 사용할 수 있다.

이베이에 대한 추가 정보

이베이에 익숙하지 않은 사람에게 도움이 될 만한 작은 팁들을 안내한다. 이베이를 자주 사용한다면 이 내용은 넘어가도 좋다.

먼저 이베이 홈페이지(미국 사이트 기준)에서 검색 버튼 오른쪽에 작게 표시된 'Advanced(고급 검색)'을 클릭하자. 이렇게 하면 원산지 등의 속성을 지정할 수 있고(해외 공급업체를 원하거나 피하고 싶은 경우) 'buy it Now(바로 구매)' 항목으로 검색을 제한할 수도 있다. 최저가 지정

도 가능하다. 이 기능은 너무 저렴해서 쓸 만하지 않은 상품을 제외하는 데 유용하다. 그런 다음 나는 실제 검색을 하기 전에 'Sort by(정렬 방식)'에서 'Price + Shopping: Lowest First(가격 + 배송료: 최저가 우선 표시)'를 선택한다.

원하는 제품을 찾았다면 이번에는 판매자의 피드백을 확인한다. 미국 내 판매자의 경우 구매평(Positive feedback) 점수가 99.8% 이상인 곳을 선택한다. 점수가 99.9%인 경우 문제가 된 적이 없었지만 99.7% 이하일 때는 가끔 서비스가 실망스러웠다.

공급업체가 중국이나 태국 등 아시아 국가에 있는 경우 구매평에 지나치게 까다롭게 굴지 않아도 된다. 구매자 중 다수가 배송이 예상보다 늦어진다는 이유로 구매평가를 낮게 주기 때문이다. 해외 판매업체는 작은 상자를 배송하는 데 10~14일이 걸린다고 공지해 두지만 그럼에도 구매자는 불평을 하고 부당하게 구매평가를 끌어내린다. 실제로 내 경험상 해외에서 주문한 제품은 빠짐없이 배송을 받았고 오배송된 적도 없었다. 단지 인내심만 조금 있으면 된다.

이베이에서 원하는 제품을 찾았다면 바로 구매하기보다는 장바구니에 추가해 두는 편이 나을 수 있다. 같은 판매업체에서 추가로 구매할 물건을 찾아볼 수 있고, 한데 묶어 배송을 받으면 시간도, 배송비도 아낄 수 있다.

Seller Information(판매업체 정보) 화면에서 'Visit Store(상점 방문)' 버튼을 클릭하거나, 판매자에게 이베이 매장이 없을 경우 'See Other Items(다른 상품 보기)' 버튼을 클릭해 보자. 그

런 다음 해당 판매업체의 제품 목록 내에서 검색하기도 가능하다. 원하는 만큼 장바구니에 담고 나서 결제하면 된다.

키트 선택지 다시 고려하기

검색에 대한 내 설명을 읽고 나서 그런 검색을 하며 고생할 가치가 없다는 생각이 들 수도 있다. 그냥 한 번만 결제하면 필요한 모든 것이 며칠 후에 도착하는 키트를 구입하는 게 어떨까?

그렇다. 키트는 매력적인 선택지다. 그렇지만

여러분이 이 책의 프로젝트 중 하나를 수정하기로 마음을 먹었다면 어떻게 해야 할까? 또는 이 책에서 다루지 않은 회로를 만들어 보고 싶어졌다면 어떻게 할 것인가? 그렇게 마음먹는 즉시 쇼핑을 해야 한다. 그러니 이를 염두에 두고 가급적 다양한 부품을 한번에 구입하는 것이 좋다.

물론 이는 모두 전자부품을 배워 나가며 이 과정에서 가급적 재미를 느끼도록 하기 위한 것이다.

찾아보기